高等学校"十三五"重点规划
机械设计制造及其自动化系列

机 械 制 图

（第 2 版）

主 编 朱 琳

副主编 赵丽丽 周 平

　　　　　许 威 邓 薇

哈尔滨工程大学出版社
Harbin Engineering University Press

内 容 简 介

本书是在结合非机械类专业实际情况的基础上,汲取了近年来实际教学过程中的成功经验和同行专家的意见,并参考了"高等学校工科画法几何及工程制图课程教学基本要求"编写而成。

本书主要内容包括:制图的基本知识与技能,点、直线、平面、基本体的投影,平面与立体相交,立体与立体相交,组合体,轴测图,机件图样的表达方法,螺纹和螺纹紧固件,标准件及常用件,零件图及其技术要求,装配图,AutoCAD绘制二维图,SolidWorks绘图基础等。

本书可作为高等院校、大专院校等各类学校各近机类、非机类专业机械制图课程的教材,还可作为相关工程技术人员的参考书。

图书在版编目(CIP)数据

机械制图 / 朱琳主编. —2 版. —哈尔滨:哈尔滨工程大学出版社,2020.8(2024.8 重印)
ISBN 978 – 7 – 5661 – 2669 – 6

Ⅰ.①机⋯ Ⅱ.①朱⋯ Ⅲ.①机械制图 – 高等学校 – 教材 Ⅳ.①TH126

中国版本图书馆 CIP 数据核字(2020)第 110893 号

选题策划 雷 霞
责任编辑 张玮琪
封面设计 博鑫设计

出版发行 哈尔滨工程大学出版社
社　　址 哈尔滨市南岗区南通大街 145 号
邮政编码 150001
发行电话 0451 – 82519328
传　　真 0451 – 82519699
经　　销 新华书店
印　　刷 哈尔滨市海德利商务印刷有限公司
开　　本 787 mm × 1 092 mm　1/16
印　　张 20.75
字　　数 530 千字
版　　次 2020 年 8 月第 2 版　2022 年 7 月修订版
印　　次 2024 年 8 月第 5 次印刷
定　　价 49.80 元
http://www.hrbeupress.com
E-mail:heupress@ hrbeu.edu.cn

前　言

本书是根据"高等学校工程图学课程教学基本要求",汲取各兄弟院校近年来教学改革经验和同行专家的意见,在马有理主编的《机械制图》第1版的基础上修订而成。

本书在修订过程中总结了多年的教学经验,选择结构形式典型、与工程实际结合紧密的立体作为示例,将二维投影图与三维立体图有机结合,并遵循由浅入深、循序渐进的教学规律,不但有利于空间想象及思维能力的培养,而且有利于绘图及读图技能的提高。

随着计算机图形学的飞速发展,计算机辅助设计的广泛应用对机械制图课程的教学理念、方法及手段产生了深刻的影响。在掌握制图基本理论及尺规绘图基本技能的前提下,熟练应用CAD软件进行辅助设计是对工程技术人员的基本要求。本书将计算机绘制二维图形及三维构型设计与传统制图理论相结合,旨在提高读者空间思维、构型及实践制图的基本能力。

全书贯彻最新颁布的《机械制图》《技术制图》国家标准。与教材配套使用的《机械制图习题集》同时进行修订,供读者选用。

本教材适用于高等院校近机类、非机类工科专业32～66学时的机械制图课程教学,也可作为继续教育相关专业的教材,或工程技术人员的参考用书。

本教材由朱琳主编,参加编写及修订工作的有朱琳(第1章、第2章、第3章、第4章、第9、第10章)、赵丽丽(第7章、第14章)、周平(第5章、第6章、第8章)、许威(第11章、第12章、第15章、附录A4～A8、附录B)、邓薇(绪论、第13章、附录A1～A3、附录C)。

本书在修订过程中得到了学院领导及课程团队教师的大力支持,特此致以衷心的感谢!由于编者水平有限,书中不妥及错误之处在所难免,敬请读者批评指正。

编　者
2020年4月

目　　录

绪　　论

机械制图是一门研究如何表达、绘制和阅读工程图样的工具学科。工程图样是工程技术人员用来表达、构思、分析和技术交流的主要工具,是工程与产品信息的载体,是工程界表达、交流设计思想的语言。本课程作为工科类专业人才培养的核心学科基础课,具有理论与工程实践相结合的特点,是几何投影理论、工程基础知识及绘图技术的多学科交叉结合的产物,可为后续的工程类专业课的学习奠定基础。

1. 课程的研究对象

在当代科学技术飞速发展的时期,工程图样是机械、建筑、水利等工业生产中设计、生产、检验、装配、维修、维护的重要技术文件,有"工程界的技术语言"之称。机械制图是面向一切涉及工程领域的技术人员,为其提供空间思维、形象思维训练,以及物体表达、分析的理论与实践方法。

学习机械制图课程就是要学习这门工程技术语言的使用,遵循国家标准《机械制图》和《技术制图》的相关规定,掌握绘制和阅读工程图样的基本理论、方法、技能。

2. 课程的学习任务

机械制图是一门既有系统理论又有很强实践性的课程,旨在培养学生掌握科学思维方法、增强工程创新意识,是普通高等院校工科专业学生必修的主干技术基础课程。

本课程的主要学习任务是:

(1)学习投影法(主要是正投影法)的理论及应用,培养学生掌握利用平面图形表达三维空间实体的方法;

(2)培养绘制和阅读机械图样的能力;

(3)培养学生利用尺规等制图工具进行图样的绘制能力,掌握徒手绘图和计算机制图的能力;

(4)培养学生的空间思维想象能力;

(5)学习国家标准《机械制图》和《技术制图》的相关规定,使学生掌握国家相关标准及手册的查阅方法;

(6)培养学生严谨细致的工作态度、正确贯彻和执行国家标准的工作意识。

3. 课程的学习内容

本课程的主要学习内容是:

(1)制图的基本知识与技能。主要介绍国家标准《机械制图》和《技术制图》的相关规定、绘图工具的使用方法、尺规作图,以及简单徒手作图等基本方法。

(2)投影法的理论与应用。主要介绍投影法的基本理论,包括点、直线、平面、立体的投影,以及组合体视图的绘制与尺寸标注方法。

(3)机械图样的绘制与阅读方法。主要介绍工程机件、标准件及常用件的表达方法,零件图、装配图的绘制及阅读方法。

4. 课程的学习方法

机械制图课程的主要内容包括画法几何理论、工程图样的绘制及阅读、计算机辅助绘图。应根据课程内容掌握相应的学习方法,提高学习效率。

(1)建立和培养空间思维能力。掌握从三维立体到二维投影图的绘制方法和从二维视图到空间立体的识读方法,锻炼提升空间思维能力是关键。而提高空间思维能力没有捷径,唯有多看、多想、多画、多练。

(2)理论联系实际。在掌握投影理论的基础上,进行大量的实践训练是本课程的重要学习方法,只有在循序渐进的练习中、在解决问题的过程中才能夯实理论基础并转化为制图技能。

(3)正确使用制图工具,处理好徒手绘图、尺规绘图、计算机辅助绘图之间的关系并合理选用绘图方式。

(4)严格遵守贯彻国家标准。认真学习、遵循、执行机械制图方面的相关国家标准,绘制合格的工程图样。

第1章 制图的基本知识与技能

机械图样是工程技术人员表达和交流技术思想的工具,是设计和生产过程中重要的技术文件,也是产品或工程设计成果的一种表达形式。为了便于组织生产、管理和进行技术交流,对图样的画法、尺寸标注、技术要求及图样中使用的符号等有必要作出统一的技术规定。为此,国家标准《机械制图》与《技术制图》统一规定了在绘制图样过程中必须共同遵守的一些绘图规则。

本章从绘图的基本技能着手,分别就《机械制图》与《技术制图》等国家标准中规定的图纸的幅面和格式、绘图比例、字体和图线等内容作简要介绍。同时为了提高绘图质量和速度,本章也将对绘图工具的使用方法、基本几何作图等基本技能作简要的介绍。并简单地介绍徒手绘图的基本技巧。

1.1 制图基本规定

本节介绍国家标准中有关技术制图的基本规定,其内容包括图纸的幅面和格式、绘图比例、字体及图线等。在工程图样的绘制过程中必须严格遵守这些规定。

1.1.1 图纸幅面和格式

为了便于图样的绘制、使用和管理,图样必须绘制在规定的图幅和格式的图纸上。图纸幅面和格式在 GB/T 14689—2008《技术制图 图纸的幅面和格式》中作了明确的规定。

1. 图纸幅面

图纸幅面是指图纸宽度 B(图纸短边)与图纸长度 L(图纸长边)所组成的图面。绘制图样时,应优先采用表 1 – 1 中规定的图纸基本幅面尺寸。基本幅面代号有 A0,A1,A2,A3,A4 五种。图框线和图纸边界的距离 a,c,e 见图 1 – 2 和图 1 – 3。

表 1 – 1   图纸幅面及图框尺寸 单位:mm

幅面代号	A0	A1	A2	A3	A4
$B \times L$	841 × 1 189	594 × 841	420 × 594	297 × 420	210 × 297
a	25				
c	10			5	
e	20			10	

图 1 – 1 中粗实线所示为基本幅面。必要时允许选用由基本幅面的短边成整数倍增加后得到的加长幅面。A0,A2,A4 幅面的加长量应按 A0 幅面长边 1/8 的倍数增加,A1,A3 幅面的加长量应按 A0 幅面短边 1/4 的倍数增加。

绘制图样时,图纸可以横放(图纸长边水平放置),也可以竖放(图纸长边竖直放置)。

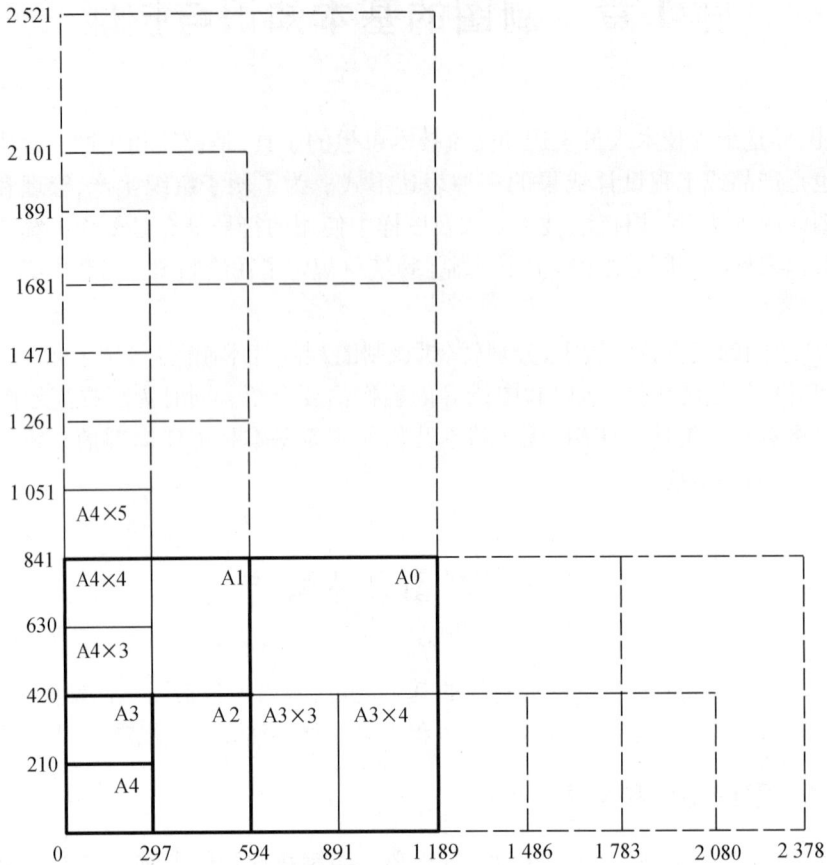

图1-1　图纸幅面尺寸

2.图框格式

图纸上限定绘图区域的线框称为图框。在图纸上图框必须用粗实线绘出,图样绘制在图框的内部。图框格式分为留装订边和不留装订边两种,但同一产品的图纸只能采用同一种格式。有装订边的图纸其图框格式如图1-2所示;不留装订边的图纸,图框格式如图1-3所示。图中尺寸如表1-1所示。

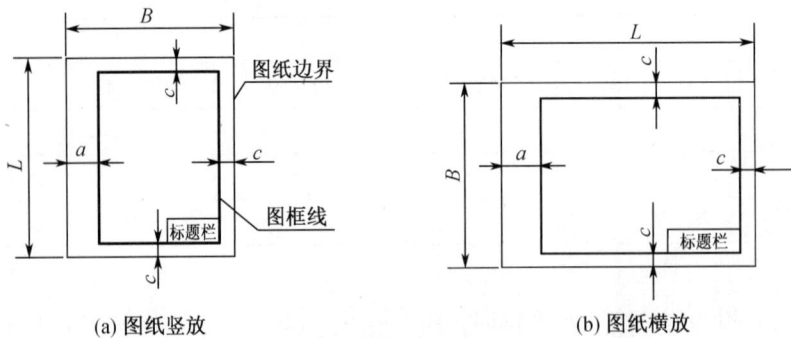

(a) 图纸竖放　　　　　　(b) 图纸横放

图1-2　留装订边的图框格式

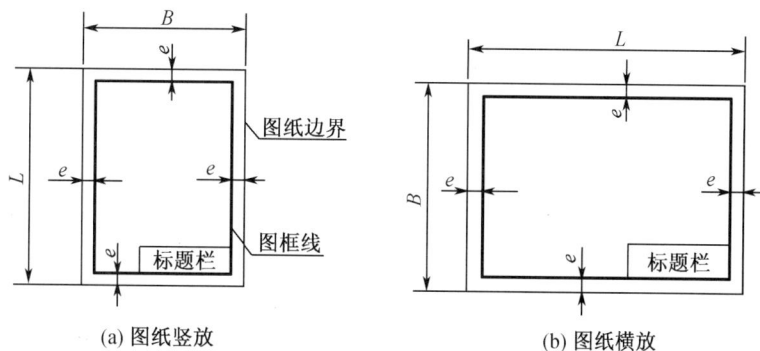

(a) 图纸竖放　　　　　　　　(b) 图纸横放

图 1-3　不留装订边的图框格式

3. 标题栏

每张图样上都要有标题栏。标题栏位于图纸的右下角,其格式和尺寸按 GB/T 10609.1—2008《技术制图　标题栏》的规定。标题栏一般由名称代号区、签字区和其他区域所组成。图 1-4 是国标中规定的标题栏。学生作业也可以使用简化的标题栏,如图 1-5 所示。

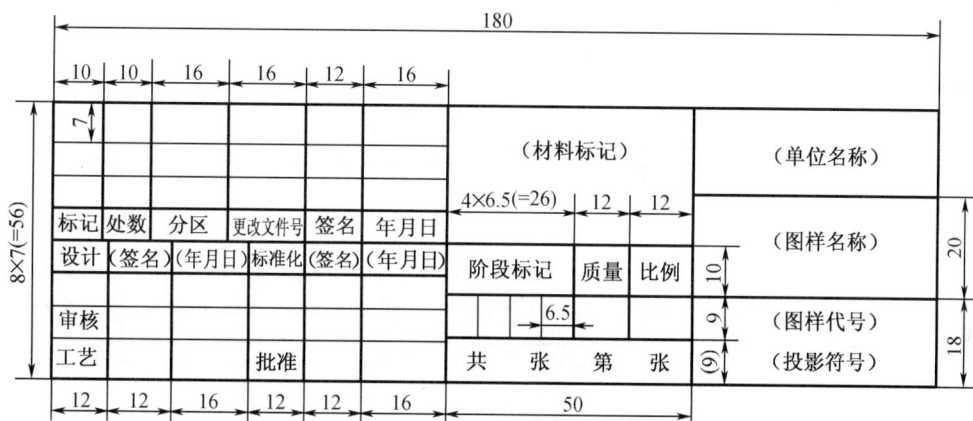

图 1-4　国家标准规定的标题栏

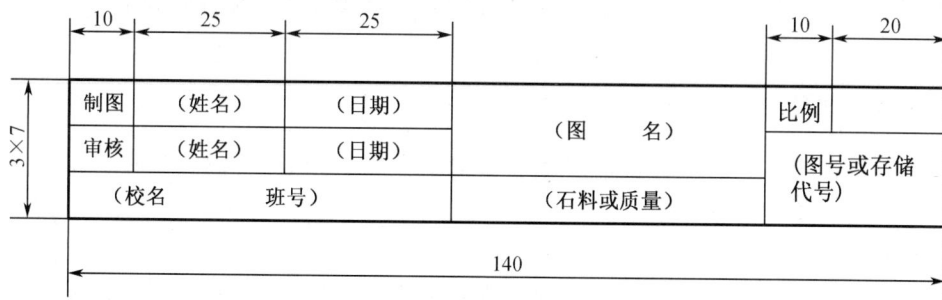

图 1-5　学生作业用标题栏

1.1.2 比例

1. 比例的概念

比例是图形与实物相应要素的线性尺寸之比。比例有以下三种类型：

（1）原值比例　比值为 1 的比例，即 1:1，绘制的图形与相应的实物一样大。

（2）放大比例　比值大于 1 的比例，如 2:1 等，绘制的图形比相应的实物大。

（3）缩小比例　比值小于 1 的比例，如 1:2 等，绘制的图形比相应的实物小。

2. 比例的选择

图样的比例按 GB/T 14690—1993《技术制图　比例》的规定。绘制图样时应优先选用表 1 – 2 中的比例；必要时也可以选取标准中规定的允许选取的比例，见表 1 – 3。表中字母 n 为正整数。

表 1 – 2　优先选用的比例

原值比例	1:1		
放大比例	5:1 $5 \times 10^n:1$	2:1 $2 \times 10^n:1$	$1 \times 10^n:1$
缩小比例	1:2 $1:2 \times 10^n$	1:5 $1:5 \times 10^n$	$1:1 \times 10^n$

表 1 – 3　允许选用的比例

放大比例	4:1 $4 \times 10^n:1$		2.5:1 $2.5 \times 10^n:1$		
缩小比例	1:1.5 $1:1.5 \times 10^n$	1:2.5 $1:2.5 \times 10^n$	1:3 $1:3 \times 10^n$	1:4 $1:4 \times 10^n$	1:6 $1:6 \times 10^n$

在绘制机械图样时，选用哪一种图幅及比例，应该由机件的实际大小、结构形状的复杂程度以及图样的用途等多种因素所决定。但是为了能直观地了解实物的大小和形状，标准推荐在表达清楚、布局合理的情况下，尽量采用原值比例；在绘制同一机件时，各个视图应尽可能选用同一比例。在特殊情况下，当图样中的个别视图采用了不同的比例时，必须在该视图名称的下方标注比例。

1.1.3 字体

字体是图样的一个重要组成部分，标注尺寸和书写技术要求，都离不开字体。国家标准 GB/T 14691—1993《技术制图　字体》中，规定了技术图样及相关文件中书写的汉字、数字、字母的书写方式和基本尺寸。

为了使绘制的图样清晰美观，不致因字体不规范而造成误解，给生产带来麻烦和损失，图样中字体书写必须做到：字体端正、笔画清楚、间隔均匀、排列整齐。

为此，国家标准制定了字体高度（用 h 表示）的公称尺寸系列：1.8，2.5，3.5，5，7，10，

14,20 mm。如果需要书写更大的字体,其字体高度应按 $\sqrt{2}$ 的比例递增。字体的高度代表的是字体的号数。

1. 汉字

国家标准规定,汉字要写成长仿宋体,并采用国家正式公布的简化字。汉字的高度 h 不应小于 3.5 mm,字体宽度一般为 $\frac{\sqrt{2}}{2}h$,即约为字高的 2/3。

长仿宋体的特点是:横平竖直、粗细均匀、书写规整、刚劲有力。书写要领是:排列匀称、起落分明、填满方格。为了保持字体的大小一致,可以在按字号大小画的格子内书写。汉字的书写示例见图 1-6。

10 号字

字体端正 笔画清楚 间隔匀称 排列整齐

7 号字

国家标准规范机械制图基本知识与技能比例字号

5 号字

装配图零件技术要求螺纹齿轮滑动轴承机械电子航空汽车土木建筑公路桥梁

3.5 号字

对称轴线大写斜体字横平竖直拉丁字母罗马图线形式应用比例关系机械图样基本要求实物要素

图 1-6　汉字字号示例

2. 数字和字母

数字和字母分为 A 型和 B 型两种。A 型字体的笔画宽度 d 为字高 h 的 $\frac{1}{14}$;B 型字体的笔画宽度 d 为字高 h 的 $\frac{1}{10}$。数字和字母可以写成直体和斜体,斜体字字头向右倾斜,与水平方向成 75°。另外,同一图样上,只允许选用一种形式的字体。数字和字母的 B 型书写示例如图 1-7 所示。

1.1.4　图线

1. 图线的线型及应用

机件的图形是用各种不同线型和粗细的图线绘制而成的。国家标准 GB/T 4457.4—2002《机械制图　图样画法　图线》规定了图样中图线的线型、尺寸及画法,如表 1-4 所示。图线的主要应用示例如图 1-8 所示,图线的其他用途可参阅国家标准。绘制图样时,应采用表中所规定的图线。

斜体数字　　*0123456789*

直体数字　　0123456789

大写斜体拉丁字母

ABCDEFGHIJKLM

NOPQRSTUVWXYZ

大写直体拉丁字母

ABCDEFGHIJKLM

NOPQRSTUVWXYZ

小写斜体拉丁字母

abcdefghijklm

nopqrstuvwxyz

小写直体拉丁字母

abcdefghijklm

nopqrstuvwxyz

图1-7　数字及字母书写示例

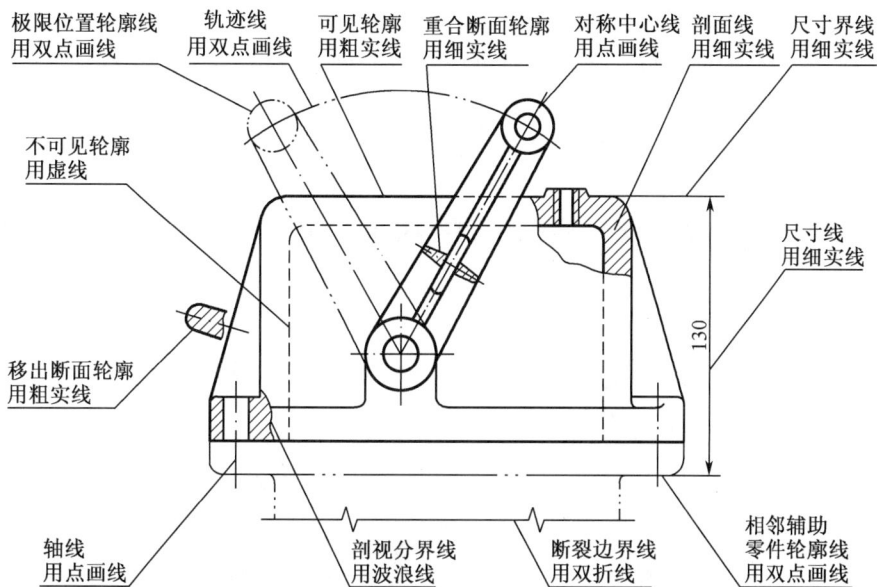

图 1-8　图线的一般应用示例

2.图线的宽度

图线分为粗细两种。根据图样的大小和复杂程度,国家标准中规定粗线的宽度 b 应在 $0.5 \sim 2$ mm 之间,细线的宽度约为 $b/2$。

图线宽度的推荐系列为:0.18,0.25,0.35,0.5,0.7,1,1.4,2 mm。制图中比较常用的粗实线宽度 b 为 $0.5 \sim 1$ mm。为了保证图样清晰易读,便于复制,图样中应尽量避免出现线宽小于 0.18 mm 的图线。

表 1-4　图线的名称、线型及应用

图线名称	图线线型	图线宽度	主要用途
粗实线		b	可见轮廓线
细实线		$b/2$	尺寸线、尺寸界线、剖面线、引出线、重合断面的轮廓线、螺纹牙底线、齿轮齿根线
虚线		$b/2$	不可见轮廓线
点画线		$b/2$	轴线、圆中心线、对称线
波浪线		$b/2$	断裂处边界线、局部剖视的分界线
双折线		$b/2$	断裂处边界线、局部剖视的分界线
双点画线		$b/2$	假想轮廓线、可动零件极限位置的轮廓线

3.图线的画法

画图线时应注意以下几个问题：

(1)在同一张图样中,同类图线的宽度应基本一致。虚线、点画线及双点画线的线段长度和间隔应各自大致相等。

(2)绘制圆的对称中心线时,圆心应为线段与线段的交点。点画线的首末两端应是线段而不是短画,同时点画线两端应超出圆轮廓2～5 mm,如图1-9(a)所示。

(3)当所绘制圆的直径较小,画点画线有困难时,可以用细实线代替点画线,如图1-9(b)所示。

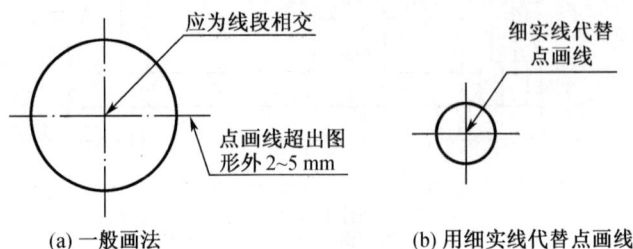

(a) 一般画法　　　　　　　(b) 用细实线代替点画线

图1-9　圆中心线的画法

(4)虚线、点画线及双点画线自身相交或与其他图线相交时,都应交在线段处,不应在空隙或短画处相交,如图1-10所示。另外,当虚线处于粗实线的延长线上时,虚线与粗实线间应留有间隙。

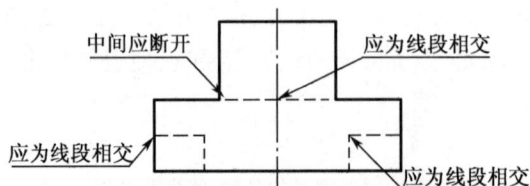

图1-10　图线画法示例

1.2　尺规绘图基础

1.2.1　尺规绘图工具简介

尺规绘图是指用铅笔、丁字尺、三角板、圆规等为主要工具来绘制机械图样,它是工程技术人员必须详细了解的基本技能。虽然目前实际的绘图中计算机绘图已经取代了手工绘图,但尺规绘图是对工程技术人员的基本技能的训练,也是学习和巩固制图理论知识不可缺少的方法,必须反复练习、熟练掌握。常用的绘图工具有以下几种。

1.图板

图板是用来固定图纸的。要求图板表面平整,图板的左边是丁字尺的导边,必须平直。

绘图时图纸固定在图板的左下方,但为了绘图方便,图纸与图板下边的距离应不小于丁字尺尺身的宽度。图纸的四角用胶带纸粘贴在图板上,如图 1 - 11 所示。

2. 丁字尺

丁字尺自身主要用来画水平线。丁字尺由尺身和尺头组成。尺身与尺头的结合必须牢固,不得有松动,且二者之间必须相互垂直。尺身的上边缘为工作边;尺头的内侧边为丁字尺的导边,工作时将其与图板的左边紧密贴合,使之沿着图板上下滑动。因此尺身的上边缘和尺头的内侧边都必须平直光滑。为了使用方便,丁字尺的长度应与所用图板的大小相适应,丁字尺的使用方法如图 1 - 11 所示。

3. 三角板

一副三角板有一把底角为 45°的等腰直角三角板和一把两个角分别是 30°,60°的直角三角板。三角板常与丁字尺配合使用,可以画出与水平方向成 90°角的铅垂线,如图 1 - 12 所示,也可以很方便地利用三角板的斜边画出各种特殊角度(45°,30°,60°)的倾斜线。

除以上的几种绘图用具以外,其他常用的工具还有:铅笔、圆规、分规、比例尺、曲线板和鸭嘴笔等,其用法此处从略。

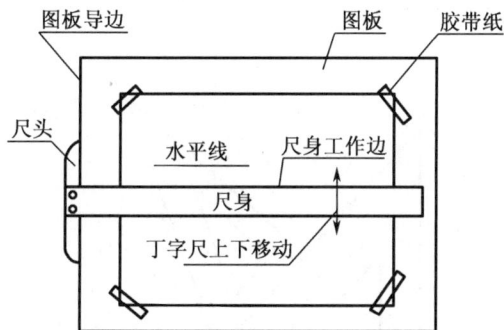

图 1 - 11　图纸粘贴及丁字尺的使用方法

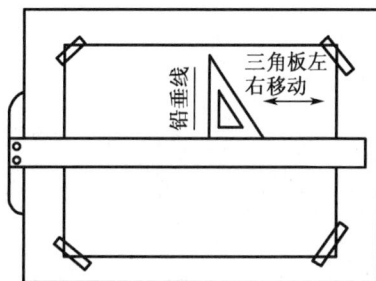

图 1 - 12　用丁字尺和三角板画铅垂线

1. 2. 2　几何作图

1. 关于线的作图

(1)过定点作已知直线的平行线

如图 1 - 13(a)所示,已知直线 AB 及直线外任意一点 K,过 K 点作 AB 的平行线。作图过程为:先使三角板的一边与直线 AB 重合,以另一个三角板的一边作为导边,移动三角板,使与 AB 线重合的一边过已知点 K,即可作出与直线 AB 平行的直线 CD,如图 1 - 13(b)所示。

(2)过定点作已知直线的垂线

如图 1 - 14(a)所示,已知直线 AB 和点 K,过 K 点作 AB 的垂线。作图过程为:使一个三角板的一边与已知直线重合,另一个三角板的一条直角边紧贴到该边上,并使另一直角边过已知点 K,即可过 K 点作 AB 的垂线,如图 1 - 14(b)所示。

(3)等分已知线段

已知一线段 AB,将其分割为任意等份,其作图过程如图 1 - 15 所示(以五等份为例)。

①过线段的一个端点,如图中的 A 点作任一直线 AC,用分规以任意长度为单位长度,在直线 AC 上顺序截取五段等长的线段,得到五个等分点 1,2,3,4,5,如图 1 – 15(a)所示。

②连接 $5B$,然后过点 1,2,3,4 分别作直线 $5B$ 的平行线,与线段 AB 交于 $1',2',3',4'$ 即为各等分点,如图 1 – 15(b)所示。

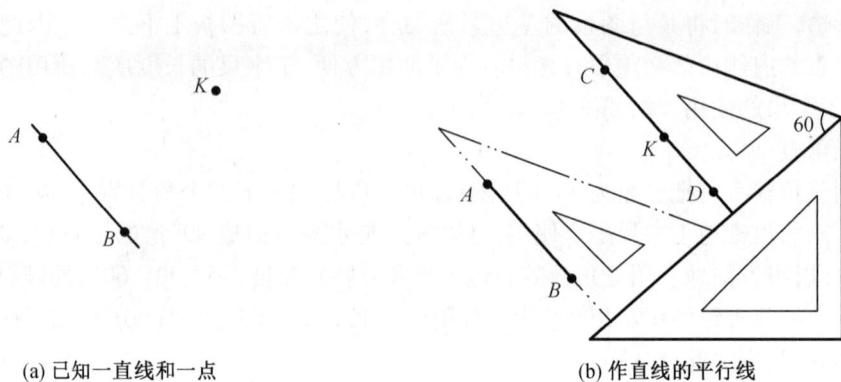

(a) 已知一直线和一点

(b) 作直线的平行线

图 1 – 13　过定点作直线的平行线

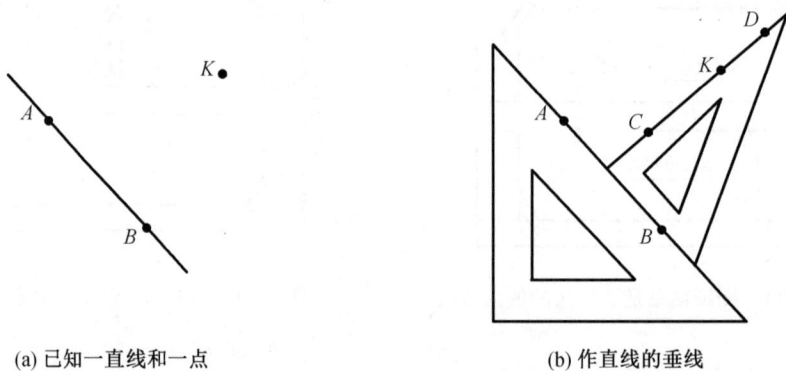

(a) 已知一直线和一点

(b) 作直线的垂线

图 1 – 14　过定点作直线的垂线

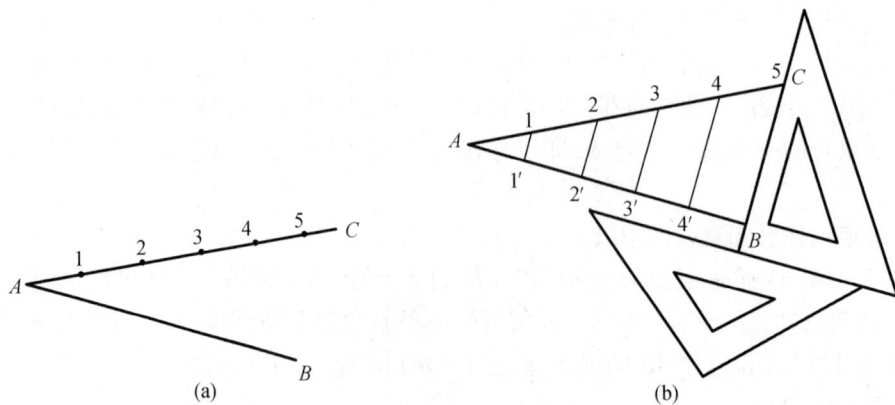

(a)

(b)

图 1 – 15　等分线段成五等份

2. 作圆的内接正多边形

正多边形的作图一般采用先作其外接圆,然后等分圆周,最后连接各等分点而成。下面就正五边形、正六边形、正 n 边形的作图方法介绍如下。

(1)正五边形。如图 1-16 所示,AB,CD 为已知圆 O 的直径。作水平半径 OA 的中点 M,以 M 为圆心,MC 之长为半径作弧交 OB 于 K 点,线段 CK 即为圆内接五边形的边长。以 CK 为边长,将圆周截取五等份,即可作出圆的内接五边形。

(2)正六边形。如图 1-17 所示,分别以已知圆的直径的两个端点 A,B 为圆心,以已知圆的半径为半径画弧,与圆周交于 1,2,3,4 点,1,2,3,4 及 A,B 即为等分点,依次连接,即可得到圆的内接六边形。

用三角板和丁字尺配合,也可以很方便地作出圆的内接六边形,请同学们自己思考完成。

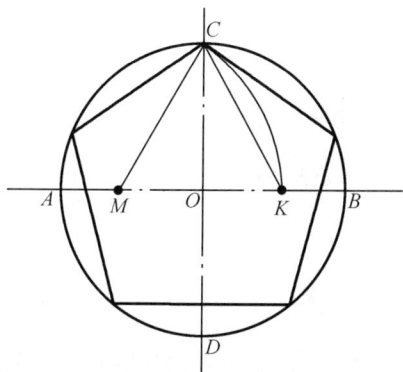

图 1-16　正五边形的作图

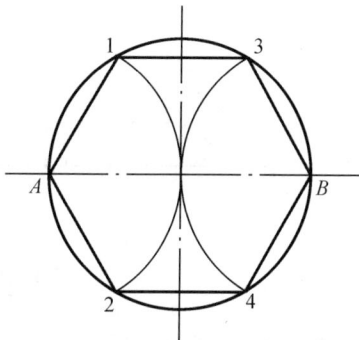

图 1-17　正六边形的作图

(3)正 n 边形。此处以 7 等份为例进行说明,如图 1-18 所示。首先将圆的铅垂直径 AB 分为 7 等份;以 B 为圆心,BA 为半径画弧交圆的水平直径的延长线于 M,N 两点;分别由点 M,N 与 AB 上的偶数点 2,4,6(也可以是奇数点 1,3,5)连线并延长,与圆周交于 I,Ⅱ,Ⅲ,Ⅳ,Ⅴ,Ⅵ 各点(如图 1-18(b)),即为圆周的等分点;依次连接 A,I,Ⅱ,Ⅲ,Ⅳ,Ⅴ,Ⅵ 各点即可得到圆的内接正七边形。

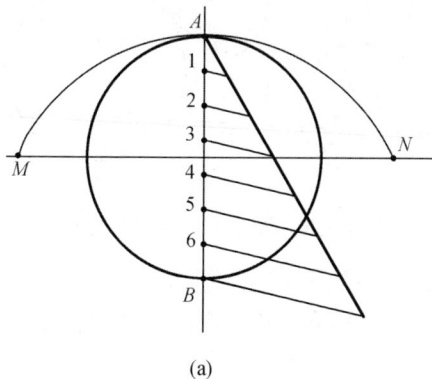

(a)

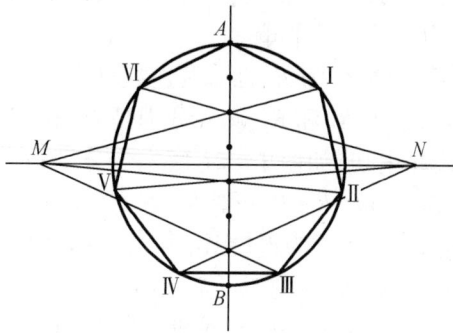

(b)

图 1-18　正七边形的作图

3. 圆弧连接

用已知半径的圆弧将两个已知的要素(线段或圆弧)光滑地连接起来,这一作图过程被称为圆弧连接。作图时必须使圆弧与直线或者是圆弧与圆弧在相连接处(通常称为连接点)相切,也就是几何作图中图形间的相切问题。为保证圆弧与已知要素间能光滑地连接,作图时必须准确地定出连接圆弧的圆心及连接点的位置。

(1)已知两相交直线 AB 及 AC,用半径为 R 的圆弧来连接,如图 1-19(a)。首先分别作两已知直线 AB,AC 的平行线 L_1,L_2,且使其到已知直线的距离都为 R,两直线 L_1 和 L_2 的交点 O 即为连接圆弧的圆心;过交点 O 分别作已知直线 AB 和 AC 的垂线,交点 T_1,T_2 即为连接圆弧与直线 AB 和 AC 的切点;再以 O 为圆心,R 为半径画弧即可。

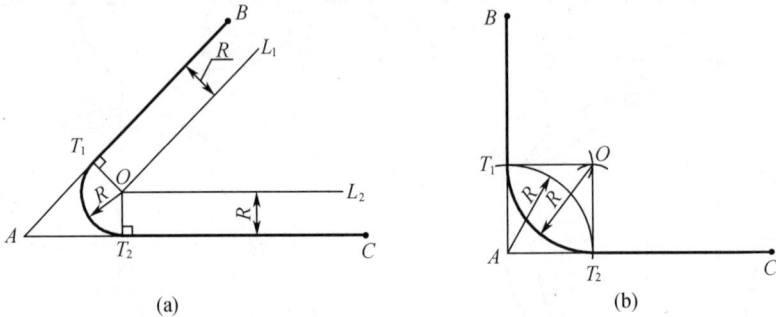

(a)   (b)

图 1-19 圆弧连接两相交直线

实际的工程绘图中,有很多两条相垂直的直线需要用圆弧连接的问题,此时只需要圆规即可简单地作出。方法是:以两相交直线 AB 及 AC 的交点 A 为圆心,以 R 为半径画弧,找出连接点 T_1 和 T_2;分别以 T_1,T_2 为圆心,以 R 为半径画弧,交点 O 即为所求的圆心;再以 O 为圆心,R 为半径画弧即可,如图 1-19(b)所示。

(2)用半径为 R 的圆弧连接两已知圆弧(半径分别为 R_1 和 R_2,圆心分别是 O_1 和 O_2),并使之相外切,如图 1-20 所示。先分别以 O_1,O_2 为圆心,以 $R+R_1$ 和 $R+R_2$ 为半径画圆弧,两弧的交点即为连接弧的圆心 O;分别找出连接弧与两已知弧的切点 T_1 和 T_2;以 O 为圆心,R 为半径画弧即可。

(3)用半径为 R 的圆弧连接两已知圆弧(半径分别为 R_1 和 R_2,圆心分别是 O_1 和 O_2),并使之相内切,如图 1-21 所示。分别以 O_1,O_2 为圆心,以 $|R-R_1|$ 和 $|R-R_2|$ 为半径画圆弧,两弧的交点即为连接弧的圆心 O;分别找出

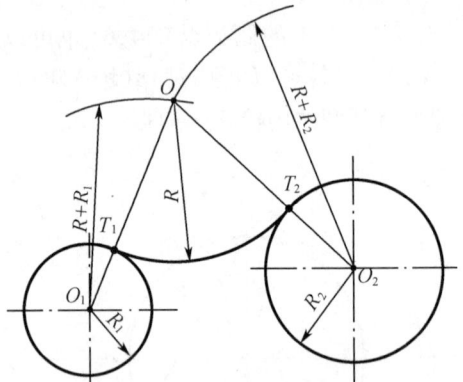

图 1-20 圆弧外切连接两圆弧

连接弧与两已知弧的切点 T_1 和 T_2;以 O 为圆心,R 为半径从 T_1 到 T_2 画弧即可。

(4)用圆弧连接一直线和一圆弧。已知一直线 AB 和半径为 R_1 的圆 O_1,用半径为 R 的圆弧将两者圆滑地连接起来,作图步骤如下:

①作 AB 的平行线 L,使其到已知直线 AB 的距离为 R;再以 O_1 为圆心,以 R' 为半径画弧,其与直线 L 的交点即为连接圆弧的圆心 O。与已知圆弧外切时,$R'=R+R_1$,如

图 1 –22(a)所示;如果要与已知圆弧相内切,则 $R' = R - R_1$,如图 1 –22(b)所示。

②过点 O 作直线 AB 的垂线,交点为 T_1;再连接 O_1O,与已知圆弧的交点为 T_2;则 T_1 和 T_2 即为圆弧连接的切点。

③以 O 为圆心,R 为半径从 T_1 到 T_2 画圆弧即可。

4.斜度和锥度

(1)斜度

斜度是指一直线对另一直线或一平面对另一平面的倾斜程度。通常以两者之间夹角的正切值来表示,并将其写成 $1:n$ 的形式,如图 1 – 23(a)所示。

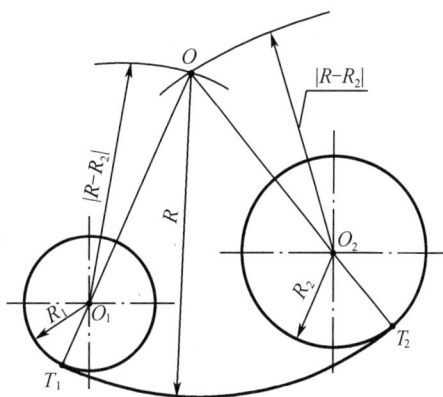

图 1 – 21　圆弧内切连接两圆弧

$$斜度 = \tan \alpha = H/L = 1:n$$

在图样上斜度用符号来标注,如图 1 – 23(b),图中的 h 是字号的高度。标注时符号斜线的方向必须与图形的倾斜方向相一致。

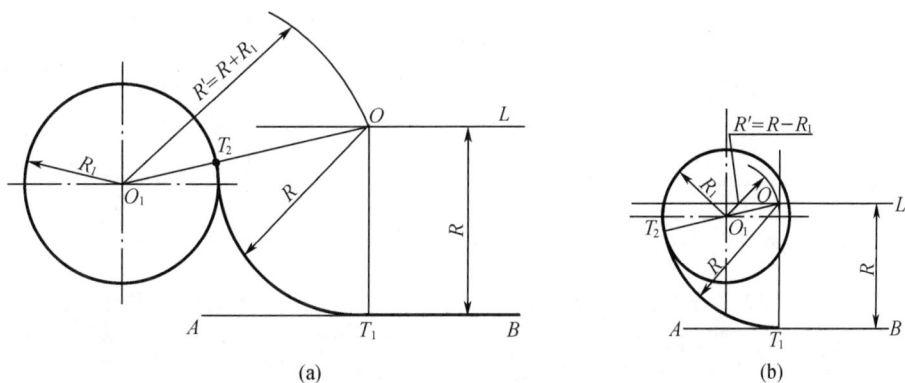

(a)

(b)

图 1 – 22　圆弧连接直线和圆弧

斜度的表示方法如图 1 – 24 所示。

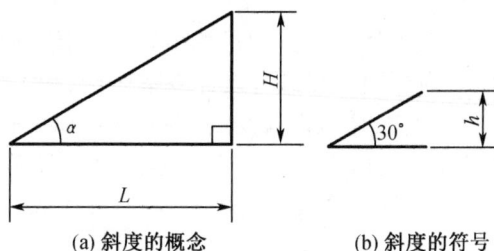

(a)斜度的概念　　　　(b)斜度的符号

图 1 – 23　斜度的概念及符号

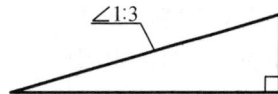

图 1 – 24　斜度的表示方法

(2)锥度

锥度是指正圆锥体的底圆直径与圆锥高度的比值,如果是圆台,则应为两底圆直径之差与圆台高度之比,如图 1-25(a)所示。锥度的大小是圆锥素线与轴线夹角的正切值的两倍,即

$$\text{锥度} = \frac{D}{L} = \frac{D-d}{l} = 2\tan \alpha = 1 : n$$

锥度也是以 1:n 的形式表示,标注时在数字前加上表示锥度的符号,如图 1-25(b)所示,图中 h 为字号的高度。标注时要使符号的方向与图的锥度方向一致。

以锥度为 1:5 的圆锥台为例说明锥度的作图过程,如图 1-26 所示。先按已知条件作出大端底圆直径 D,然后在轴线上量取 5 个单位长,在直径 D 上以轴线为对称量取 1 个单位长,得到 1:5 的锥度线;再过直径 D 的两个端点作锥度线的平行线;最后用已知的锥台长度 l 截取,即为所求的圆锥台。在工程图样中标注锥台尺寸时,一般要标注出锥体部分一个底圆的直径,一般为大端直径、锥台高度及锥度(即 1:n),如图 1-26 所示。

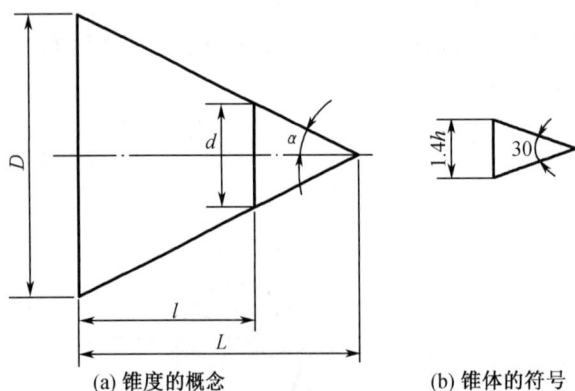

(a) 锥度的概念　　　　(b) 锥体的符号

图 1-25　锥度的概念及符号

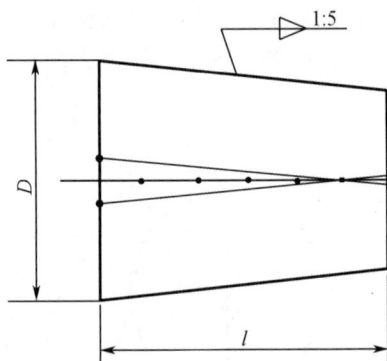

图 1-26　锥体的画法

1.3　徒 手 绘 图

在解决工程实际问题时,有时需要根据现场对形体各部分的目测结果,不用绘图仪器而按大致比例进行徒手绘制图样,这样的图样称为草图。在进行设计方案讨论、施工现场技术交流、仪器仪表测绘时,由于受到现场条件的限制,往往需要绘制草图。绘制草图所使用的绘图纸不作特殊要求,为了作图方便,也可以使用印有方格或有菱形格的作图纸。但徒手绘制的草图与正规图样一样要做到:图形正确、线型清楚、比例准确、字体工整、图面整洁。

作为一名工程技术人员,徒手绘图也是一项重要的基本技能,必须经过不断实践才能不断提高。一个物体的形状无论如何复杂,总体而言都是由直线、圆、圆弧及曲线组成。所以要能画好草图,必须熟练地掌握徒手画各种线条的方法。下面简单介绍各种图线的画法。

1.3.1　直线的画法

徒手绘图时,为了运笔和观察目标的方便,手握笔的位置一般要比尺规作图高些,大致握在铅笔尖上方约 35 mm 处。使笔杆与纸面成 45°～60° 的夹角。手腕和小手指不要紧贴纸面,以保持手和笔运动灵活。

画直线时,要防止手腕转动,眼睛要随时看着画线的终点,轻轻地移动手臂和手腕,使笔尖与线的终点始终保持在一条直线上。在画较长的直线时,可用目测的方法,在直线的中间定出几个点,再分段画出。为了画图方便,画直线时可将图纸斜放,如图 1－27 所示。

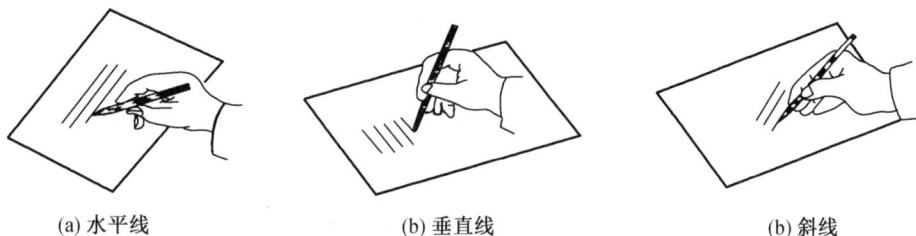

(a) 水平线　　　　　　(b) 垂直线　　　　　　(b) 斜线

图 1－27　徒手画直线的方法

画特殊角度,如 30°,45°,60° 的直线时,可利用直角三角形直角边的比例关系,近似确定两端点后连接而成,如图 1－28 所示。

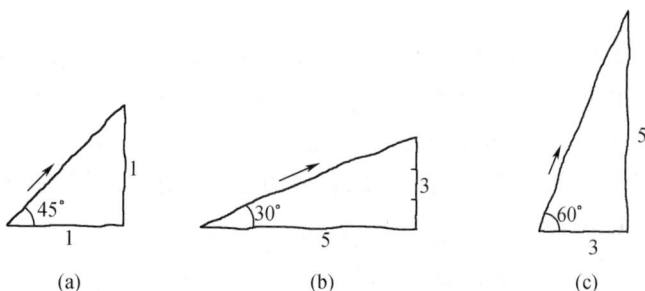

(a)　　　　　　　　(b)　　　　　　　　(c)

图 1－28　徒手画特殊角度斜线

1.3.2　圆和圆角的画法

徒手画圆时,先定出圆心及画出中心线。如果圆的直径较小,可根据圆的半径目测在中心线上定出四点,然后过这四点画圆,如图 1－29(a) 所示。但当圆的直径较大时,为了使徒手绘图的结果更精确,可以过圆心再增画两条 45° 的斜线,在斜线上再定出四个点,然后过这八个点画圆,如图 1－29(b) 所示。

画直线之间连接的过渡圆角时,先根据圆角半径的大小目测在角平分线上定出圆心的位置,使其距角的两边距离等于圆角的半径。过圆心向角的两边作垂线定出圆弧的起点和终点的位置,并在角平分线上同样定出圆弧上的一点,然后过这三点徒手作圆弧,如图 1－30 所示。

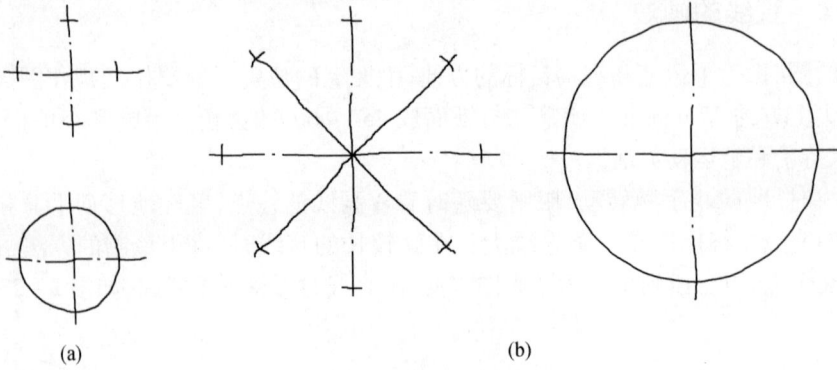

图 1 – 29　徒手画圆

图 1 – 30　徒手画圆角

1.3.3　椭圆的画法

　　画椭圆时,通常情况下椭圆的长、短轴的长度是已知的。先根据椭圆的长、短轴的长度,作出椭圆的外切矩形;如果椭圆的尺寸较小,可以直接画出椭圆,如图 1 – 31(a)所示;如果椭圆的尺寸较大,可以在画出外切矩形后,作出其对角线,然后将对角线的一半目测分成10 等份,定出对角线上四个 7 等分点的位置,再将四个 7 等分点和长、短轴的四个顶点光滑连接即可,如图 1 – 31(b)所示。

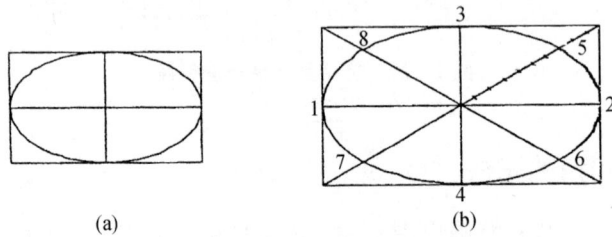

图 1 – 31　徒手画椭圆

第 2 章　点、直线和平面的投影

工程上为了表达机械零部件、电子元器件、厂房、房屋、电器管路等的形状结构特征、工作原理、技术要求等，必须绘制工程图样。这些图样都是按照一定的投影原理绘制出来的。机械图样通常按正投影法绘制，因此，本章首先介绍正投影法的基本原理，并在此基础上进一步学习点、直线和平面的投影。

2.1　投影法的基本知识

2.1.1　投影法的概念

物体在光线的照射下，会在地面或者墙壁上投下一个影子，我们把这种现象称为投影。人们经过长期的观察和总结，逐步建立了投影与空间物体之间的几何关系，形成了目前被广泛使用的投影法。

所谓投影法，可以理解为投射线通过物体向选定的平面投射，并在该面上得到图形的方法。选定的平面被称为投影面，得到的图形就是我们所说的投影。如图 2-1 所示，P 为投影面，ABC 代表空间物体，Sa、Sb、Sc 分别代表投射线，abc 即为物体在该投影面上的投影。

2.1.2　投影法的分类

根据投射线方向的不同，投影法被分为中心投影法和平行投影法两种。

1. 中心投影法

投射线汇交于一点的投影法称为中心投影法，如图 2-1 所示。由中心投影法得到的投影称为中心投影。

用中心投影法绘制的图形不能真实地反映物体的形状

图 2-1　中心投影法

和大小，因此机械图样不采用这种方法绘制，它通常被用来绘制建筑结构的透视图，使之具有较强的立体效果。

2. 平行投影法

投射线相互平行的投影法称为平行投影法。按投射线与投影面的相互关系，平行投影法又分为以下两种：

（1）正投影法。投射线与投影面相垂直的平行投影法为正投影法，如图 2-2（a）所示。

（2）斜投影法。投射线与投影面相倾斜的平行投影法为斜投影法，如图 2-2（b）所示。

采用正投影法得到的图形称为正投影图，也叫正投影。正投影法与中心投影法相比直观性较差，但正投影法有一个很重要的特性就是实形性，即与投影面平行的直线或平面，其

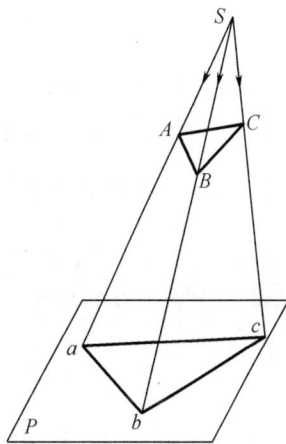

投影反映实长或实形。当物体平面与投影面平行时,用正投影法得到的投影可以准确地表达物体的几何形状和大小,所以度量性较好,而且作图方便。国家标准 GB/T 14692—2008《技术制图　投影法》中明确规定,机械图样采用正投影法绘制。所以本书主要介绍正投影法。以后各章如无特殊说明均采用正投影法。

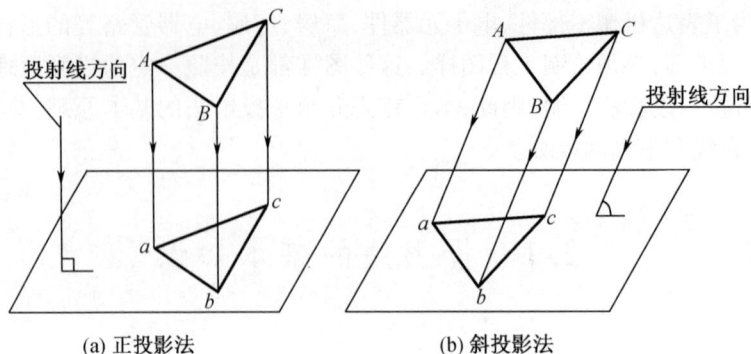

(a) 正投影法　　　　　　　　　　(b) 斜投影法

图 2 - 2　平行投影法

2.2　点　的　投　影

工程上使用的几何形体是由点、线、面组成的,为了能迅速而准确地绘制和阅读形体的投影,本章按照点、线、面的顺序介绍其投影特性及投影规律。

2.2.1　点的投影的概念

投射线通过空间点 A 向投影面 P 投射,投射线与投影面的交点 a 叫作 A 在投影面 P 上的投影,如图 2 - 3(a)所示。

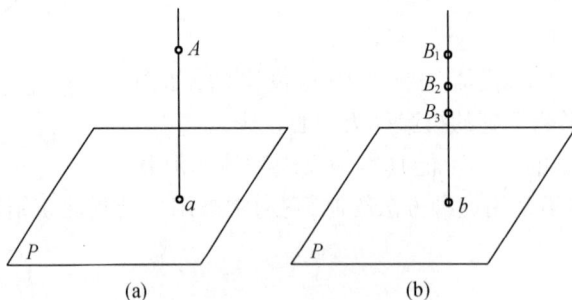

(a)　　　　　　　　(b)

图 2 - 3　点的投影的概念

很明显,当点 A 的空间位置和投影面 P 确定后,该点在投影面上的投影是唯一的。但是,根据点的一个投影,不能确定该点在空间的位置。如图 2 - 3(b)所示,已知 b 是空间点在投影面上的投影,此时过 b 点沿着投射线方向的所有点,如图中的 B_1,B_2,B_3 等,它们的投

影都是 b。为了能使空间点与投影有唯一对应的关系,工程上常采用多面投影。

2.2.2　点在三投影面体系中的投影

1. 三投影面体系的建立

三投影面体系是由三个互相垂直的投影面所组成。其中正面放置的投影面称为正立投影面,简称正面,用 V 表示;水平方向的投影面称为水平投影面,简称水平面,用 H 表示;侧立放置的投影面称为侧立投影面,简称侧面,用 W 表示,如图 2-4 所示。三个投影面互相垂直相交,其交线称为投影轴,分别用 x,y,z 来表示。三个投影轴互相垂直相交于原点 O。

水平投影面 H 与正立投影面 V 将空间分成了四个部分,称为四个分角,分别称为第Ⅰ分角、第Ⅱ分角、第Ⅲ分角和第Ⅳ分角,如图 2-5 所示。将几何形体放在第一分角内,将其向投影面进行投影的方法称为第一角画法,依此类推。我国的国家标准规定机械图样采用第一角画法,所以本书主要介绍第一角画法。

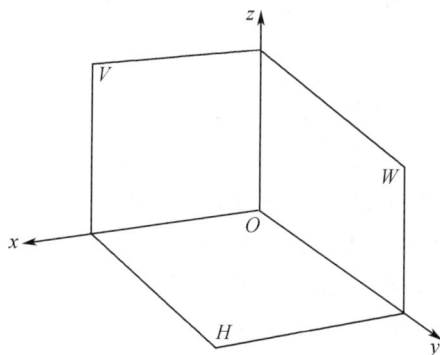

图 2-4　三投影面体系

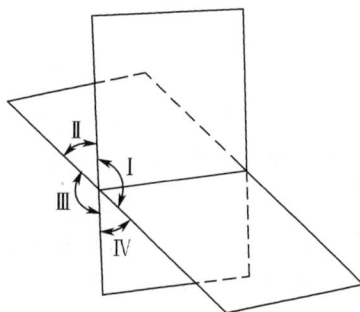

图 2-5　空间的四个分角

2. 点的三面投影

使空间点 A 位于第Ⅰ分角内,将 A 点分别向三个投影面投射,即过 A 点分别向三个投影面作垂线,所得垂足 a,a',a'' 就是 A 点在三个投影面——H 面、V 面和 W 面上的投影,分别称为 A 点的水平投影、正面投影和侧面投影,如图 2-6 所示。

为了将点的空间投影表示在同一平面上,需将上面三投影面体系中互相垂直的三个投影面展开。先移去空间点 A 和投射线 Aa,Aa',Aa''。保持 V 面不动,H 面绕 Ox 轴向下旋转 $90°$,W 面绕 Oz 轴向右旋转 $90°$。此时 H 面、W 面和 V 面即处于同一平面内,如图 2-7(a)所示。

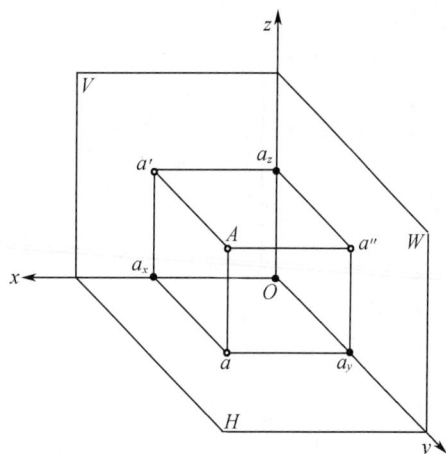

图 2-6　点的三面投影

投影面可以认为是没有边界的平面,因此实际画图时表示投影面的边框可以省略不画,投影面的名称 V,H,W 亦可省略,如图2-7(b)所示。

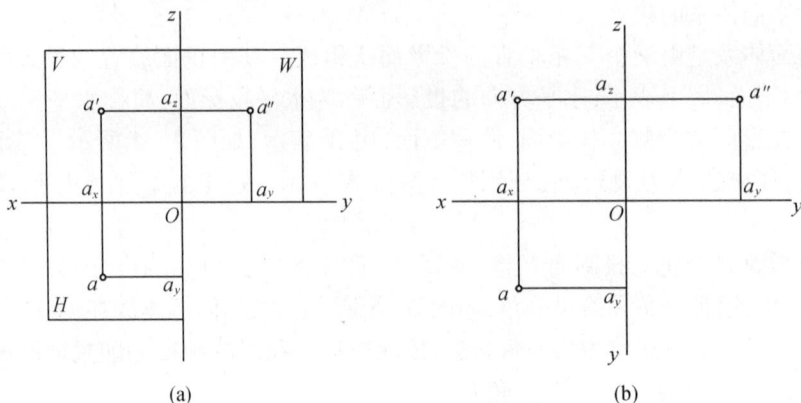

图 2-7　展开后点的三面投影

3. 点的投影特性

结合图 2-6 和图 2-7(b),可将点的投影特性总结如下:

(1)点的两面投影的连线必定垂直于相应的投影轴,即 $a'a \perp Ox$, $a'a'' \perp Oz$。

(2)点的投影到投影轴的距离,反映空间点到相邻投影面的真实距离。即:

点的水平投影到 Ox 轴的距离等于点的侧面投影到 Oz 轴的距离:$aa_x = a''a_z$;

点的正面投影到 Ox 轴的距离等于点的侧面投影到 Oy 轴的距离:$a'a_x = a''a_y$;

点的水平投影到 Oy 轴的距离等于点的正面投影到 Oz 轴的距离:$aa_y = a'a_z$。

作点的三面投影时,根据以上点的投影特性,只要知道点的任意两个投影,就可以很容易地作出点的第三投影。

例 2-1　已知点 A 的两面投影 a 和 a',如图 2-8(a)所示,试求其侧面投影 a''。

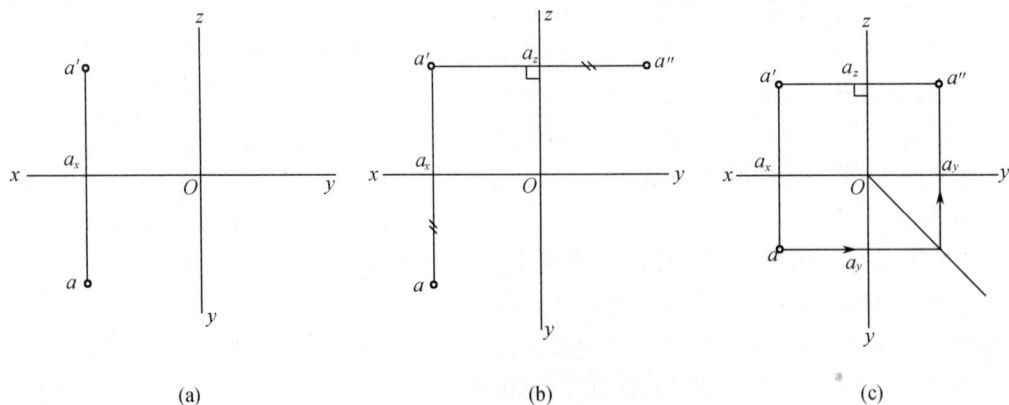

图 2-8　已知点的两面投影求第三面投影

根据点的投影特性可知,$a'a \perp Ox$,$a'a'' \perp Oz$。作图过程如图 2-8(b)所示。

过 a' 作 Oz 轴的垂线，其交点为 a_z；在 $a'a_z$ 的延长线上截取 $a''a_z = aa_x$，a'' 即为所求。

如图 2 - 8(c)所示，为了作图的方便，可用过原点 O 并与水平成 45°的辅助斜线的方法作图。

另外，三个投影轴 Ox，Oy，Oz 组成一空间直角坐标系。所以综上所述，空间点的三面投影与该点的空间坐标之间有如下的关系：

①空间点的每一个投影，都反映了该点的两个坐标值，即

$$a(x_A, y_A)，a'(x_A, z_A)，a''(y_A, z_A)$$

②空间点的每一个坐标值，反映该点到某个投影面的距离，即

$$x_A = aa_y = a'a_z = a_x O，即点 A 到 W 面的距离$$
$$y_A = aa_x = a''a_z = a_y O，即点 A 到 V 面的距离$$
$$z_A = a'a_x = a''a_y = a_z O，即点 A 到 H 面的距离$$

很明显，点的任意两个投影即可反映空间点的三个坐标值。有了空间点 A 的坐标值 $A(x_A, y_A, z_A)$，就可以确定该点的三面投影 a，a'，a''，反之亦然。

例 2 - 2　已知点 $A(10, 20, 30)$，求作点 A 的三面投影。

作图过程如下：

(1)画出投影轴 Ox，Oy，Oz。由 O 点沿 Ox 轴截取 $x = 10$，得到点 a_x；沿 Oy 轴截取 $y = 20$，得到点 a_y；沿 Oz 轴截取 $z = 30$，得到点 a_z，如图 2 - 9(a)所示。

(2)过 a_x 点作 Ox 轴的垂线，过 a_y 点在 H 面内作 Oy 的垂线，二者的交点即为点 A 的水平投影 a；过 a_z 点作 Oz 轴的垂线，与过 a_x 点所作的 Ox 轴的垂线的交点为正面投影 a'；在 W 面内过 a_y 点作 Oy 轴的垂线，与过 a_z 点所作 Oz 轴的垂线的交点为侧面投影 a''，如图 2 - 9(b)所示。

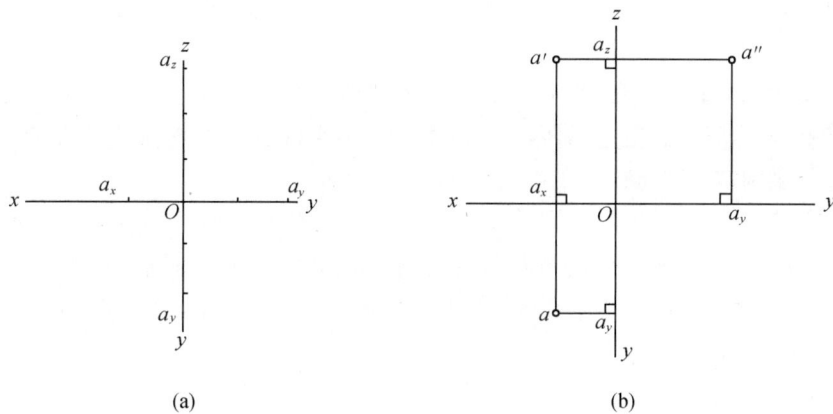

(a)　　　　　　　　　　　　(b)

图 2 - 9　已知点的坐标求点的投影

2. 2. 3　特殊位置点的投影

位于投影面或投影轴上的空间点称为特殊位置点。其中投影面上的点有一个坐标值为零，投影特点是：一个投影与空间点重合，另两个投影位于坐标轴上。投影轴上的点有两个坐标值等于零，投影特点是：两个投影与空间点重合，另一个投影在坐标原点上。另外一

种特殊情况是空间点的三个坐标值都等于零,即空间点位于坐标原点,显然它的三个投影也都落在坐标原点上。

例 2 - 3 已知点 $A(5,0,10)$、点 $B(0,0,15)$、点 $C(0,0,0)$,试分别作出三点的投影。

(1)点 A 的投影。因为 $y_A = 0$,空间点 A 位于正立投影面 V 上。因此,点 A 的正面投影 a' 与 A 点重合,水平投影 a 位于 Ox 轴上,侧面投影 a'' 位于 Oz 轴上,如图 2 - 10(a)所示。

(2)点 B 的投影。因为 $x_B = y_B = 0$,空间点 B 位于 Oz 轴上。因此,点 B 的正面投影 b' 和侧面投影 b'' 都位于 Oz 轴上,与点 B 重合,水平投影 b 落在坐标原点上,如图 2 - 10(b)所示。

(3)点 C 的投影。因为 $x_C = y_C = z_C = 0$,空间点 C 位于坐标原点。因此,点 C 的三面投影 c,c',c'' 都落在坐标原点上,如图 2 - 10(c)所示。

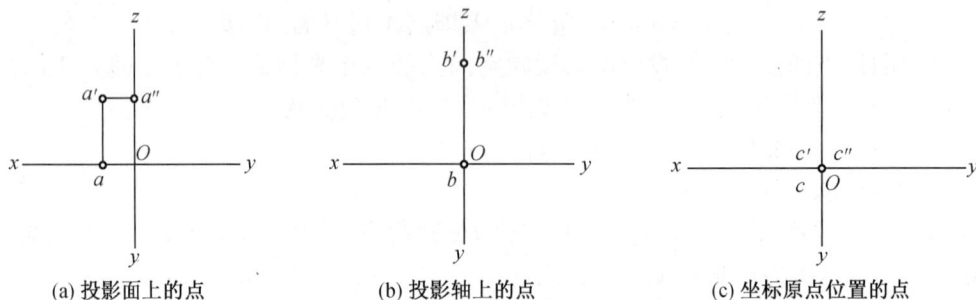

(a) 投影面上的点　　　　(b) 投影轴上的点　　　　(c) 坐标原点位置的点

图 2 - 10　特殊位置点的投影

2.2.4　两点的相对位置

空间两点的相对位置是指它们之间的上下、前后、左右的相对位置关系。

1. 两点的相对位置的确定

根据空间两点坐标之间的相对关系,可以确定两点的相对位置。其中左右关系可由 x 坐标来确定,x 坐标值大的在左;前后关系可由 y 坐标来确定,y 坐标值大的在前;上下关系可由 z 坐标值来确定,z 坐标值大的在上。

已知空间点 A 的三面投影分别为 a,a',a'',空间点 B 的三面投影分别为 b,b',b'',如图 2 - 11 所示。由两点的三面投影即可判断空间两点的相对位置。由图 2 - 11 可知,$x_B > x_A$,表示点 B 在点 A 之左;$y_A > y_B$,表示点 A 在点 B 之前;$z_A > z_B$,表示点 A 在点 B 之上。也就是点 A 在点 B 的前、右、上方。

2. 重影点及其可见性

如果空间两点在某一个投影面上的投影重合,此两点称为该投影面的重影点。这样的两个点必有两个坐标值相同,即它们位于同一条投影线上。如图 2 - 12 所示,图中的空间点 A 和点 B,其中有 $x_A = x_B$ 和 $y_A = y_B$,即点 A 和点 B 位于水平投影面 H 的同一条投影线上,则点 A 和点 B 称为 H 面的重影点。

当空间两点在某投影面上的投影重合时,若沿着投射线的方向进行观察,必有一点的投影遮挡住另外一点的投影,因此我们必须考虑重影点投影时的可见性问题。沿着投射线方向,看到者为可见,被遮挡者为不可见。对 H 面的重影点,z 坐标大者可见;对 V 面的重影点,y 坐标大者可见;对 W 面的重影点,x 坐标大者可见。

为了清楚地表明重影点的可见性,规定将不可见点的投影加括号表示,如图 2 – 12 中点 A 和点 B 是一对水平重影点,点 B 的水平投影 b 应加括号,表示为(b)。对于正面和侧面重影点请读者自行分析。

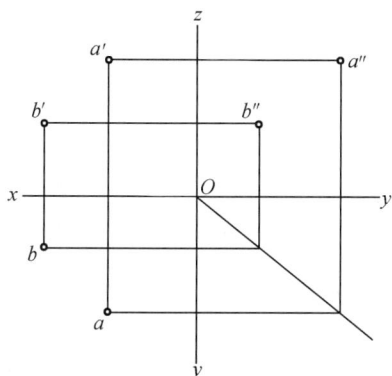

图 2 – 11　两点的相对位置

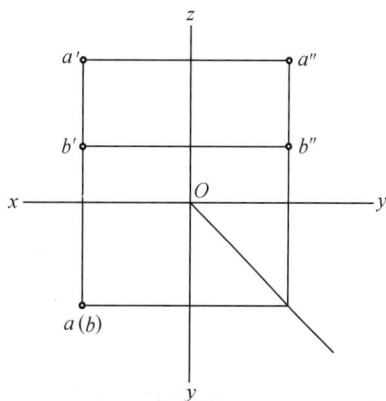

图 2 – 12　重影点的投影

2.3　直线的投影

2.3.1　直线投影的概念

一般情况下,直线的投影仍为直线。特殊情况下,当直线垂直于某投影面时,直线在该投影面上的投影积聚为一点。我们知道,两点确定一条直线,因此直线的投影可由直线上两点的投影来确定。作图时,只要作出直线上两个端点的投影,并将两点的同面投影相连,即可得到直线的三面投影,如图 2 – 13 所示。

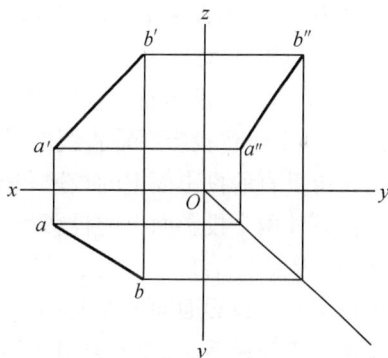

2.3.2　直线在各投影面的投影

图 2 – 13　直线的三面投影

1. 直线在一个投影面中的投影

直线与单一投影面(以 H 面为例)的相对位置关系有以下三种。

(1)直线与投影面垂直。此时直线的投影积聚为一个点,称为直线投影的积聚性,如图 2 – 14(a)所示。

(2)直线与投影面平行。直线的投影长度与空间的实际长度相等,如图 2 – 14(b)所示,即 $ab = AB$,称为直线投影的真实性。

(3)直线与投影面倾斜。直线的投影仍为直线,但不等于空间直线的实际长度,如图 2 – 14(c)所示,如果此时直线与 H 面的夹角为 α,则有 $ab = AB\cos \alpha$。

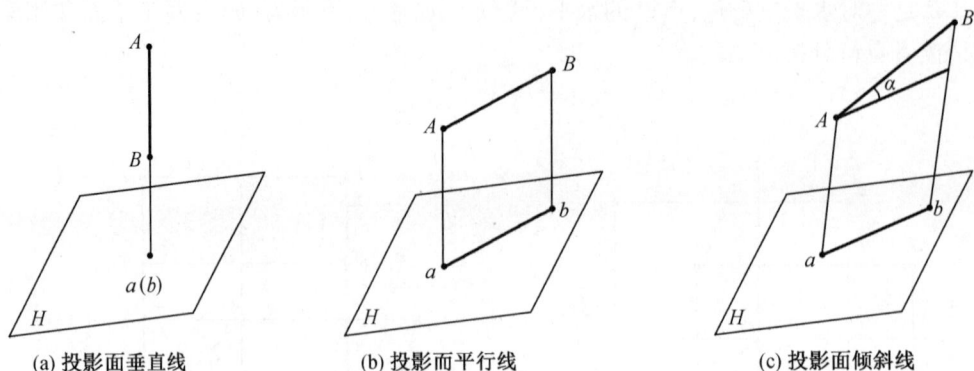

(a) 投影面垂直线　　　　(b) 投影而平行线　　　　(c) 投影面倾斜线

图 2 - 14　直线在一个投影面中的投影

2. 直线在三投影面体系中的投影

在三投影面体系中,直线对投影面的相对位置可以分为三种情况:投影面垂直线、投影面平行线和一般位置直线,前两种直线又统称为特殊位置直线。直线与其投影之间的夹角称作直线对该投影面的倾角。规定直线与 H 面的倾角用 α 表示,直线与 V 面的倾角用 β 表示,直线与 W 面的倾角用 γ 表示。很显然,直线与三个投影面的相对位置决定了直线在三投影面体系中的投影特性。下面就不同位置直线的投影特性分别进行讨论。

(1)投影面垂直线

垂直于某一个投影面,与另外的两个投影面都平行的直线叫作投影面垂直线。投影面垂直线分为三种:垂直于正面的直线叫作正垂线;垂直于水平面的直线叫作铅垂线;垂直于侧面的直线叫作侧垂线。

表 2 - 1 列出了投影面垂直线的立体图、投影图及其投影特性。

由表 2 - 1 可将投影面垂直线的投影特性归纳如下:

①在所垂直的投影面上的投影积聚为一点;

②在另外两个投影面上的投影均反映实长,且与相应的投影轴垂直。

(2)投影面平行线

平行于一个投影面而同时与另外两个投影面倾斜的直线称为投影面平行线。投影面平行线也分为三种情况:平行于正面的正平线;平行于水平面的水平线;平行于侧面的侧平线。

表 2 - 2 列出了投影面平行线的立体图、投影图及其投影特性。

可将投影面平行线的投影特性归纳如下:

①在所平行的投影面上,投影长度反映空间线段的实际长度;投影与投影轴的夹角,分别等于空间直线与另两个投影面的实际倾角的大小。

②在另外两个投影面上的投影长度都小于实长,且分别与相应的投影轴平行。

表 2-1 投影面垂直线的投影特性

名称	正垂线	铅垂线	侧垂线
立体图	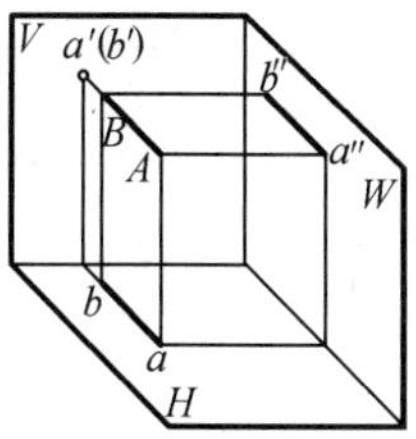	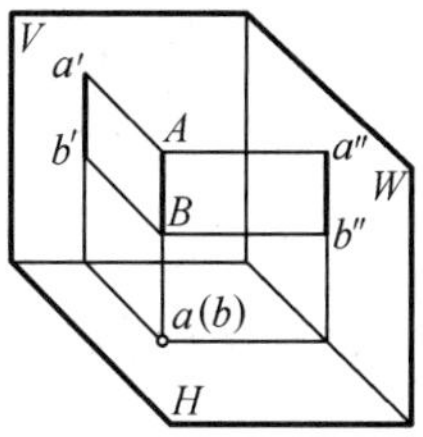	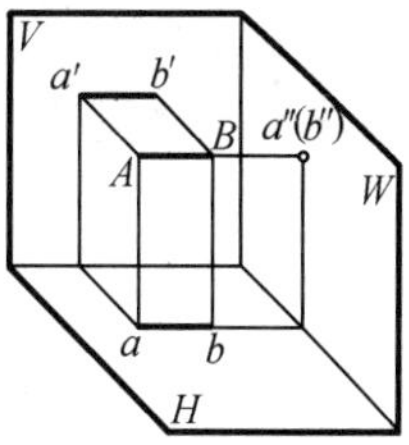
投影图	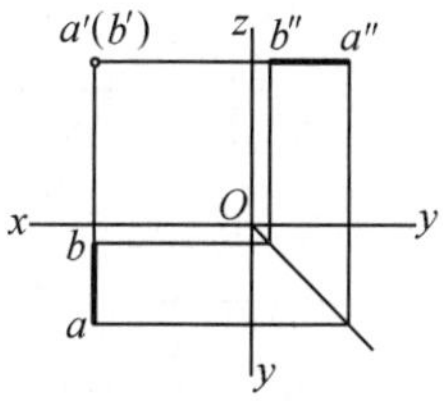	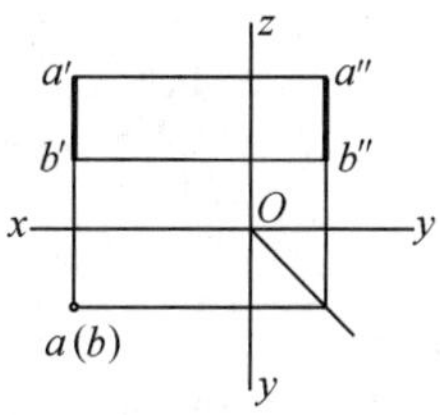	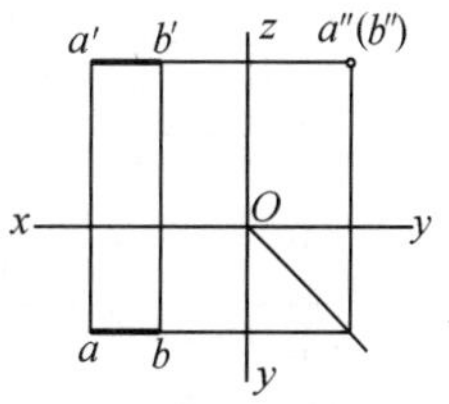
投影特性	1. 正面投影积聚为一点； 2. $ab = a''b'' = AB$ $ab \perp Ox$ 轴、$a''b'' \perp Oz$ 轴	1. 水平投影积聚为一点； 2. $a'b' = a''b'' = AB$ $a'b' \perp Ox$ 轴、$a''b'' \perp Oy$ 轴	1. 侧面投影积聚为一点； 2. $ab = a'b' = AB$ $ab \perp Oy$ 轴，$a'b' \perp Oz$ 轴

（3）一般位置直线

与三个投影面都倾斜的直线称为一般位置直线，如图2-15（a）所示。其投影如图2-15（b）所示，由图可以看出，直线的三个投影都倾斜于投影轴，因此 $ab = AB\cos \alpha < AB$，$a'b' = AB\cos \beta < AB$，$a''b'' = AB\cos \gamma < AB$。另外 AB 的三面投影与投影轴的夹角，都不等于空间直线与投影面的实际夹角的大小。

所以一般位置直线的投影特性可以归纳如下：

①直线的三个投影都倾斜于投影轴，且投影长度都小于空间直线的实际长度；

②直线的三个投影与投影轴的夹角，均不反映空间直线与各投影面的实际倾角的大小。

表 2-2　投影面平行线的投影特性

名称	正平线	水平线	侧平线
立体图			
投影图			
投影特性	1. $a'b' = AB$，$a'b'$ 与投影轴 Ox，Oz 的夹角反映直线与 H 面、W 面的夹角 α,γ； 2. $ab \parallel Ox$，$a''b'' \parallel Oz$	1. $ab = AB$，ab 与投影轴 Ox，Oy 的夹角反映直线与 V 面、W 面的夹角 β,γ； 2. $a'b' \parallel Ox$，$a''b'' \parallel Oy$	1. $a''b'' = AB$，$a''b''$ 与投影轴 Oy，Oz 的夹角反映直线与 H 面、V 面的夹角 α,β； 2. $ab \parallel Oy$，$a'b' \parallel Oz$

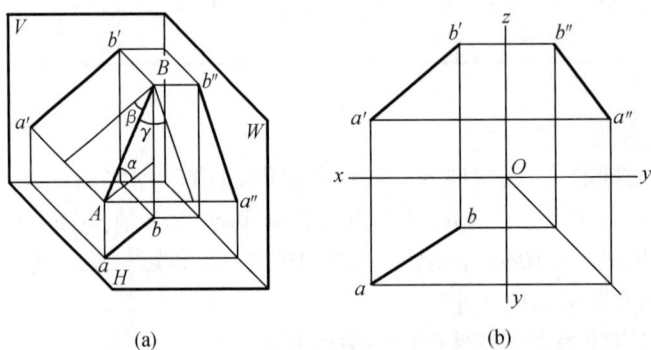

(a) 　　　　　　　　(b)

图 2-15　一般位置直线的投影

2.3.3　一般位置线段的实长及对投影面的夹角

由一般位置直线的投影特性可知,它的三个投影均不反映实长,也不反映该直线与投影面的实际夹角。但在工程上,我们必须通过直线的投影用作图的方法来解决这类度量问题。下面将介绍求一般位置线段的实长和它对投影面的倾角的方法,即直角三角形法。

以求线段的实长和对水平投影面 H 的倾角 α 为例,说明如下。

如图 2-16(a)所示,很明显,四边形 $ABba$ 为平面图形,且垂直于 H 投影面。过点 A 作 ab 的平行线,与铅垂线 Bb 交于点 B_0,则三角形 ABB_0 为直角三角形。在该直角三角形中,一条直角边 AB_0 的长度与水平投影长度相等,即 $AB_0 = ab$;另一条直角边 BB_0 等于点 B 与点 A 的 z 坐标差,即 $BB_0 = z_B - z_A$;斜边 AB 的长度就是空间线段的实长。另外,斜边 AB 与直角边 AB_0 的夹角就是空间直线 AB 与 H 面的实际夹角,即 $\angle BAB_0 = \alpha$。

在上面所提到的直角三角形 ABB_0 中,包含了线段的实长、投影长度、两端点的坐标差和直线对投影面的倾角四个几何要素。只要知道其中的两个要素,就可以将另外的两个求出来。另外顺便指出,在所作出的直角三角形中,直线与投影面的夹角,是由反映直线实长的斜边与反映投影长度的直角边之间的夹角来表示。

在投影图上,通过 V,H 两个投影求直线 AB 实长和 α 角的作图方法如下:

先在正面投影上作出 B,A 两点的 z 坐标差 $z_B - z_A$,在水平投影上过 b 点作 ab 的垂线,并截取 $bb_0 = z_B - z_A$,则得直角三角形 abb_0,其中 $ab_0 = AB$,$\angle bab_0 = \alpha$,如图 2-16(b)所示。

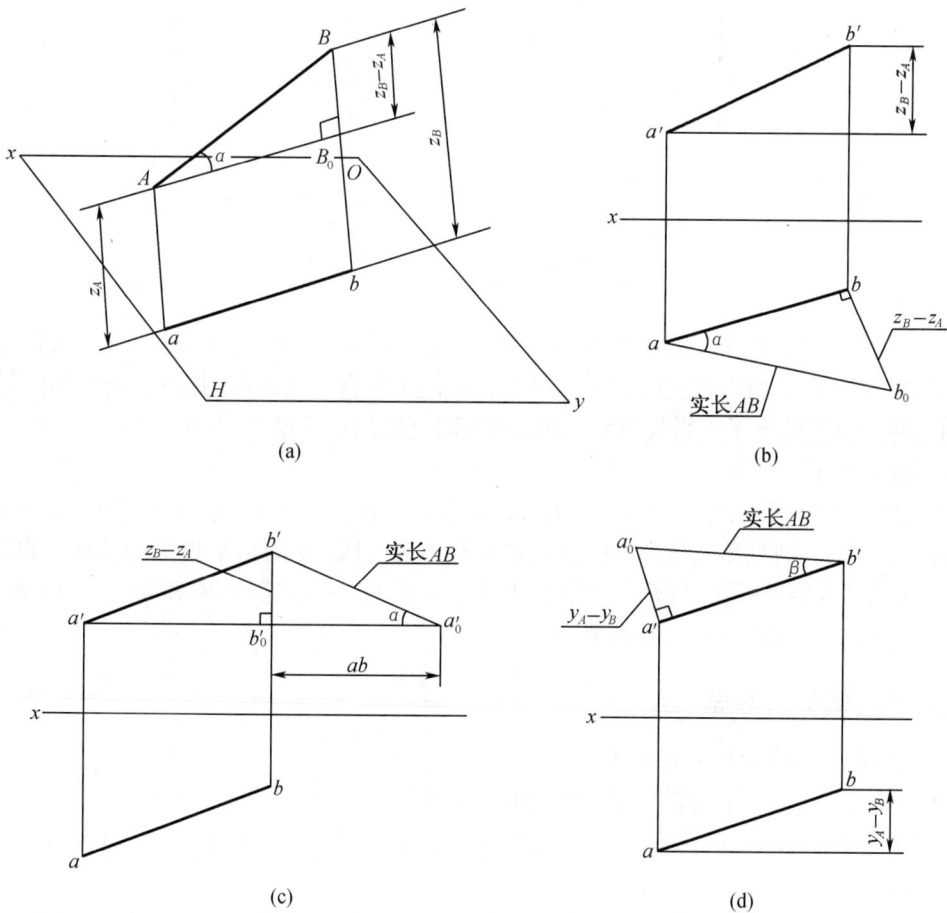

图 2-16　求一般位置直线的实长及倾角

也可以在正面投影中，过 a' 作 x 轴的平行线，与 $b'b$ 的连线交于 b_0'，延长 $a'b_0'$ 并截取 $b_0'a_0' = ab$，则三角形 $b'b_0'a_0'$ 即为所求的直角三角形，其中，斜边 $b'a_0' = AB$，$\angle b'a_0'b_0' = \alpha$，如图 2-16(c) 所示。

当然，我们也可以通过投影图在求出线段的实长的同时，求出直线与 V 面的夹角 β，作图过程如图 2-16(d) 所示。以 $a'b'$ 为一直角边，以 B，A 两点的 y 坐标差 $y_A - y_B$ 为另一直角边，作直角三角形 $a'b'a_0'$。则此三角形的斜边等于直线的实长，$b'a_0' = AB$；实长与投影长度 $a'b'$ 的夹角为直线对 V 面的倾角，即 $\angle a'b'a_0' = \beta$。

毫无疑问，可以通过投影 $a''b''$ 在求出线段的实长的同时，求出直线与 W 面的夹角 γ，具体作图过程请读者自己分析。

例 2-4 已知 AB 直线的正面投影 $a'b'$ 和 A 点的水平投影 a，$\alpha = 30°$，如图 2-17(a) 所示。求直线 AB 的水平投影 ab。

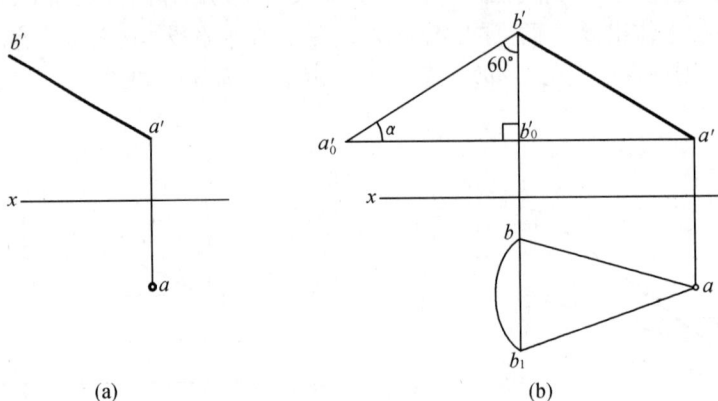

(a)   (b)

图 2-17 直线实长的作图

由已知条件可知：已知直角三角形的一条直角边，即 A，B 两点的 z 坐标差；与该直角边相对的锐角 $\alpha = 30°$。所以在正面投影上可以直接作出该直角三角形，此直角三角形的另一条直角边即为直线的水平投影长度 ab，由此可求出直线的水平投影。

作图过程如下：

如图 2-17(b) 所示，过 a' 作 $a'b_0' /\!/ Ox$，过 b' 作直线使其与 $b'b_0'$ 的夹角等于 60°，与 $a'b_0'$ 的延长线交于 a_0'。则直角三角形中的直角边 $a_0'b_0'$ 即为直线 AB 的水平投影的长度。再以 a 为圆心，以 $a_0'b_0'$ 为半径画弧，与 $b'b_0'$ 的延长线交于 b 和 b_1 两点，连接 ab 和 ab_1，则 ab 和 ab_1 皆为直线 AB 的水平投影（此题有两解）。

2.3.4 直线上的点

点在直线上，则其投影特性如下：

(1) 点在直线上，点的投影一定在直线的同面投影上，且符合点的投影特性。

如图 2-18 所示，点 C 在直线 AB 上，所以 c 必在 ab 上，c' 必在 $a'b'$ 上，c'' 必在 $a''b''$ 上。且 $c'c \perp Ox$，$c'c'' \perp Oz$。

(2) 点在直线上，点分线段长度之比等于相应的投影长度之比，如图 2-18 中点 C 分直线 AB 成 AC 和 CB 两段，则 $AC : CB = ac : cb = a'c' : c'b' = a''c'' : c''b''$。

例 2-5 已知直线 AB 的正面投影和水平投影，点 K 的正面投影，且点 K 在直线 AB

上,如图 2 - 19(a)所示。试求点 K 的水平投影 k。

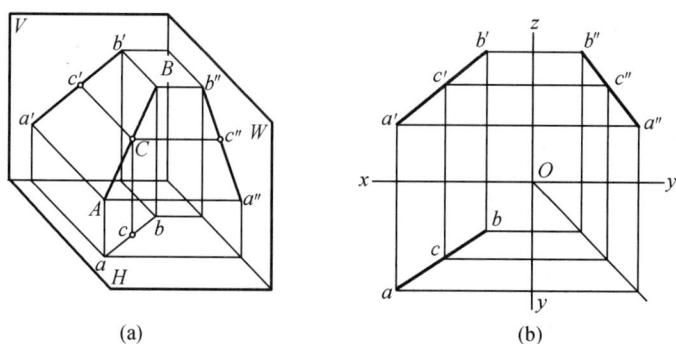

图 2 - 18 直线上的点

如图 2 - 19(b)所示,在水平投影面上过点 b 任意作一条直线,并截取相应的长度 l_1, l_2,得到两个分点 1 和 2,连接 $2a$,过分点 1 作 $2a$ 的平行线,与 ab 的交点即为所求的 K 点的水平投影 k。

根据投影判断点是否在直线上,对于一般位置直线可由任意两面投影进行判断,但对于投影面的平行线,应由该直线所平行的投影面上的投影及另一投影来判断,也可以利用直线上的点分线段的比等于相应投影的比来判断。

例 2 - 6 已知直线 AB 及点 K 的正面投影和水平投影,如图2 - 20(a)所示。试判断点 K 是否在直线 AB 上。

由图 2 - 20(a)可知,直线 AB 是侧平线,所以可以将 AB 和点 K 的侧面投影作出,如图 2 - 20(b)所示。从侧面投影可知 k'' 不在 $a''b''$ 上,由此可以判断空间点 K 不在直线 AB 上。

当然,可以由图 2 - 20(a)所给的两个投影根据点分直线成定比的原理直接进行判断。很明显 $ak:kb \neq a'k':k'b'$,所以点 K 不在直线 AB 上。

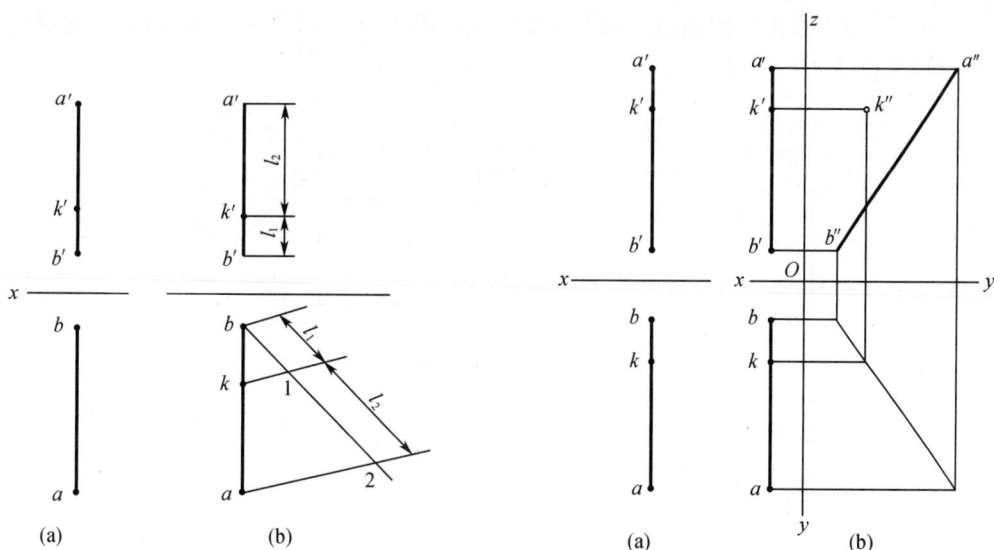

图 2 - 19 直线上的点的投影的作图

图 2 - 20 判断点是否在直线上

2.3.5 两直线的相对位置

空间两直线的相对位置分为平行、相交和交叉三种情况,前两种为共面直线,后一种为异面直线,下面分别介绍其投影特性。

1. 两直线平行

若空间的两直线平行,则它们的同面投影一定平行。相反,若两直线的三个同面投影分别互相平行,则空间的两直线也必定互相平行。

如图 2-21 所示,空间两直线 AB,CD 互相平行。ab,cd 分别是两直线在 H 面上的投影。很明显,两个四边形 ABba 和 CDdc 都是平面图形,且相互平行,所以它们与 H 面的交线必定平行,即 ab // cd。同理 a'b' // c'd',a"b" // c"d"。

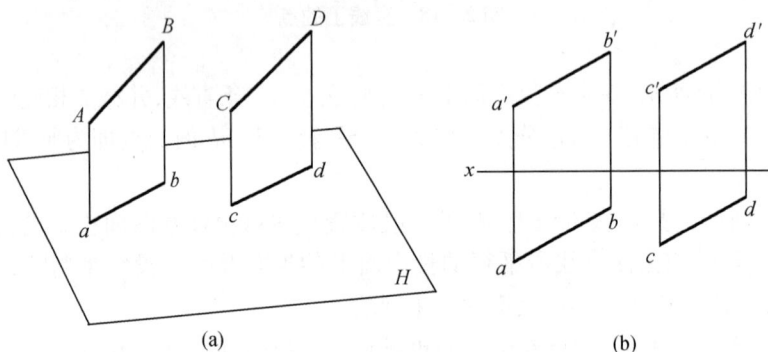

图 2-21 两直线平行的投影特性

通过两直线的投影关系,可以判断两空间直线是否平行。对于两条一般位置直线,如果其中有任意两组同面投影平行,则该两直线在空间必定平行。但是当两直线同时平行于某个投影面时,则必须要看它们在与它们平行的那个投影面上的投影是否平行才能确定。如图 2-22(a)所示,两直线都是侧平线,它们的水平投影和正面投影都相互平行,即 ab // cd,a'b' // c'd',但由求出的侧面投影可知,a"b"与 c"d"不平行,如图 2-22(b)所示。故可得出结论,空间两直线 AB 与 CD 不平行。

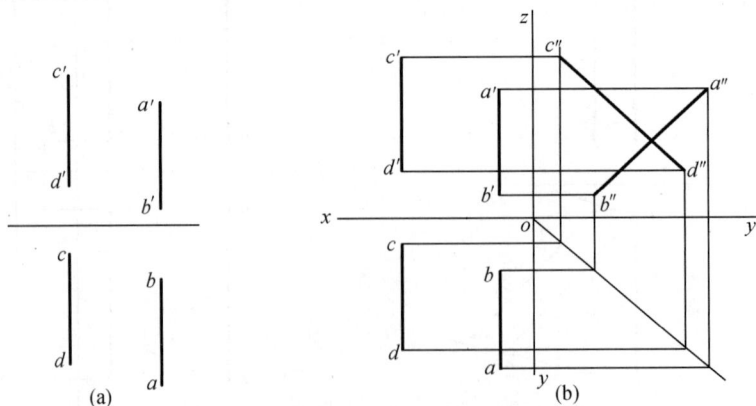

图 2-22 判断空间直线的平行性

2. 两直线相交

若空间两直线相交,则其同面投影必相交,且其交点符合空间点的投影特性。

如图 2－23 所示,直线 AB,CD 交于 K 点。由于 K 在直线 AB 上,则 k,k' 一定分别在 ab 和 $a'b'$ 上;又由于 K 在直线 CD 上,则 k,k' 一定分别在 cd 和 $c'd'$ 上。因此水平投影 ab,cd 交于 k,正面投影 $a'b'$,$c'd'$ 交于 k',且 $k'k \perp Ox$。

反之,若两直线的三个同面投影均相交,且交点符合点的投影特性,则空间两直线必定相交。另外,相交两直线的交点是两直线上的共有点,所以此交点也一定符合直线上的点的投影特性。

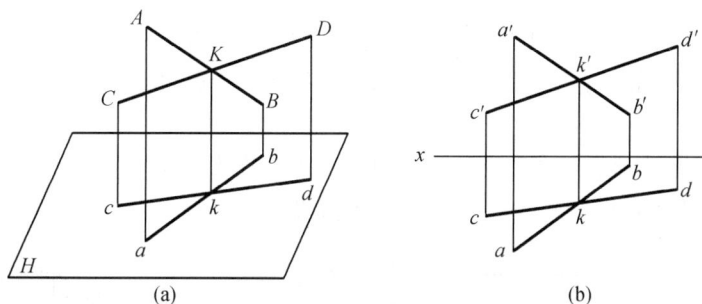

图 2－23　两直线相交的投影特性

对一般直线而言,两直线只要有两组同面投影相交,且交点符合点的投影特性,则空间两直线一定相交。但是,如果两直线中有一条为投影面的平行线时,则必须判断两直线在该投影面上的投影是否相交才能作出判断。

如图 2－24(a)所示,给出了空间两直线 AB,CD 的水平投影 ab,cd 和正面投影 $a'b'$,$c'd'$。而且由图 2－24(a)可知,ab 与 cd 相交、$a'b'$ 与 $c'd'$ 相交,两面投影的交点的连线垂直于 x 轴。但是由于 CD 是侧平线,故还不能确定两直线是否相交。此时可以简单地画出两直线的侧面投影,如图 2－24(b)所示。虽然 $a''b''$ 与 $c''d''$ 相交,但 $a'b'$ 与 $c'd'$ 的交点和 $a''b''$ 与 $c''d''$ 的交点连线不垂直于 Oz 轴,即不符合点的投影特性。由此可以确定空间两直线 AB,CD 不相交。

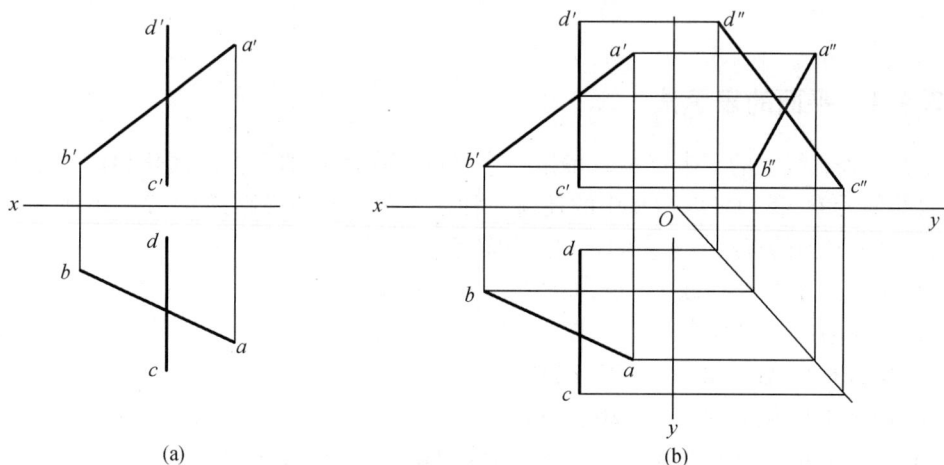

图 2－24　判断两直线是否相交

当然,还可以用直线上的点分线段成定比例的方法,也可以很方便地对上述两直线是否相交进行判断,此处从略。

3. 两直线交叉

在空间既不平行又不相交的两直线称为交叉两直线。

交叉两直线的某个同面投影可能平行,但绝不可能三个同面投影都互相平行。

交叉两直线的同面投影可能相交,但它们的交点不可能符合点的投影特性。实际上这个投影的交点是同处于一条投射线上,但分别属于两条不同的直线的两个不同的点,也就是它们是该投影面的一对重影点。

如图 2-25 所示,直线 AB,CD 的正面投影的交点 $1'(2')$ 是在对正面的同一条投射线上,但分别属于直线 AB 的点 Ⅱ 与直线 CD 的点 Ⅰ 的正面重影点的投影;水平投影的交点 $3(4)$ 是在对水平面同一条投射线上,分别属于直线 AB 的点 Ⅲ 与直线 CD 的点 Ⅳ 的水平重影点的投影。

重影点的可见性判别按本章 2.2 节中所述。水平投影中由于 $z_{Ⅲ} > z_{Ⅳ}$,故 3 可见,4 不可见;在正面投影中由于 $y_{Ⅰ} > y_{Ⅱ}$,故 $1'$ 可见,$2'$ 不可见。

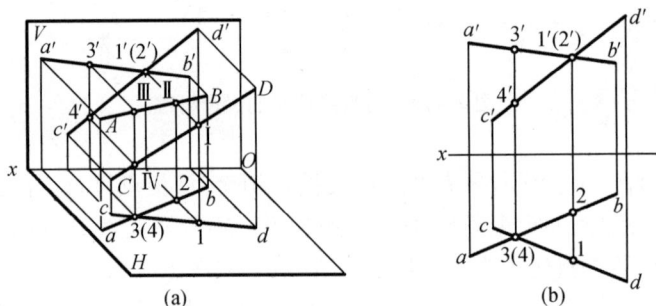

图 2-25 两交叉直线的投影

2.4 平面的投影

2.4.1 平面的表示法

不在一条直线上的三个点可以确定一个平面。在此基础上可以演化出以下表示平面的五组几何元素,我们可以用其中的任何一种来表示平面的投影,如图 2-26 所示。很显然,图中表示平面的五组元素之间可以互相转换。

(1)不在一条直线上的三个点,如图 2-26(a)所示;

(2)一条直线和直线外一点,如图 2-26(b)所示;

(3)两条相交直线,如图 2-26(c)所示;

(4)两条平行直线,如图 2-26(d)所示;

(5)任意形状的平面图形,如多边形、圆等,如图 2-26(e)所示。

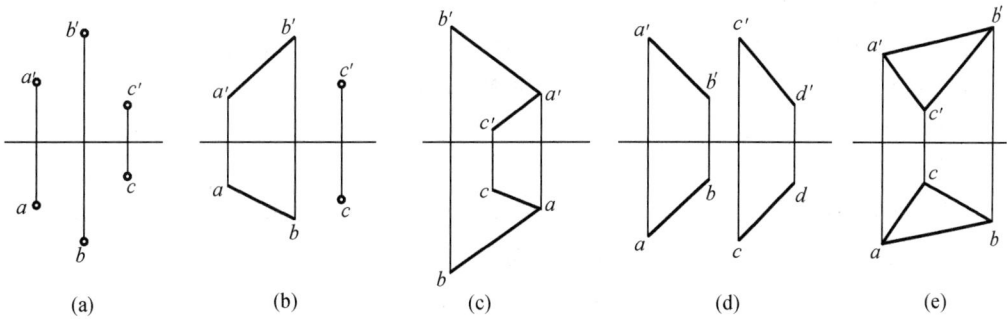

图 2 - 26 平面的表示法

2.4.2 平面在各投影面的投影

1. 平面在单一投影面上的投影

很明显,平面与投影面的相对位置不同,将影响其投影的结果。平面与一个投影面(以 H 面为例)的相对位置分为以下三种情况:

(1)平面△ABC 与投影面 H 垂直。平面△ABC 在 H 面上的投影积聚成一条直线,即此时平面的投影具有积聚性,如图 2 - 27(a)所示。

(2)平面△ABC 与投影面 H 平行。平面△ABC 在 H 面上的投影 abc 与原空间平面形状完全相同,即此时平面的投影具有实形性,如图 2 - 27(b)所示。

(3)平面△ABC 与投影面 H 倾斜。平面△ABC 在 H 面上的投影仍为三角形,但不反映原空间平面的实际形状,即此时平面的投影具有类似性,如图 2 - 27(c)所示。

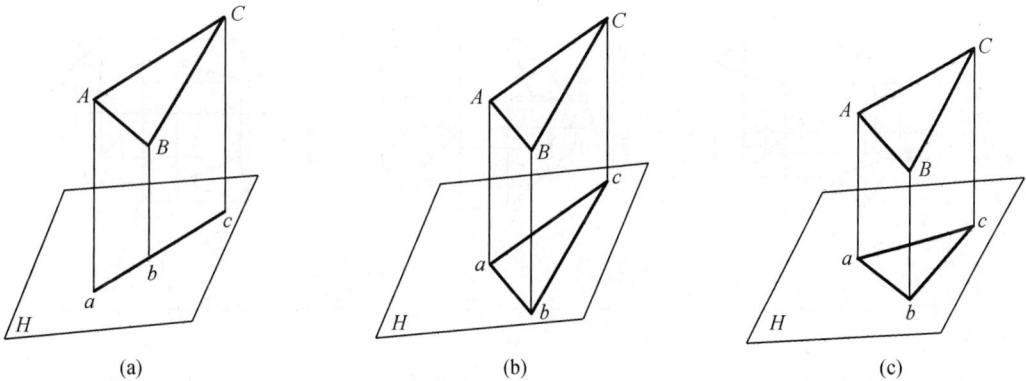

图 2 - 27 平面在单一投影面上的投影

2. 平面在三投影面体系中的投影

根据平面在三投影面体系中对三个投影面的相对位置不同,可将平面分为投影面垂直面、投影面平行面和一般位置平面三种。其中前两种平面统称为特殊位置平面。在此规定,平面对 H 面的倾角用 α 表示;平面对 V 面的倾角用 β 表示;平面对 W 面的倾角用 γ 表示。下面我们将分别论述它们的投影特性。

（1）投影面垂直面

与某一个投影面垂直，而与另外两个投影面都倾斜的平面，称为投影面垂直面。与 H 面垂直的平面称为铅垂面，与 V 面垂直的平面称为正垂面，与 W 面垂直的平面称为侧垂面。

三种投影面垂直面的立体图、投影图及其投影特性如表 2-3 所示。根据表 2-3，现将投影面垂直面的投影特性归纳如下：

①平面在与它垂直的投影面上的投影积聚成一直线，该直线倾斜于投影轴，且它与投影轴的夹角反映该平面与另两个投影面的实际倾角的大小；

②平面在另外两个投影面上的投影均为该平面的类似形。

表 2-3　投影面垂直面的投影特性

名称	正垂面	铅垂面	侧垂面
立体图	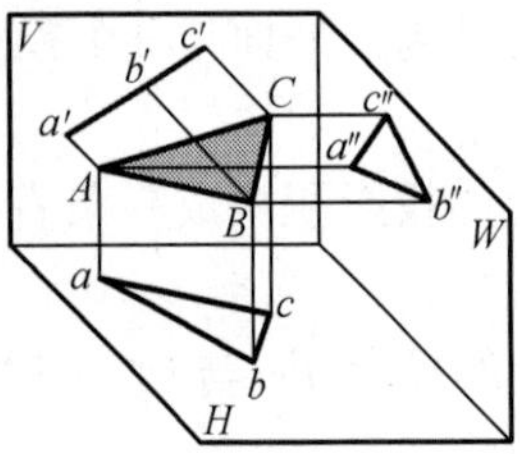	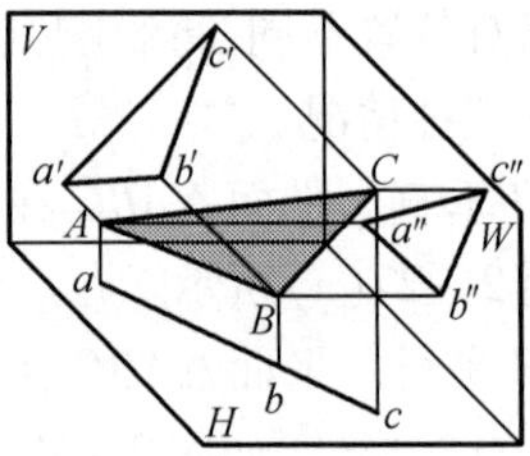	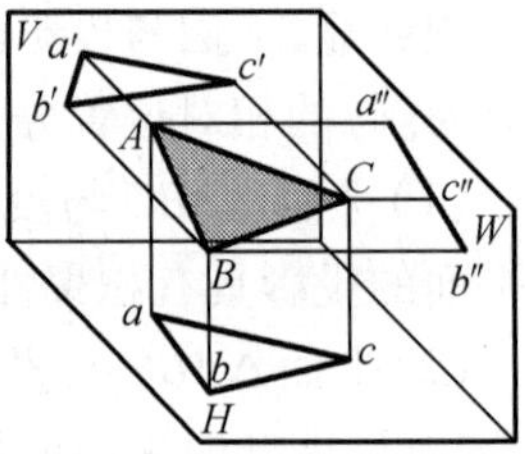
投影图	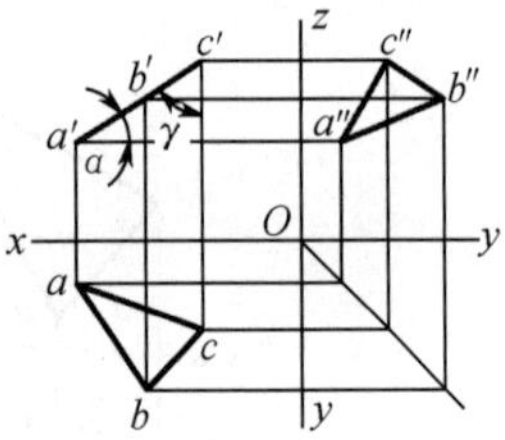	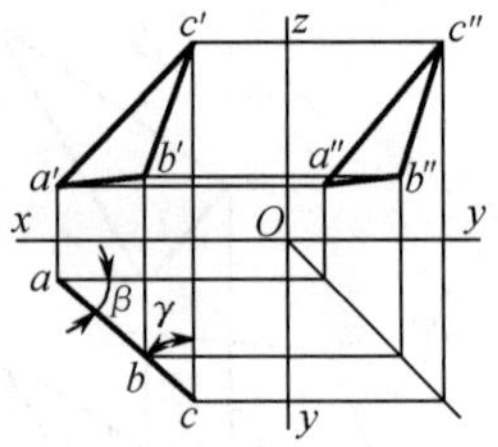	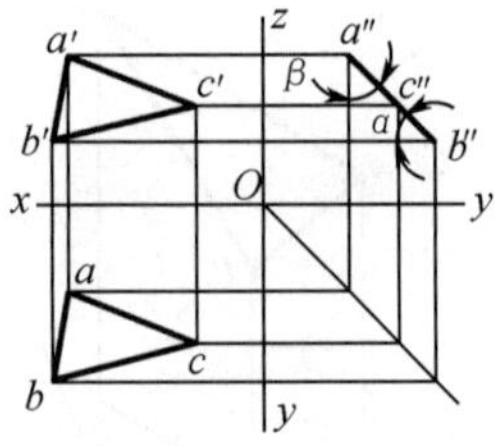
投影特性	1. V 面上的投影积聚成一直线，与 x,z 轴的夹角反映直线与 H 面、W 面的夹角 α,γ； 2. H 面和 W 面上的投影都是类似形	1. H 面上的投影积聚成一直线，与 x,y 轴的夹角反映直线与 V 面、W 面的夹角 β,γ； 2. V 面和 W 面上的投影都是类似形	1. W 面上的投影积聚成一直线，与 y,z 轴的夹角反映直线与 H 面、V 面的夹角 α,β； 2. V 面和 H 面上的投影都是类似形

（2）投影面平行面

与某一个投影面平行，与另外两个投影面都垂直的平面称为投影面平行面。与 H 面平行的平面称为水平面，与 V 面平行的平面称为正平面，与 W 面平行的平面称为侧平面。

三种投影面平行面的立体图、投影图及其投影特性如表 2 - 4 所示。根据表 2 - 4，现将投影面平行面的投影特性归纳如下：

①在相平行的投影面上的投影反映实形；

②在另外两个投影面上的投影均积聚成直线，且分别平行于相应的投影轴。

表 2 - 4　投影面平行面的投影特性

名称	正平面	水平面	侧平面
立体图	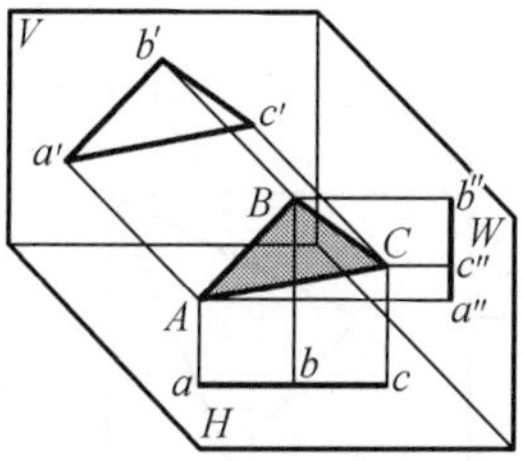	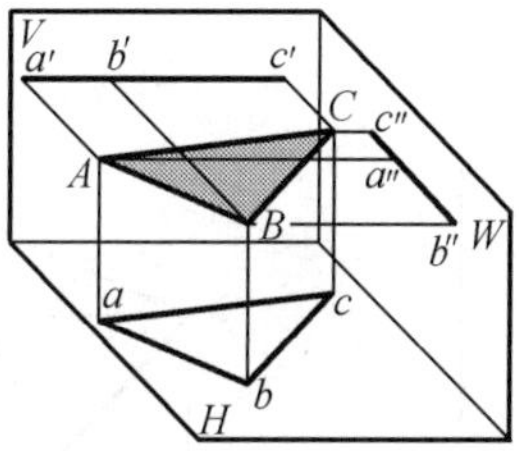	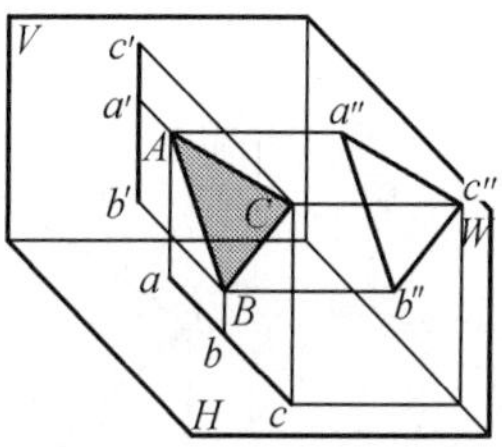
投影图	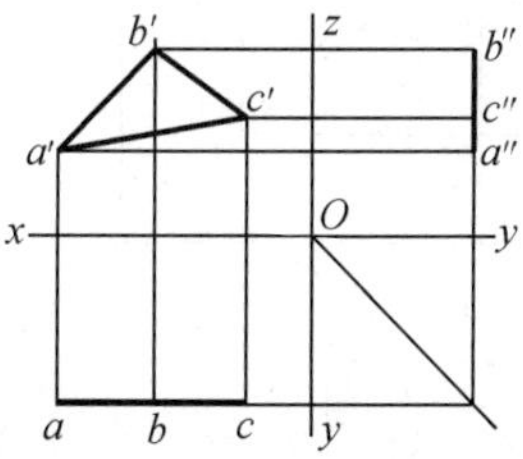	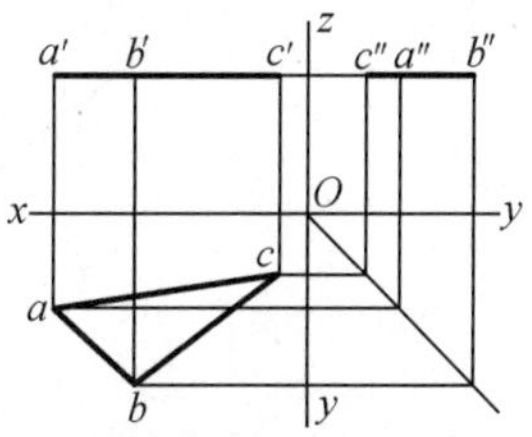	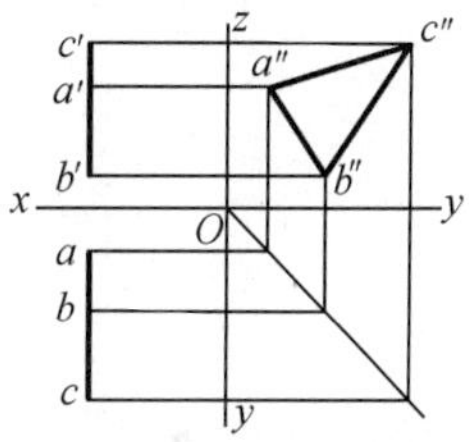
投影特性	1. V 面上的投影反映实形； 2. H 面和 W 面上的投影都积聚成直线，且分别平行于 Ox 轴和 Oz 轴	1. H 面上的投影反映实形； 2. V 面和 W 面上面投影都积聚成直线，且分别平行于 Ox 轴和 Oy 轴	1. W 面上的投影反映实形； 2. H 面和 V 面上的投影都积聚成直线，且分别平行于 Oy 轴和 Oz 轴

（3）一般位置平面

与三个投影面都倾斜的平面称为一般位置平面。由于平面对三个投影面都处于倾斜位置，故平面的三面投影都没有积聚性，不能反映实形，也不能反映该平面与投影面的倾角的大小。用几何图形表示的平面，其三面投影必定都是类似形，如图 2 - 28 所示。

例 2 - 7　如图 2 - 29（a）所示，已知 △ABC 为铅垂面，它的正面投影 △$a'b'c'$ 和顶点 A 的水平投影 a，△ABC 对 V 面的倾角 $\beta = 45°$，试求 △ABC 的水平投影和侧面投影。

由题意，△ABC 为铅垂面，所以其水平投影一定积聚成直线，该直线与 x 轴的夹角为 $\beta = 45°$。由此可作出平面的水平投影，然后再作侧面投影，如图 2 - 29（b）所示。

在 H 面内过 a 点作直线使其与 x 轴的夹角为 45°；过 b'，c' 分别作 x 轴的垂线与过 a 点

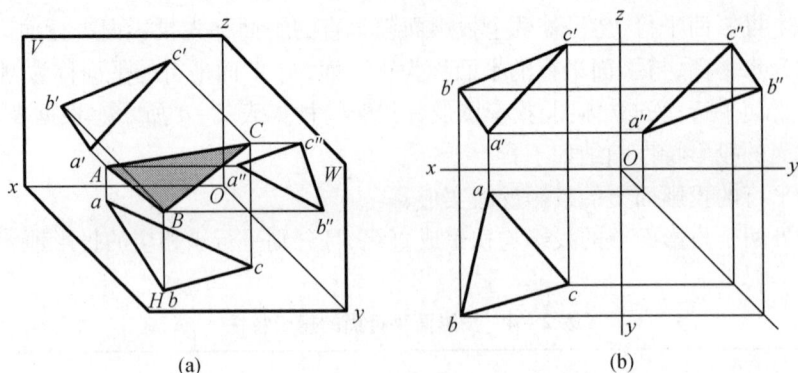

(a)

(b)

图 2-28　一般位置平面的投影

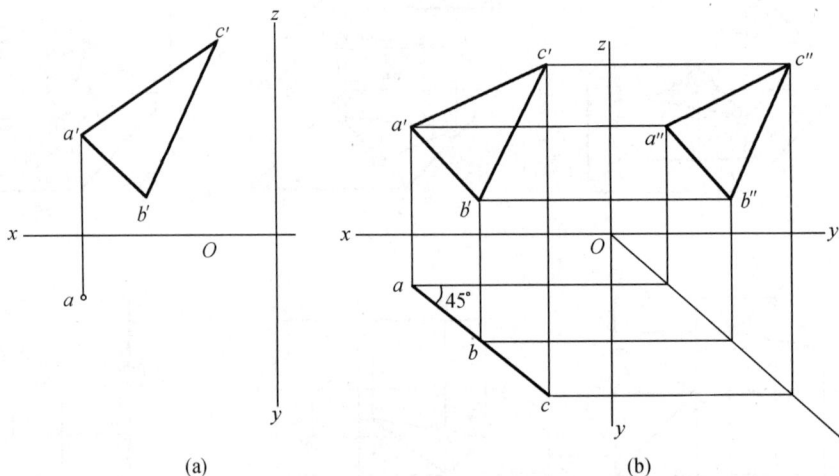

(a)

(b)

图 2-29　特殊位置平面的作图

所作直线交于 b 点和 c 点,由此得到积聚成直线的水平投影。按点的投影规律求出平面三个顶点的侧面投影 a'',b'' 和 c'',连接得△$a''b''c''$,即为平面的侧面投影,如图 2-29(b)所示。

2.4.3　平面上的直线和点

1.平面上的直线

很明显,直线在平面上的几何条件是:

(1)若直线通过平面上的两点,则直线必在该平面上。如图 2-30(a)所示,已知平面 P 和其内的两点 A,B,且直线 L 经过 A,B 两点,故直线 L 必在平面 P 上。

(2)若直线通过平面上一点,且与平面上的一条直线平行,则直线必在该平面上。如图 2-30(b)所示,已知平面 P、其内的一直线 AB 和一点 C。直线 L 经过点 C,且 L∥AB,故直线 L 必在平面 P 上。

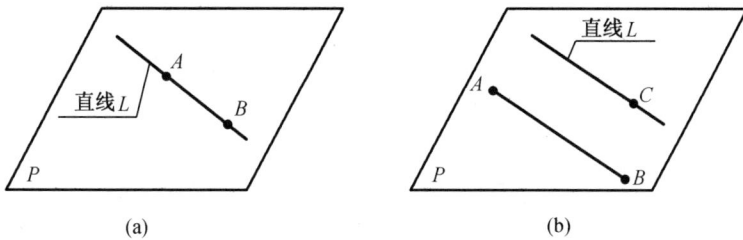

图 2 – 30   直线在平面上的条件

例 2 – 8   已知平面△ABC 的正面投影和水平投影,如图 2 – 31(a)所示。试在投影图上作一水平线,使其在平面内,并使直线到 H 面的距离为 15 mm。

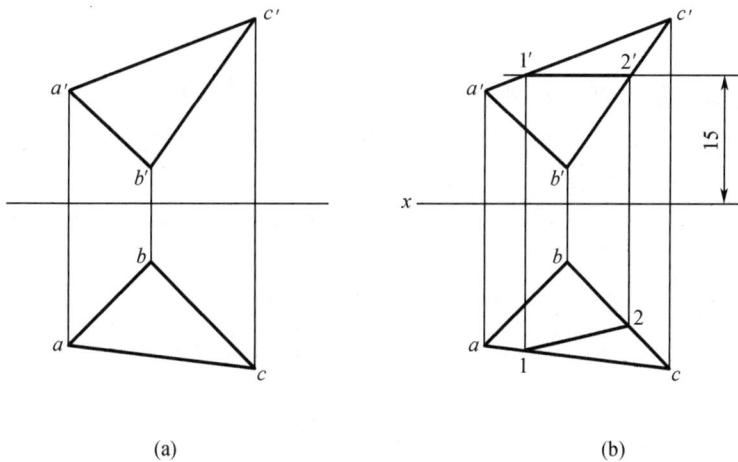

图 2 – 31   平面上直线的作图

本例是求平面上的投影面平行线的问题。所求直线必须要同时满足两个条件:其一,该直线的投影要满足投影面平行线的投影特性;其二,该直线应满足直线在平面上的几何条件。所以,应首先作出所求直线的正面投影,以满足投影面水平线的投影特性,并保证直线在已知平面内,再作此直线的水平投影。

作图过程如图 2 – 31(b)所示。在 V 面上作直线平行于 x 轴,并根据已知条件,使其到 x 轴的距离为 15 mm,该直线与 a'c'和 b'c'分别交于 1',2';过 1',2'作 x 轴的垂线,与 ac,bc 分别交于 1,2 两点;直线 12 即为所求。

例 2 – 9   已知四边形 ABCD 为平面图形,现给出水平投影 abcd 及相邻两边的正面投影 a'b'和 b'c',如图 2 – 32(a)所示。试完成四边形的正面投影。

已知平面四边形 ABCD 的四个顶点必在同一平面内,其中的三个顶点 A,B,C 的两面投影均已知。所以该问题转化为已知用△ABC 表示的平面的两个投影,平面内一点 D 的水平投影,求 D 的正面投影的问题。

作图过程如图 2 – 32(b)所示。连接 ac 和 bd,交点为 k;过 k 点作 x 轴的垂线,与 a'c'的

连线交于 k';过 d 点作 x 轴的垂线,与 $b'k'$ 连线的延长线的交点为 d';连接 $a'd'$ 及 $c'd'$ 即可。

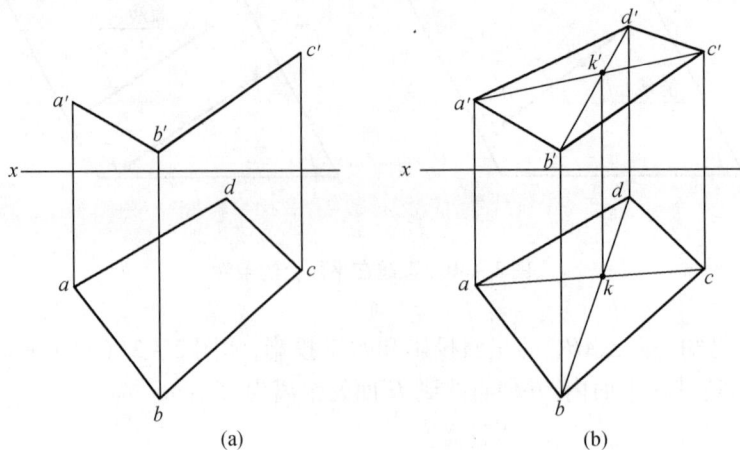

图 2 - 32　平面图形的作图

2. 平面上的点

若点在平面内的一直线上,则点一定在该平面上。由此可知,要作平面内点的投影,首先应在平面内取一条过该点的直线,然后根据平面上的直线和直线上的点的投影特性,可容易地作出平面内的点的投影。

例 2 - 10　如图 2 - 33(a)所示,已知用 $\triangle ABC$ 表示的平面的两面投影,试完成以下的两个作图。

(1)已知平面上一点 M 的正面投影 m',试求点 M 的水平投影 m;

(2)已知空间一点 N 的正面投影 n' 和水平投影 n,试判断点 N 是否在 $\triangle ABC$ 所确定的平面内。

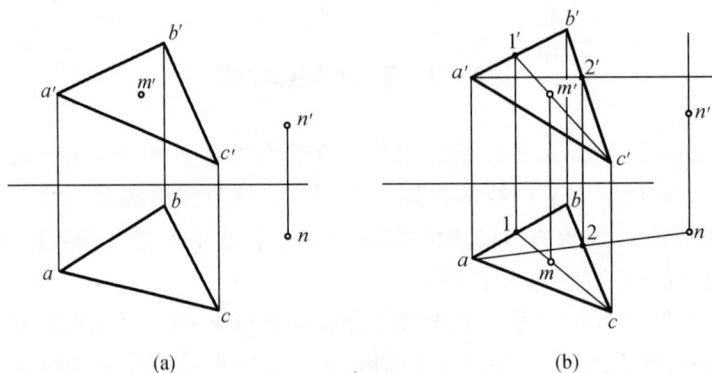

图 2 - 33　平面上的点

求平面上点的投影或者是判断点是否在平面上,应利用点在平面上,则点必定在平面的某直线上的几何条件来作图。

(1)作点 M 的水平投影 m。连接 $c'm'$ 并延长与 $a'b'$ 交于 $1'$;过 $1'$ 作 x 轴的垂线与 ab 交于点 1,连接 $1c$;过 m' 作 x 轴的垂线与 $1c$ 的交点即为所求的点 m。

(2)判断 N 点是否在 $\triangle ABC$ 所确定的平面内。连接 an,与 bc 交于点 2;过点 2 作 x 轴的

垂线,交 $b'c'$ 于 $2'$;连接 $a'2'$ 并延长。显然,n' 不在直线 $a'2'$ 上,所以点 N 不在 $\triangle ABC$ 所确定的平面内。如图 2 – 33(b)所示。

例 2 – 11 已知 $\triangle ABC$ 的 V 面和 H 面投影,如图 2 – 34(a)所示。求作 $\triangle ABC$ 上一点 K,使该点距离 V 面和 H 面的距离均为 10 mm,试作出 K 点的两投影。

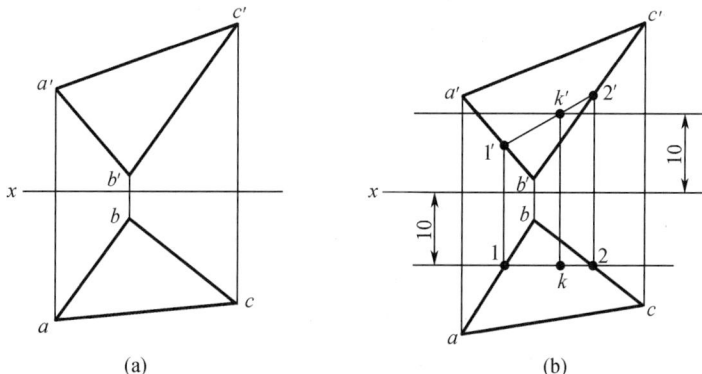

图 2 – 34 平面上点的作图

本题所要求的空间点 K 是距 V 面 10 mm 的正平线和距 H 面 10 mm 的水平线的交点,且该点要满足点在平面上的几何条件。

作图过程如图 2 – 34(b)所示。在 H 面内作 x 轴的平行线,使其距 x 轴 10 mm,分别交 ab 边、bc 边于点 1 和 2;过点 1 和 2 作 x 轴的垂线与 $a'b'$、$b'c'$ 交于 $1'$ 和 $2'$;在 V 面内作 x 轴的平行线,使其距 x 轴 10 mm,该直线与直线 $1'2'$ 的交点即为点 K 的正面投影 k';过点 k' 作 x 轴的垂线,与直线 12 的交点就是 K 的水平投影 k。

2.5 直线与平面、平面与平面的相对位置

本章的前面各节介绍了点、直线、平面的投影特性和作图方法。为了培养空间想象能力和思维能力,更有利于掌握画图和看图的技巧,有必要进一步研究直线与平面、平面与平面在不同相对位置时的投影规律。

2.5.1 平行关系

1. 直线与平面平行

若平面外的一直线与平面内的一直线平行,则直线与该平面平行。如图 2 – 35 所示,直线 MN 平行于平面 $\triangle ABC$ 内的直线 DE,则直线 MN 平行于平面 $\triangle ABC$。

例 2 – 12 已知空间两直线 AB 和 MN 的正面投影和水平投影,如图 2 – 36(a)所示。试过直线 AB 作

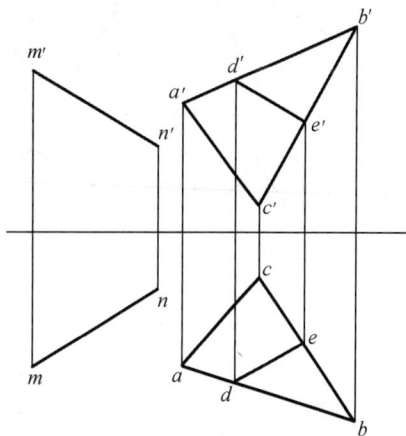

图 2 – 35 直线与平面平行

一平面,使其与直线 *MN* 平行。

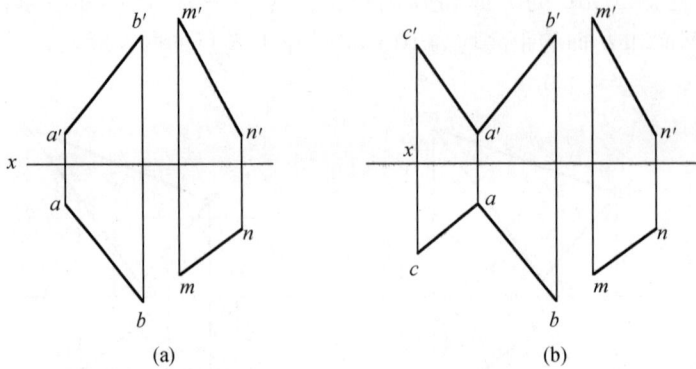

图 2 - 36　直线与平面平行

　　根据直线与平面平行的几何条件,过直线 *AB* 上一点 *A* 作直线 *AC*,使 *AC // MN*,则相交的两条直线 *AB* 和 *AC* 所确定的平面必定平行于直线 *MN*。

　　作图过程如图 2 - 36(b)所示。在 *V* 面内作 *a'c' // m'n'*,在 *H* 面内作 *ac // mn* 即可。

　　2. 平面与平面平行

　　若一平面内的两条相交直线分别平行于另一平面内的两条相交直线,则这两个平面互相平行。

　　根据上述的几何条件和平面投影的几何性质,即可在投影图上判断两平面是否平行,并可依此解决有关两平面平行的投影作图问题。

　　例 2 - 13　两平面分别由 △*ABC* 和四边形 *DEFG* 给出。已知该两平面的正面投影和水平投影,如图 2 -37(a)所示,试判断两平面是否平行。

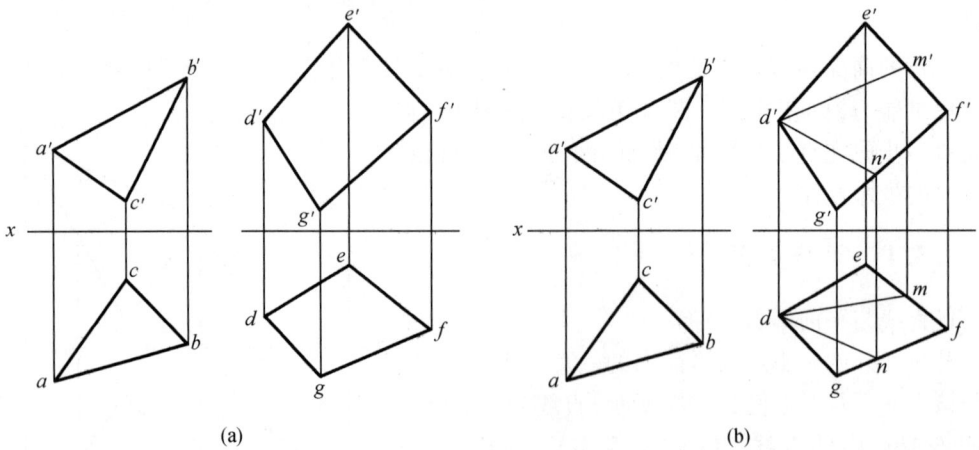

图 2 -37　判断两平面是否平行

由两平面平行的几何条件可知,如果 △ABC ∥ DEFG,则一定能在四边形 DEFG 内作出两条相交直线与△ABC 内的两条相交直线平行,否则两平面不平行。

作图过程如图 2 - 37(b)所示。首先在 △ABC 内任选两相交直线,比如 AB 和 AC;在 V 面上过 d′作 a′b′的平行线,交 e′f′于 m′,再作 a′c′的平行线,交 g′f′于 n′;过 m′作垂线,交 ef 于 m,过 n′作垂线,交 gf 于 n;连接 dm,dn。

根据作图结果,虽然 ab ∥ dm,但 dn 与 ac 不平行,由此可判断两平面 ABC 和 DEFG 不平行。

2.5.2　相交关系

直线与平面相交有一个交点,交点是直线与平面的共有点,它既在直线上又在平面上;平面与平面相交有一条交线,交线是两平面的共有线。这种双重的从属关系是我们求交点或交线的重要依据。

对于相交关系的作图,我们还需要对投影重叠区域进行可见性判断:交点是直线投影可见与不可见的分界点,交线是平面投影可见与不可见的分界线。

求交点或交线是投影作图中必须掌握的基本作图技巧。下面分别予以介绍。

1. 直线与平面相交

这里我们只介绍直线和平面中至少有一个处于特殊位置时的投影作图问题。

直线与平面相交,交点既在直线上,也在平面上。所以交点的投影满足直线上点的投影特性的同时,也要满足平面上点的投影特性。特别是当直线或平面中有一个处于特殊位置时,在某个投影面上的投影必有积聚性,此时交点的投影也必定落在有积聚性的投影上。利用这一投影特性就可以很方便地作出交点的投影。

直线与平面相交,直线以交点为分界点被平面分成两部分。假定平面是不透明的,沿着投射线方向观察直线时,位于平面两侧的直线,一侧可见,另一侧不可见(被平面遮挡)。在投影作图时,通常将直线的可见投影部分画成实线,不可见的投影部分画成虚线。

例 2 - 14　已知一般位置平面△ABC 和铅垂线 MN 的两面投影,求交点 K 的投影,如图 2 - 38(a)所示。

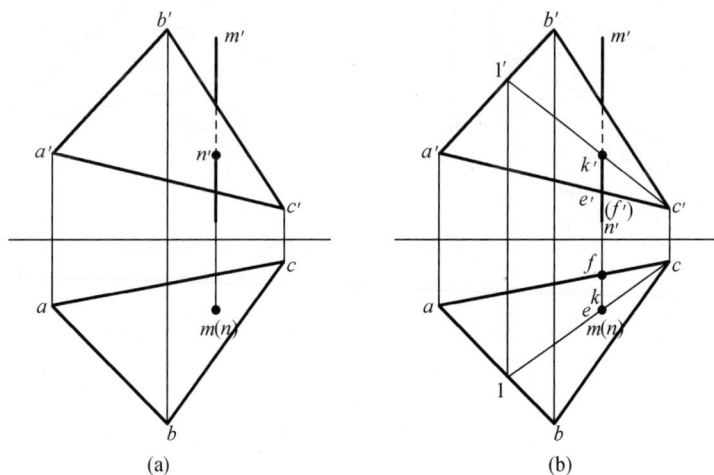

(a)　　　　　　　　(b)

图 2 - 38　铅垂线与一般位置平面的交点

由于直线 MN 是铅垂线,所以直线 MN 上的所有点在 H 面的投影都积聚为一点,k 与 m(n) 重合;交点 K 必位于平面 △ABC 上,故可利用平面内取点的作图方法作图。

作图过程如图 2–38(b)所示。

(1)求交点。连接 cm 并延长交 ab 于 1 点;过 1 点作垂线交 a'b' 于 1' 点;连接 c'1' 与 m'n' 的交点即为点 K 的正面投影 k'。

(2)可见性分析。直线 MN 正面投影 m'n' 的可见性可以借助于重影点的可见性予以判断:在正面投影中任取一对重影点的投影,如 e' 和 f';由水平投影可知 $y_E > y_F$,即 NK 在 AC 之前,因此对 V 面投影来说,n'k' 可见,应画成实线;交点 K 为可见与不可见的分界点,m'k' 部分被平面的投影遮挡,应画成虚线。H 面投影由于有积聚性,故无须判别可见性。

2. 平面与平面相交

两个平面相交形成交线,以交线为分界线把每个平面都分成两部分。假定两平面都不透明,沿着投射线方向观察两平面时,两平面互相遮挡。进行投影作图时,被遮挡的部分为不可见,通常画成虚线;未被遮挡的部分为可见,可见部分画成实线。

这里仅介绍两相交平面中有一个处于特殊位置时的投影情况。在实际作图过程中,由于两平面的交线为直线,所以只要确定两平面的两个共有点即可。

例 2–15 求一般位置平面 △ABC 和铅垂面 DEFG 的交线 MN,如图 2–39(a)所示。

因为铅垂面的水平投影具有积聚性,所以交线的水平投影必定在铅垂面的积聚投影上。然后可以利用在平面 △ABC 内定线的方法作出交线的正面投影。

作图过程如图 2–39(b)所示。

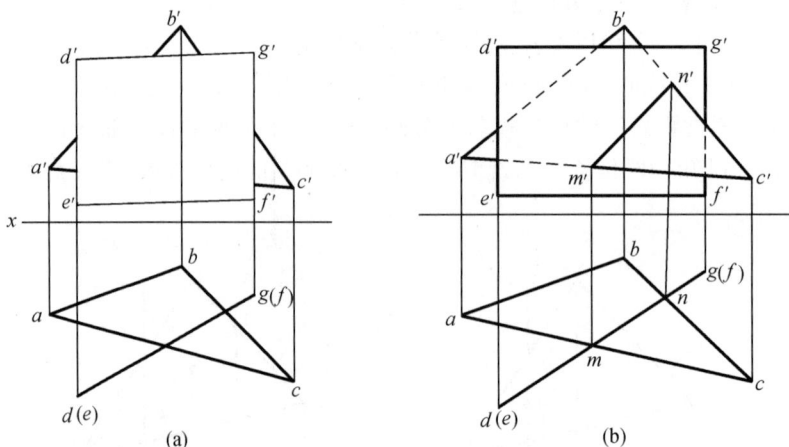

图 2–39 一般位置平面与特殊位置平面的交线

(1)求交线。在平面的水平积聚投影上作出交线的水平投影 mn(交线的端点 M,N 实际上是三角形的 AC 边和 BC 边与四边形的交点);过点 m 作垂线与 a'c' 交于 m'、过点 n 作垂线与 b'c' 交于 n';连接 m'n',即为交线的正面投影。

(2)判别两平面的可见性。铅垂面 DEFG 将平面 △ABC 分成前后两部分,从两平面的水平投影可以看出,三角形的 CMN 部分在铅垂面 DEFG 之前,三角形的 ABMN 部分在 DEFG 之后。所以三角形在正面投影中,c'm'n'部分可见,画成粗实线;a'b'm'n'部分被铅垂面挡住不可见,应画成虚线。相应地,铅垂面 DEFG 在 V 面投影中被 △CMN 遮挡部分应画成虚线。

第3章 基本体的投影

占有一定空间的物体均称为几何体,工程上称为立体。而单一的几何体称为基本体。尽管工程上使用的立体的形状各种各样,但按照立体表面构成的不同,常用基本体可分为以下两类:

(1)平面体。表面全部是平面的立体叫作平面体。常见的简单的平面体如棱柱和棱锥等。

(2)曲面体。表面为曲面或既有曲面又有平面的立体叫作曲面体。曲面为回转面的曲面体称为回转体。常见的简单回转体有圆柱、圆锥、球体和圆环等。

立体是由其表面所围成的几何形体,它所占有的空间形状和大小由其表面确定。所以立体的投影实质上是立体表面的投影。

本章将详细介绍基本体的投影以及在其表面上取点的作图方法。

3.1 立体的三视图

3.1.1 三视图的概念

立体的投影,实质上是构成立体的所有表面的投影的总和,如图 3-1 所示。国家标准《机械制图 通用术语》规定,用正投影法所绘制出的立体的投影称为视图。通常我们将立体用三面投影来表示,习惯上称为三视图。

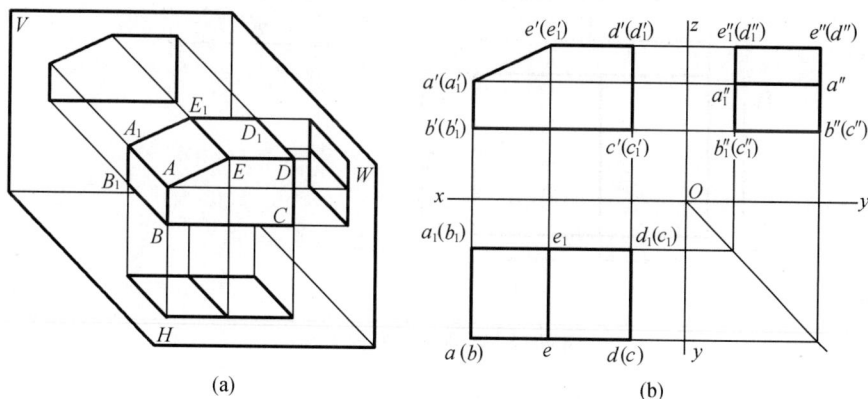

图 3-1 立体的三面投影

三视图的名称定义如下:

主视图:立体在 V 面上的投影称为主视图;

俯视图:立体在 H 面上的投影称为俯视图;

左视图:立体在 W 面上的投影称为左视图。

前面介绍的三投影面体系中的投影轴,只能反映立体对投影面的距离,对视图之间的投影关系并无影响,所以在实际绘制图样时可省略不画,如图3-2所示。

国家标准规定,在立体图样的绘制中,用粗实线表示可见轮廓线,用虚线表示不可见轮廓线。

在绘制图样时,为了能简便、正确地表达立体的形状,首先要确定立体的摆放位置。具体做法是:尽量使立体的表面处于特殊位置——投影面的平行面或投影面的垂直面;在此基础上,选定主视图的投射方向,使主视图能更多地表达立体的结构特征。

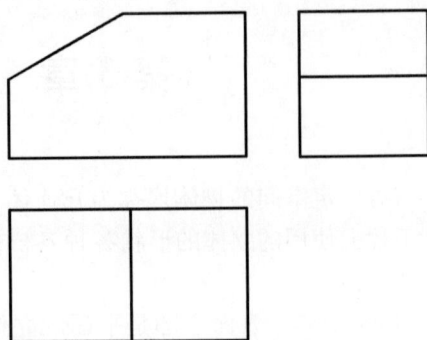

图3-2 立体的三视图

3.1.2 三视图之间的对应关系

三视图之间有度量关系和方位关系,分别介绍如下。

1. 度量关系

立体有长、宽、高三个方向的尺寸。在三投影面体系中我们规定:x 轴方向表示立体的长度;y 轴方向表示立体的宽度;z 轴方向表示立体的高度,如图3-3所示。

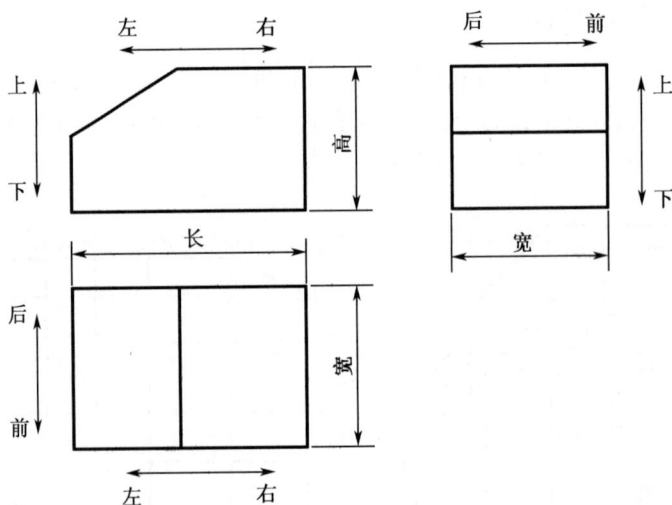

图3-3 三视图的对应关系

很明显,在三面投影图中,主视图中反映立体的长度和高度,俯视图中反映立体的长度和宽度,左视图中反映立体的高度和宽度。故三视图之间的度量关系可归纳为:

(1)主视图和俯视图之间为"长对正",指两视图的长度方向相等且图形对正;

(2)主视图和左视图之间为"高平齐",指两视图的高度方向相等且图形对齐;

(3)俯视图与左视图之间为"宽相等",指两视图的宽度方向相等。

以上的长对正、高平齐、宽相等的"三等"对应关系,是绘制三视图的基本准则,必须严格遵守。

2. 方位关系

立体的方位分为上下、左右和前后,如图 3 - 3 所示。由图可以看出,每个视图均可以表示立体的两个方位,即主视图表示上下和左右方位;俯视图表示左右和前后方位;左视图表示上下和前后方位。

3.2 基本体的三视图

3.2.1 平面基本体的三视图

平面立体的表面皆为平面,各表面的交线称为棱线,所以平面立体的投影,是由组成平面立体的各平面的投影来表示,其实质是作出该平面立体的各棱线的投影。下面分别介绍常见的平面基本体棱柱和棱锥的三视图。

1. 棱柱

棱柱由上下两个底面和几个侧面组成,相邻两个侧面的交线称为侧棱线,各侧棱线互相平行。侧棱线与底面倾斜的棱柱称为斜棱柱;侧棱线与两个底面都垂直的棱柱称为直棱柱,底面是正多边形的直棱柱称为正棱柱。这里以正棱柱为例介绍棱柱体的三视图。

(1)棱柱的三视图

正六棱柱是工程上经常用到的基本形体,以其为例介绍三视图的作图方法。

为了使作图方便,使六棱柱的两个底面平行于 H 面,并使其一对侧面平行于 V 面,如图 3 - 4(a)所示。此时六棱柱的各个表面的空间位置及在三个投影面上的投影情况分析如下。

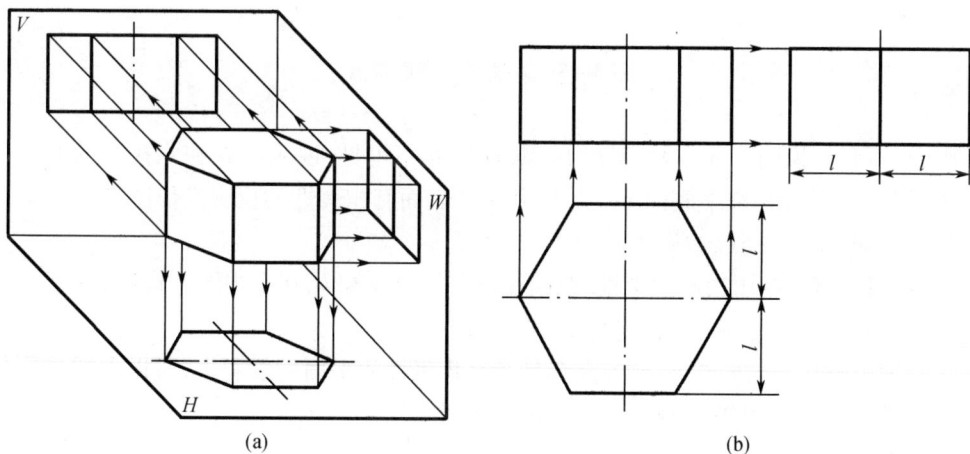

图 3 - 4 六棱柱的三视图

①上下两底面。上下底面都是水平面,所以它们的水平投影反映实形,在 V 面和 W 面上的投影分别积聚成与 x 轴和 y 轴平行的直线。

②六个侧面。前后两个侧面为正平面,它们的正面投影反映实形,在 H 面和 W 面上的

投影分别积聚成与 x 轴和 z 轴平行的直线;另外四个侧面均为铅垂面,水平投影积聚成倾斜的直线,在 V 面和 W 面上的投影均为类似形。

如图 3 - 4(b)所示,作图过程如下:

①在水平投影面上作出反映六棱柱上下底面实形的投影——正六边形,此为俯视图;

②根据六棱柱的高度,按三视图之间的"三等"对应关系作出六棱柱的主视图和左视图。

(2)棱柱体表面取点

由于平面立体的表面都是平面,所以平面立体表面上点的投影特性与第 2 章中介绍的平面上点的投影特性是相同的。首先根据已知投影分析给出的点属于立体的哪个表面,然后尽可能利用立体表面有积聚性的投影,或者是利用作辅助线的方法作出点的未知投影。但在作立体表面点的投影时,存在可见性的判别问题。在此我们规定,若点所在表面的投影可见,或者是有积聚性,则该面上点的投影亦可见。

例 3 - 1 已知六棱柱表面上三点 A,B,C 及每个点的一个投影,如图 3 - 5(a)所示。试求各点的另两个投影。

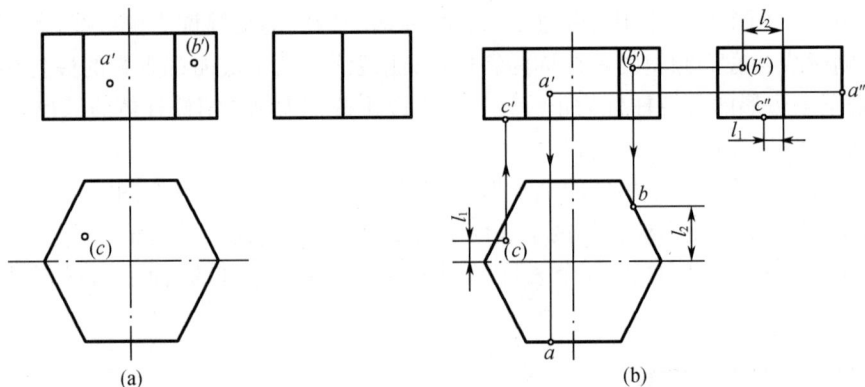

图 3 - 5 六棱柱的表面取点

因为 a' 可见,说明点 A 在六棱柱的前侧面上;b' 不可见,说明点 B 在六棱柱的右后侧面上;c 不可见,说明点 C 在下底面上。故可利用各表面有积聚性的投影来作图。

作图过程如图 3 - 5(b)所示:

①根据长对正,利用投影积聚性,在俯视图上作出 a 和 b,在主视图上作出 c';

②根据高平齐和宽相等,在左视图上作出 a''、b'' 和 c'';

③判别可见性。a,b,c',a'',c'' 各点都是在有积聚性的平面的投影上,所以上述投影均视为可见。b'' 所在的平面的投影不可见,所以 b'' 不可见。

2. 棱锥

棱锥由一个底面和几个侧面组成,侧面与侧面的交线称为侧棱线,棱锥的侧棱线交于一点,称为锥顶。若棱锥的底边为正多边形,且各侧棱线的长度相等,则称为正棱锥。

(1)棱锥的三视图

下面以正三棱锥为例说明其三视图的作图方法。

三棱锥的放置位置如图 3 - 6(a)所示。即底面为水平面,且使其中的一个侧面(后侧

面)为侧垂面,此时三棱锥的投影最为简单。各个表面的投影分析如下:

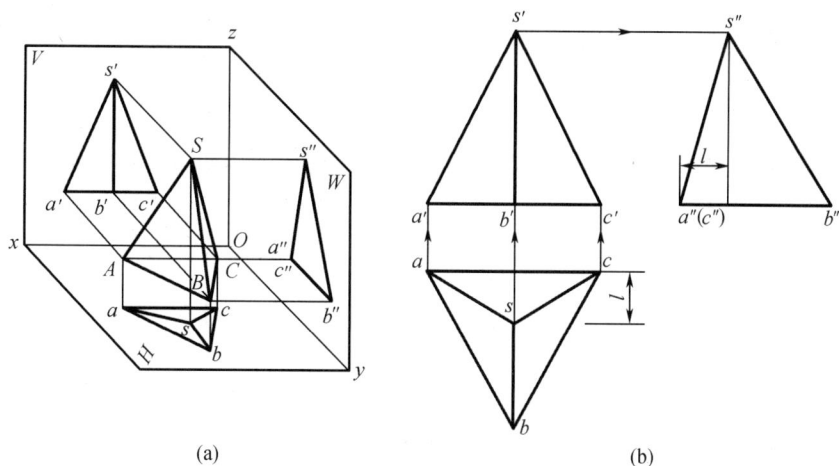

(a)　　　　　　　　　　　　　(b)

图 3 - 6　三棱锥的三视图

①底面为水平面,它在 H 面上的投影为反映三棱锥底面实形的三角形,在 V 面和 W 面上的投影积聚成直线,它们分别平行于 x 轴和 y 轴;

②后侧面为侧垂面,它在 W 面上的投影积聚成一倾斜的直线,在 H 面和 V 面上的投影同为类似形(三角形);

③左右两个侧面同为一般位置平面,它们在三个投影面上的投影都分别是类似形(三角形)。

作图过程如图 3 - 6(b)所示。三棱锥共有四个顶点 S,A,B,C,在三个投影面中作出各顶点的投影,分别连接各顶点的同面投影,即可得到三棱锥的三视图。作图顺序可先作俯视图,再按三等关系作出主视图和左视图。

(2)棱锥表面取点

下面通过例题说明棱锥体表面取点的方法。

例 3 - 2　已知三棱锥表面上两点 M,N 的正面投影 m',n',如图 3 - 7(a)所示。试分别作出各点的另外两投影。

由图 3 - 7(a)可知,点 M 在立体的后侧面 SAC 上;点 N 在左侧面 SAB 上。利用平面内取点的方法,可作出点的其余投影。

作图过程如图 3 - 7(b)所示。连接直线 $s'n'$ 并延长使之与 $a'b'$ 交于 $1'$;过 $1'$ 作垂线与 ab 交于 1;过 n' 作垂线与 $1s$ 连线的交点即为点 N 的水平投影 n。再根据高平齐和宽相等的对应关系,即可作出点 N 的侧面投影 n''。

用同样的方法可以作出点 M 的水平投影 m 和侧面投影 m''。但需注意的是,点 M 在立体的后侧面 SAC 上,而 SAC 的侧面投影积聚成一直线,所以只需由正面投影按高平齐即可得到侧面投影 m''。

可见性判别。m,n,m'',n'' 均可见。

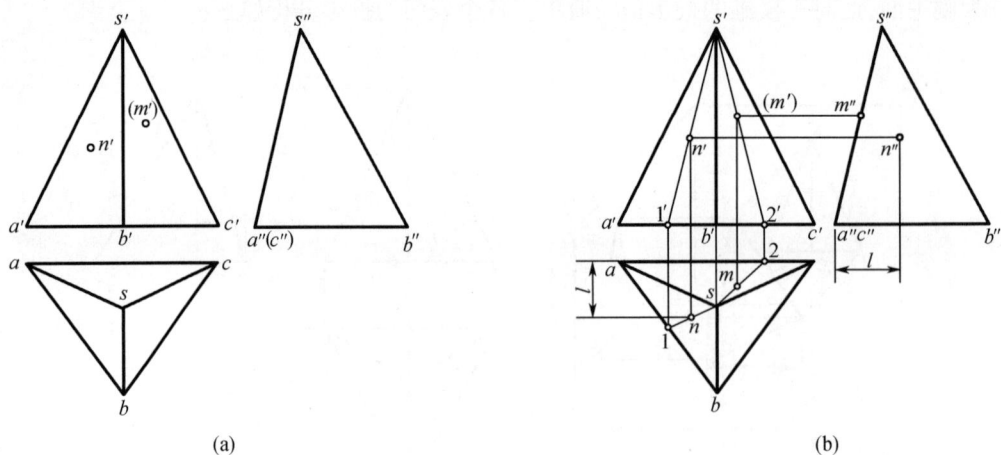

(a)   (b)

图 3-7   三棱锥的表面取点

3.2.2   回转体的三视图

与平面体不同的是,曲面体的表面是光滑曲面,没有明显的棱线。所以在曲面体的画图和看图过程中,要抓住曲面的特殊性质,即曲面的形成规律和曲面轮廓的投影。

1. 圆柱体

圆柱体表面由圆柱面和上下两底面(平面)所组成。圆柱面是由直线 AA_1 绕与它平行的轴线 OO_1 旋转而成。直线 AA_1 称为母线,圆柱面上任意一条平行于轴线 OO_1 的直线都称为圆柱面的素线,如图 3-8 所示。

(1)圆柱体的三视图

图 3-9 所示是轴线垂直于 H 面的圆柱体的三视图。俯视图中的圆是上下底面的实形投影,圆柱体的圆柱面的 H 面投影积聚在该圆周上;主视图中的投影为一矩形,矩形的左、右两边是圆柱体最左素线 AA_1 和最右素线 BB_1 的投影,AA_1 和 BB_1 称为圆柱体对 V 面的转向轮廓线,矩形的上、下两边是圆柱体上、下表面的积

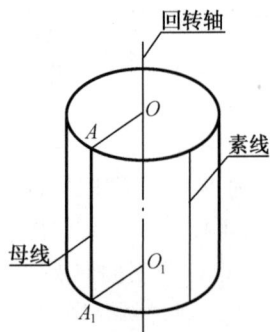

图 3-8   圆柱体的形成

聚投影;左视图和主视图是大小一样的矩形,但它的前、后两条边分别是圆柱体最前素线 CC_1 和最后素线 DD_1 的投影,CC_1 和 DD_1 是圆柱体对 W 面的转向轮廓线。

圆柱体表面投影后的可见性分析如下。圆柱面正面投影的可见性,是以圆柱体对 V 面的转向轮廓线,即最左和最右素线 AA_1,BB_1 为分界,之前的半个圆柱面可见,之后的半个圆柱面不可见;圆柱面侧面投影的可见性,是以圆柱体对 W 面的转向轮廓线,即最前和最后素线 CC_1,DD_1 为分界,之左的半个圆柱面可见,之右的半个圆柱面不可见。

画圆柱体的三视图时,先画俯视图的中心线、主视图和左视图的轴线,再画俯视图的圆的投影,最后根据圆柱体的高度和三视图之间的三等关系作出主视图和左视图的矩形。

图 3-10 所示是空心圆柱(圆筒)的三视图。圆筒可以看成由内外两个圆柱面所组成,但对主视图和左视图而言,内圆柱面被遮挡,所以作图时应注意,内圆柱面在主视图和左视图中素线的投影均应画成虚线。

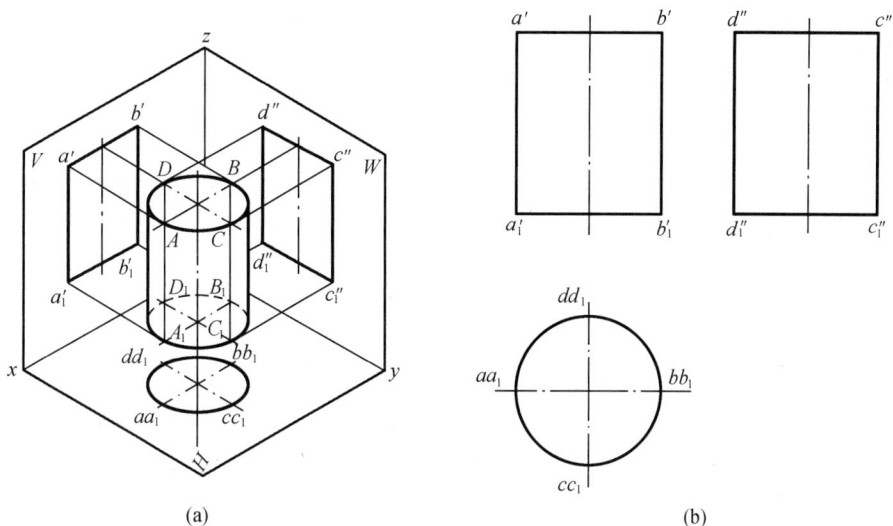

图 3 - 9　圆柱体的三视图

（2）圆柱体表面取点

求作圆柱体表面上的点的投影，应该根据所给出的投影，分析该点在圆柱体表面上所处的位置，并利用圆柱表面的投影特性，作出点的其余投影。另外，圆柱表面上点的投影的可见性，取决于该点所在表面的投影的可见性。

例 3 - 3　已知三点 A,B,C 在圆柱体表面上，其正面投影 a',b',c' 如图 3 - 11（a）所示。试求各点的水平投影和侧面投影。

根据三个点的正面投影 a',b',c' 的位置和可见性，可以得出如下结论：点 A 位于左半个圆柱面的前半部分；点 B 位于右半个圆柱面的后半部分；点 C 位于圆柱体的最右素线上。作图过程如图 3 - 11（b）所示：

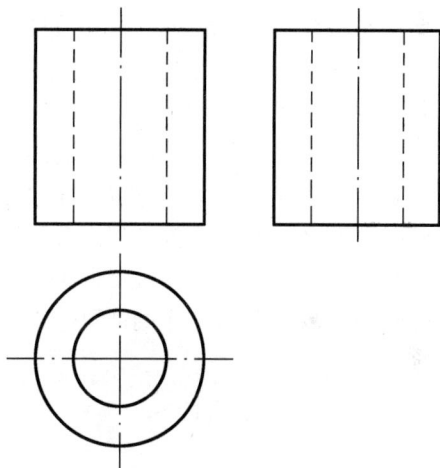

图 3 - 10　圆筒的三视图

（1）利用圆柱面的水平投影的积聚性，由 a',b' 可以直接求得 a,b；再由 a,b 及 a',b' 并利用三视图之间的三等关系，即可作出 a'' 和 b''。

（2）很明显，c,c'' 分别在 H 面和 W 面投影的对称中心线上，故可以直接作出。

（3）判别投影的可见性。a,b,c 落在有积聚性的表面的投影上，故可见；侧面投影的 a'' 可见，b'' 和 c'' 均不可见。

2. 圆锥体

圆锥由圆锥面和底平面组成。圆锥面可以看成是直线 SA 绕与它相交的轴线 SO 旋转一周而形成的。直线 SA 称为母线，而圆锥面上通过锥顶 S 的任意一条直线都称为圆锥面的素线，如图 3 - 12 所示。

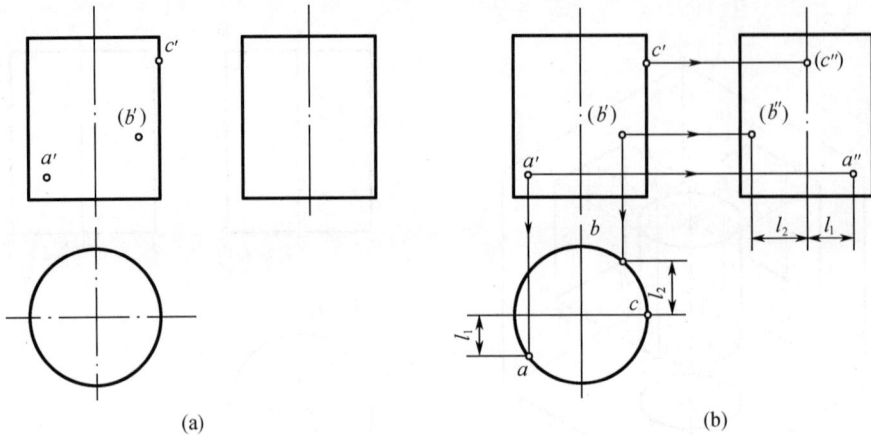

(a)

(b)

图 3－11 圆柱体的表面取点

（1）圆锥体的三视图

当轴线垂直于水平投影面时,圆锥体的三视图如图 3－13 所示。俯视图是一个圆面,它既反映圆锥底面实形的投影,又是圆锥面的投影;主视图为等腰三角形,两腰为圆锥面上最左素线 SA 和最右素线 SB 的投影,这两条素线为圆锥的两条正面转向轮廓线,底边是底面的积聚投影;左视图是与主视图全等的三角形,但它的两腰是圆锥面上的最前素线 SC 和最后素线 SD 的投影,这两条素线为圆锥的两条侧面转向轮廓线,底边同为底面的积聚投影。

很明显,圆锥面的三个投影都没有积聚性。在俯视图中,圆锥面可见,底面不可见;在主视图中,前半个圆锥面可见,后半个不可见;在左视图中,左半个圆锥面可见,右半个不可见。

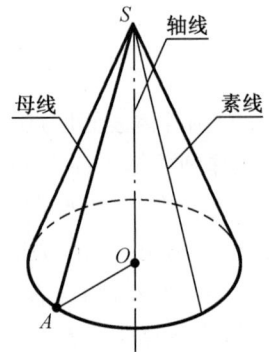

图 3－12 圆锥的形成

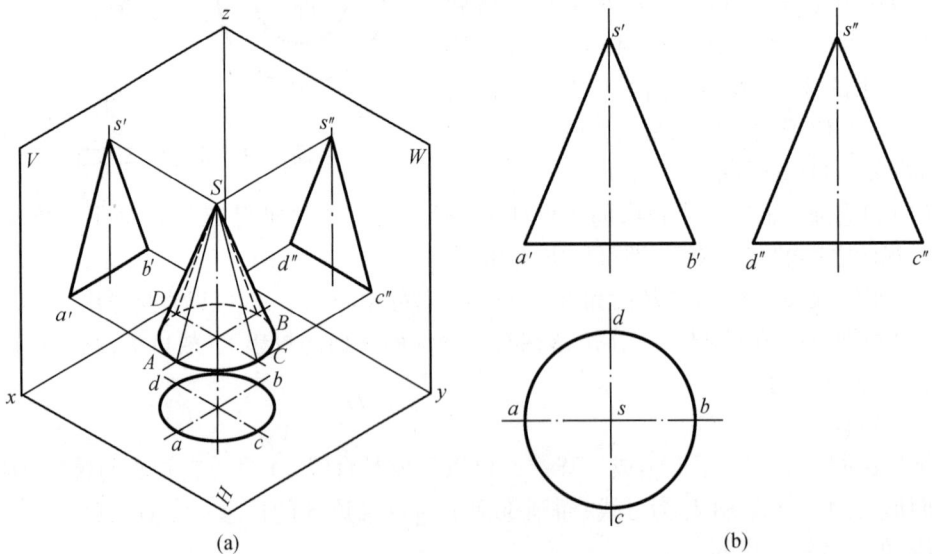

(a)

(b)

图 3－13 圆锥体的三视图

圆锥体的作图过程如图 3 – 13(b)所示。先画出俯视图中中心线的投影和主视图、左视图中轴线的投影;再作俯视图中的投影;最后根据圆锥体的高度和三视图之间的三等对应关系作出主视图和左视图的三角形投影。

(2)圆锥体表面取点

求作圆锥体表面上的点的投影,应根据所给出的点的已知投影,首先分析出该点在圆锥体表面所处的位置。但由于圆锥面的三个投影都没有积聚性,所以要根据点在面上,必在过该点的面上的某线上的原理作图。即利用作辅助线(或辅助圆)的方法,作出点的其余投影。

例 3 – 4　已知圆锥体表面上点 K 的正面投影 k',如图 3 – 14(a)所示。试求点 K 的水平投影 k 和侧面投影 k''。

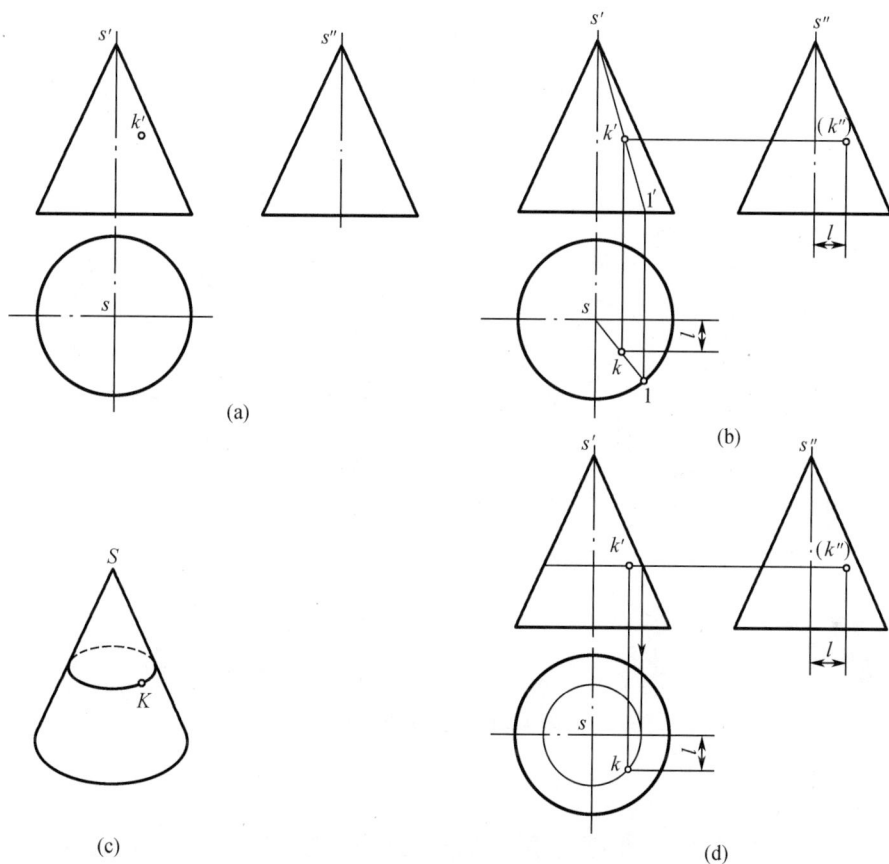

图 3 – 14　圆锥体的表面取点

根据已知条件可知,点 K 在圆锥面上,且位于前半个圆锥面的右半部分。作图可采用辅助直线法或辅助圆法。

(1)辅助直线法:在主视图上作直线 $s'k'$ 与底边交于 $1'$;求出水平投影 $s1$;过 k' 作垂线与 $s1$ 连线的交点即为 K 的水平投影 k;利用三等对应关系由 k,k' 即可作出 k''。如图 3 – 14(b)所示。

(2)辅助圆法:过 K 点作与底面平行的圆,如图 3 – 14(c)所示,该圆的水平投影是圆锥的水平投影的同心圆,正面投影和侧面投影积聚成分别平行于 x 轴和 y 轴的直线。

作图过程如图 3 – 14(d)所示。过 k' 作直线垂直于圆锥轴线,并量取辅助圆半径,作出辅助圆水平投影,其为圆锥水平投影的同心圆;过 k' 作垂线可得 K 的水平投影 k;再根据三

等关系和 k,k' 即可求出 k''。

判别可见性。点 K 位于前半个圆锥面的右半部分，故点 k 可见，点 k'' 不可见。

3. 球体

球体是由球面围成的。球面可以看成是半圆的母线（弧线 ABC）绕其一条直径（轴线 OO_1）旋转一周形成的曲面，如图 3 – 15 所示。

（1）球体的三视图

球体的三个视图都是与球的直径相等的圆。它们分别是球体上对三个投影面的转向轮廓线的投影。主视图圆 m' 是前半球体和后半球体的分界圆 M 的正面投影；俯视图圆 n 是上半球体和下半球体的分界圆 N 的水平投影；左视图的圆 l'' 是左半球体和右半球体的分界圆 L 的侧面投影。这三个圆在另外两个投影面上的投影均与中心线重合，作图时不必画出，如图 3 – 16 所示。

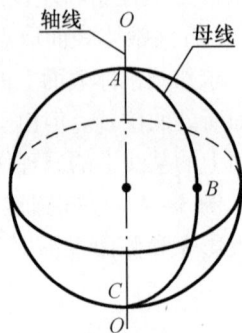

图 3 – 15　球体的形成

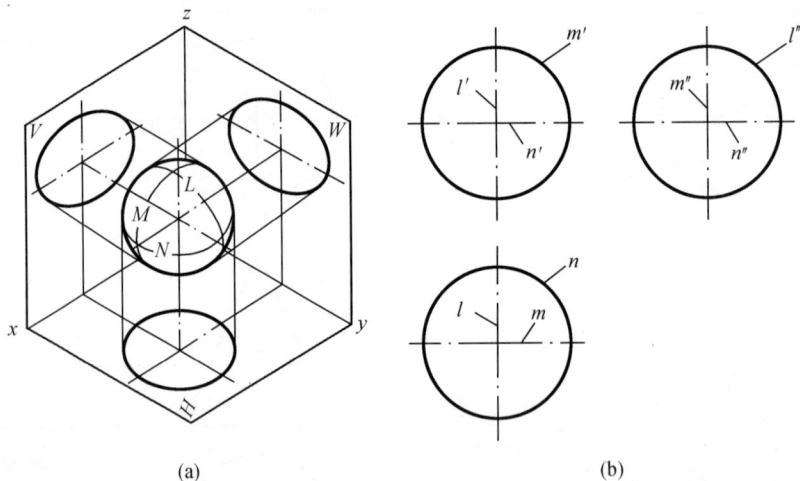

图 3 – 16　球体的投影

（2）球体表面取点

球体表面取点的作图，要根据所给出的已知条件，首先分析出点所处的位置。由于球面在三个投影面上的投影都没有积聚性，球面上又不存在直线，所以只能用辅助圆法作图。为了作图简单，通常将辅助圆作成与投影面平行。

例 3 – 5　已知球体表面上两点 A,B 的正面投影 a',b'，如图 3 – 17（a）所示。试求各点的其余两投影。

由已知条件可知，点 A 在前半个球体的右侧部分。可以过点 A 在球体表面作一水平圆，该圆的水平投影必定是球体水平投影的同心圆，正面投影和侧面投影分别积聚成与 x 轴和 y 轴平行的直线，再利用点在线上的投影特性即可求出 a 和 a''。点 B 在圆球的正面转向线上。点 B 的水平投影 b 和侧面投影 b'' 必定落在对称轴线上，故可直接作出。

作图过程如图 3 – 17（b）所示。

可见性分析。点 A 位于球体的右上部，水平投影 a 可见，侧面投影 a'' 不可见；点 B 位于

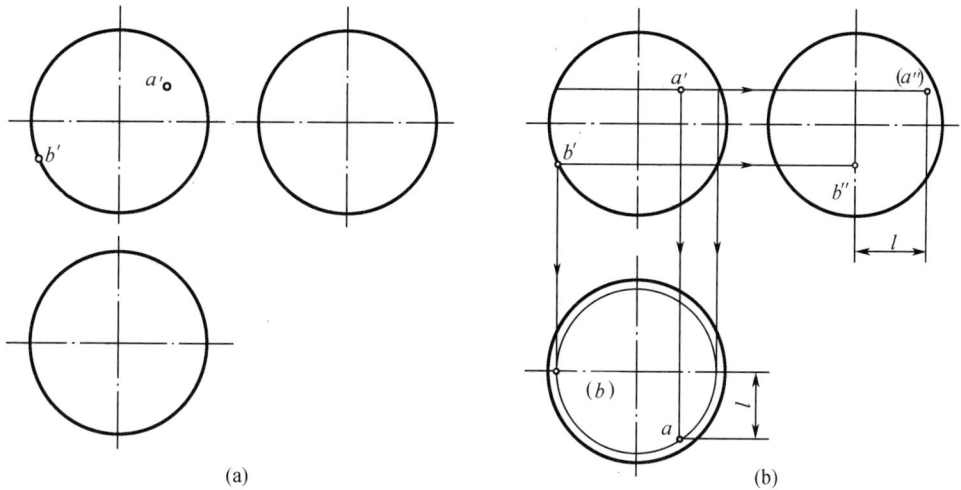

图 3 – 17　球体的表面取点

球体的左下部,水平投影 b 不可见,侧面投影 b″ 可见。

4. 圆环

圆环可以看成是以圆为母线,绕与圆在同一平面内但不通过圆心的轴线 OO_1 旋转而成。由母线圆弧 BAD 旋转而形成的圆环外面的一半表面称为外环面;而由母线圆弧 BCD 旋转而形成的里面的一半表面称为内环面。两段圆弧的分界点的运动轨迹是内外环面的分界线。如图 3 – 18(a)所示。

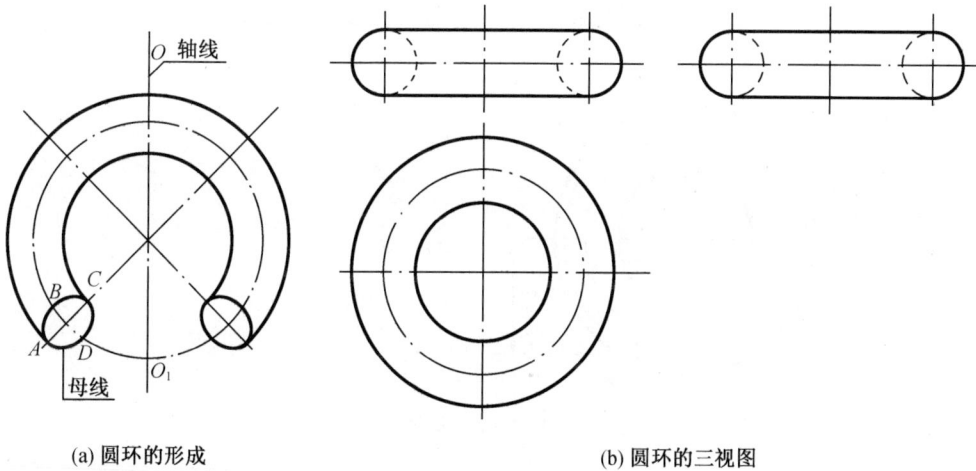

(a) 圆环的形成　　　　　　　　　　(b) 圆环的三视图

图 3 – 18　圆环的形成及三视图

(1)圆环的三视图

当圆环的轴线 OO_1 垂直于 H 面时,三视图如图 3 – 18(b)所示。俯视图是两个同心圆,它们是母线圆上离轴线 OO_1 最远点 A 和最近点 C 绕轴线旋转形成的水平圆的投影,是圆环面对 H 面的转向轮廓线;主视图中的左、右两个圆是圆环面上平行于 V 面的两个素线圆的投影,因为圆环的内环面从前面看被遮挡,所以两个素线圆靠近轴线的一半的投影应该画成虚线。另外主视图中上、下两条直线是内外环面分界处的圆的投影。

圆环的左视图与主视图相类似,读者可自行分析。

圆环作图时,首先画出各投影的中心线,其次画出正面投影和侧面投影,最后再画出它的水平投影即可。

(2)圆环表面取点

求作圆环表面上点的投影时,根据已知条件,首先分析点在圆环表面上所处的位置。由于圆环体的三个投影都没有积聚性,故须通过作辅助圆求解。

例 3 – 6 已知圆环表面上一点 K 的正面投影 k',如图 3 – 19(a)所示。试求点 K 的水平投影 k 和侧面投影 k''。

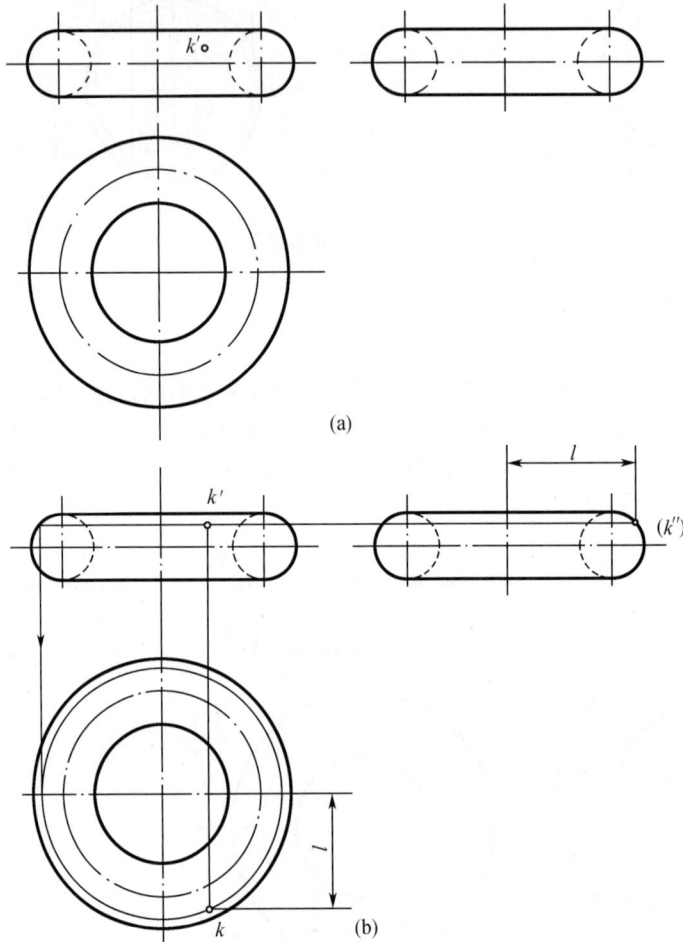

图 3 – 19　圆环的表面取点

由题意可知,点 K 在圆环体上半部、右侧、外环面、前面的表面上。过点 K 在圆环面上作一水平圆,其水平投影反映实形的圆,正面投影和侧面投影积聚成平行于 x 轴和 y 轴的直线,作出它们的投影,即可求出点的其余投影。

作图过程如图 3 – 19(b)所示。在主视图上过点 k' 作水平线(水平圆的投影);在俯视图上作出圆的实形投影;过 k' 作垂线得到点 K 的水平投影 k;由 k,k' 即可作出点 K 的侧面投影 k''。

可见性分析。点 K 位于圆环体的上部、右侧,所以 k 可见,而 k'' 不可见。

第4章　平面与立体相交

为了在工程图样上准确地表达立体的形状,必须要研究平面与立体相交的问题。

平面与立体相交,可看作立体被平面截切,此时在立体的表面就会产生交线。工程上通常将平面与立体表面的交线称为截交线,与立体相交的平面称为截平面,立体被截切后产生的断面称为截断面,截切后的立体称为截断体。图4－1是平面与立体相交产生截交线的例子。

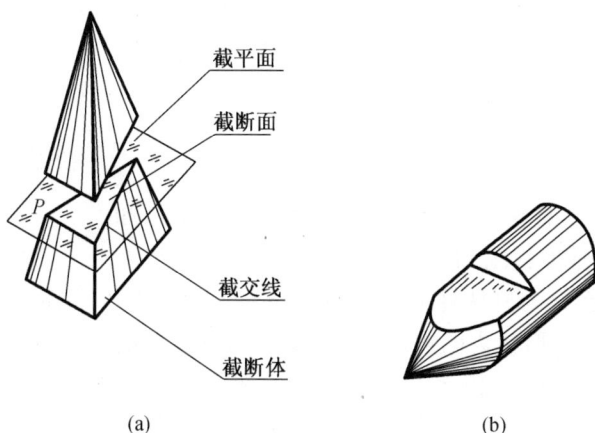

(a)　　　　　　　　　　(b)

图4－1　截交线的概念

1. 截交线的性质

尽管截交线的形状与被截立体表面形状及截平面的相对位置有关,但任何截交线都具备如下的性质:

(1)封闭性。截交线是由直线、曲线或直线和曲线围成的封闭的平面图形。

(2)共有性。截交线是截平面与被截立体表面的共有线,截交线上的所有点都是截平面与立体表面的共有点。

(3)表面性。截交线在被截立体的表面上。

2. 截交线的作图方法和步骤

由以上截交线的性质可知,求作截交线的实质就是要求出截平面与立体表面的一系列共有点,然后将各点依次连接即可。作图的方法和步骤归纳如下。

(1)空间分析。分析被截立体自身的形状及截平面与立体表面的相对位置,从而可以确定截交线的空间形状。

(2)投影分析。分析截平面与投影面的相对位置,从而可以确定截交线的投影特性。截交线是平面图形,且在截平面上,所以通过截平面与投影面的相对位置的分析,可以预知截交线的投影(实形性、积聚性、类似性)。

(3)作图。求出截交线上的一些点,包括特殊点和一般点,连接即可。

很明显,截交线的形状与被截立体的形状有关。本章将分别介绍平面与平面立体相交和平面与回转体相交时截交线的作图方法。

4.1 平面与平面立体相交

由于平面立体的表面都是平面,所以截平面与其相交产生的截交线是由直线围成的封闭的平面多边形。多边形的每一条边是截平面与立体表面的交线,多边形的各个顶点是截平面与立体的棱线的交点。

图 4-2 是截平面与三棱锥相交产生交线的例子。其中Ⅰ Ⅱ,Ⅱ Ⅲ,Ⅲ Ⅰ 分别是截平面 P 与棱锥的侧面 SAB,SBC,SCA 的交线,点Ⅰ,Ⅱ,Ⅲ分别是截平面 P 与棱锥的棱线 SA,SB,SC 的交点。由此,求作平面与平面立体的截交线可以归结为:求出截平面与平面体的棱线的交点,并依次连接即可。但连线时要特别注意,必须是位于立体同一个侧面上的两个点才能连接。

例 4-1 已知五棱柱被平面 P,Q 截切后如图 4-3(a)和图 4-3(b)所示。完成左视图和俯视图。

空间分析:截平面 P 与五棱柱的三个面相交,并与截平面 Q 相交,故截交线的空间形状为四边形;截平面 Q 与五棱柱的四个侧面相交,并与截平面 P 相交,故截交线的空间形状为五边形。

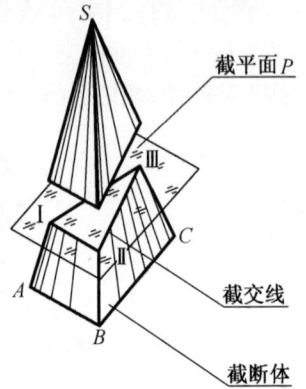

图 4-2 平面与平面体相交的截交线

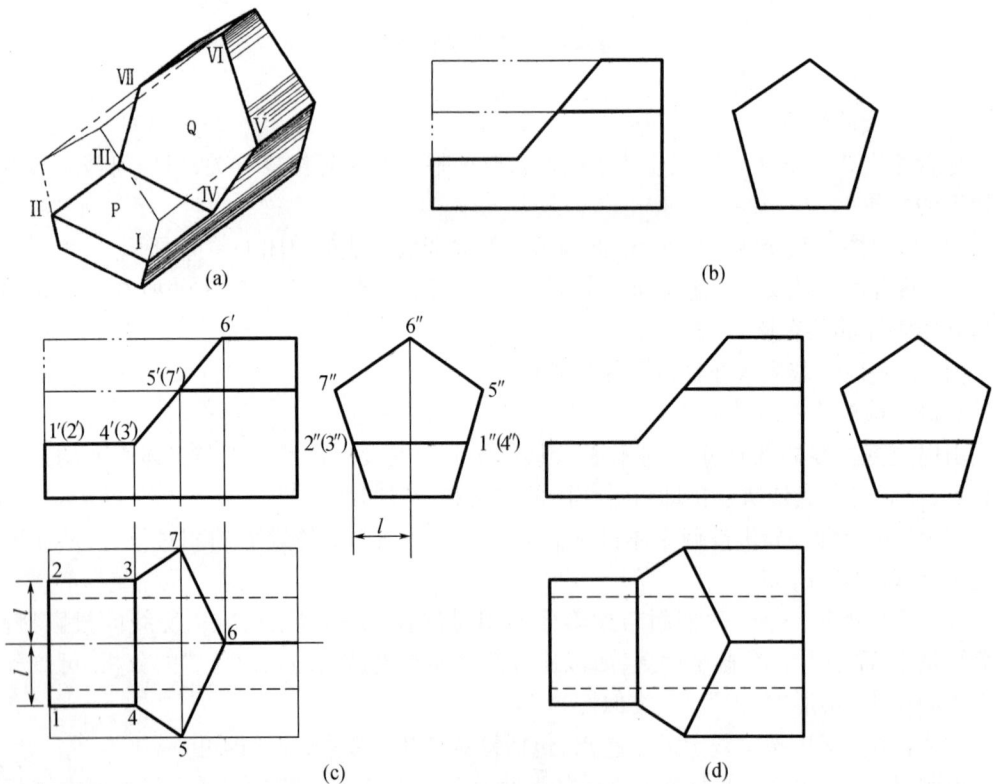

图 4-3 五棱柱截交线的作图

投影分析:截平面 P 为水平面,在 H 面上的投影为实形,在 V 面和 W 面上的投影为分别平行于 x 轴和 y 轴的直线;截平面 Q 为正垂面,在 V 面的投影积聚成倾斜的直线,H 面和 W 面上都为类似形。

作图过程如图 4 - 3(c)所示:

(1)首先作出被截切前完整五棱柱的俯视图;

(2)对照图 4 - 3(a)在主视图上标出截交线各交点的投影 $1'(2')$,$4'(3')$,$5'(7')$ 和 $6'$;

(3)五棱柱的五个侧面在 W 面上的投影均有积聚性,据此可找出各交点的侧面投影 $1''(4'')$,$2''(3'')$,$5''$,$6''$ 和 $7''$;

(4)利用各交点的正面投影和侧面投影,作出相应的水平投影 $1,2,3,4,5,6,7$,并依次连接各点;

(5)检查截交线的投影,擦去立体被截掉的部分的投影,得到三视图如图 4 - 3(d)所示。

例 4 - 2 已知六棱柱被平面 R,S,P 截切后的主视图,如图 4 - 4(a)和图 4 - 4(b)所示。完成俯视图并求作左视图。

空间分析:截平面 R,S 与六棱柱相交的截交线是两个一样的四边形;截平面 P 截得的截交线是六边形。

投影分析:截平面 R,S 是侧平面,其截交线在 W 面上反映实形,V 面投影和 H 面投影均积聚成直线;截平面 P 是水平面,其截交线在 H 面上反映实形,在 V 面和 W 面上均积聚成直线。

作图过程如图 4 - 4(c)所示:

(1)作出被截切前完整六棱柱的左视图。

(2)标出各截交线(多边形)的各顶点的正面投影和水平投影。

(3)根据正面投影和水平投影求出各顶点的侧面投影,连接相应各顶点,得到截交线的侧面投影。

(4)检查截交线的投影,分析可见性,直线 $b''c''$(即 $h''e''$)部分不可见,画成虚线。擦去立体被截掉部分的投影,得到三视图,如图 4 - 4(d)所示。

例 4 - 3 四棱锥被截平面 P 截切,如图 4 - 5(a)和图 4 - 5(b)所示。完成被截切的四棱锥的俯视图和左视图。

空间分析:截平面 P 与四棱锥的四个侧棱面都相交,其交线为四边形。

投影分析:截平面 P 为正垂面,其 V 面投影积聚成倾斜的直线;H 面和 W 面上的投影均为类似形。

作图过程如图 4 - 5(c)所示:

(1)作出被截切前完整四棱锥的左视图;

(2)标出截交线(四边形)的各顶点的正面投影;

(3)四边形的四个顶点都在棱线上,根据高平齐的对应关系,可以直接作出各顶点的侧面投影,最后作出水平投影;

(4)截交线的投影都可见,擦去立体被截掉部分的投影,得到三视图,如图 4 - 5(d)所示。

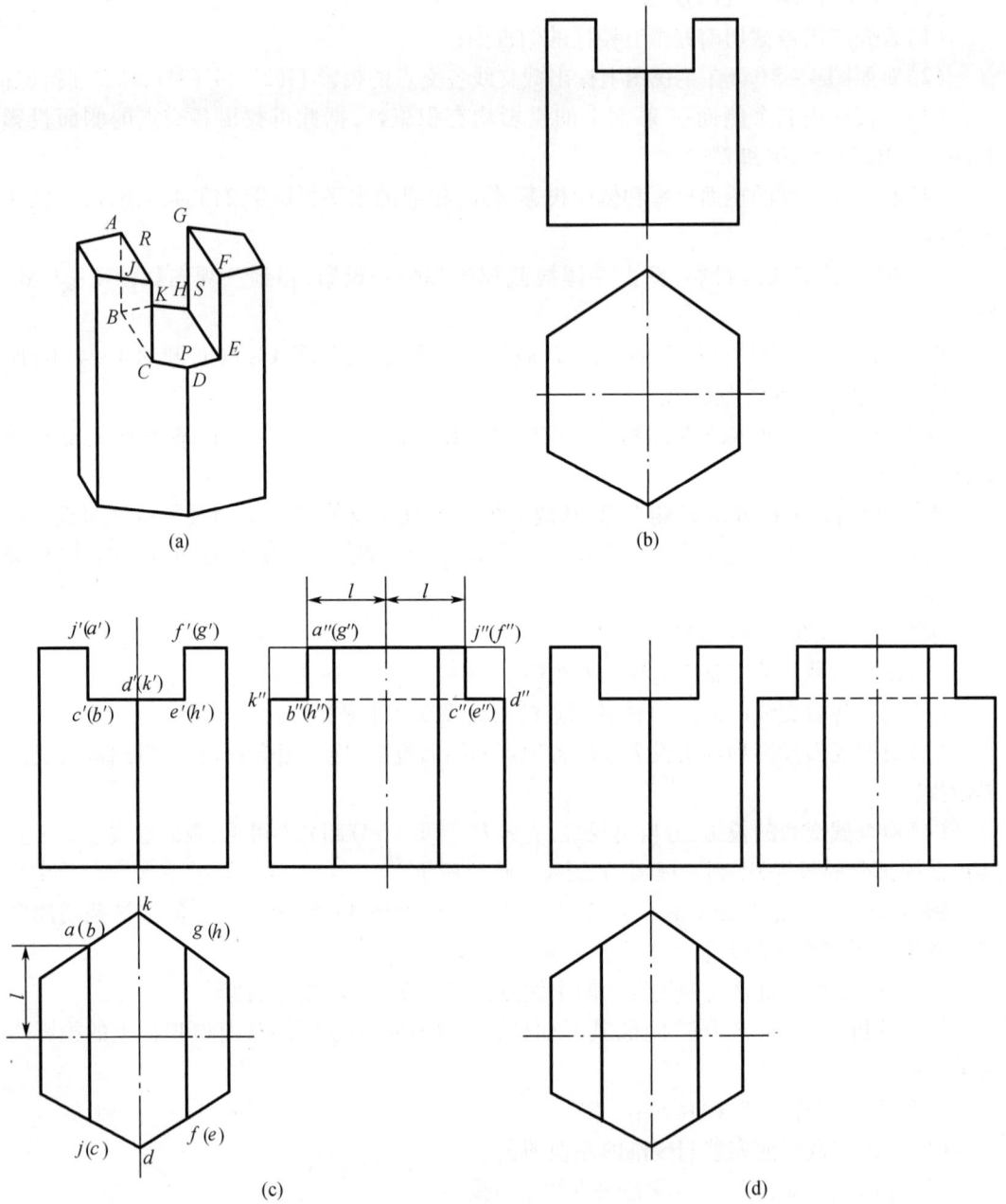

图 4-4　六棱柱截交线的作图

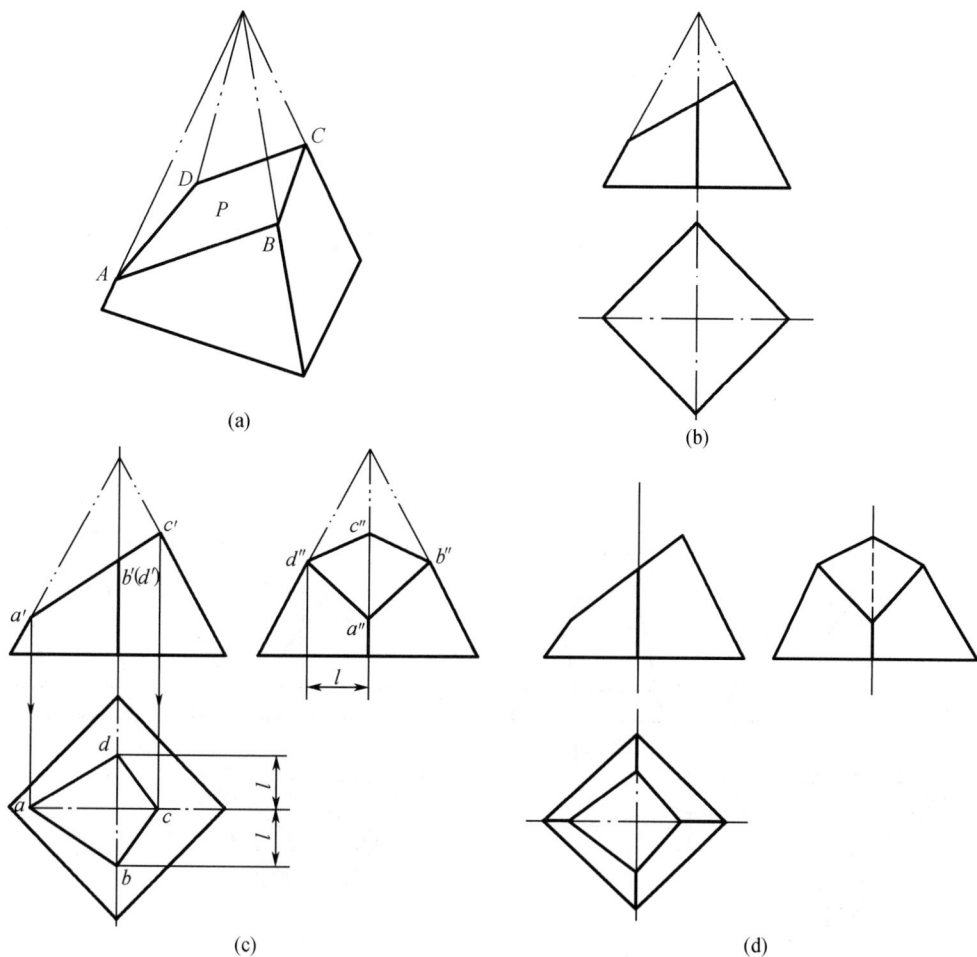

图 4 - 5 四棱锥截交线的作图

例 4 - 4 已知三棱锥被截平面 P,Q 截切后的主视图,如图 4 - 6(a)和图 4 - 6(b)所示。试完成俯视图和左视图。

空间分析:P,Q 两平面截切三棱锥的截交线的空间形状均为四边形。

投影分析:P 为水平面,水平投影反映实形,V 面和 W 面上的投影均积聚成直线;Q 为正垂面,V 面上投影积聚成倾斜直线,H 面和 W 面上的投影均为类似形。

作图过程如图 4 - 6(c)所示:

(1)作出被截切前完整三棱锥的左视图。

(2)标出各截交线(两个四边形)的各顶点的正面投影。

(3)由于 P 与三棱锥的底面平行,所以水平面上反映实形的投影可以利用平行直线的投影特性直接作出。对于 Q 面截得的截交线,可以先作出其侧面投影,再根据三等对应关系,作出其水平投影。

(4)分析可见性,直线 cf 部分不可见,画成虚线。擦去立体被截掉部分的投影,得到三视图,如图 4 - 6(d)所示。

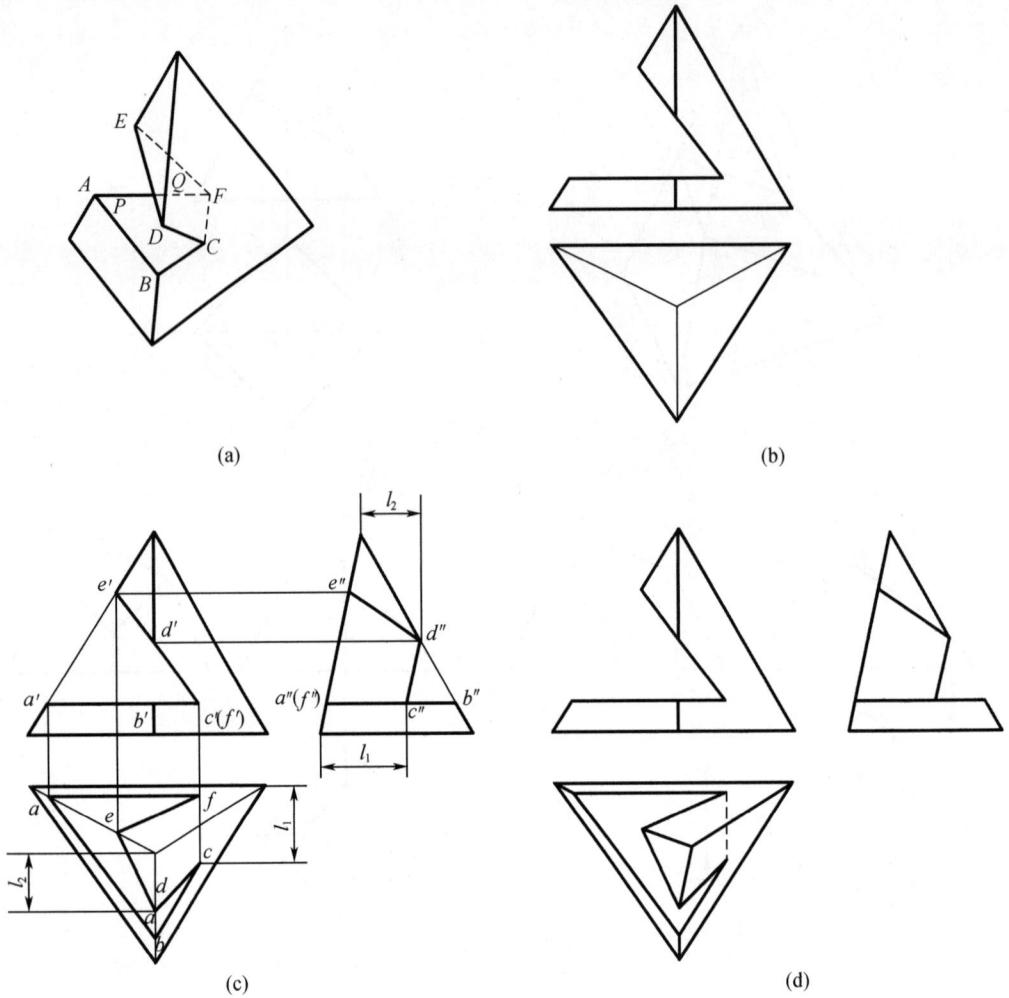

(a)

(b)

(c)

(d)

图 4-6　三棱锥的截交线的作图

4.2　平面与回转体相交

　　平面与回转体相交时,截平面可能只与立体的曲面相交,此时的截交线一定是平面曲线;截平面也可能既与曲面相交,同时又与立体的平面相交,此时的截交线为曲线加直线,特殊情况下是多边形。

　　当截交线为非圆曲线时,应根据回转体表面的投影特性,按立体表面取点作图的方法,求出其与截平面的交点。首先,求出截交线上能确定截交线的形状和范围的特殊点,包括截交线的最高、最低点,最前、最后点和最左、最右点,可见与不可见的分界点(即立体转向轮廓线与截平面的交点),然后作出一些中间点,再依次连接而成。

　　下面分别介绍圆柱体、圆锥体、球体的截交线的画法。

4.2.1　平面与圆柱体相交

由于截平面与圆柱体轴线的相对位置不同,平面与圆柱体相交时产生的截交线有三种情况:截平面与圆柱体轴线垂直,截交线为圆;截平面与圆柱体轴线平行,截交线为矩形;截平面与轴线倾斜,截交线为椭圆。如表4－1所示。

表4－1　平面与圆柱体相交的截交线

截平面位置	与轴线平行	与轴线垂直	与轴线倾斜
立体图	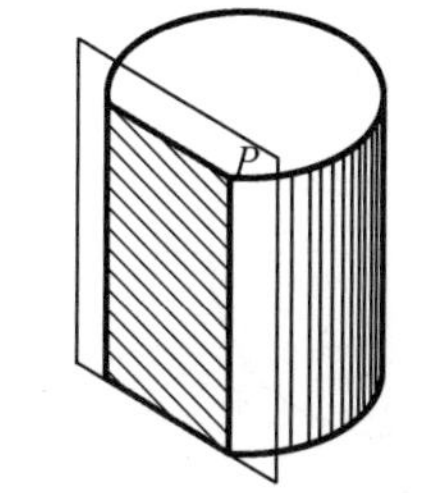	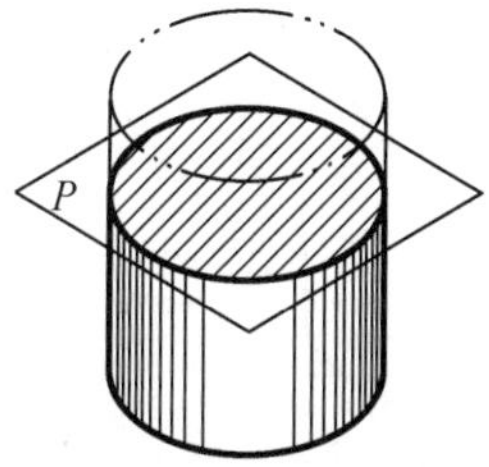	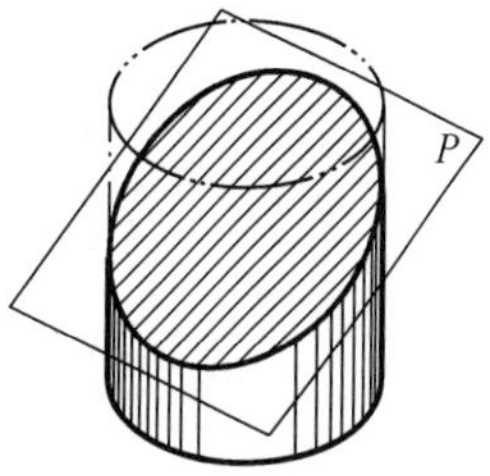
投影图	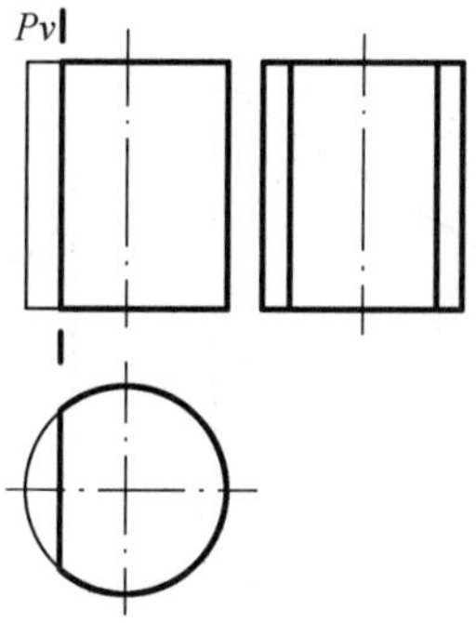	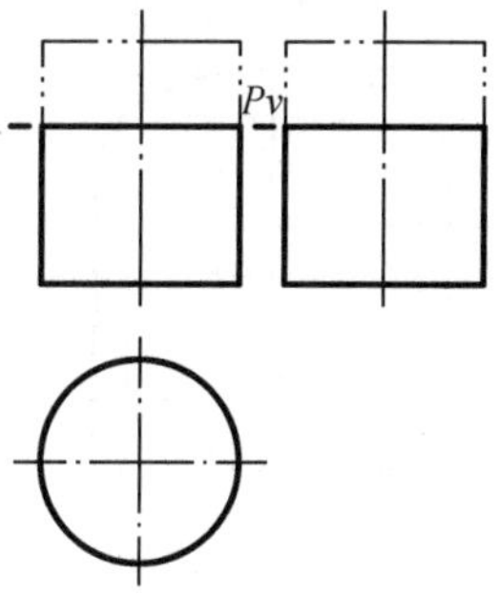	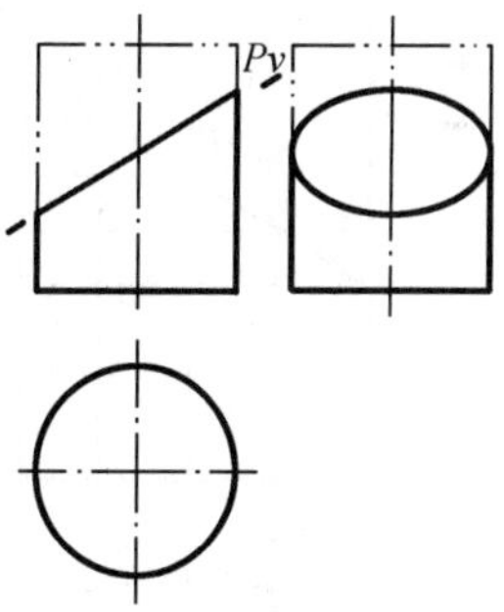
截交线形状	矩形	圆	椭圆

例4－5　圆柱被一正垂面截切,如图4－7(a)和图4－7(b)所示。求作其截交线。

(1)空间分析。截平面与圆柱的轴线倾斜,故截交线为一椭圆。

(2)投影分析。由于截平面为正垂面,所以在主视图上截交线积聚成直线;圆柱体的圆柱面在俯视图上有积聚性,所以截交线的水平投影必定积聚在圆上;也就是说,截交线的正面投影和水平投影均为已知,故可以用在圆柱表面取点的方法求出截交线的侧面投影。

作图过程如图4－7(c)和图4－7(d)所示:

(1)求特殊点。特殊点是指截交线上能确定截交线形状和范围的点。对于椭圆首先应求出其长、短轴的4个端点。如图4－7(a)所示,长轴的端点 A,C 是椭圆的最高点和最低点,分别位于圆柱的最右和最左素线上;短轴的两个端点 B,D 是椭圆的最后点和最前点,分别位于圆柱的最后和最前素线上。它们在 V 面的投影是 a',b',c',d' ,在 H 面的投影是 a,b,c,d 。据此,可以求出它们在 W 面的投影 a'',b'',c'',d'' 。

(2)作一般点。为了准确地作出截交线的投影,在特殊点之间还要作出一些一般点。在水平投影上,对称于中心线取 e,f,g,h ;依据截交线在 V 面投影的积聚性,作出 $e',f',g',$

h';再根据三等对应关系作出 e'',f'',g'',h''。

（3）依次光滑连接各点,即得到截交线的侧面投影。

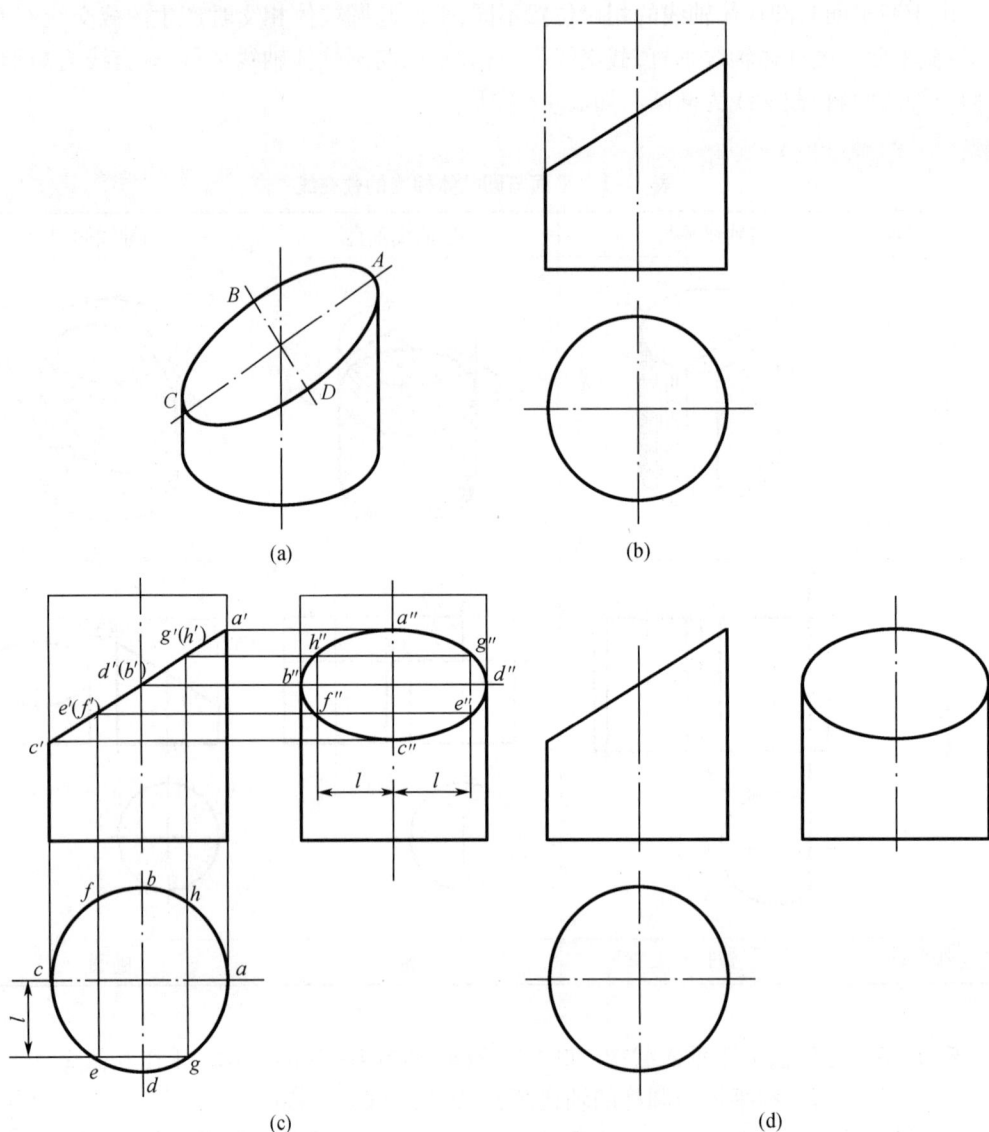

图 4-7　斜切圆柱的截交线的作图

例 4-6　已知圆柱体被平面截切后的主视图,如图 4-8(a)和图 4-8(b)所示。补全俯视图并求作左视图。

（1）空间分析。圆柱的上部左、右对称地被截掉了两部分,形状完全相同,现以左侧的截平面 P,Q 为例进行分析。截平面 P 与轴线平行,截交线为矩形;截平面 Q 与轴线垂直,截交线为圆弧与直线围成的封闭图形。

（2）投影分析。截平面 P 为侧平面,V 面和 H 面投影均积聚成直线,侧面投影反映实形;截平面 Q 为水平面,V 面和 W 面投影均积聚成直线,水平投影反映实形。

作图过程如图 4-8(c)和图 4-8(d)所示:

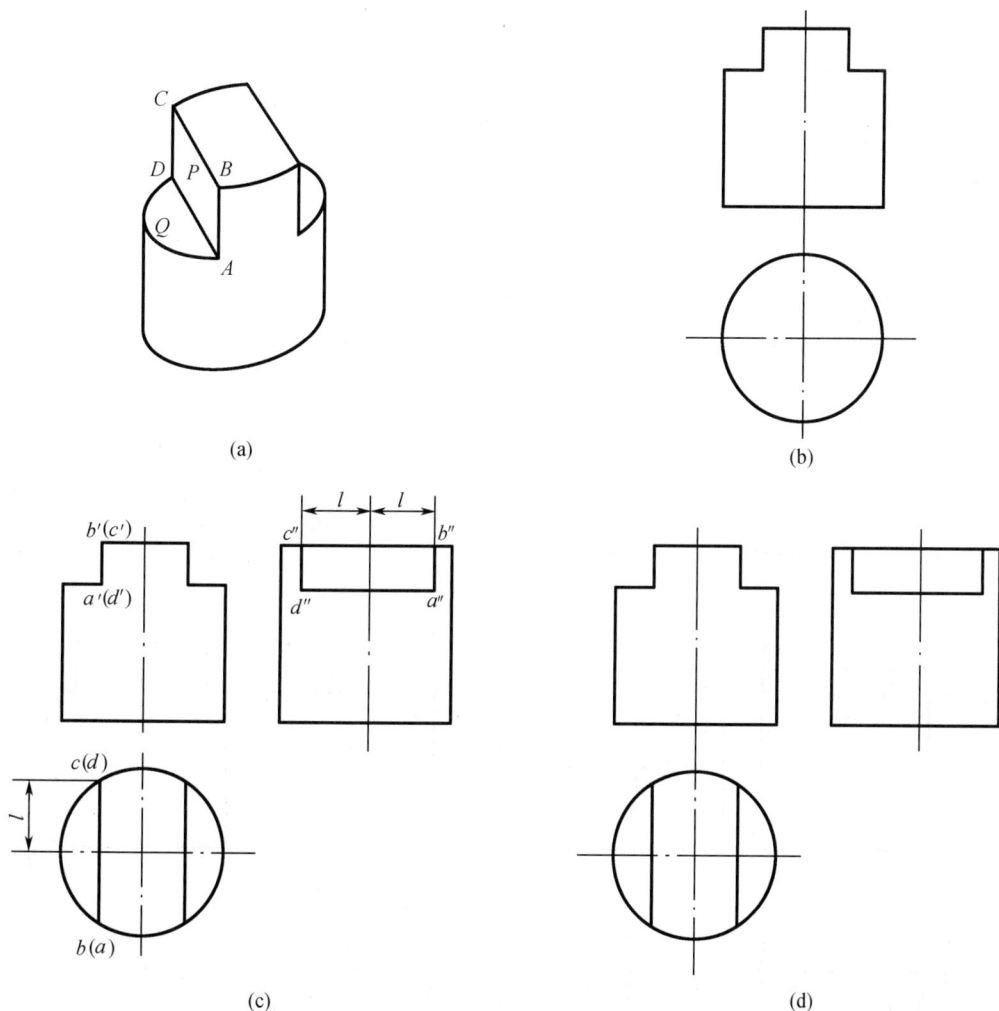

(a)

(b)

(c)

(d)

图4-8 圆柱侧切的截交线的作图

（1）画出圆柱体被截切前的左视图。

（2）首先作出侧平面 P 的水平投影，即直线 bc（或 ad），该直线及左侧的圆弧即为 Q 截得的截交线的水平投影。

（3）根据三等关系即可作出 P 的侧面投影 $a''b''c''d''$，此时 $a''d''$ 即为 Q 面的侧面积聚投影。

例4-7 已知圆柱体被平面截切后的主视图，如图4-9(a)和图4-9(b)所示。补全俯视图并求作左视图。

（1）空间分析。圆柱上开一通槽，是由两个平行于轴线的截平面 R,S 和一个与轴线垂直的平面 T 截切而成。截平面 R,S 的截交线是两个一样的四边形；截平面 T 的截交线为前、后两段圆弧和左、右两段直线围成的封闭图形。

（2）投影分析。截平面 R,S 为侧平面，V 面和 H 面投影均积聚成直线，侧面投影反映实形；截平面 T 为水平面，V 面和 W 面投影均积聚成直线，水平投影反映实形。

作图过程如图 4 – 9(c)和图 4 – 9(d)所示。

(1)画出圆柱体被截切前的左视图。

(2)首先作出侧平面 R,S 截交线的水平投影,即两条直线,这两条直线及其之间的前、后两段圆弧即为截平面 T 截得的截交线的水平投影。

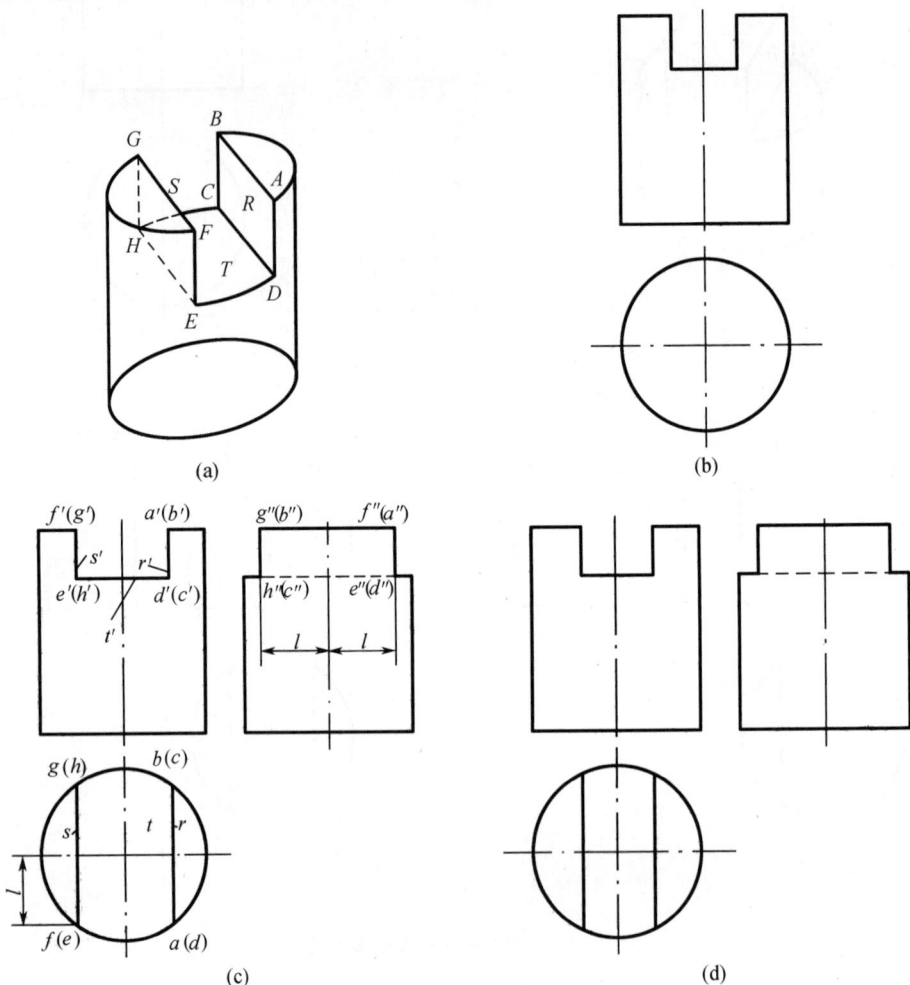

图 4 – 9　切口圆柱的截交线的作图

(3)根据三等关系即可作出 R,S,T 截交线的侧面投影。

(4)完善左视图轮廓线的投影。圆柱体的最前、最后素线在截平面 T 以上被切掉,故左视图的该部分无投影。最后的形状如图 4 – 9(d)所示。

例 4 – 8　已知圆柱套筒被平面截切后的主视图和俯视图,如图 4 – 10(a)和图 4 – 10 (b)所示。求作左视图。

本例与例题 4 – 6 相类似,但是圆柱改成了圆柱套筒。此时截平面不仅与外圆柱面相交,还与内圆柱面相交,因此它们产生了两部分交线。其作图过程如下:

(1)画出被截切前圆柱套筒的侧面投影。

(2)分别标出侧平面与外圆柱面的截交线 $ABFG$ 及侧平面与内圆柱面的截交线 $CDHE$ 的相应顶点的正面投影和水平投影,根据三等关系作出各顶点的侧面投影。

　　(3)依次连接相应各点即可。此时直线 $a''g''$ 即为水平截平面截得的截交线的侧面投影。擦除切去部分投影,作图结果如图 4-10(c)和图 4-10(d)所示。

　　例 4-9　已知圆柱套筒被平面截切后的主视图和俯视图,如图 4-11(a)和图 4-11(b)所示。求作左视图。

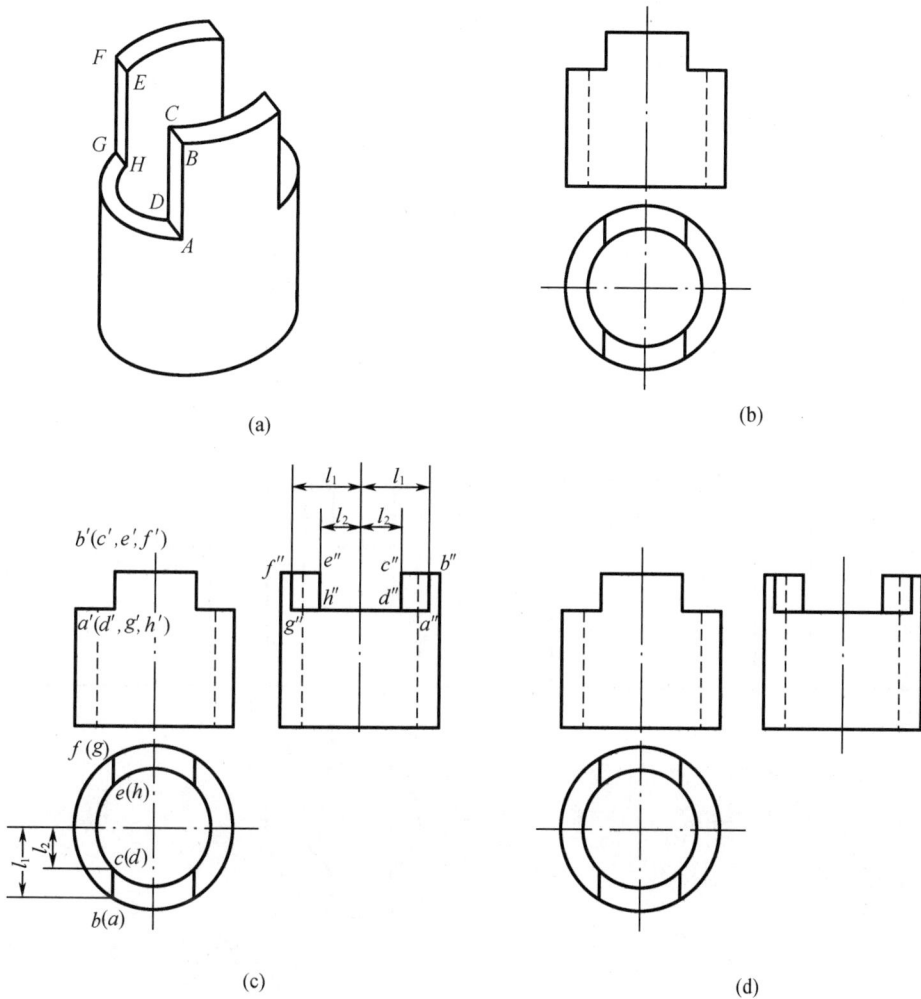

图 4-10　圆柱套筒截切的截交线的作图

　　本例与例题 4-7 相类似,但是由于截平面与圆柱套筒相交,因此仍然产生两部分交线。其作图过程如下:

　　(1)画出被截切前圆柱套筒的侧面投影。

　　(2)左、右两个侧平面的位置对称,以右侧的侧平面为例,标出与内、外圆柱体截交线的交点的正面投影和水平投影,根据三等关系作出各顶点的侧面投影。

　　(3)依次连接相应各点并擦除切除部分即可。但此时要注意的是,圆柱套筒的左侧部分没有被切到,所以截交线的 $a''d''$,$g''h''$,$c''d''$,$e''h''$ 均为虚线。另外圆柱套筒的内部是空的,

所以 h'' 到 d'' 之间不画线。如图 4-11(c)和图 4-11(d)所示。

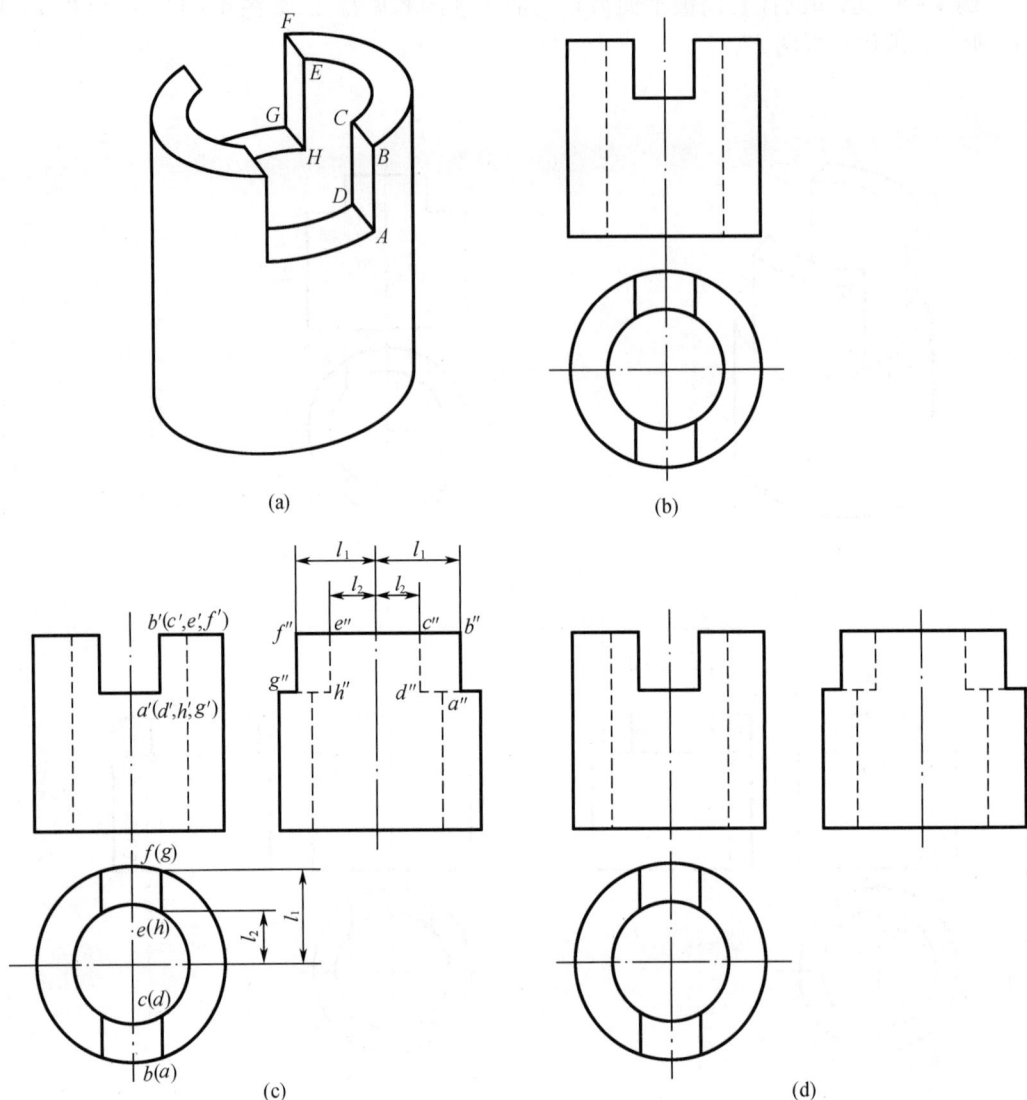

图 4-11　切口圆柱套筒的截交线的作图

4.2.2　平面与圆锥体相交

根据截平面与圆锥轴线相对位置的不同,截平面截切圆锥体时,其截交线分为五种情况:当截平面与圆锥轴线垂直时,截交线为圆;当截平面与圆锥轴线倾斜,且 $\theta > \alpha$(θ 为截平面与圆锥轴线的夹角,α 为圆锥半顶角)时,截交线为椭圆;当截平面与圆锥轴线倾斜,且与一条素线平行($\theta = \alpha$)时,截交线为抛物线;当截平面与圆锥轴线平行,或倾斜但 $\theta < \alpha$ 时,截交线为双曲线;当截平面过圆锥顶与圆锥截切时,截交线为两相交直线,如表 4-2 所示。

表 4 - 2 平面与圆锥体相交的截交线

截平面的位置	过锥顶	与轴线垂直	与轴线倾斜 $\theta > \alpha$	与一条素线平行 $\theta = \alpha$	与轴线平行 或 $\theta < \alpha$
立体图	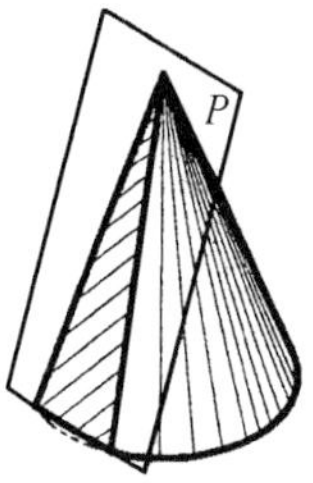	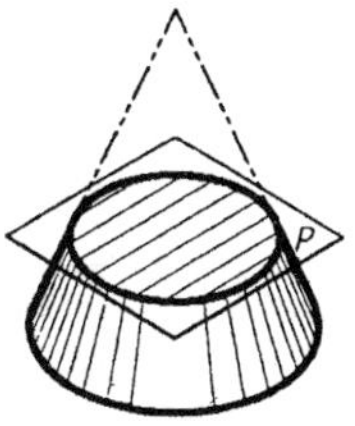	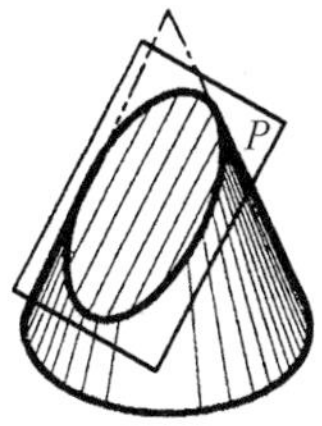	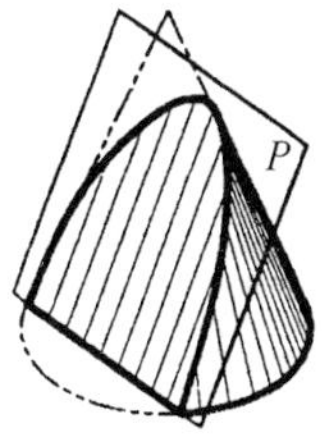	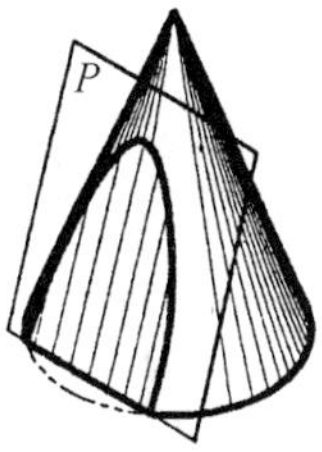
投影图	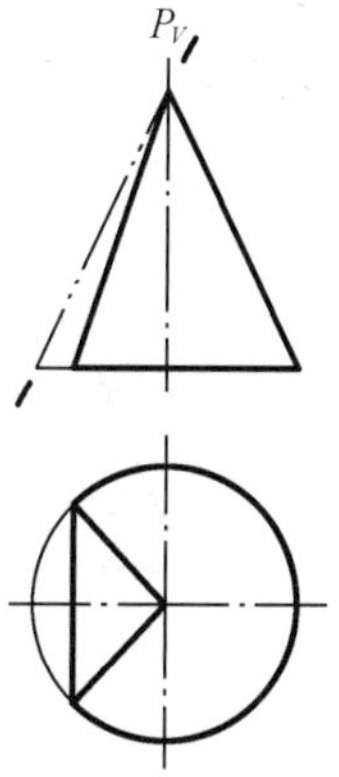	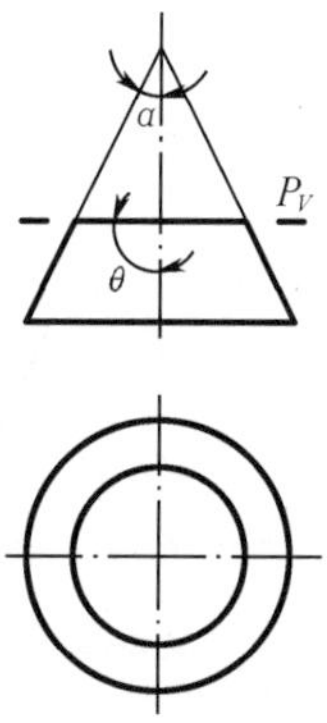	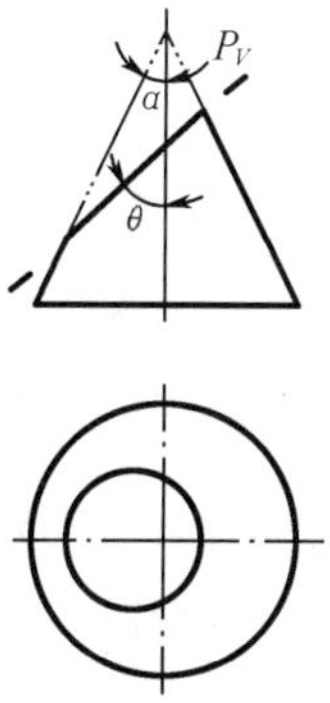	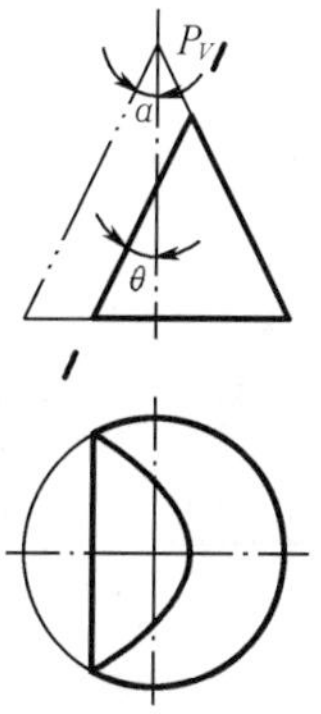	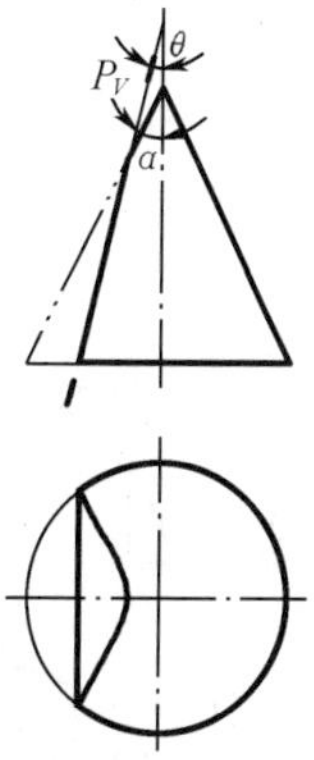
截交线的形状	两相交直线	圆	椭圆	抛物线	双曲线

例 4 - 10 已知圆锥被正垂面截切,如图 4 - 12(a)和图 4 - 12(b)所示,求作截交线的投影。

由已知条件可知,截交线为一椭圆。因截平面是正垂面,所以截交线的 V 面投影积聚成一直线,而 H 面和 W 面的投影均为类似形,即椭圆。作图时,利用圆锥表面取点的方法,首先应当找出椭圆长、短轴的端点,再找一些中间点,将这些点的同面投影用曲线光滑地连接起来即可。作图过程如图 4 - 12(c)和图 4 - 12(d)所示。

(1)特殊点。椭圆的长轴 AB、短轴 CD 互相垂直平分。长轴的两个端点 A,B 是截平面与圆锥最左、最右素线的交点,它们在 V 面投影 a′和 b′位于圆锥的 V 面投影的轮廓线上,H 面投影 a,b 和 W 面投影 a″,b″均落在轴线上,且 A,B 两点是截交线的最低、最高和最左、最右点;椭圆短轴的两个端点 C,D 的 V 面投影 c′,d′位于 a′b′的中点处并重合在一起,根据 d′(c′)并利用辅助圆法可以很容易求得它们的水平投影 c,d 和侧面投影 c″,d″,C,D 两点是截交线上的最后、最前点;截平面与圆锥最前、最后素线的交点 E,F 也作为特殊点,它们的 V 面投影 e′,f′为已知,据此作出 W 面投影 e″,f″,进而作出水平投影 e,f。

(2)一般点。在截交线上取两个一般点 M,N,首先确定该两点的正面投影 m′,n′,然后用与求 C,D 点相同的方法,即可求出它们的水平投影 m,n 和侧面投影 m″,n″。

(3)依次光滑连接各点即得截交线的水平投影和侧面投影。

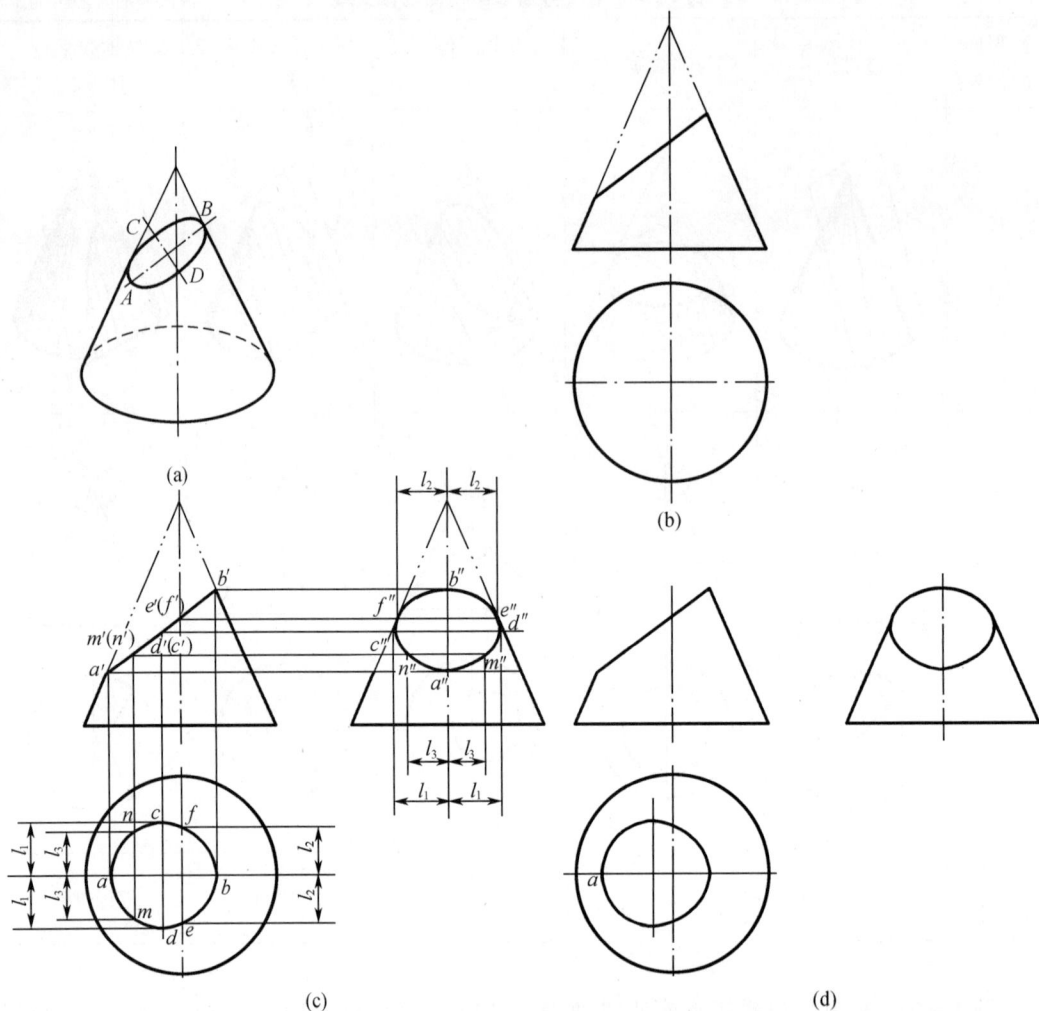

图 4 - 12　正垂面截切圆锥的截交线

　　例 4 - 11　已知圆锥被一正平面截切,如图 4 - 13(a)和图 4 - 13(b)所示,求作截交线的投影。

　　因为正平面与圆锥的轴线平行,所以截交线是双曲线。截交线的水平投影积聚成一直线;正面投影反映实形。作图过程如图 4 - 13(c)和图 4 - 13(d)所示。

　　(1)特殊点。点 A,B 是截交线上的最低点,同时也分别是最左、最右点。点 A,B 在 H 面上的投影 a,b 位于圆锥底圆的水平投影上,由此可以求得它们的 V 面投影 a',b';截交线的最高点 E 在 H 面上的投影 e 位于轴线上,也是 ab 的中点,进而可以利用辅助圆法求得它的 V 面投影 e'。

　　(2)一般点。确定一般点 C,D 的水平投影 c,d,再用与求 e' 相同的方法即可求得它们的 V 面投影 c' 和 d'。

　　(3)依次光滑连接即可得到截交线的正面投影。

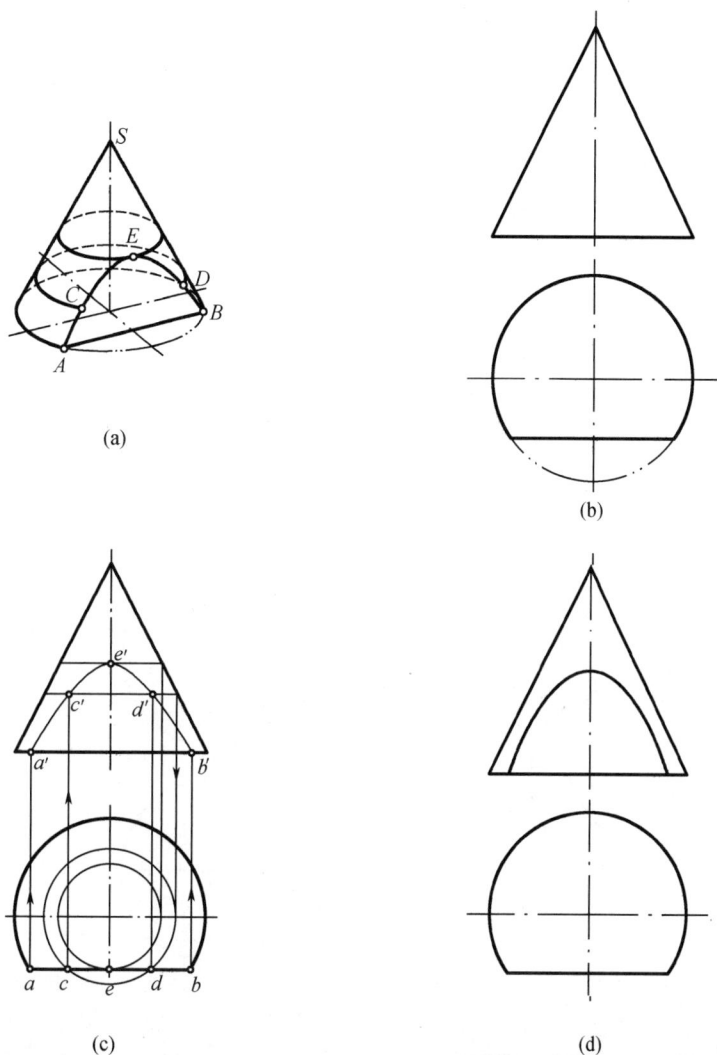

(a)

(b)

(c)

(d)

图 4 - 13　正平面截切圆锥的截交线

4.2.3　平面与球体相交

平面截切球体,截交线的形状为圆。圆的大小,由截平面与球心之间的距离而定。截平面距球心越近,圆的直径越大,当其通过球心时,圆的直径为球体的直径。

若截平面与投影面的相对位置不同,截交线的投影会不同。只有当截平面与投影面平行时,截交线才会在该投影面上反映圆的实形,此时另外两个投影面上的投影均积聚为直线,直线的长度即为圆的直径。

例 4 - 12　已知球体被正垂面截切,如图 4 - 14(a)和图 4 - 14(b)所示,求作截交线的投影。

球体被正垂面截切,所以截交线的 V 面投影积聚为直线;H 面和 W 面上的投影均为椭圆,这两个椭圆的轴线均为直线 AB,CD 在 H 面和 W 面上的投影。作图过程如图 4 - 14(c)和图 4 - 14(d)所示。

(1)点 A,B 是截交线上的最左、最右点,也是最下、最上点;点 C,D 是截交线上的最前、最后点。A,B 的正面投影 a',b' 在轮廓圆上;C,D 的正面投影 c',d' 在 $a'b'$ 的中点并重合在一起。上下半圆分界圆上的点 E,F 的正面投影 e',f' 积聚在正面投影的水平中心线上;左右半圆分界圆上的点 G,J 的正面投影 g',j' 积聚在正面投影的竖直中心线上。在正面投影图上标出以上各点。

(2)求出以上各点的水平投影和侧面投影。点 a,b 在俯视图的水平中心线上,a'',b'' 在左视图的竖直中心线上;e,f 在俯视图的轮廓圆上,e'',f'' 在左视图的水平中心线上;g,j 在俯视图的竖直中心线上,g'',j'' 在左视图的轮廓圆上;C,D 的水平投影 c,d 和侧面投影 c'',d'' 用辅助圆法求得。

(3)光滑连接各点的投影。在俯视图上按 $a{\rightarrow}e{\rightarrow}c{\rightarrow}g{\rightarrow}b{\rightarrow}j{\rightarrow}d{\rightarrow}f{\rightarrow}a$ 的顺序连接;左视图上按 $a''{\rightarrow}e''{\rightarrow}c''{\rightarrow}g''{\rightarrow}b''{\rightarrow}j''{\rightarrow}d''{\rightarrow}f''{\rightarrow}a''$ 的顺序连接。

(4)分析切割后立体的投影,去掉不存在的投影轮廓线。擦掉俯视图中 e,f 之间左段圆弧和左视图中 g'',j'' 之间上段圆弧,如图 4-14(d)所示。

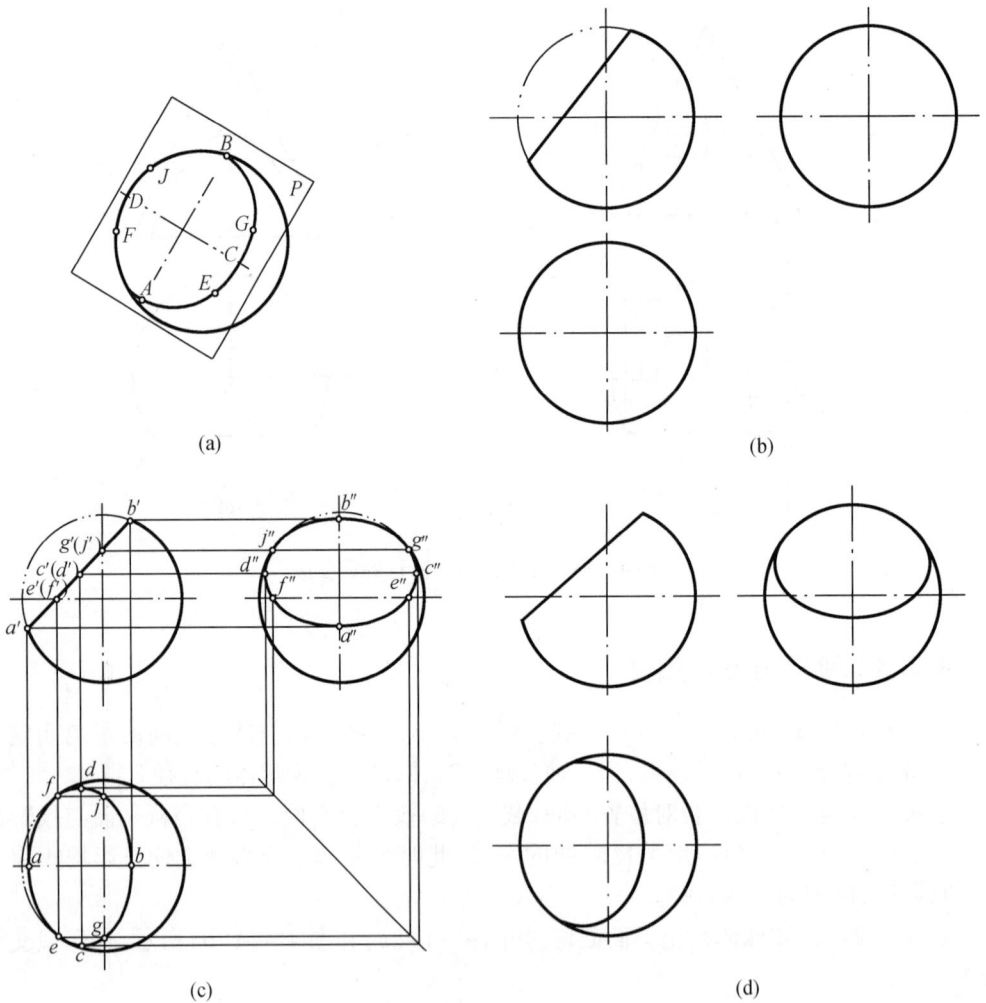

图 4-14 正垂面截切球体的截交线

例 4 - 13　已知半圆球中间开槽后的主视图,如图 4 - 15(a)所示。求作其俯视图和左视图。

半圆球上所开的通槽是由两个侧平面和一个水平面截切而成。它们与球体的交线都是圆弧,但同时水平面与两个侧平面相交,交线分别为直线。截交线的 V 面投影都有积聚性为已知;水平面截得交线在 H 面上的投影反映实形,侧面投影积聚成直线;侧平面截得交线的侧面投影反映实形,水平投影积聚成直线。作图时首先要正确地判断出截交线圆弧的半径。作图过程如图 4 - 15(b)、图 4 - 15(c)和图 4 - 15(d)所示。

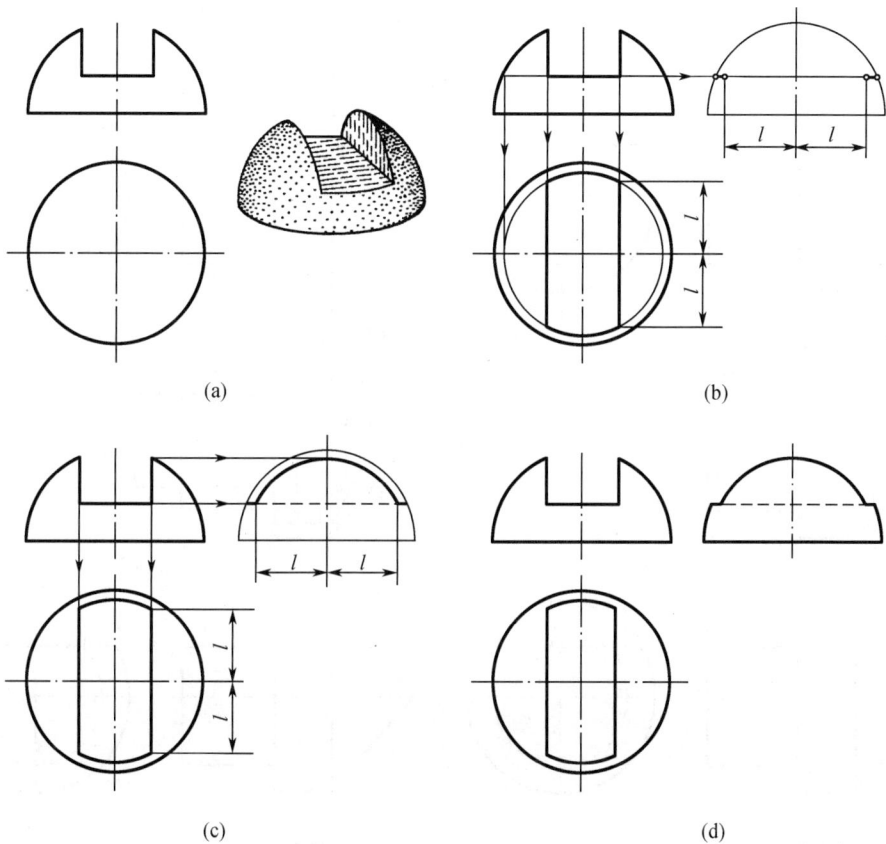

(a)　　　　　　　　　　　　　　　　(b)

(c)　　　　　　　　　　　　　　　　(d)

图 4 - 15　球体开槽的截交线

(1)确定水平面截切圆球的截交线圆的半径,作出其水平投影,再作出侧平面交线的水平积聚投影,如图 4 - 15(b)所示;

(2)确定侧平面截切圆球的截交线圆的半径,作出其侧面投影,再作出水平面交线的侧面积聚投影,如图 4 - 15(c)所示;

(3)水平面与侧平面的交线的侧面投影不可见,应画成虚线,如图 4 - 15(c)所示;

(4)球体的上部被切掉,去掉侧面投影的相应的轮廓线,如图 4 - 15(d)所示。

4.2.4　平面与组合回转体相交

有时还会出现平面与组合回转体相交的情况。对于这样的机械零件,画它们的三视图时,关键是画出平面截切组合回转体的截交线。作图步骤是:首先分析组合回转体的组成,然后应用上述求截交线的方法,分别求出截平面与组合回转体各组成部分的截交线。然后拼合起来,这些截交线的组合就是组合回转体的截交线。

例 4 – 14 组合回转体被水平面截切,如图 4 – 16(a)所示。求作其俯视图。

由已知条件可知,组合体被截切前是由一个圆锥和两个直径不等的圆柱体组合而成,三个立体共轴线。截平面与立体的轴线平行,所以截切圆柱分别得到两个矩形,而与圆锥的交线为双曲线。截平面为水平面,故截交线在 V 面、W 面上的投影均积聚成直线,在 H 面上的投影反映实形。作图过程如图 4 – 16(b)、图 4 – 16(c)、图 4 – 16(d)所示。

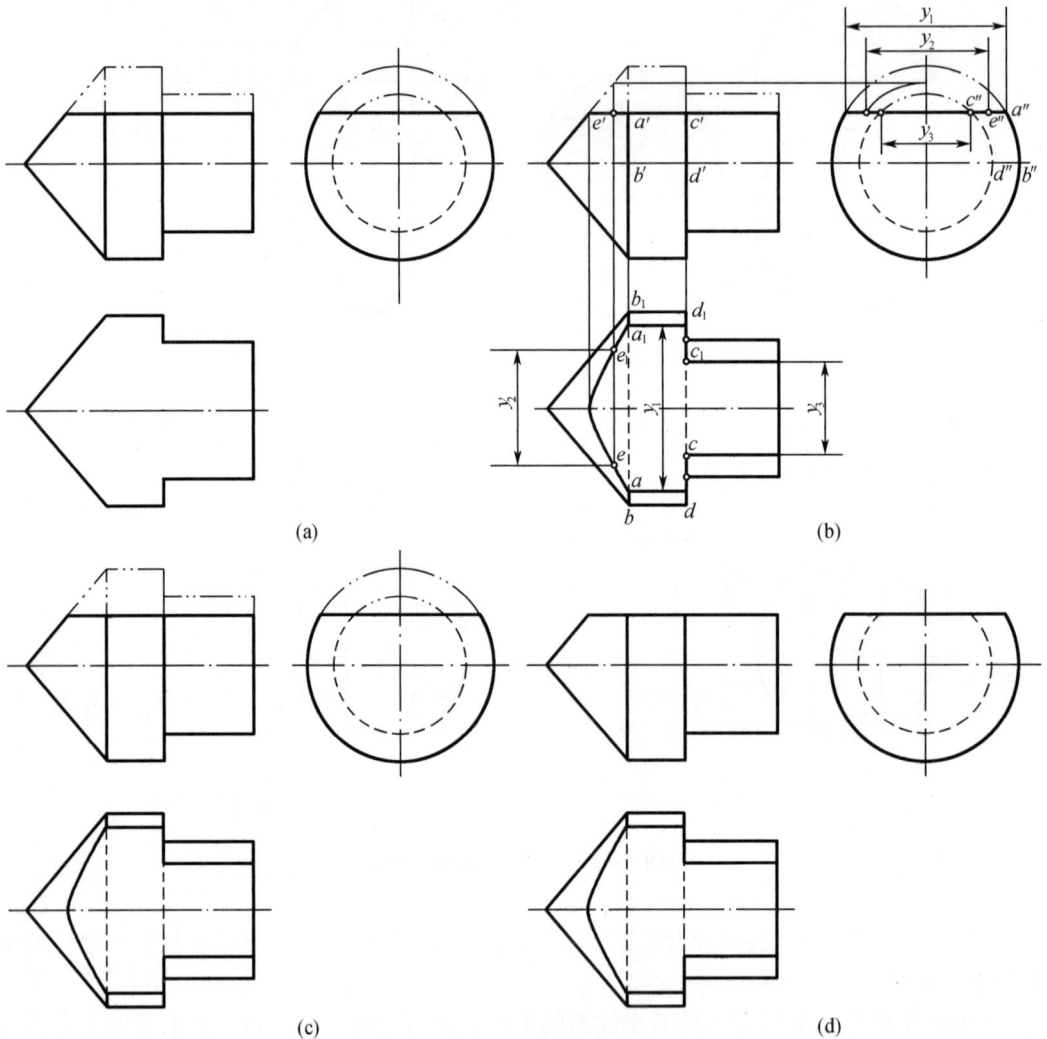

(a)

(b)

(c)

(d)

图 4 – 16 组合体的截交线

(1)按照投影关系分别作出各部分截交线的水平投影。

(2)截交线的两个矩形和双曲线共面,所以它们之间没有分界线。

(3)截平面以上的立体被切掉,对剩余部分,即圆锥与大圆柱体、两个圆柱体之间存在交线。就俯视图而言,转向轮廓线以下的体与体的交线为不可见,应该画成虚线。但在转向轮廓线以上立体与立体之间还有未被切掉的交线 AB, A_1B_1 和 CD, C_1D_1, 显然它们在俯视图上的投影 ab, a_1b_1 和 cd, c_1d_1 是可见的, 应该画成粗实线。

在图 4 – 16(b)的主视图和左视图中, 为了使图形清晰, 相对称的字母未作标注。去掉作图过程, 最后结果如图 4 – 16(d)所示。

第5章 立体与立体相交

在机件上常常会出现立体与立体相交的情形,立体与立体相交称为相贯,参与相贯的立体称为相贯体,其表面产生的交线称为相贯线。正确画出相贯线的投影,能帮助我们分清各形体之间的界限,有助于读懂图形、想象机件的形状。本章主要介绍相贯线的投影特性及作图的方法和步骤。

5.1 相 贯 概 述

5.1.1 相贯的形式

根据表面的几何性质,立体可分为平面体和回转体。因此,相贯形式有三种情况:平面体与平面体相贯,如图5-1(a)所示;平面体与回转体相贯,如图5-1(b)所示;回转体与回转体相贯,如图5-1(c)所示。平面体与平面体相贯作图较简单,故本章主要介绍后面的两种情况。

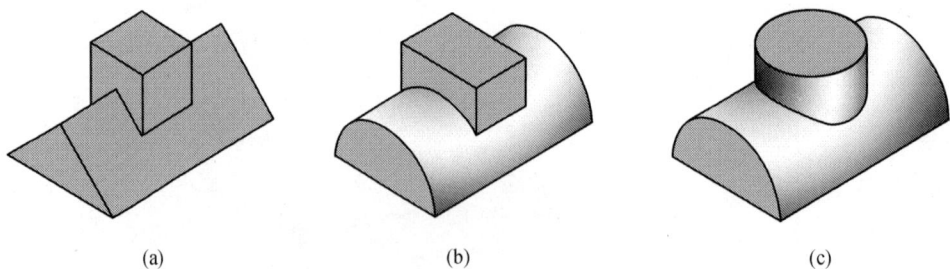

(a)   (b)   (c)

图5-1 相贯形式(一)

立体又有内外表面之分,因此,相贯形式又可分为:立体的外表面与外表面相交,称为实实相贯,如图5-2(a)所示;立体的外表面与内表面相交,称为实虚相贯,如图5-2(b)所示;立体的内表面与内表面相交,称为虚虚相贯,如图5-2(c)所示。

5.1.2 相贯线的性质

(1)表面性。相贯线位于相贯体的表面上。
(2)封闭性。相贯线一般是封闭的空间折线(由直线和曲线组成)或光滑的空间曲线。
(3)共有性。相贯线是相贯体表面的共有线,相贯线上的点是相贯体表面的共有点。

5.1.3 求相贯线投影的方法

作相贯线投影的实质是求出相贯体表面上适当数量的共有点的投影,然后根据其可见

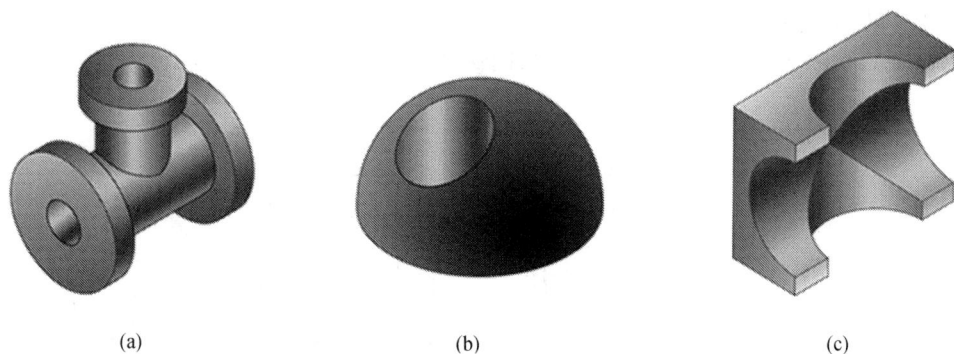

(a)　　　　　　　　　　　(b)　　　　　　　　　　　(c)

图 5 - 2　相贯形式(二)

与不可见的投影特性,用相应图线依次连接各点的同面投影。求相贯线投影常用方法有两种:表面取点法和辅助平面法。

(1)表面取点法:也叫积聚性法,是指利用投影具有积聚性的特点,确定相贯体表面上若干共有点的已知投影,采用相贯体表面上取点的方法求出它们的未知投影,从而画出相贯线的投影。

(2)辅助平面法:是指根据三面共点原理,在相贯体的共有区域选择适当位置作辅助平面,然后求作辅助平面与两相贯体的交线,由于两部分交线位于同一平面(辅助平面)上,必有交点,求出交线交点,即为相贯线上的点。

需要指出的是,为作图简便,一般取特殊位置平面作为辅助平面(如投影面平行面),并使辅助平面与相贯体的交线投影简单易画(如直线或圆)。

5.1.4　求相贯体投影的作图步骤

(1)分析。首先,明确相贯体表面形状及其相对位置;其次,分析相贯线的空间形状、投影形状及其投影所在范围,找出相贯线的已知投影;最后,确定用什么方法求相贯线的投影。

(2)根据投影规律,画出相贯体的投影轮廓。

(3)求相贯线的投影。首先,求相贯线上特殊点的投影,即决定相贯线投影范围的界限点(最高、最低、最前、最后、最左、最右)、转向轮廓线上点(可见部分与不可见部分的分界点)、结合点(相贯线各折线间的分界点);其次,在特殊点之间找一定数量的中间点(当相贯线的投影为非圆曲线时,补充中间点可使曲线画得更加光滑准确);最后,判别可见性后用相应图线依次连接各点的同面投影。

(4)整理相贯体在各投影中的投影轮廓线,并判别可见性。

5.2　平面体与回转体相贯

平面体与回转体相贯,一般情况下相贯线是封闭的空间折线,折线的每一段是平面体的棱面与回转体表面的交线。各折线间的分界点是平面体的棱线与回转体表面的交点。因此,求平面体与回转体的相贯线可以归结为两个基本问题,即求棱面与回转体表面的交线和求棱线与回转体表面的交点。

例 5 - 1 如图 5 - 3(a)所示,圆柱与四棱柱相贯,已知水平投影和侧面投影,求正面投影。

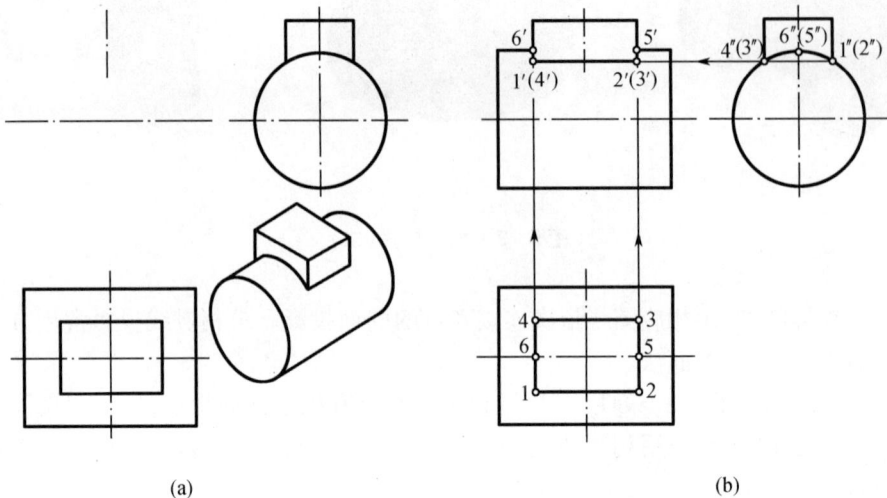

(a)   (b)

图 5 - 3 用表面取点法求圆柱与四棱柱的相贯线

由图 5 -3(a)可知,相贯线为前后、左右对称的空间折线,由四棱柱的四个侧棱面与圆柱面的交线组成。其中,前后两个棱面与圆柱的轴线平行,交线为两段与圆柱轴线平行的直线;左右两个棱面与圆柱的轴线垂直,交线为两段圆弧。

圆柱轴线垂直于 W 面,其 W 面投影有积聚性,则相贯线的 W 面投影积聚在圆柱 W 面投影的圆上,由相贯线共有性可知,相贯线的 W 面投影为圆上部落在四棱柱投影轮廓线之间的一段圆弧;四棱柱的四个侧棱面垂直于 H 面,其 H 面投影有积聚性,则相贯线的 H 面投影积聚在四棱柱 H 面投影的矩形上。

作图过程如图 5 -3(b)所示。

(1)画出相贯的四棱柱与圆柱的正面投影轮廓。

(2)求相贯线的正面投影。

①最低点Ⅰ,Ⅱ,Ⅲ,Ⅳ。根据分析,Ⅰ点同时也是最前、最左点;Ⅱ点同时也是最前、最右点;Ⅲ点同时也是最后、最右点;Ⅳ点同时也是最后、最左点。其 H 面投影 1,2,3,4 及 W 面投影 1″,(2″),(3″),4″为已知,由此可求出其 V 面投影 1′,2′,(3′),(4′)。

②最高点Ⅴ,Ⅵ。三个投影 5,5′,(5″)和 6,6′,6″可直接标出。

③判别相贯线正面投影的可见性,依次连接各点。

本例中相贯线正面投影的可见与不可见部分(即前后两部分)重合,用粗实线依顺序连线 6′1′,1′2′,2′5′,即得相贯线的正面投影。

(3)整理相贯体轮廓线的投影。由于贯穿在另一实体内部的轮廓线不再存在,所以四棱柱 V 面投影轮廓线画到共有点 1′,2′,在其之间的圆柱 V 面投影轮廓线不画,即 5′,6′之间为实体,没有轮廓,不应连线。需要指出的是,虽然这里 1′,2′之间有连线,但是该连线不是轮廓线,而是相贯线。

补充说明:图 5 -3 所示为圆柱与四棱柱相贯(实实相贯),对于圆柱与四棱柱孔相贯

（实虚相贯）、圆柱孔与四棱柱孔相贯（虚虚相贯），其相贯线的分析和作图方法都是相同的，但应注意虚线、实线的判别，如图 5 - 4 所示。

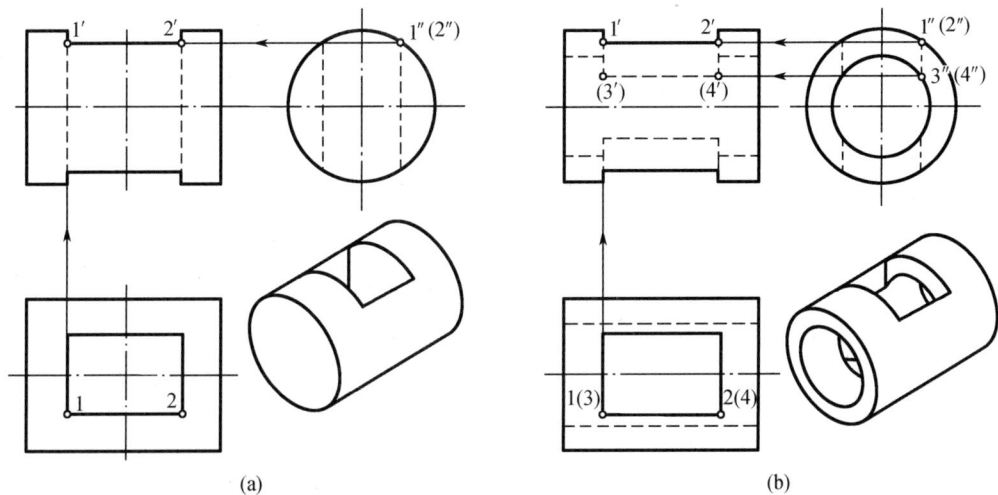

图 5 - 4　圆柱与四棱柱孔、圆柱孔与四棱柱孔相贯线的画法

5.3　回转体与回转体相贯

回转体与回转体相贯，其相贯线取决于两回转体各自的形状、大小和相对位置，一般为光滑的、封闭的空间曲线。

5.3.1　表面取点法求相贯线

例 5 - 2　如图 5 - 5(a)所示，两圆柱的轴线垂直相交，已知水平投影和侧面投影，求正面投影。

由图 5 - 5(a)可知，相贯线为前后左右对称的空间曲线。小圆柱轴线垂直于 H 面，其 H 面投影有积聚性，则相贯线的 H 面投影积聚在小圆柱 H 面投影的圆上。大圆柱轴线垂直于 W 面，其 W 面投影有积聚性，则相贯线的 W 面投影积聚在大圆柱 W 面投影的圆上，由相贯线共有性可知，相贯线的 W 面投影为大圆上部落在小圆柱轮廓线之间的一段圆弧。

作图过程如下：

(1)画出相贯两圆柱的正面投影轮廓。

(2)求相贯线的正面投影。

①求特殊点 Ⅰ，Ⅱ，Ⅲ，Ⅳ，如图 5 - 5(b)所示。

最高点 Ⅰ，Ⅲ的三个投影 $1,1',1''$ 和 $3,3',(3'')$ 可直接标出。最低点 Ⅱ，Ⅳ的 H 面投影 $2,4$ 及 W 面投影 $2'',4''$ 为已知，利用投影规律可求出 V 面投影 $2',(4')$。

②求一般点 A,B,C,D，如图 5 - 5(c)所示。

先在 H 面投影的圆周上确定 a,b,c,d，根据宽相等求出其 W 面投影 $a'',(b''),(c'')$，d''，再由 $H、W$ 面投影求出其 V 面投影 $a',b',(c'),(d')$。

③判别相贯线正面投影的可见性,依次光滑连接各点,如图 5 - 5(d)所示。

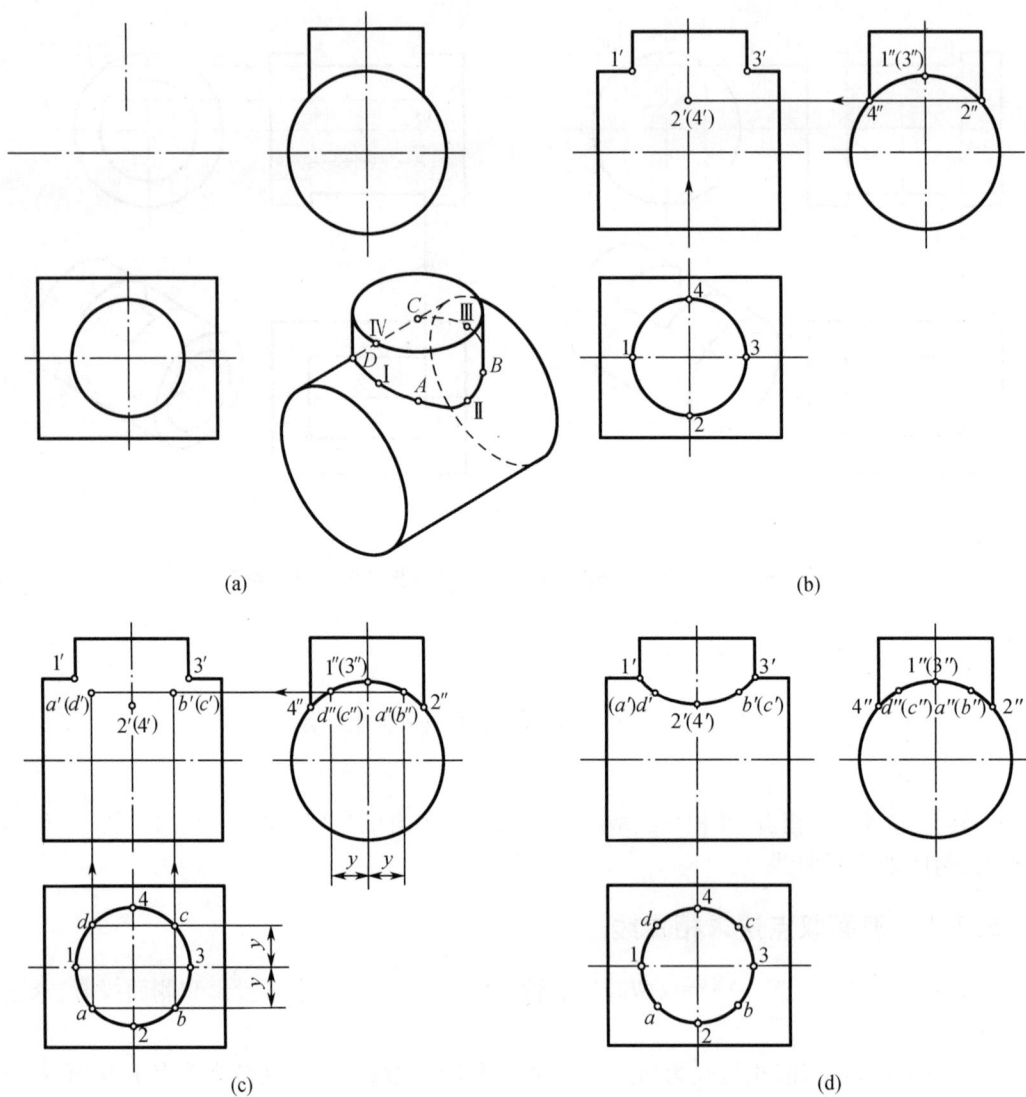

图 5 - 5　用表面取点法求两圆柱的相贯线

本例中相贯线 V 面投影的可见与不可见部分(即前后两部分)重合,用粗实线依顺序光滑连接 $1'—a'—2'—b'—3'$,即得相贯线的正面投影。

(3)整理相贯体轮廓线的投影,如图 5 - 5(d)所示。

这里应该注意的是,贯穿在另一实体内部的轮廓线不再存在,如图中 V 面投影轮廓线画到共有点 $1',3'$。$1',3'$ 之间为实体,没有轮廓,不应连线。

补充说明:当轴线垂直相交的两圆柱直径差别较大,并对相贯线形状的精确度要求不高时,允许采用近似画法,即用圆弧代替相贯线的非积聚性的投影。有两种画法:其一,三点 $(1',2',3')$ 定一圆弧,如图 5 - 6(a)所示;其二,以大圆柱半径为半径,以两圆柱的投影轮廓线的交点 $(1'$ 或 $3')$ 为圆心画弧,与小圆柱轴线的投影交于一点(远离大圆柱的交点),以该交点为圆心,大圆柱半径为半径画圆弧,如图 5 - 6(b)所示。

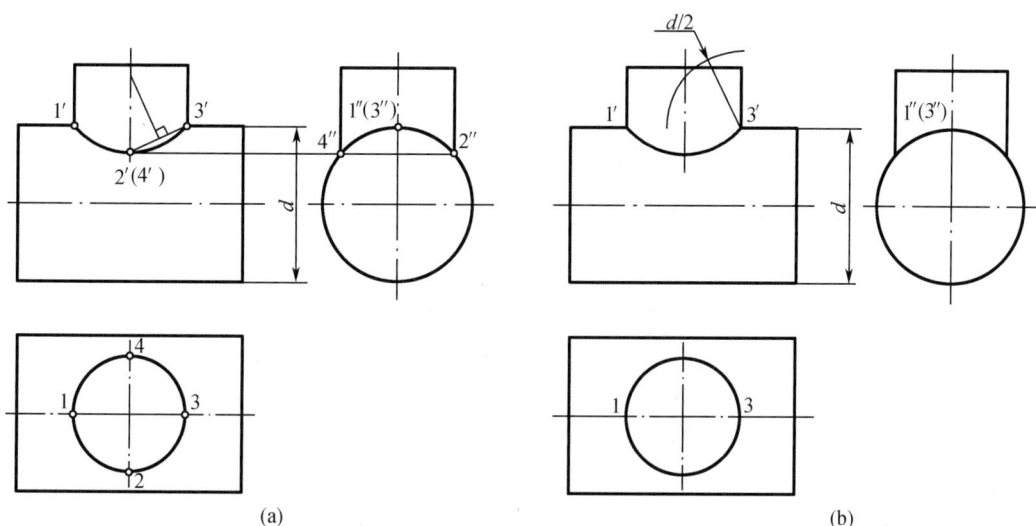

图 5 - 6　相贯线投影的近似画法

5.3.2　辅助平面法求相贯线

例 5 - 3　如图 5 - 7(a)所示,已知圆柱与圆锥的轴线垂直相交,补画相贯线的正面投影和水平投影。

由图 5 - 7(a)可知,相贯线为前后对称的空间曲线。圆柱轴线垂直于 W 面,其在 W 面投影有积聚性,则相贯线的 W 面投影积聚在圆柱 W 面投影的圆上,由相贯线共有性可知,圆上的所有点也是圆锥表面上的点。因圆锥的表面投影没有积聚性,所以相贯线在其他投影面上的投影为未知待求,可利用辅助平面法求相贯线上点的投影。

辅助平面的选择:从两形体相交的位置来分析,求一般点可采用一系列与圆锥轴线垂直的水平面作为辅助平面最为方便,因为,它与圆锥的交线是圆,与圆柱的交线是直线,圆和直线都是简单易画的图线,如图 5 - 8(a)所示;也可采用过锥顶的侧垂辅助平面,这样,辅助平面与圆锥面的交线是直线,与圆柱面的交线(或相切的切线)也是直线,如图 5 - 8(b)和图 5 - 8(c)所示。需要指出的是:若用过锥顶的铅垂面作为辅助平面,它与圆锥面的交线是最左、最右的转向线,与圆柱面的交线是最上、最下的转向线,两组交线的交点为相贯线上最上、最下的特殊点,可直接利用积聚性和点的投影规律求出,而无需借助于辅助平面;若用正平面和侧平面作为辅助平面,它们与圆锥面的交线是双曲线,双曲线不是简单易画的图线。因此,采用正平面和侧平面作为辅助平面不合适。

作图过程如下:

(1)求特殊点 Ⅰ,Ⅱ,Ⅲ,Ⅳ,Ⅴ,Ⅵ,如图 5 - 7(b)所示。

①最高点 Ⅰ、最低点 Ⅱ。其 W 面投影 1″,2″可直接标出;从 V 面投影可以看出,圆柱的上、下两条转向线和圆锥的左侧转向线彼此相交,交点即为 1′,2′;根据点的投影规律,可求出其 H 面投影 1,(2)。

②最前点 Ⅲ、最后点 Ⅳ。其 W 面投影 3″,4″可直接标出;过圆柱轴线作水平辅助面 P_1,

平面 P_1 与圆锥面的交线是水平纬线圆,与圆柱面的交线是圆柱的最前、最后转向线,两交线的交点在 H 面的投影即为 3,4;根据点的投影规律,可求出其 V 面投影 $3'$,$(4')$。

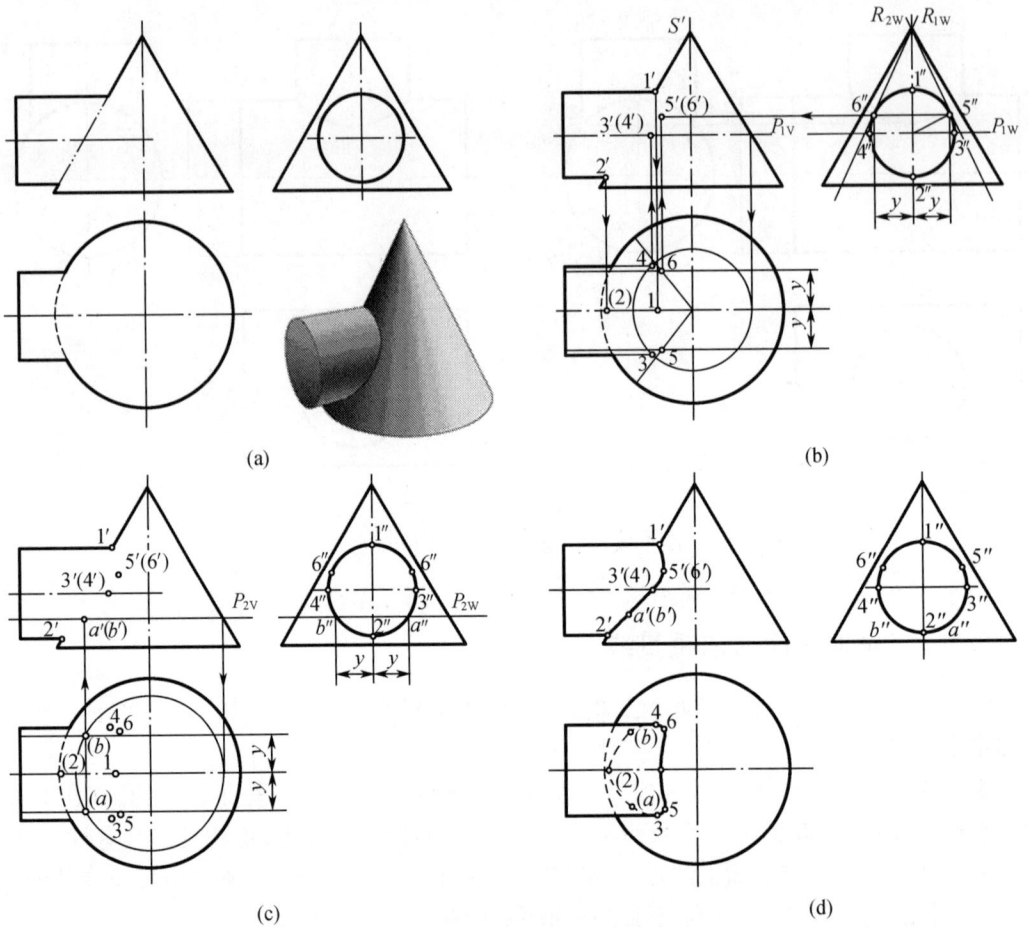

图 5-7　用辅助平面法求圆柱与圆锥的相贯线

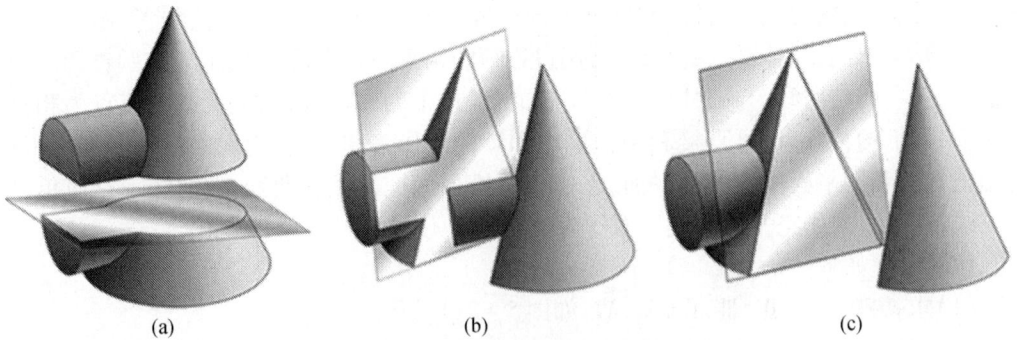

图 5-8　圆柱与圆锥相贯辅助平面的选择

③最右点Ⅴ,Ⅵ。过锥顶作与圆柱相切的侧垂面R_1,R_2,平面R_1,R_2与圆锥面的交线是过锥顶的直线,与圆柱面的交线是平行于圆柱轴线的侧垂线,两组交线的交点在W面投影为过锥顶直线与圆柱投影圆的切点$5'',6''$;在H面投影为过锥顶直线与平行于圆柱轴线的侧垂线的交点,根据宽相等可确定$5,6$;再由W,H面投影可求出其V面投影$5',(6')$。

(2)求一般点A,B,如图5-7(c)所示。

在特殊点之间的适当位置上作水平辅助面P_2。其W面投影a'',b''可直接标出,为平面P_2的侧面投影直线与圆柱投影圆的交点;由于平面P_2与圆锥面的交线是水平纬线圆,与圆柱面的交线是平行于圆柱轴线的侧垂线,根据宽相等可确定两交线交点在H面的投影(a),(b);根据点的投影规律,可求出其V面投影$a',(b')$。

(3)判断可见性,依次光滑连接各点,如图5-7(d)所示。

当两回转体表面都可见时,其上的交线才可见。按此原则,相贯线的V面投影前后对称,后面的相贯线与前面的相贯线重合,只需按顺序用粗实线依次光滑连接前面可见部分的各点的投影$1'—5'—3'—a'—2'$;相贯线的H面投影以Ⅲ,Ⅳ为分界点,分界点的上段可见,用粗实线依次光滑连接$4—6—1—5—3$,分界点的下段不可见,用虚线依次光滑连接$3—(a)—(2)—(b)—4$。

(4)整理相贯体轮廓线的投影,如图5-7(d)所示。

相贯体轮廓线的W面投影为已知。由于融为一体的轮廓线的投影不再画出,所以圆柱的V面投影的转向轮廓线之间的圆锥V面投影轮廓线不画。圆锥在H面的投影轮廓线是完整的,但被圆柱遮挡了一部分,即圆柱的H面投影的转向轮廓线之间的圆弧应画成虚线,本例中为已知给出条件;圆柱在H面的投影轮廓线可见,应用粗实线分别画至$3,4$。

例5-4　如图5-9(a)所示,已知圆台与半球相贯,求相贯线的投影。

由图5-9(a)可知,圆台的轴线不过球心,但圆台和球有公共的前后对称面,圆台从半球的左上方全部穿进球体,因此相贯线是前后对称的空间曲线。由于这两个立体的三面投影均无积聚性,所以不能用表面取点法求作相贯线的投影,但可以用辅助平面法求得。

作图过程如下:

(1)求特殊点Ⅰ,Ⅱ,Ⅲ,Ⅳ,如图5-9(b)所示。

① 最低点、最左点Ⅰ;最高点、最右点Ⅱ。从V面投影可以看出,圆台的左、右两条转向线和半球的转向线彼此相交,交点即为$1',2'$;根据点的投影规律,可求出其H面投影$1,2$及其W面投影$1'',(2'')$。

②最前点Ⅲ、最后点Ⅳ。过圆台的轴线作侧平辅助面T,平面T与圆台的交线是圆台的最前、最后转向线,与半球的交线是半圆,两交线的交点在W面投影即为$3'',4''$;根据点的投影规律,可求出其V面投影$3',(4')$及其H面投影$3,4$。

(2)求一般点A,B,如图5-9(c)所示。

在特殊点之间的适当位置上作水平辅助面P。平面P与圆台和半球的交线均为圆,两交线交点在H面的投影即为a,b;根据点的投影规律,可求出其V面投影$a',(b')$及其W面投影a'',b''。

(3)判断可见性,依次光滑连接各点,如图5-9(d)所示。

相贯线的V面投影前后对称,后面的相贯线与前面的相贯线重合,只需按顺序用粗实线依次光滑连接前面可见部分的各点的投影$1'—a'—3'—2'$;相贯线的H面投影全部可见,用粗实线依次光滑连接各点的投影$1—a—3—2—4—b—1$;相贯线的W面投影以Ⅲ、Ⅳ为分界点,分界点的下段可见,用粗实线依次光滑连接 4″—b″—1″—a″—3″;分界点的上段不可见,用虚线依次光滑连接 3″—(2″)—4″。

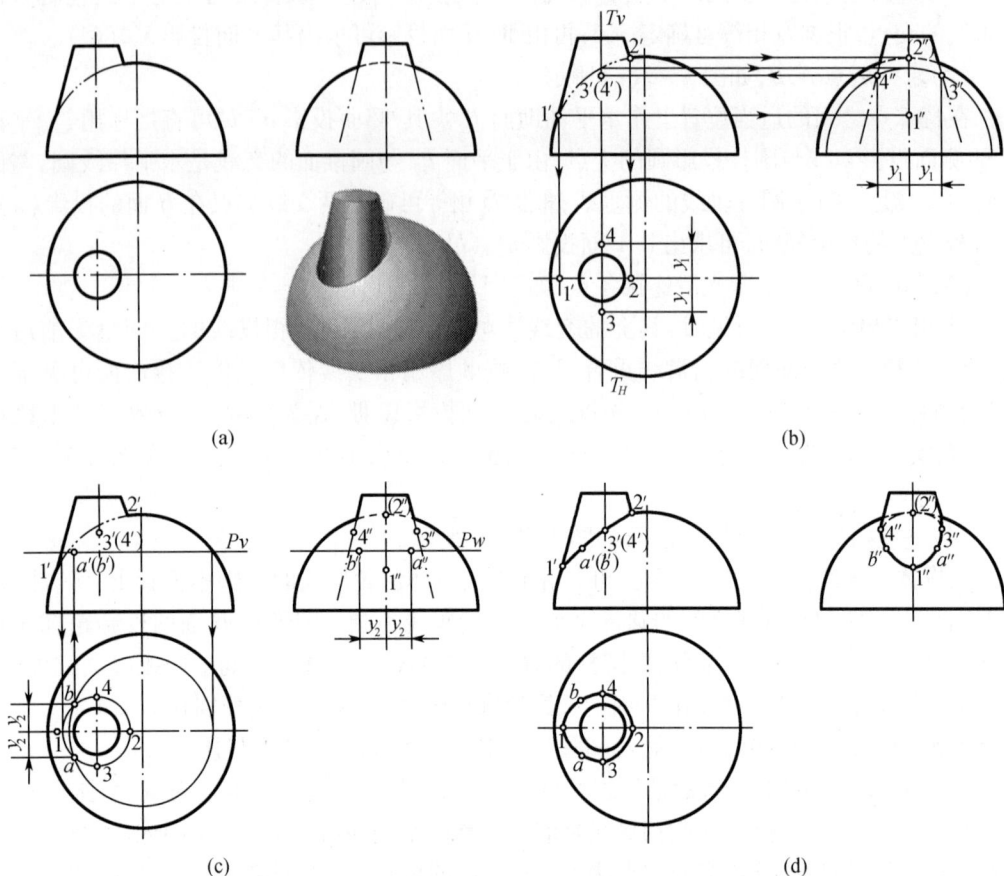

图 5–9 用辅助平面法求圆台与半球的相贯线

(4)整理相贯体在各投影图中的轮廓线,如图 5–9(d)所示。

相贯体轮廓线的 H 面投影为已知。由于融为一体的轮廓线的投影不再画出,所以圆台的 V 面投影的转向轮廓线之间的半球 V 面投影轮廓线不画。半球的 W 面投影轮廓线与圆台不相交,所以半球的 W 面投影轮廓线是完整的,但被圆台的投影遮挡了一部分,即圆台的 W 面投影的转向轮廓线之间的半球 W 面投影轮廓线不可见,画成虚线,本例中为已知给出条件;圆台的 W 面投影轮廓线可见,应用粗实线分别画至 3″,4″。

5.3.3 影响相贯线形状位置的因素

相贯线的形状位置取决于相贯体的几何性质、相对大小和相对位置。

(1)相贯体的几何性质

对比图 5–5、图 5–7、图 5–9 可以看出,相贯体的形状不同,则相贯线的形状位置也不同。

(2)相贯体的相对大小

轴线垂直相交的两圆柱相贯,水平圆柱直径不变,随着铅垂圆柱直径的变化,相贯线的形状位置发生变化,如表 5 – 1 所示。当两圆柱直径相等时,相贯线是相互垂直的两椭圆;当两圆柱直径不等时,相贯线弓向大圆柱的轴线。

表 5 – 1　轴线垂直相交的两圆柱直径相对变化时对相贯线的影响

直径变化	铅垂圆柱较小	两圆柱直径相等	铅垂圆柱较大
相贯线特点	上下两条空间曲线	两个相互垂直的椭圆	左右两条空间曲线
投影图	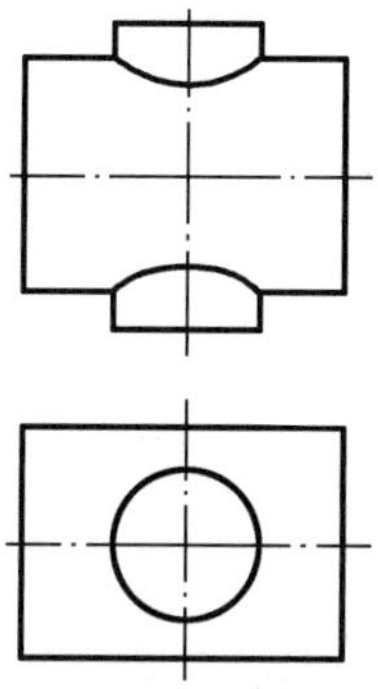	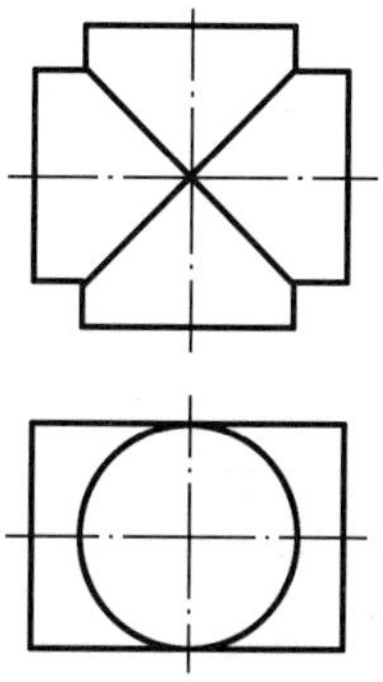	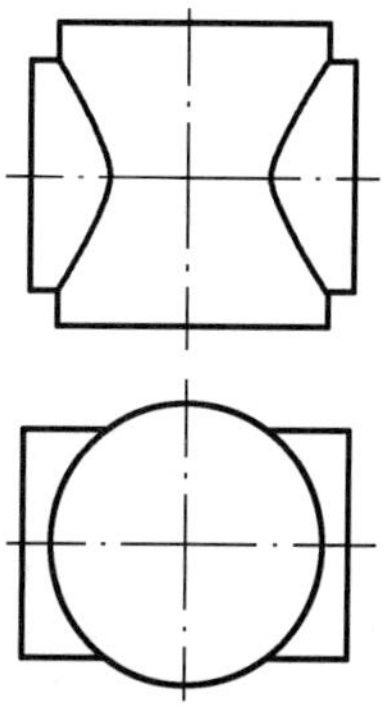

轴线垂直相交的圆柱、圆锥相贯,圆锥大小保持不变,随着圆柱直径的变化,相贯线的形状位置发生变化,如表 5 – 2 所示。当圆锥内切球的直径与圆柱直径相等时,相贯线是相互垂直的两椭圆;当直径不等时,相贯线弓向大回转体的轴线。

表 5 – 2　轴线垂直相交的圆柱与圆锥直径相对变化时对相贯线的影响

圆柱直径变化	圆柱贯穿圆锥 (圆柱直径较小)	圆柱与圆锥公切于球 (直径相等)	圆锥贯穿圆柱 (圆柱直径较大)
相贯线特点	左右两条空间曲线	两个相互垂直的椭圆	上下两条空间曲线
投影图	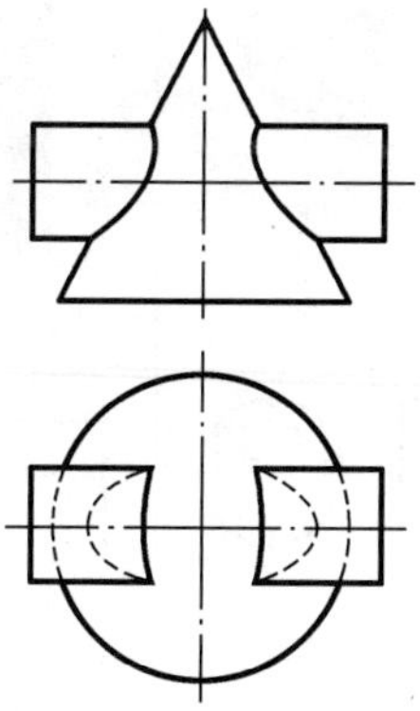	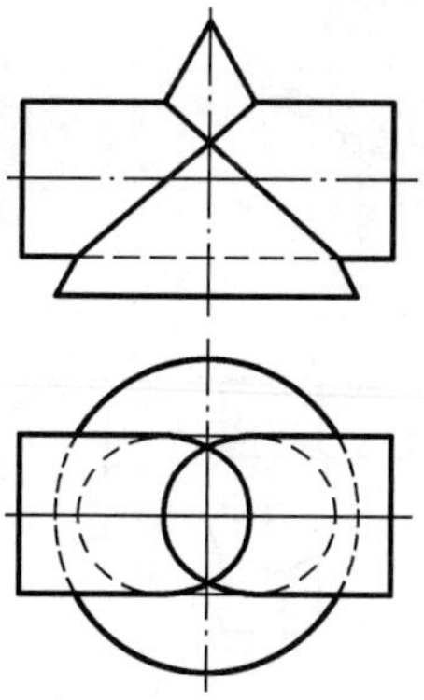	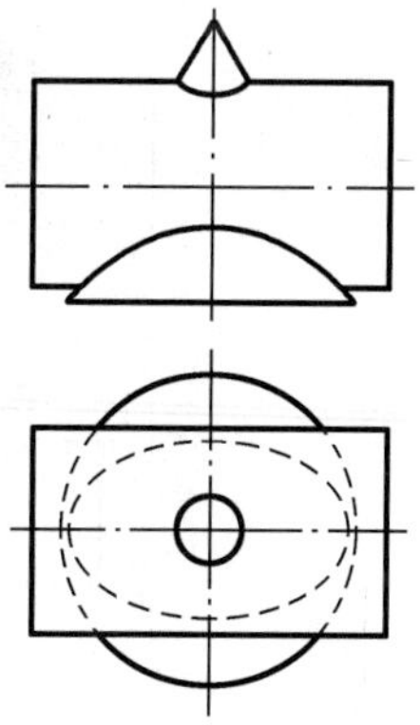

(3)相贯体的相对位置

两圆柱相贯,随着圆柱相对位置的变化,相贯线的形状位置发生变化,如表 5 – 3 所示。

当两圆柱轴线垂直相交时,相贯线为两条前后左右对称的空间曲线。当两圆柱轴线垂直交叉时,相贯线为两条左右对称、前后不对称的空间曲线,且相贯线出现了部分虚线;当小圆柱相切于将大圆柱分为上下对称两部分的前侧转向线时,在相贯线的非积聚性投影上相切处的投影成为尖点;当小圆柱进一步前移,一部分超出大圆柱成为互贯时,相贯线由两条变成一条。

表 5 - 3　两圆柱轴线相对位置变化时对相贯线的影响

两轴线垂直相交	两轴线垂直交叉		
	全贯		互贯

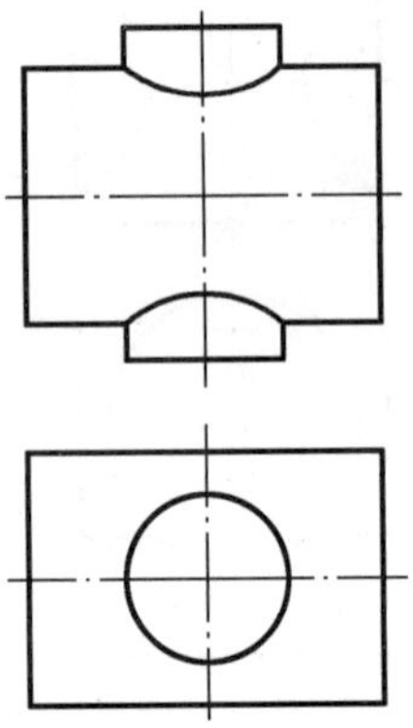

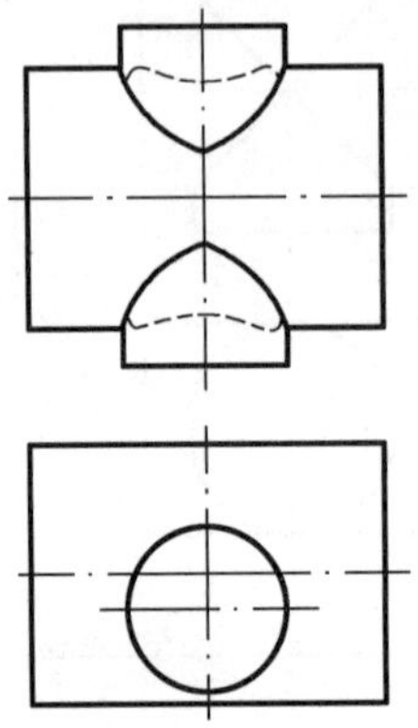

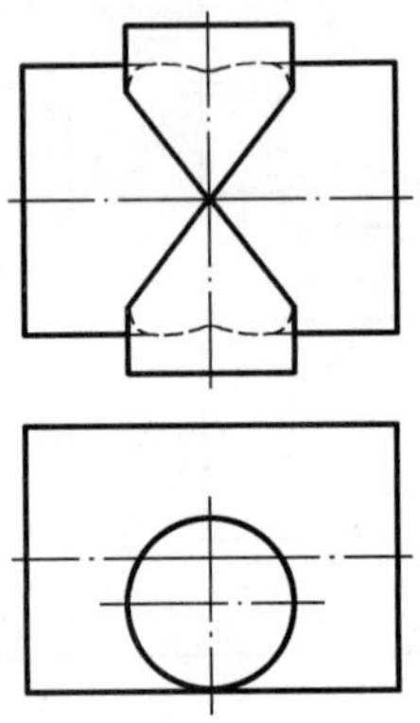

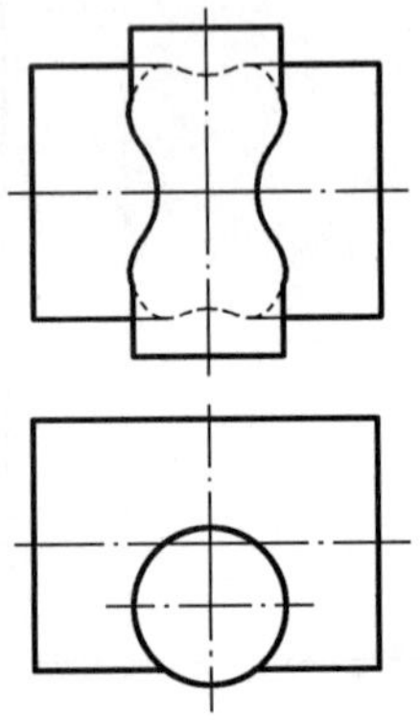

需要指出的是,相贯线的形状位置与相贯的形式无关(即与相贯体是内表面还是外表面无关)。如表 5 - 4 所示,只要圆柱内外表面的大小和相对位置不变,其相贯线的形状位置是完全相同的。

表 5 - 4　相贯线的形状位置与相贯的形式无关

相贯形式	实实相贯	实虚相贯	虚虚相贯
立体图	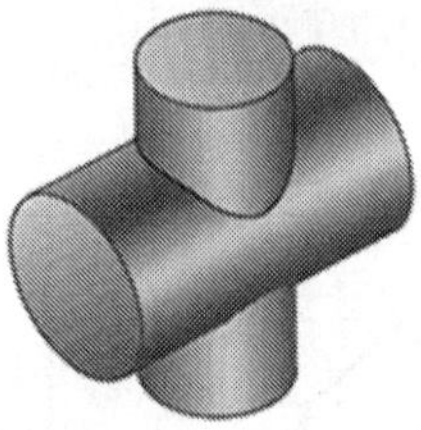	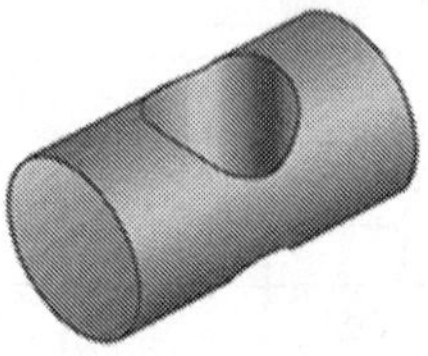	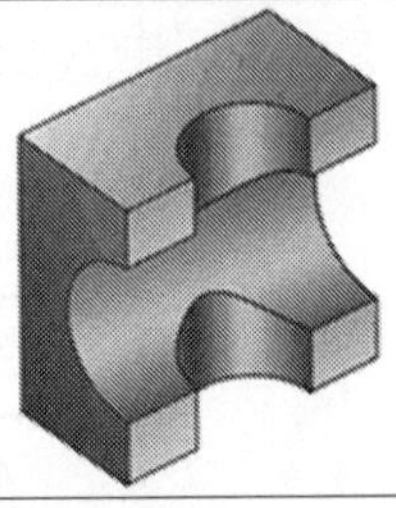
投影图	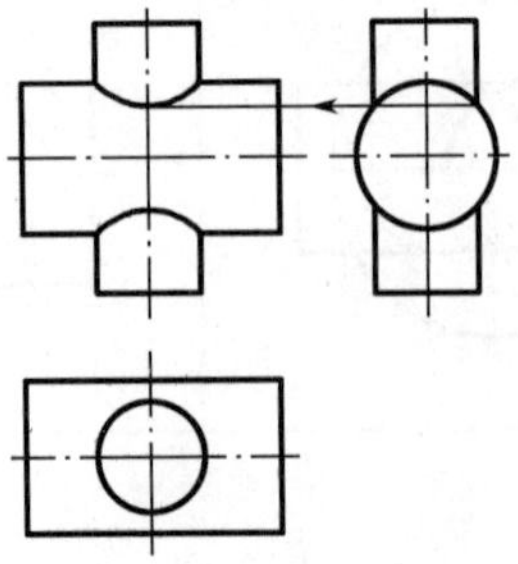	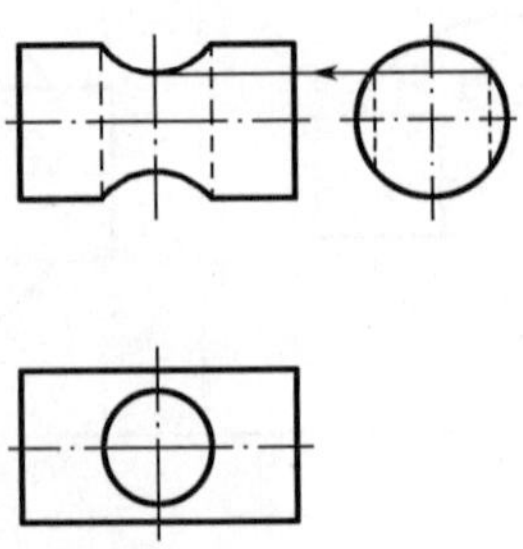	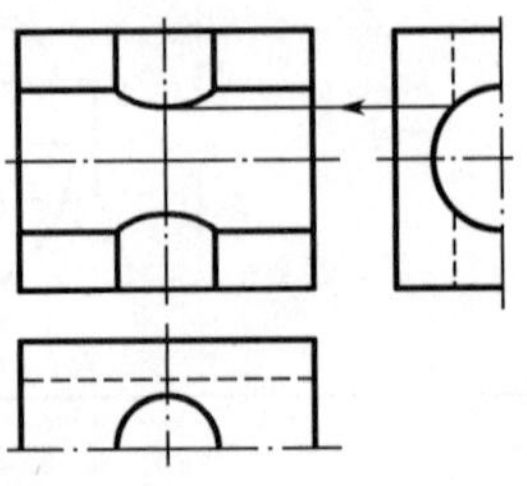

5.3.4　相贯线的特殊情况

一般情况下,回转体与回转体相贯,其相贯线是空间曲线。但在特殊情况下,可退化为平面曲线或直线。

(1)两回转面公切于圆球面时,其相贯线为平面曲线。当轴线相交的两圆柱面或圆柱面与圆锥面公切于一个球面时,其相贯线是两条椭圆,且椭圆所在的平面垂直于两条轴线所确定的平面。当两条轴线确定的平面是投影面平行面时,椭圆在该投影面上的投影积聚为直线,如图 5-10 所示。

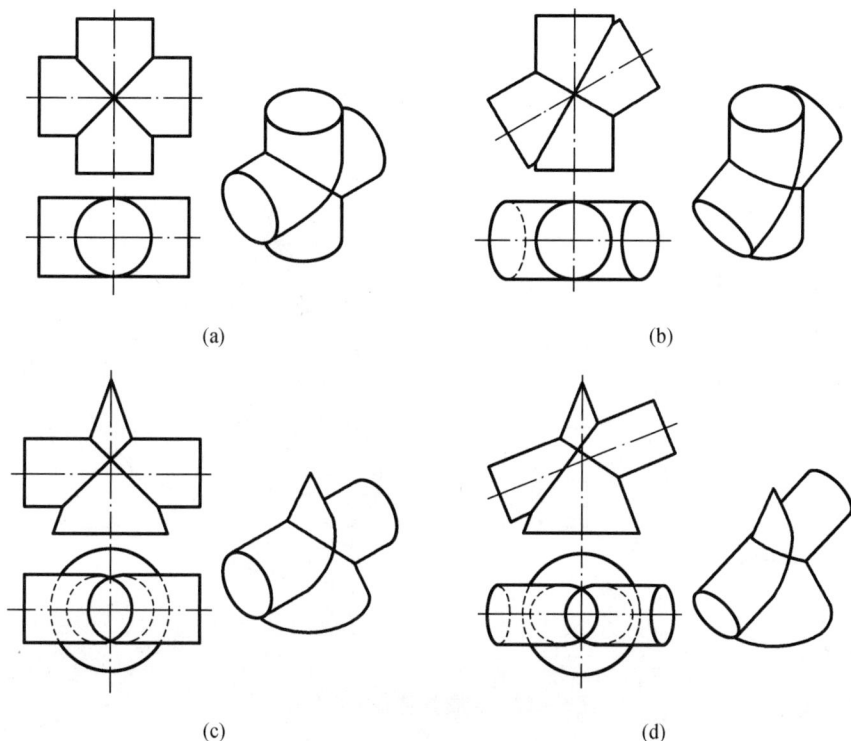

(a)　　　　　　　　　　　　(b)

(c)　　　　　　　　　　　　(d)

图 5-10　相贯线特殊情况(一)

(2)两回转体共轴时,其相贯线为垂直于轴线的圆

相贯线在与轴线垂直的投影面上的投影反映实形,在与轴线平行的投影面上的投影是过两回转体投影轮廓线交点的一条直线(即为圆的直径),如图 5-11 所示。

(3)其他特殊情况

①两圆柱轴线平行时,其相贯线为特殊的空间折线,由一段圆弧和两条直线组成。在与轴线垂直的投影面上的投影为一段圆弧,在与轴线平行的投影面上的投影为直线,如图 5-12(a)所示。

②两圆锥共锥顶时,其相贯线为两条直线,如图 5-12(b)所示。

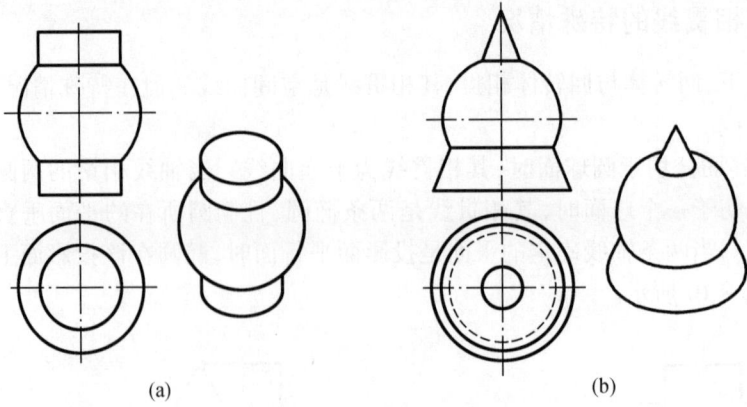

(a)

(b)

图 5 – 11　相贯线特殊情况(二)

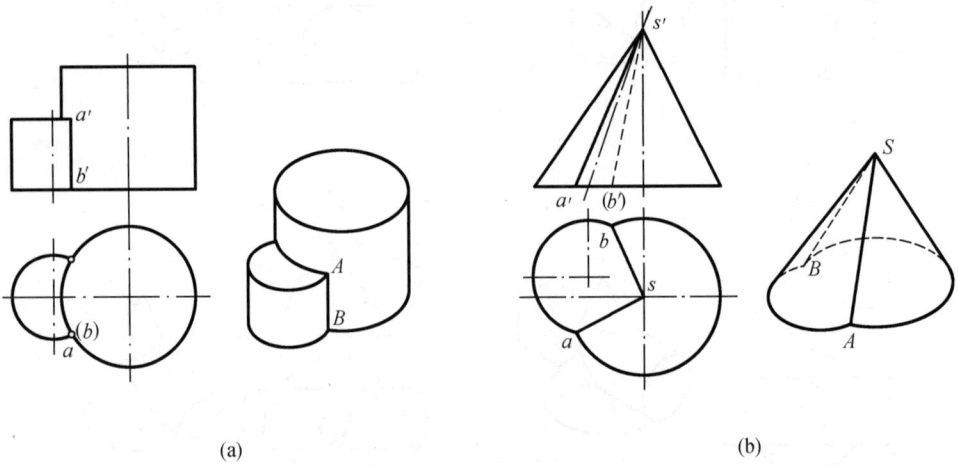

(a)

(b)

图 5 – 12　相贯线特殊情况(三)

第6章 组 合 体

由基本几何体(棱柱、棱锥、圆柱、圆锥、圆球、圆环等)组合而成的物体称为组合体,组合体可看作是机器零件的主体模型。本章将主要介绍组合体视图的画法、尺寸标注及读图方法。

6.1 组合体概述

6.1.1 组合体的组合方式

按组合体中各基本体组合时的相对位置关系以及形状特征,组合体的组合形式可分为叠加、挖切和综合3种。图6-1(a)所示组合体是由长方体、圆柱、圆台叠加而成;图6-1(b)所示组合体是由长方体挖切去三棱柱和四棱柱而成;图6-1(c)所示组合体是由水平放置的长方体挖切去两个圆角和两个圆柱、垂直放置的长方体挖切去小长方体后,再与三棱柱一起叠加而成的综合形式。

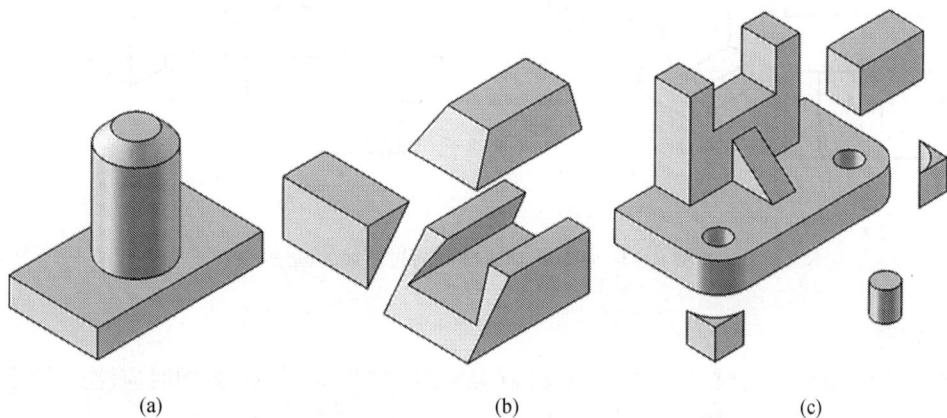

(a)　　　　　　　　　　(b)　　　　　　　　　　(c)

图6-1　组合体的组合方式

6.1.2 相邻形体表面过渡关系

基本体经过一定的方式进行组合形成组合体时,其表面存在一定的过渡关系。相邻形体之间的表面过渡关系一般分为相错、共面、相交、相切四种情况。

1. 相错

相邻形体之间以平面分界,该平面在与其垂直的投影面上的投影积聚成直线。如图6-2所示的形体Ⅰ与形体Ⅱ的A,B两表面以平面C作为分界,画图时应注意平面C的投影,不要漏画。

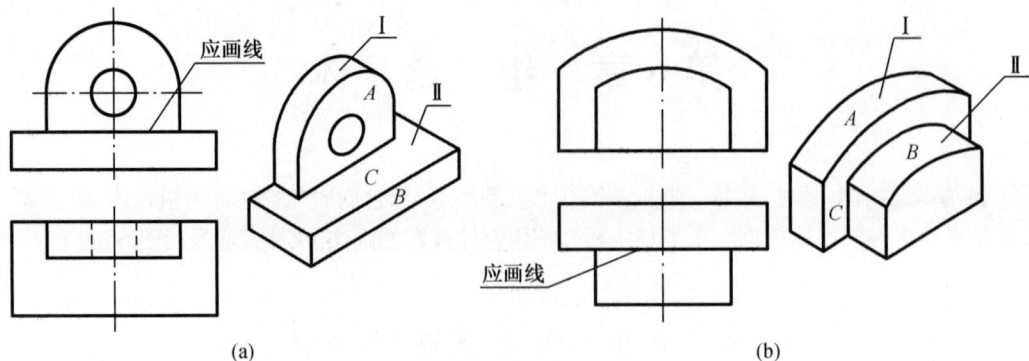

图 6-2 相邻形体表面相错过渡线的画法

2. 共面

相邻形体表面共面时,分界处无线。如图 6-3 所示的形体 Ⅰ 与形体 Ⅱ 的 A,B 两表面共面,画图时应注意不要多线。

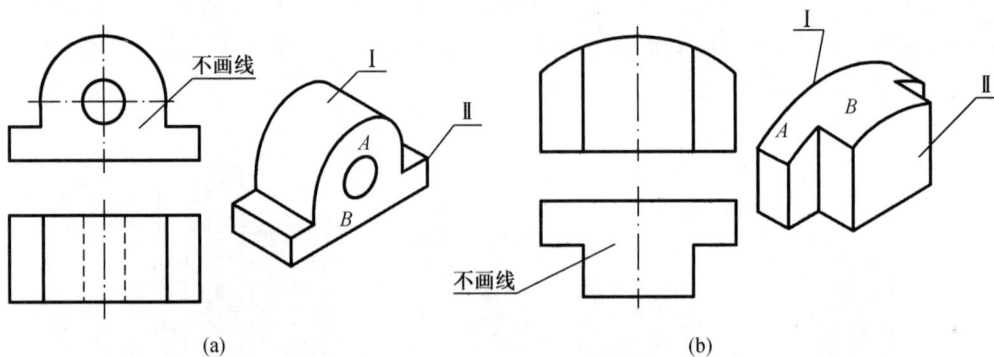

图 6-3 相邻形体表面共面过渡线的画法

3. 相交

相邻形体表面相交时,相交处必有交线(截交线、相贯线)产生,画图时应注意交线的投影,不要漏画,如图 6-4 所示。

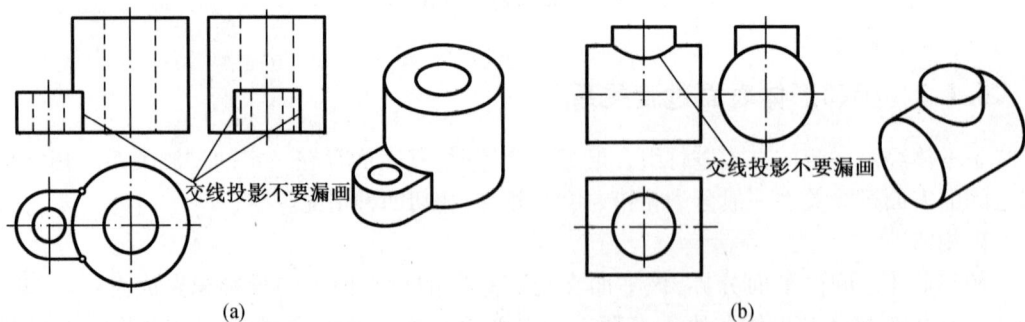

图 6-4 相邻形体表面相交过渡线的画法

4. 相切

相邻形体表面相切时,在相切处圆滑过渡,没有交线产生,画图时应注意不要多线,如图 6 - 5 所示。

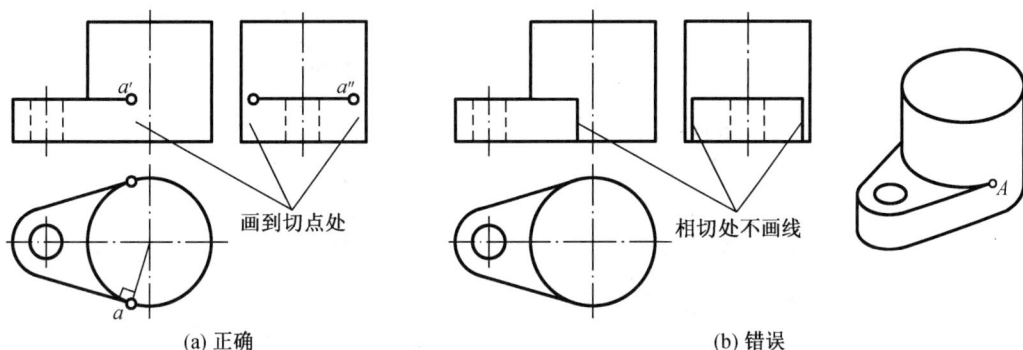

图 6 - 5 相邻形体表面相切过渡线的画法

6.1.3 组合体视图分析方法

画、读组合体的视图经常采用"形体分析法"和"面形分析法"。

1. 形体分析法

假想将组合体分解成若干简单形体,弄清它们的形状、相对位置和组合方式,分析它们的表面过渡关系及投影特性,进行画图和读图的方法叫作形体分析法。

2. 面形分析法

假想组合体是由简单平面体经过若干次挖切形成的,其特点是形体表面多为平面。平面在各个投影面上的投影,除了有积聚性的投影外,其他投影都表现为一个封闭线框。不同线框之间的关系,反映了形体表面的变化情况。利用这个规律,对形体表面的投影进行分析和检查,可以快速、正确地画出图形或想象出组合体的形状,这种方法叫作面形分析法。

6.2 组 合 体 视 图 的 画 法

画组合体的视图时,应当根据组合体的不同形成方式采用不同的方法。一般而言,以叠加为主形成的组合体,主要采用形体分析法绘制;以挖切为主形成的组合体,除了采用形体分析法外,还要辅以面形分析法。

6.2.1 叠加式组合体视图的画法

这里以图 6 - 6 所示的轴承座为例,说明画叠加式组合体视图的基本方法和步骤。

1. 形体分析

画图前,先对轴承座进行形体分析。假想将其分解为 5 个基本体:凸台、轴承、支撑板、肋板、底板,如图 6 - 6(b)所示。各基本体进行叠加组合,支撑板位于底板的上方,二者后侧共面;轴承位于支撑板的上方,支撑板的两侧面与轴承的外圆柱面相切;凸台位于轴承的上方并与之垂直相交,产生相贯线;肋板位于支撑板的前方、底板的上方、轴承的下方,两侧面与轴承的外圆柱面相交,产生截交线。

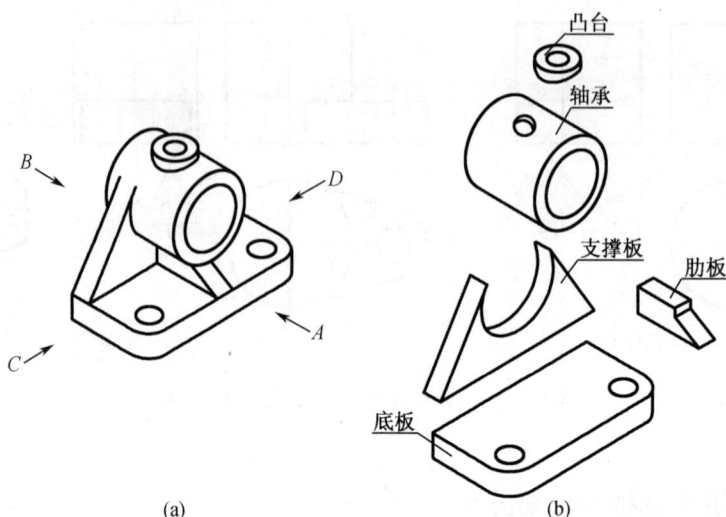

图6-6　轴承座的形体分析及视图选择

2. 选择主视图

主视图是三视图中最重要的视图。主视图的投射方向一般是选择最能反映组合体的形状特征或位置特征(各基本体相互位置关系)的方向,同时还应考虑使视图中虚线较少以及图幅的合理使用。

如图6-6(a)所示,主视图投射方向可有A,B,C,D四种选择。分析比较可知,A向与B向接近,但B向作为主视图投射方向,会有较多结构被遮挡,使主视图出现较多虚线,应舍去。C向与D向接近,但若以C向作为主视图投射方向,则左视图会出现较多虚线,应舍去。最后比较A向与D向,从反映组合体的形状特征和位置特征而言,各有优缺点,均可选择作主视图的投射方向;从图幅的合理使用而言,以A向作为主视图投射方向,形体长度尺寸较大,更便于合理布图,所以A向最佳。

3. 确定比例和图幅

主视图确定后,根据组合体大小和复杂程度确定绘图比例和图幅大小,一般应采用标准比例和标准图幅。绘图比例尺尽量选用1:1,图幅为A3图纸。

4. 布置视图

根据各视图的最大轮廓尺寸,在图纸上均匀地布置这些视图,因此,应首先画出确定各视图位置的基准线、对称线以及主要形体的轴线和中心线,如图6-7(a)所示。

5. 画底稿

画图时要先用细线画出三视图的底稿,如图6-7(b)~图6-7(e)所示。画图的一般顺序为:先画主要形体,后画次要形体;先画外形轮廓,后画内部细节;先画可见部分,后画不可见部分。

需要指出的是,对于每个形体,要从反映其形状特征的视图画起,各视图同步对应画出;若相交表面具有积聚性,则应由具有积聚性的视图求出相关的其他视图;应注意各形体间的表面过渡关系。

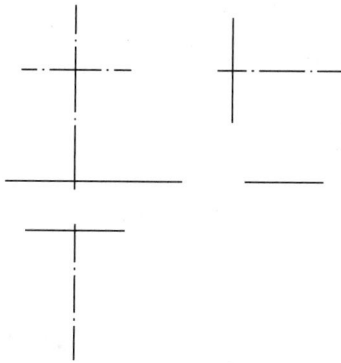

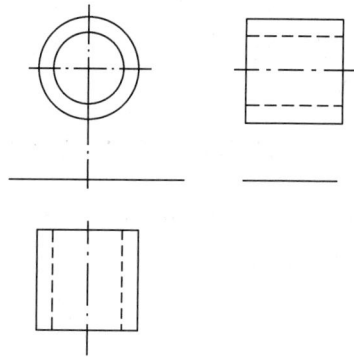

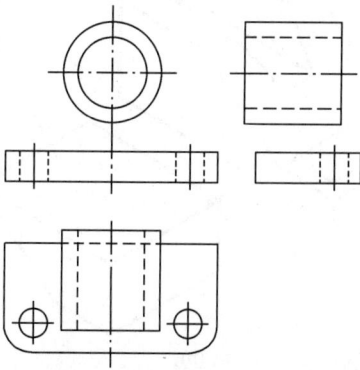

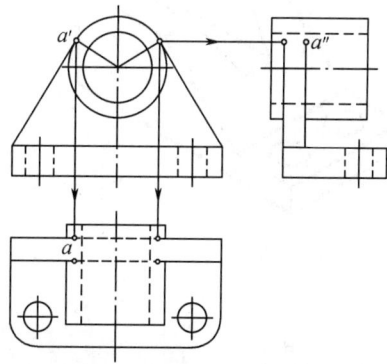

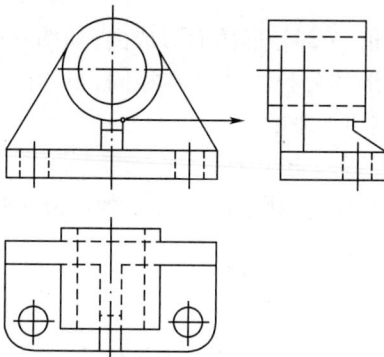

(a) 布置视图	(b) 画轴承
画出基准线、对称线、轴线、中心线	从主视图开始画
(c) 画底板	(d) 画支撑板
从俯视图开始画,注意底板与轴承的相对位置	从主视图开始画,注意支撑板与轴承相切不画线
(e) 画肋板	(f) 画凸台,检查加深图线
从左视图开始画,注意肋板与轴承交线的投影	从俯视图开始画,注意凸台与轴承交线的投影

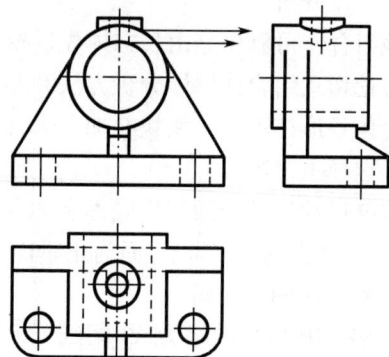

图 6 - 7 轴承座的画图步骤

6. 检查、加深

底稿完成后,应仔细检查有无错误,确认正确无误后,擦去多余的线,用规定的线型进行加深,如图 6 - 7(f)所示。

检查的重点是:其一,分析每个形体的三视图,其视图是否都画完全,位置是否对应。其二,形体间的表面过渡关系是否正确,即各视图中相邻形体间是否该有分界线;截交线与相贯线是否正确,产生截交线与相贯线后相应的轮廓线是否处理正确;相切时表面过渡关系是否正确等。

6.2.2 挖切式组合体视图的画法

挖切式组合体视图的作图方法和步骤与叠加式相同,这里以图 6 - 8 所示的挖切式组合体为例进行说明。

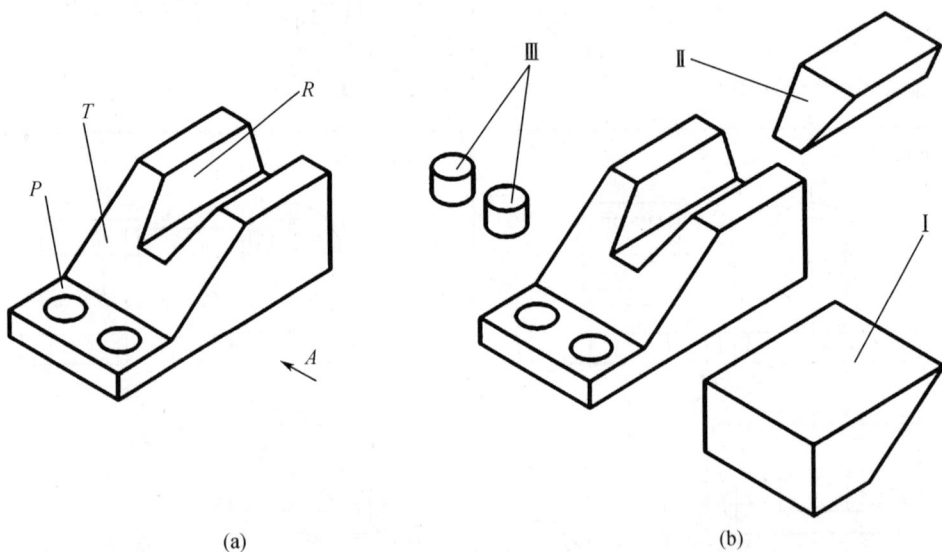

(a)　　　　　　　　　　　　(b)

图 6 - 8　挖切式组合体的形体分析及视图选择

1. 形体分析

该组合体可看作是由长方体先后挖切去 I, II, III 三部分形体而形成的,如图 6 - 8(b)所示。挖切式组合体形体分析方法和叠加式组合体形体分析方法基本相同,不同的是挖切式组合体各形体不是一块块叠加上去,而是一块块挖切下来的。

2. 选择主视图

选择尺寸较长的面作为底面且水平放置,A 向作为主视图投射方向,如图 6 - 8(a)所示。此时,P 面为水平面,T 面为正垂面,R 面为侧垂面。

3. 确定比例和图幅

比例采用 1∶1,图幅为 A3 图纸。

4. 布置视图

画出确定各视图位置的基准线、对称线以及主要形体的轴线和中心线,如图 6 - 9(a)所示。

5. 画底稿

画挖切式组合体视图时,是由假想的简单形体的投影开始,然后按挖切的顺序逐次画完全图,如图6-9(b)~图6-9(e)所示。

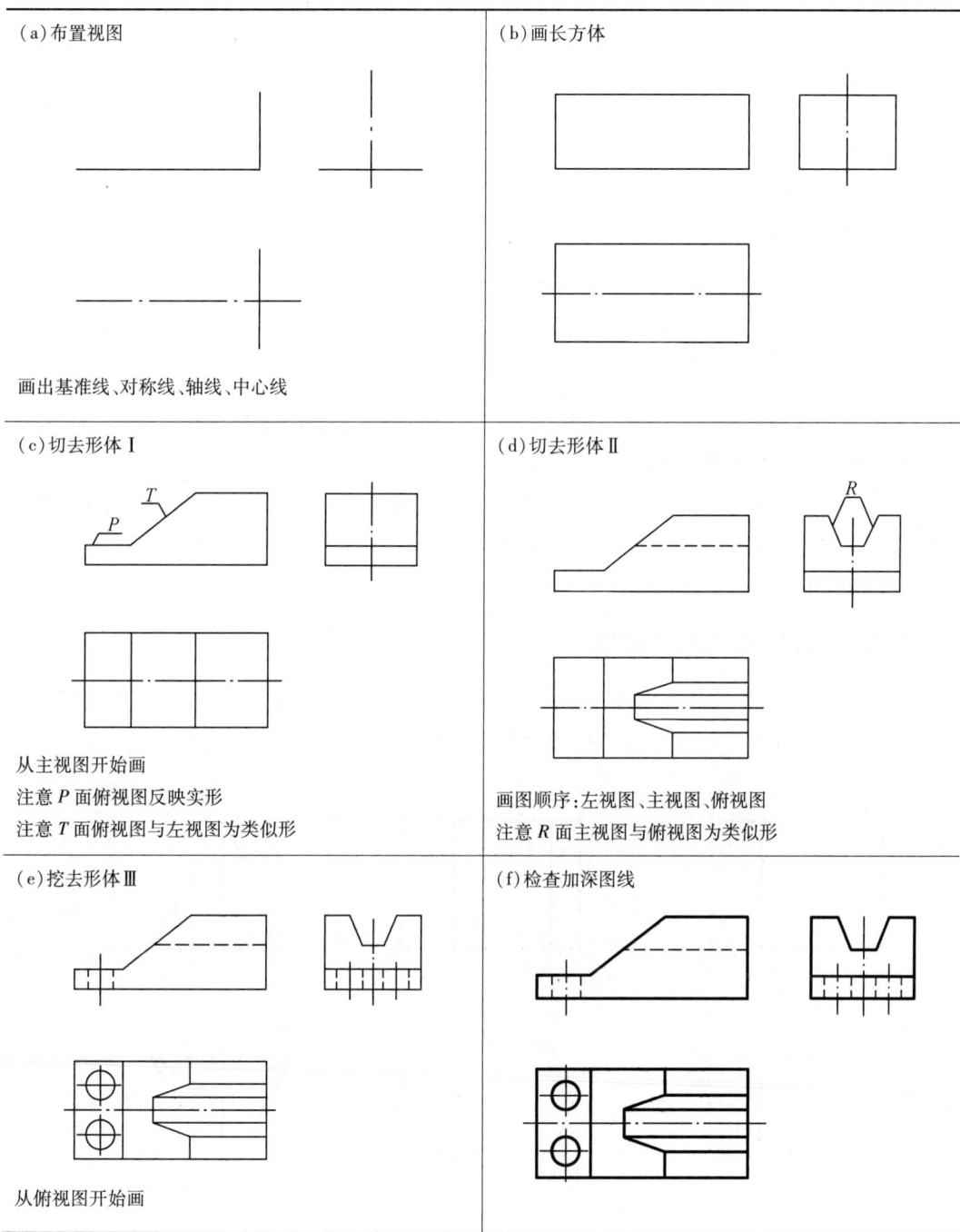

(a)布置视图	(b)画长方体
画出基准线、对称线、轴线、中心线	
(c)切去形体Ⅰ	(d)切去形体Ⅱ
从主视图开始画 注意 P 面俯视图反映实形 注意 T 面俯视图与左视图为类似形	画图顺序:左视图、主视图、俯视图 注意 R 面主视图与俯视图为类似形
(e)挖去形体Ⅲ	(f)检查加深图线
从俯视图开始画	

图6-9　挖切式组合体的画图步骤

需要指出的是,挖切式组合体除进行形体分析外,还应对一些主要的斜面辅以面形分析。其基本步骤为:分析组合体的形成过程,确定截平面的位置和形状,应先画出截平面有积聚性的投影,再根据截平面与立体表面相交的情况画出其他视图;如果截平面为投影面垂直面,该面的另两投影应为类似形。

例如,图 6 – 9(c)中的 P 面为水平面,在主视图和左视图上的投影积聚成直线,在俯视图上反映实形;图 6 – 9(c)中的 T 面为正垂面,在主视图上的投影积聚成直线,在俯视图和左视图上应为类似形;图 6 – 9(d)中的 R 面为侧垂面,在左视图上的投影积聚成直线,在主视图和俯视图上应为类似形。

6. 检查、加深

检查无误后,擦去多余的线,用规定的线型进行加深,完成全图,如图 6 – 9(f)所示。

6.3　组合体的尺寸标注

组合体的视图只能表示组合体的形状,而各形体的真实大小及其相互位置要通过标注尺寸才能确定,形体分析法是标注组合体尺寸的基本方法。

组合体的尺寸标注应满足三点基本要求:(1)正确。尺寸标注要符合国家标准的有关规定。(2)完整。尺寸必须标注完全,不遗漏、不重复。(3)清晰。尺寸标注要布置匀称、清楚、整齐,便于读图。

6.3.1　基本体的尺寸标注

组合体是由基本几何体组合而成的,要想掌握组合体的尺寸标注,必须先能正确标注基本体的尺寸。图 6 – 10 为平面体的尺寸标注,图 6 – 11 为回转体的尺寸标注。

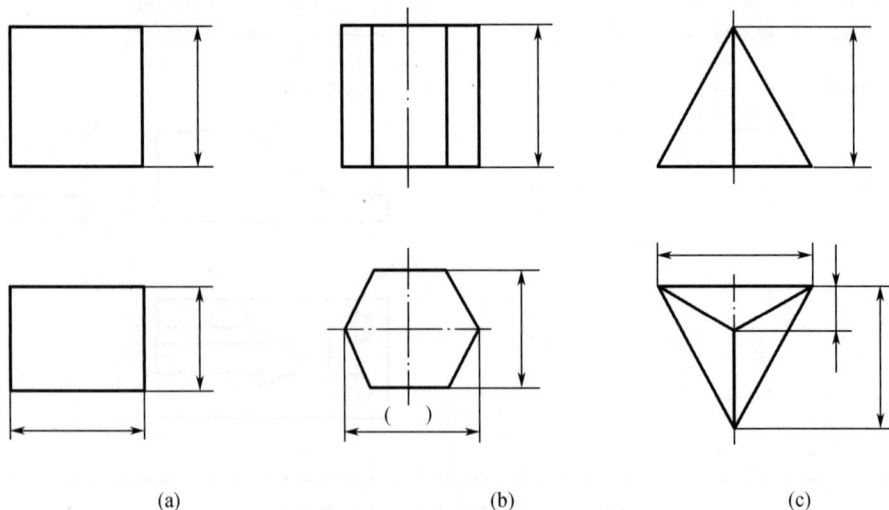

(a)　　　　　　　　　　(b)　　　　　　　　　　(c)

(d)　　　　　　　　　(e)　　　　　　　　　(f)

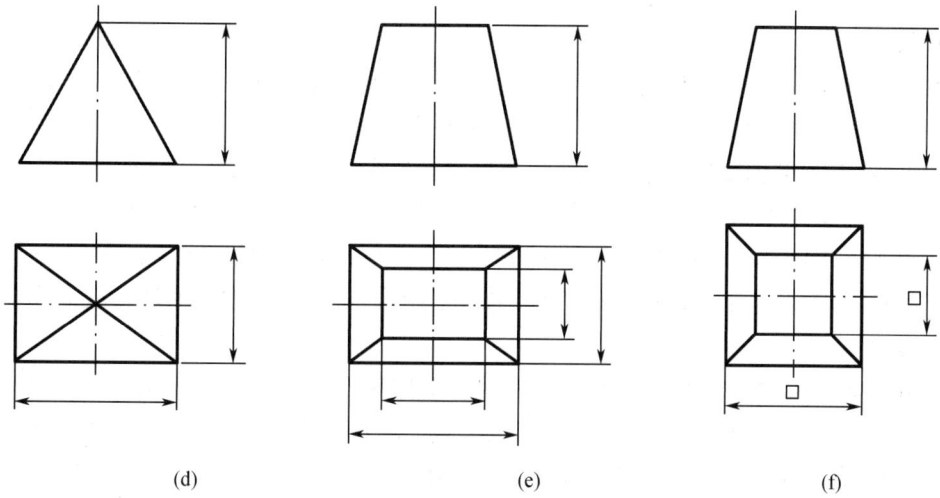

图 6 – 10　平面体的尺寸标注

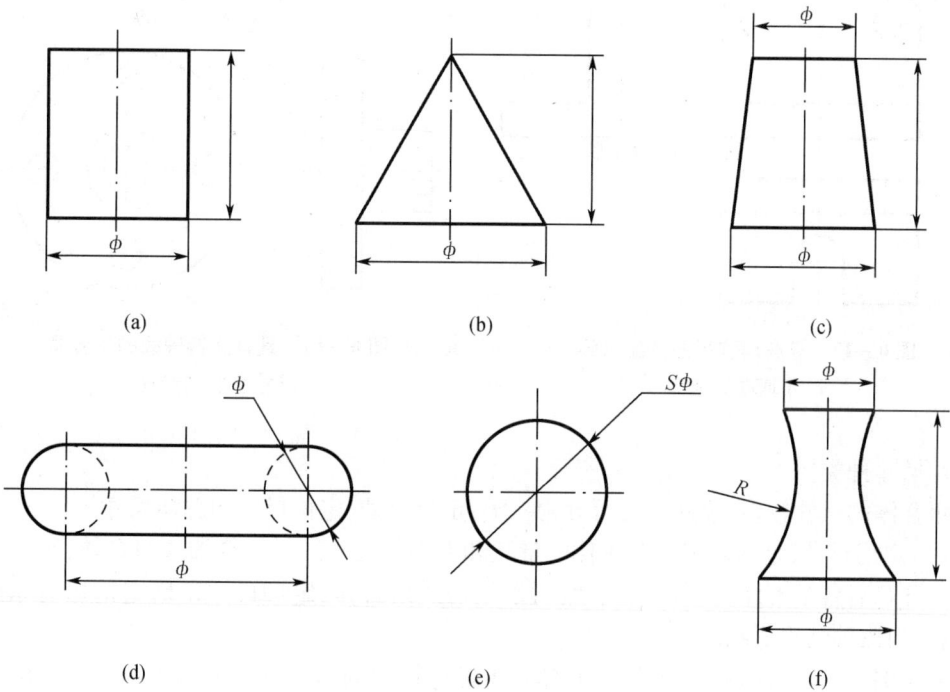

(a)　　　　　　　　　(b)　　　　　　　　　(c)

(d)　　　　　　　　　(e)　　　　　　　　　(f)

图 6 – 11　回转体的尺寸标注

注:从定形角度考虑,加括号的尺寸可以不注,生产中为了便于下料等又往往注上作为参考,如图 6 – 10(b)所示。图 6 – 10(f)中□为正方形边长符号。

6.3.2 尺寸基准及尺寸种类

1. 尺寸基准

在组合体中,确定尺寸位置的点、直线、平面等称为尺寸基准,简称基准。组合体在长、宽、高三个方向上都存在基准,且在同一方向上根据需要可以有若干个基准,但是只有一个为主要基准,其余的为辅助基准。辅助基准与主要基准之间必须有尺寸联系。

基准选择要合理,通常遵循三点原则:(1)对于有对称面的组合体,一般选取其对称平面作为该方向上的基准;(2)对于非对称的组合体,一般选取较大的平面(底面或端面)作为该方向上的基准;(3)对于整体上具有回转轴线的组合体,一般选取其回转轴线作为两个方向上的基准。

图 6-12 所示的组合体,在长度方向上具有对称面,选取其对称平面为该方向上的主要基准;在宽度方向上没有对称面,选取其较大的端面为该方向上的主要基准;在高度方向上也没有对称面,选取其底面为该方向上的主要基准。

图 6-13 所示的组合体,轴向(长度方向)选取右端的大端面作为基准,径向(宽度和高度方向)则选取回转轴线作为基准。

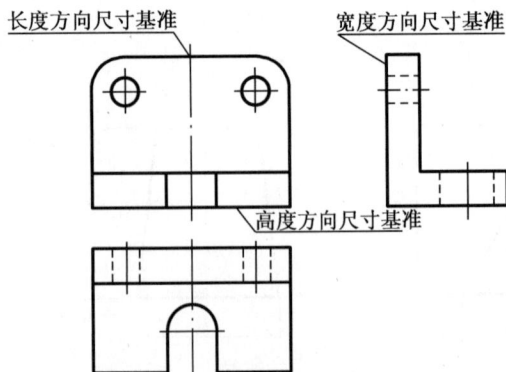

图 6-12　具有对称平面的组合体
尺寸基准的选择

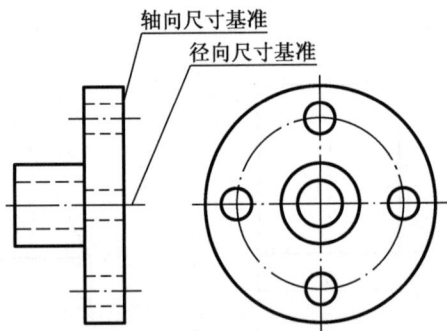

图 6-13　具有回转轴线的组合体
尺寸基准的选择

2. 尺寸种类

组合体的尺寸较多,按其作用可分为三类:定形尺寸、定位尺寸和总体尺寸。

(1)定形尺寸,是指确定各基本体的形状和大小的尺寸。对于叠加式组合体,定形尺寸是确定分解后各基本体的形状的尺寸;对于挖切式组合体,定形尺寸是确定挖切前原始形体及孔、沟槽等结构形状的尺寸。

对于图 6-13 所示的组合体,可看作是由经过挖切的两个圆柱体叠加而成。左侧圆柱挖切前的定形尺寸为轴向 13(由于标注轴向总体尺寸 22,此尺寸并未标出)、径向 $\phi16$;右侧圆柱挖切前的定形尺寸为轴向 9、径向 $\phi46$;由于挖切形成的圆柱孔均为通孔,所以轴向尺寸无须另行标注,但径向尺寸应标注完全,中心圆孔径向尺寸为 $\phi10$,四个小圆孔径向尺寸为 $\phi8$,如图 6-14 所示。

(2)定位尺寸,是指确定各基本体之间相对位置的尺寸。对于叠加式,定位尺寸是确定分解后各基本体的相对位置的尺寸;对于挖切式,定位尺寸是确定挖切面位置及孔、沟槽等结构位置的尺寸。

对于图 6-13 所示的组合体,两个圆柱体及中心圆孔的位置已确定,无须另行标注;四个小圆孔的位置可通过 ϕ30 的圆来确定,如图 6-14 所示。

(3)总体尺寸,是指组合体在长、宽、高三个方向的最大尺寸。一般情况下,组合体需要标注总体尺寸。当总体尺寸在某个方向上与已经标注的某定形尺寸一致时,则不需要另行标注;若某个方向需要标注总体尺寸时,则需对该方向原有的尺寸作出调整,即要去掉一个定形尺寸。

对于图 6-13 所示的组合体,轴向总体尺寸为 22,标注之后,需对原有尺寸作出调整,这里去掉左侧圆柱的轴向尺寸;径向总体尺寸为 ϕ46,与右侧圆柱的定形尺寸一致,则无须另行标注。如图 6-14 所示。

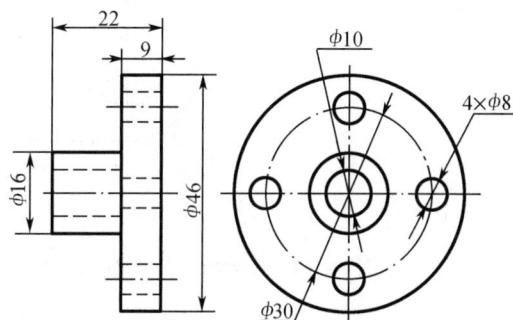

图 6-14 组合体尺寸标注示例

6.3.3 组合体尺寸标注时应注意的几个问题

为满足正确、完整、清晰的基本要求,在标注组合体尺寸时还应注意以下几个方面的问题。

(1)各基本体的定形尺寸和定位尺寸应尽量标注在表示其形状特征和位置关系最明显的视图上。如图 6-15(a)所示 V 形槽的定形尺寸,标注在反映其形状特征的主视图上;图

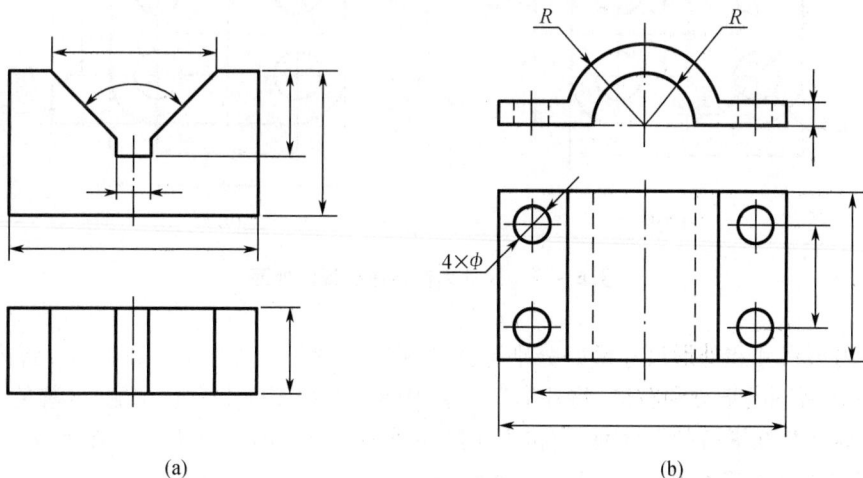

(a)   (b)

图 6-15 尺寸标注在特征视图上

6-15(b)所示四个圆柱孔的定位尺寸,标注在位置关系最明显的俯视图上,而半圆柱套筒的半径尺寸注在主视图中。一般将半径尺寸标注在投影为圆弧的视图中。

(2)同一形体的定形尺寸和定位尺寸,应尽可能集中标注在同一视图上。如图 6-16 所示的组合体,水平板的尺寸尽量集中标注在俯视图上,垂直板的尺寸尽量集中标注在左视图上。

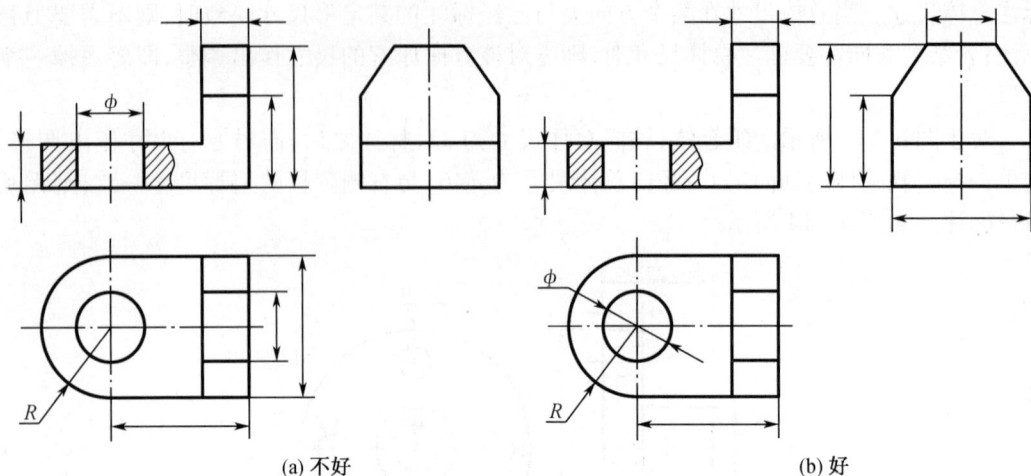

(a) 不好   (b) 好

图 6-16　尺寸标注应集中

(3)尽量将尺寸标注在视图外面,避免尺寸线、尺寸数字与视图的轮廓线相交,给读图带来不便,如图 6-17 所示。当无法避免尺寸数字与图形轮廓线相交时,轮廓线应断开。

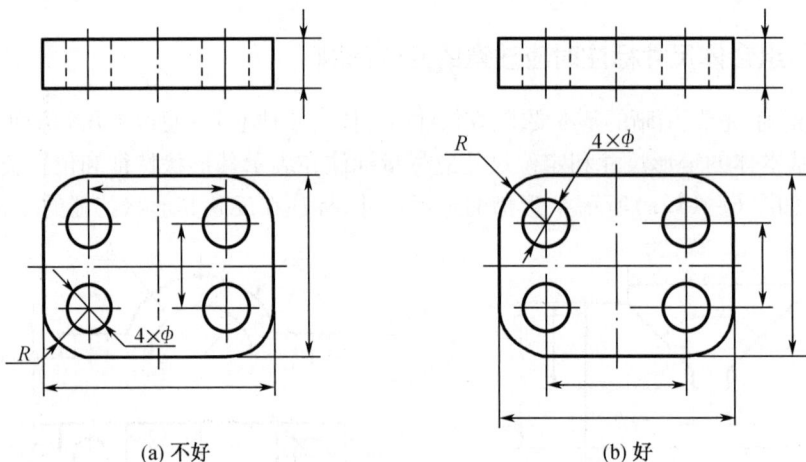

(a) 不好   (b) 好

图 6-17　尺寸尽量标注在视图外面

(4)内形尺寸和外形尺寸最好分别标注在视图的两侧。如图 6-18 所示,将内形尺寸集中标注在视图的下方和右侧,将外形尺寸集中标注在视图的上方和左侧,可避免混杂。

(5)标注相互平行的尺寸时,应按大小顺序排列,小尺寸在内,大尺寸在外,以避免尺寸线和尺寸界线不必要的相交,如图 6-19 所示。

(6)一般不应在虚线上标注尺寸。如图 6-20 所示的圆柱孔,由于其主视图、左视图上的投影为虚线,所以圆柱孔的直径尺寸应标注在俯视图的圆形投影上。

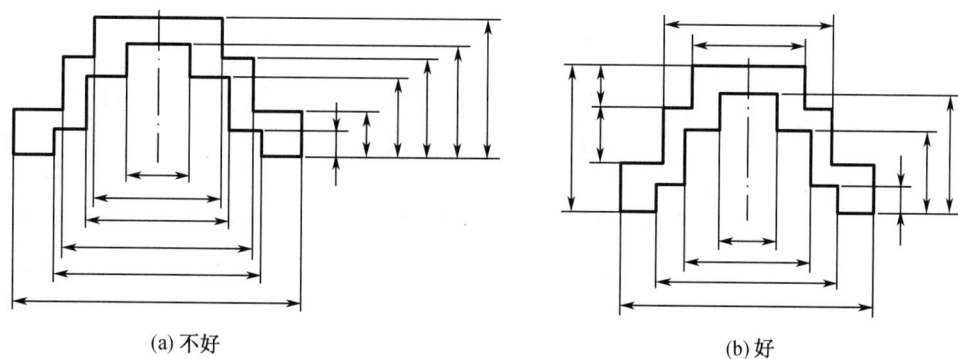

(a) 不好   (b) 好

图 6-18 内形、外形尺寸分别集中标注

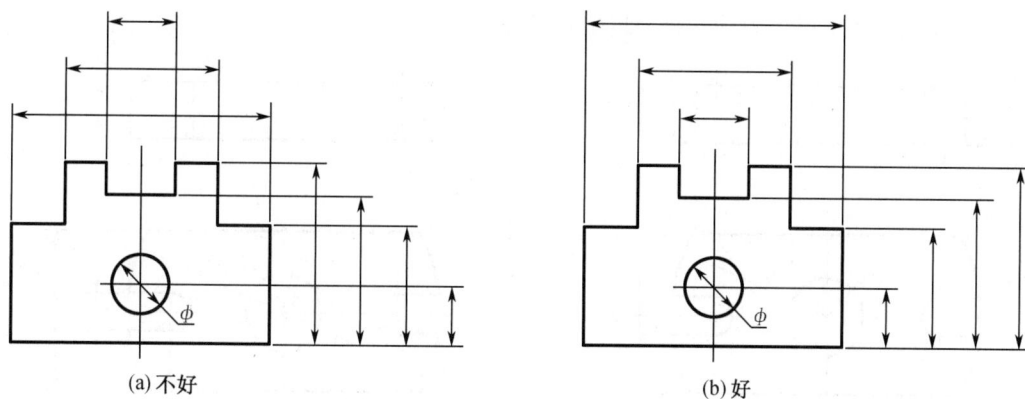

(a) 不好   (b) 好

图 6-19 避免尺寸线和尺寸界线相交

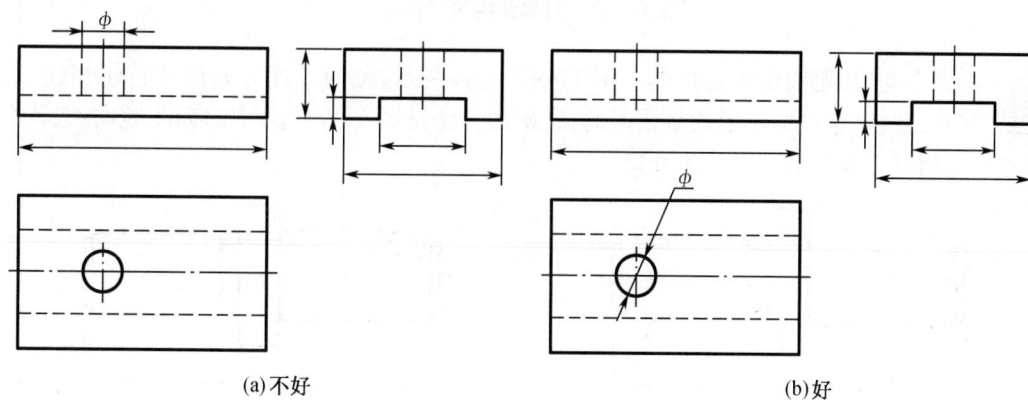

(a) 不好   (b) 好

图 6-20 虚线处尽量不标注尺寸

(7)同轴回转体的直径尺寸,尽量标注在非圆视图上,即避免在同心圆较多的视图上标注过多的直径尺寸,如图 6 - 21 所示。

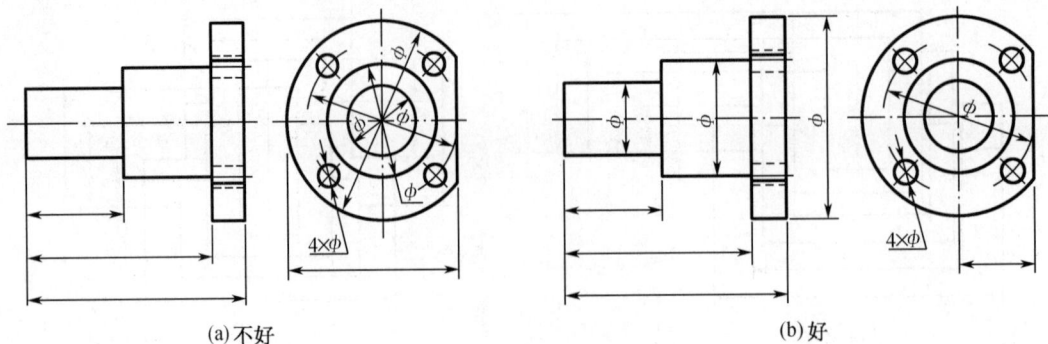

(a)不好　　　　　　　　　　　　　　　　　　(b)好

图 6 - 21　同轴回转体直径尺寸标注

(8)形体中的同类结构相对于基准对称分布时,应直接标注两者之间的距离,即尺寸必须标注在两端,而不可以只注一侧,如图 6 - 22 所示。

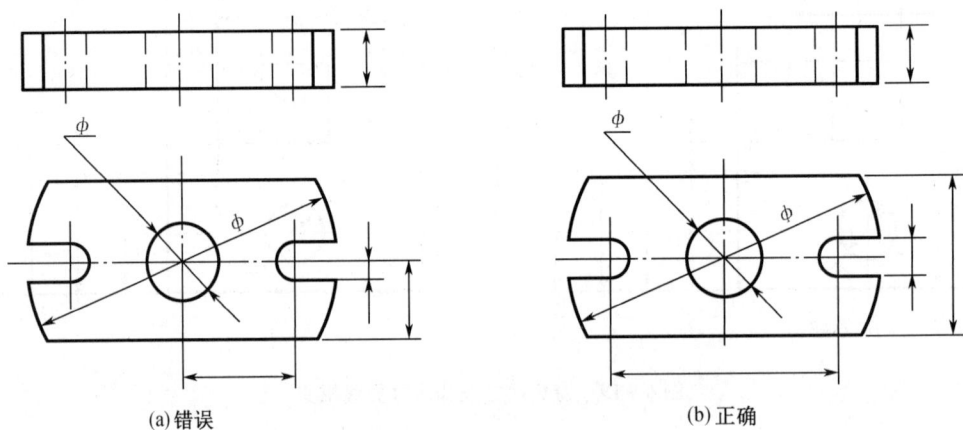

(a)错误　　　　　　　　　　　　　　　　　　(b)正确

图 6 - 22　对称结构尺寸标注

(9)避免标注成封闭的尺寸链。如图 6 - 23(a)所示,轴的长度方向尺寸首尾相连,形成封闭的尺寸链,这种标注形式是错误的;正确的方法是图 6 - 23(b)中的标注形式,把其中尺寸长度相对不重要的一段作为开口环。

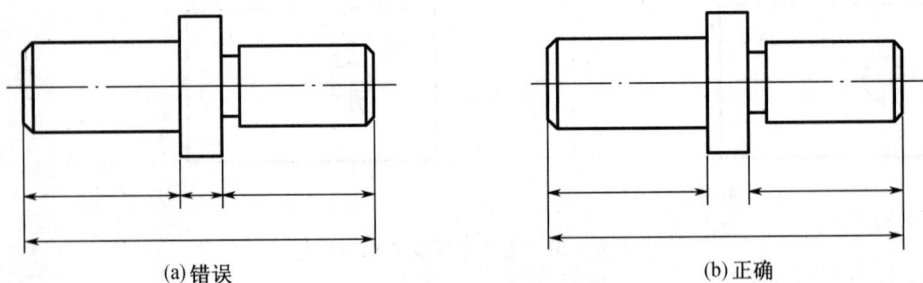

(a)错误　　　　　　　　　　　　　　　　　　(b)正确

图 6 - 23　不应形成封闭的尺寸链

（10）截交线、相贯线和相邻形体表面相切处切点的位置都不应标注尺寸。

①当基本体被平面截切时，不允许直接在交线上标注尺寸，而应该标注基本体的定形尺寸和产生交线的截平面的定位尺寸，如图 6-24 所示。

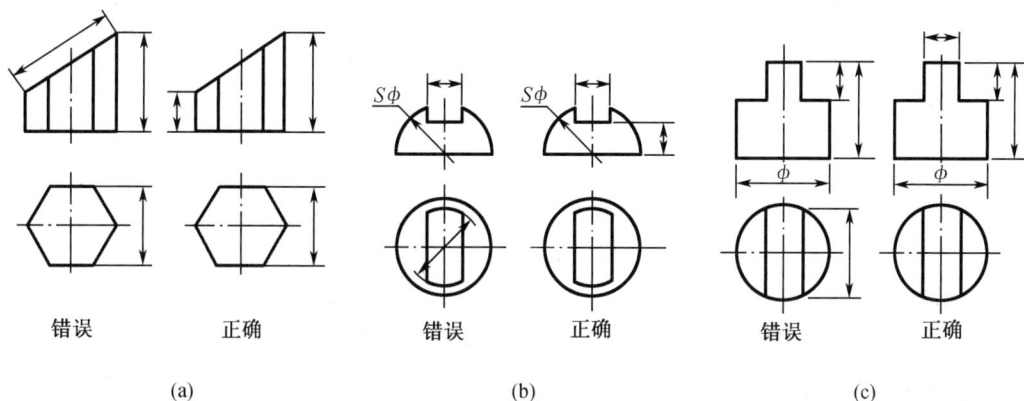

图 6-24　表面具有截交线的尺寸标注

②当两体相贯时，不允许直接在相贯线上标注尺寸，而应该标注产生相贯线的两形体的定形、定位尺寸，如图 6-25 所示。

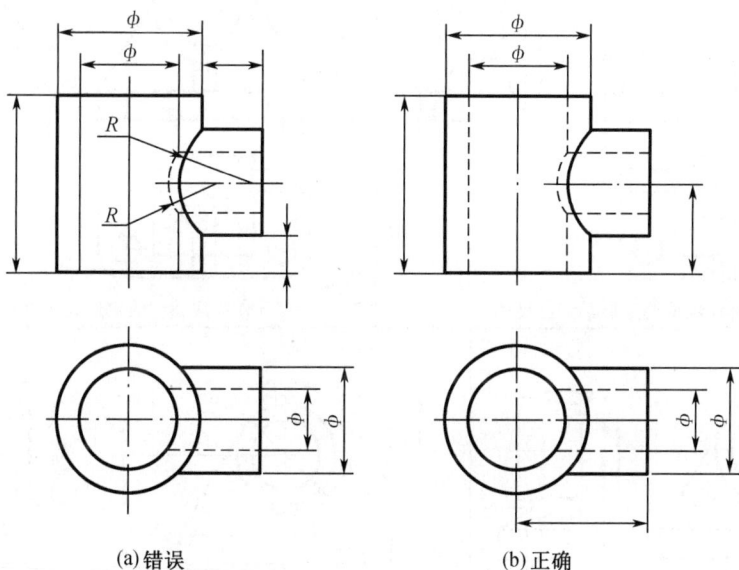

图 6-25　表面具有相贯线的尺寸标注

③当相邻形体表面相切时，不允许直接在切点处标注尺寸，而应该标注相邻形体的定形、定位尺寸。如图 6-26 所示，支撑板与轴承相切处不标尺寸。

6.3.4　组合体尺寸标注的方法和步骤

现以图 6 – 26 所示的轴承座为例来说明组合体尺寸标注的方法和步骤。

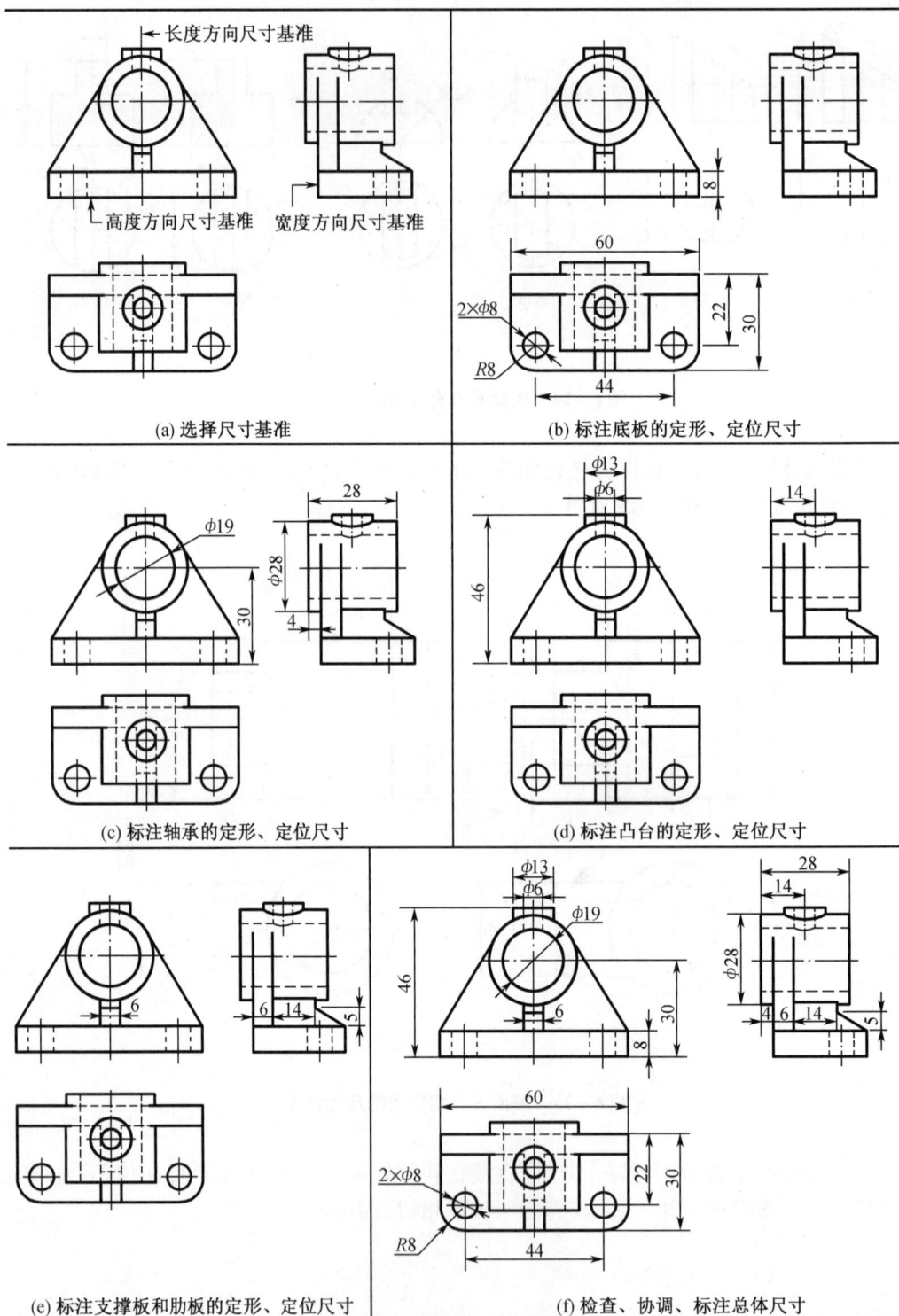

(a) 选择尺寸基准

(b) 标注底板的定形、定位尺寸

(c) 标注轴承的定形、定位尺寸

(d) 标注凸台的定形、定位尺寸

(e) 标注支撑板和肋板的定形、定位尺寸

(f) 检查、协调、标注总体尺寸

图 6 – 26　轴承座的尺寸标注

1. 形体分析

轴承座由凸台、轴承、支撑板、肋板、底板组成,且左右对称。

2. 确定尺寸基准

在形体分析的基础上,确定轴承座长、宽、高三个方向的主要尺寸基准。长度方向以左右对称面为基准;宽度方向以底板和支撑板共面的后端面为基准;高度方向以底板的底面为基准,如图 6 – 26(a)所示。

3. 标注各基本体的定形、定位尺寸

(1)标注底板的尺寸,如图 6 – 26(b)所示。其中长度方向尺寸44、宽度方向尺寸22,为底板上两个圆柱孔的定位尺寸。

(2)标注轴承的尺寸,如图 6 – 26(c)所示。其中高度方向尺寸30、宽度方向尺寸4,为轴承的定位尺寸。

(3)标注凸台的尺寸,如图 6 – 26(d)所示。其中高度方向尺寸46、宽度方向尺寸14,为凸台的定位尺寸。需要说明的是,尺寸46同时也是确定凸台高度的定形尺寸。

(4)标注支撑板和肋板的尺寸,如图 6 – 26(e)所示。

4. 标注总体尺寸

总长为底板长度方向的定形尺寸60,总宽由底板宽度方向的定形尺寸30 和轴承宽度方向的定位尺寸4 确定;总高由凸台高度方向的定形、定位尺寸46 确定,如图 6 – 26(f)所示。

6.4　读组合体的视图

读组合体的视图,就是应用投影规律对给定的视图进行分析,从而正确识别出组合体的结构形状,它是画组合体视图的逆过程。

6.4.1　读图时应注意的几个问题

1. 明确视图中图线与线框的含义

(1)明确视图中图线的含义

视图是由图线组成的,视图中的点画线一般是对称中心线或回转体的轴线,而实线与虚线有三种意义(见图 6 – 27):

①特殊位置面的积聚性投影;

②相邻表面交线的投影;

③回转面转向轮廓线的投影。

(2)明确视图中线框的含义

组合体视图中的线框可能表示以下三种情况:

①平面的投影,如图 6 – 28 中的线框Ⅱ,Ⅳ,Ⅴ,Ⅵ,Ⅶ;

②回转面的投影,如图 6 – 28 中的线框Ⅰ,Ⅲ;

③孔或槽的投影,如图 6 – 28 中的线框Ⅷ。

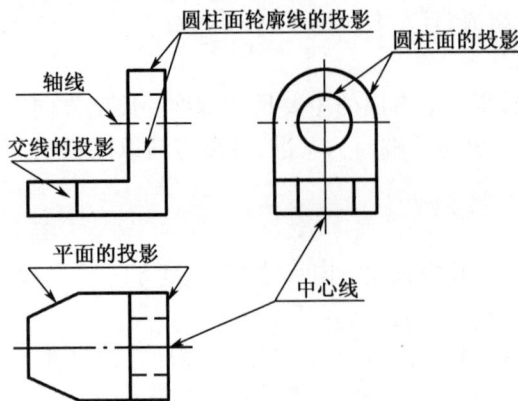

图6-27 图线的含义

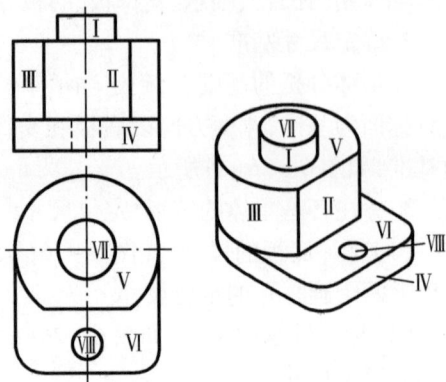

图6-28 线框的含义

（3）利用线框分析组合体表面的相对位置关系

①线框相套,通常表示两个面凹凸不平或具有打通的孔,如图6-29所示;

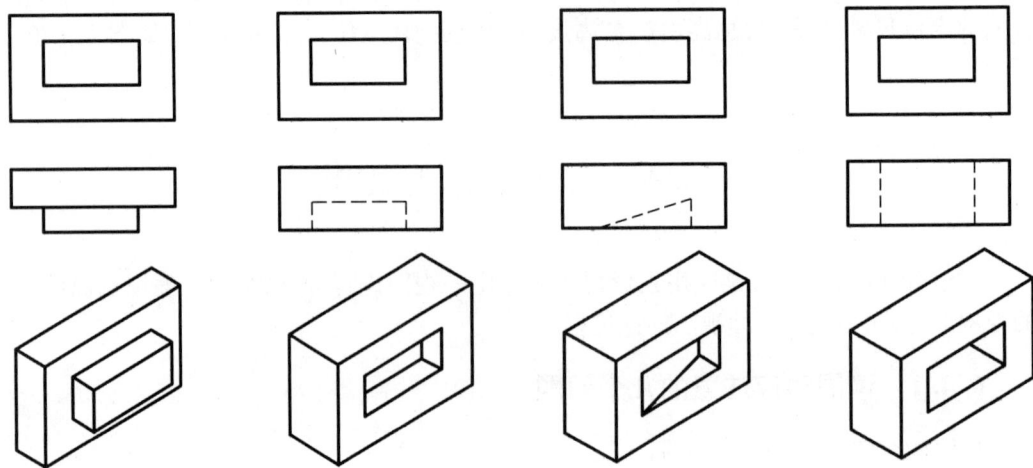

图6-29 线框相套

②线框相邻,通常表示两个相邻的面高低不一或相交,如图6-30所示。

2. 几个视图对照分析确定组合体的形状

组合体的某一视图,只能反映在某一方向的形状和两个方向的尺寸以及四个方位。因此,一个视图通常不能唯一确定其空间形状。如图6-31所示,俯视图都是相同的,但是由于它们的主视图不同,则所表示的组合体形状各不相同。

有时,两个视图也不能唯一确定其形状。如图6-32所示,其主视图、左视图都是相同的,而俯视图不同,表示的组合体形状则不同。

因此,读图时一般不能仅看一个视图或两个视图,而应该将几个视图联系起来看,才能准确想象出组合体的空间形状。

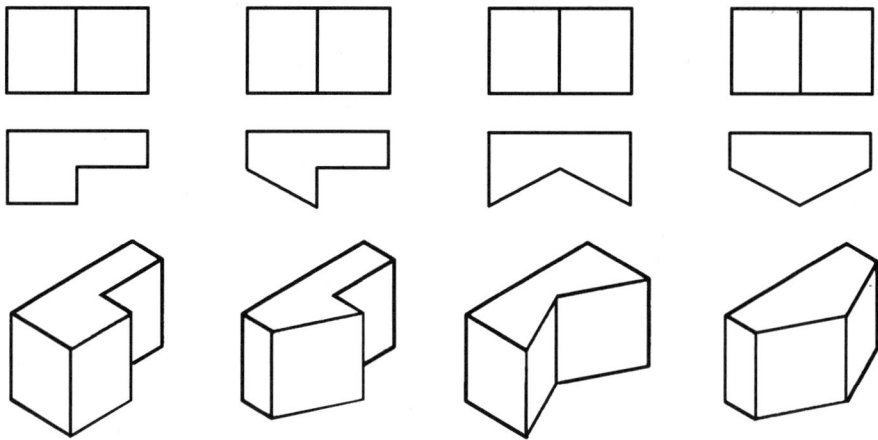

图 6 - 30 线框相邻

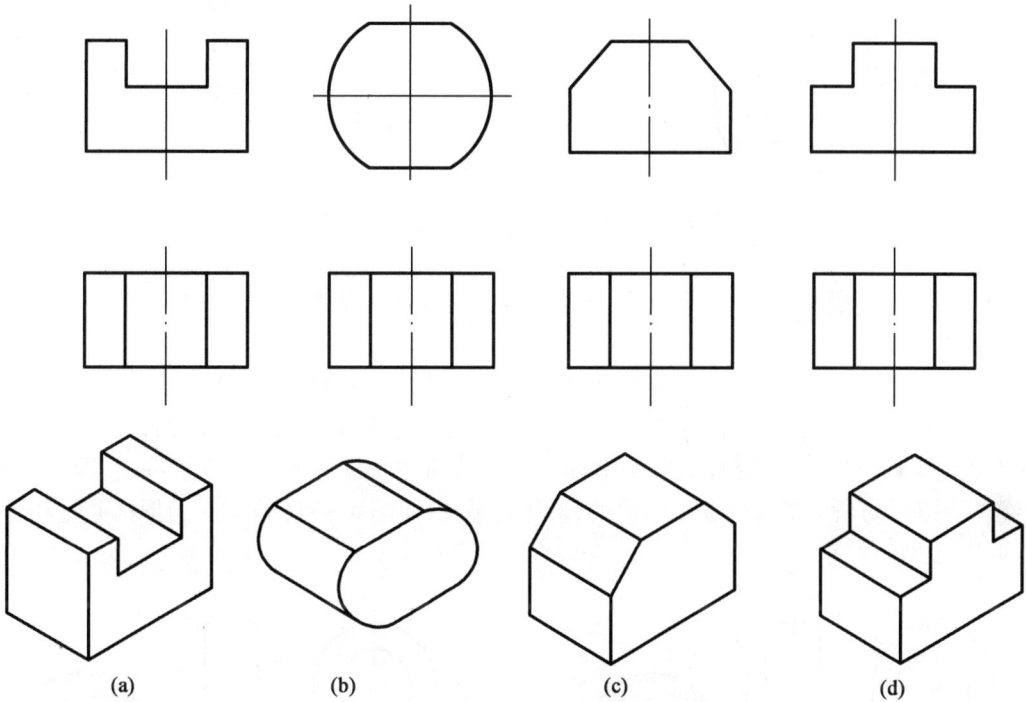

(a) (b) (c) (d)

图 6 - 31 一个视图不能唯一确定组合体形状

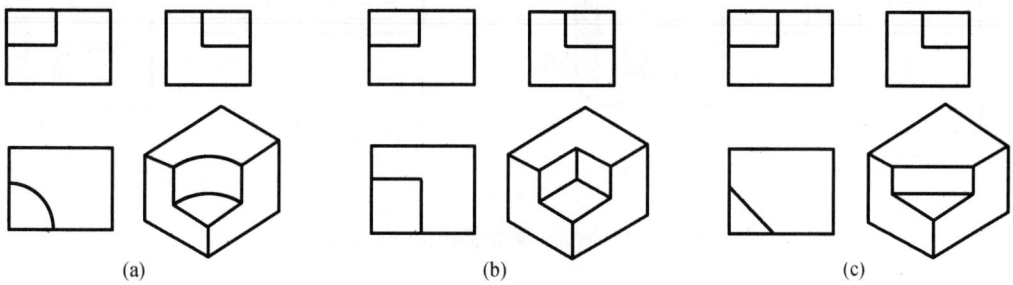

(a) (b) (c)

图 6 - 32 联系三视图综合想整体

3. 注意抓住特征视图

(1)抓住形状特征视图分析,有助于确定构成组合体的基本体的形状,从而确定组合体。

如图 6 – 33 所示,组合体由四个基本体叠加而成,主视图反映形体Ⅰ,Ⅱ的特征,俯视图反映形体Ⅲ的特征,左视图反映形体Ⅳ的特征。在读图时应抓住反映形状特征较多的视图,优先看主视图,再配合其他视图一起分析。

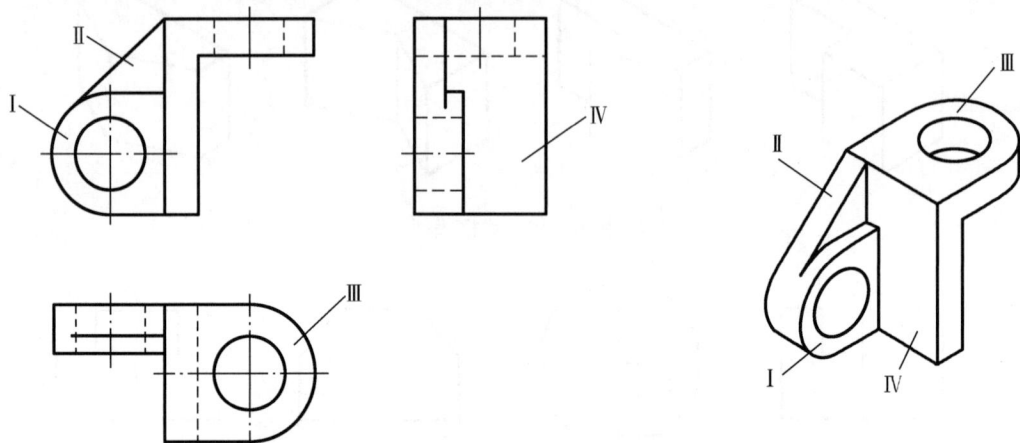

图 6 – 33　抓住形状特征视图分析组合体

(2)抓住位置特征视图分析,有助于确定构成组合体的基本体之间的相对位置,从而确定组合体。

如图 6 – 34 所示,从主视图看,线框Ⅰ内有两个线框Ⅱ和Ⅲ,其形状特征比较明显。根据前述分析,线框相套,表面一定凹凸不平。从俯视图看,两者一个是凸出的,一个是孔,但并不能确定哪个形体是凸出的,哪个形体是孔。若抓住左视图表达的位置特征,即可判断出,图 6 – 34(a)所示的形体Ⅱ是凸出的,形体Ⅲ是孔,而图 6 – 34(b)所示的形体Ⅱ是孔,形体Ⅲ是凸出的。

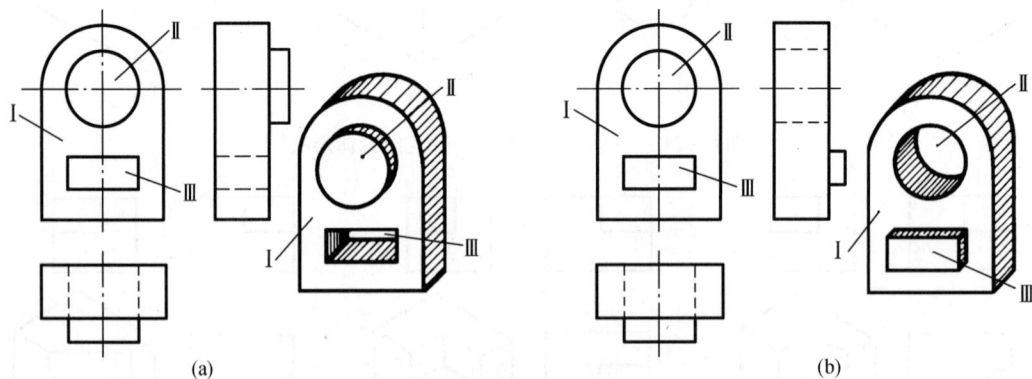

(a)　　　　　　　　　　　　　　　　(b)

图 6 – 34　抓住位置特征视图分析组合体

由以上分析可以看出,抓住特征视图,再配合其他视图分析,就能比较快地想象出组合体的形状。

6.4.2　读图的基本方法和步骤

1. 读图的基本方法

读组合体视图的基本方法是形体分析法和面形分析法。一般以形体分析法为主,面形分析法为辅。

(1)形体分析法。从反映组合体形状特征的视图入手,对照其他视图,逐步分析各基本体的空间形状与相对位置,从而得到组合体的整体形状。

(2)面形分析法。从已知视图的线框与图线入手,分析弄清每个封闭线框及图线的空间形状与位置,由此构成组合体的内外表面,建立组合体的整体形状。

2. 读图的基本步骤

(1)抓特征、分形体

以主视图为主,配合其他视图,找出表达构成组合体的各基本体的形状特征和相对位置比较明显的视图。然后,参照特征视图,对组合体进行形体分析,将其分解成几个部分。

(2)想类型、定位置

根据投影的"三等"对应关系,在视图上划分出每一基本形体的三个投影,想象出它们的形状,并确定出各形体之间的相对位置关系。

(3)分析面形、攻难点

一般情况下,以叠加为主形成的组合体,用上述形体分析法读图就可以解决。但对于一些较复杂的组合体,特别是由挖切形成的组合体,仅使用形体分析法还不够,还需采用面形分析法攻难点。

(4)综合起来、想整体

综合上述分析,联系三视图,想象出组合体的整体形状。

例 6 - 1　已知组合体的三视图(见图 6 - 35),运用形体分析法想象出它的空间形状。

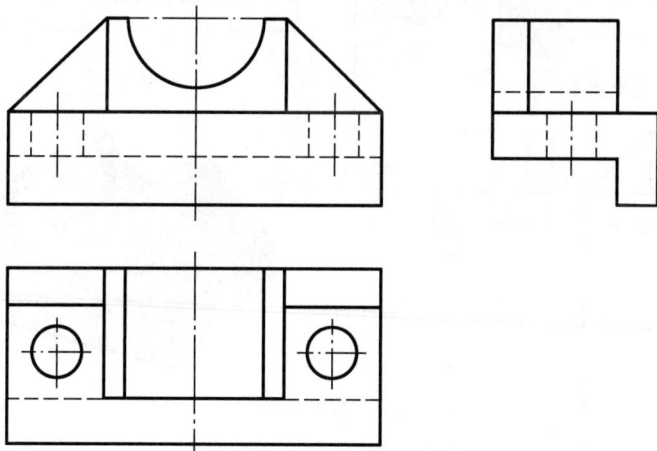

图 6 - 35　组合体读图示例(一)

(1)分框线、对投影

联系视图,找出反映各基本体特征较多的视图,即主视图。从图 6 - 36(a)中可以看出,主视图可分成Ⅰ，Ⅱ，Ⅲ，Ⅳ四个封闭的线框。

（2）识形体、定位置

根据主视图中所划分的线框，分别找出每一线框对应的另外两个投影，构思出每个线框所对应的各基本体的空间形状及位置。Ⅰ表示底板，后下方有一个四棱柱槽，左右两侧各有一个圆柱通孔，如图 6-36(b)所示；Ⅱ，Ⅳ表示左、右两个肋板，它们均是三棱柱体，如图 6-36(c)所示；Ⅲ表示支撑板，是带半个圆柱缺口的四棱柱体，如图 6-36(d)所示。从主视图上可以看出，两个肋板Ⅱ，Ⅳ和支撑板Ⅲ都在底板Ⅰ的上方，且两个肋板Ⅱ，Ⅳ分别在支撑板Ⅲ的左、右两侧，如图 6-36(a)所示。

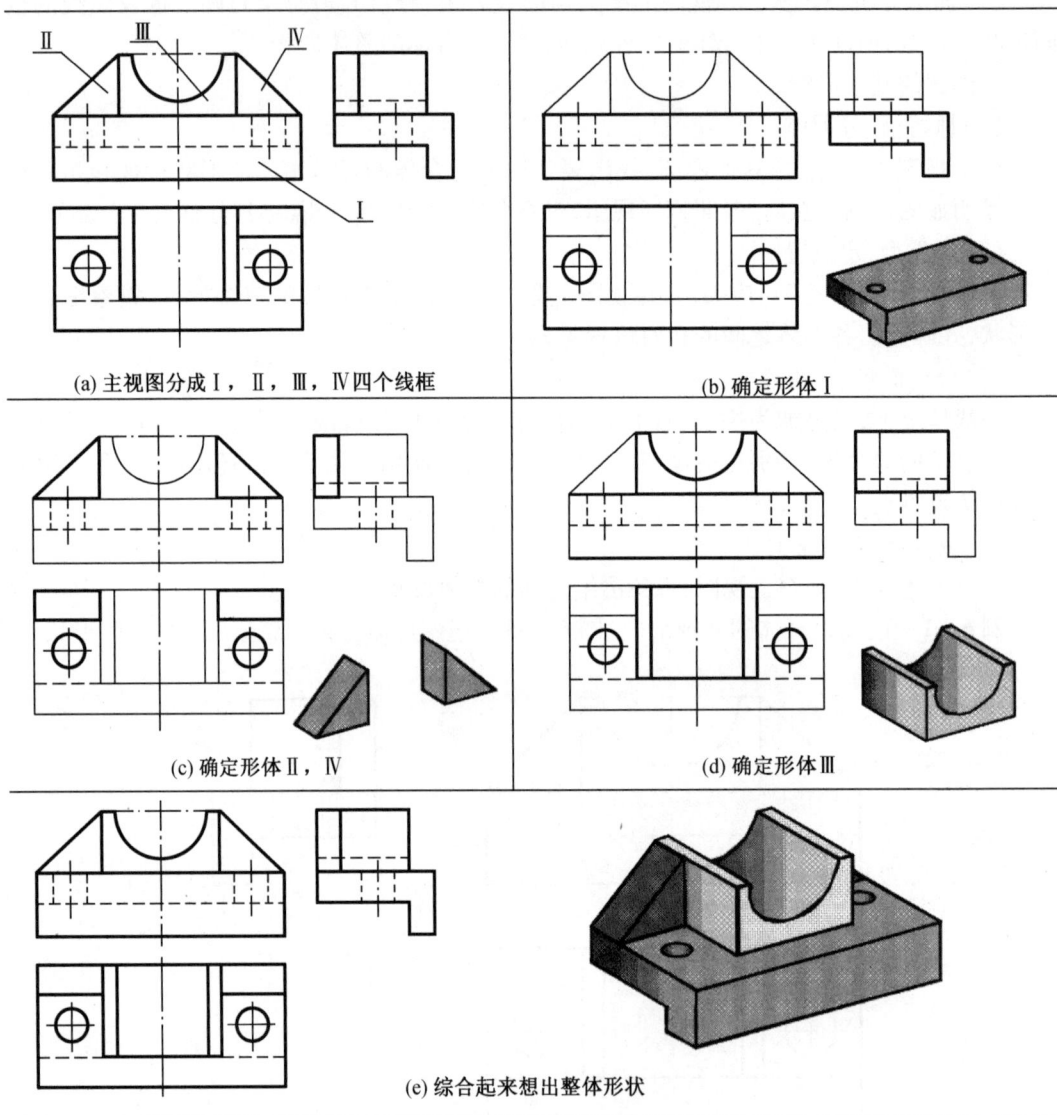

(a) 主视图分成Ⅰ，Ⅱ，Ⅲ，Ⅳ四个线框

(b) 确定形体Ⅰ

(c) 确定形体Ⅱ，Ⅳ

(d) 确定形体Ⅲ

(e) 综合起来想出整体形状

图 6-36　形体分析法读图

（3）综合起来想整体

各基本体的形状和形体表面间的相对位置关系确定后，综合起来想象出组合体的整体形状，如图 6－36（e）所示。

例 6－2　已知组合体的三视图（见图 6－37），运用面形分析法想象出它的空间形状。

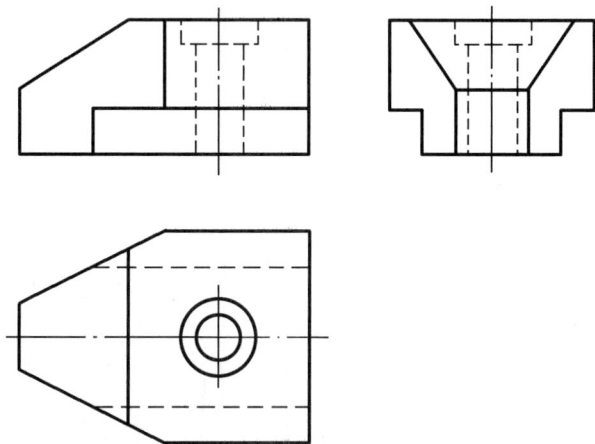

图 6－37　组合体读图示例（二）

（1）分析三视图，确定挖切前的形状

由图 6－37 中可看出，三视图的主要轮廓线均为直线，若复原被挖切去的部分，其原始形体为一四棱柱。

（2）分析面形，确定挖切面的位置和形状

首先，分析俯视图中的梯形线框 p，根据投影关系，确定其为正垂面如图 6－38（a）所示。由此可知，原始四棱柱被正垂面切去左上角，如图 6－38（b）所示。

其次，分析主视图中的七边形线框 q'，根据投影关系，在俯视图中与之对应的是直线 q，在左视图中与之对应的是七边形线框 q''，说明这是一个铅垂面，如图 6－38（c）所示。由此可知，原始四棱柱还被前、后对称的两铅垂面切去左前角和左后角，如图 6－38（d）所示。

再次，分析主视图中的矩形线框 m'，其余两视图均具有积聚性，俯视图是直线 m，左视图是直线 m''，说明这是一个正平面；分析俯视图中的四边形线框 n，其余两视图均具有积聚性，主视图是直线 n'，左视图是直线 n''，说明这是一个水平面，如图 6－38（e）所示。由此可知，该组合体的前后两个缺口是被正平面与水平面截切而成的，如图 6－38（f）所示。

最后，结合三视图可知，原始四棱柱还被两个圆柱面挖切，形成一个阶梯通孔，如图 6－38（g）所示。

（3）综合想象整体形状

根据基本体形状、各挖切面与基本体的相对位置，进一步分析视图中图线、线框的含义，综合想象出整体形状。读图时，应反复检查所想出的立体形状是否与已知的三视图对应，直到立体形状与三视图完全符合为止。

组合体的空间形状如图 6－38（h）所示。

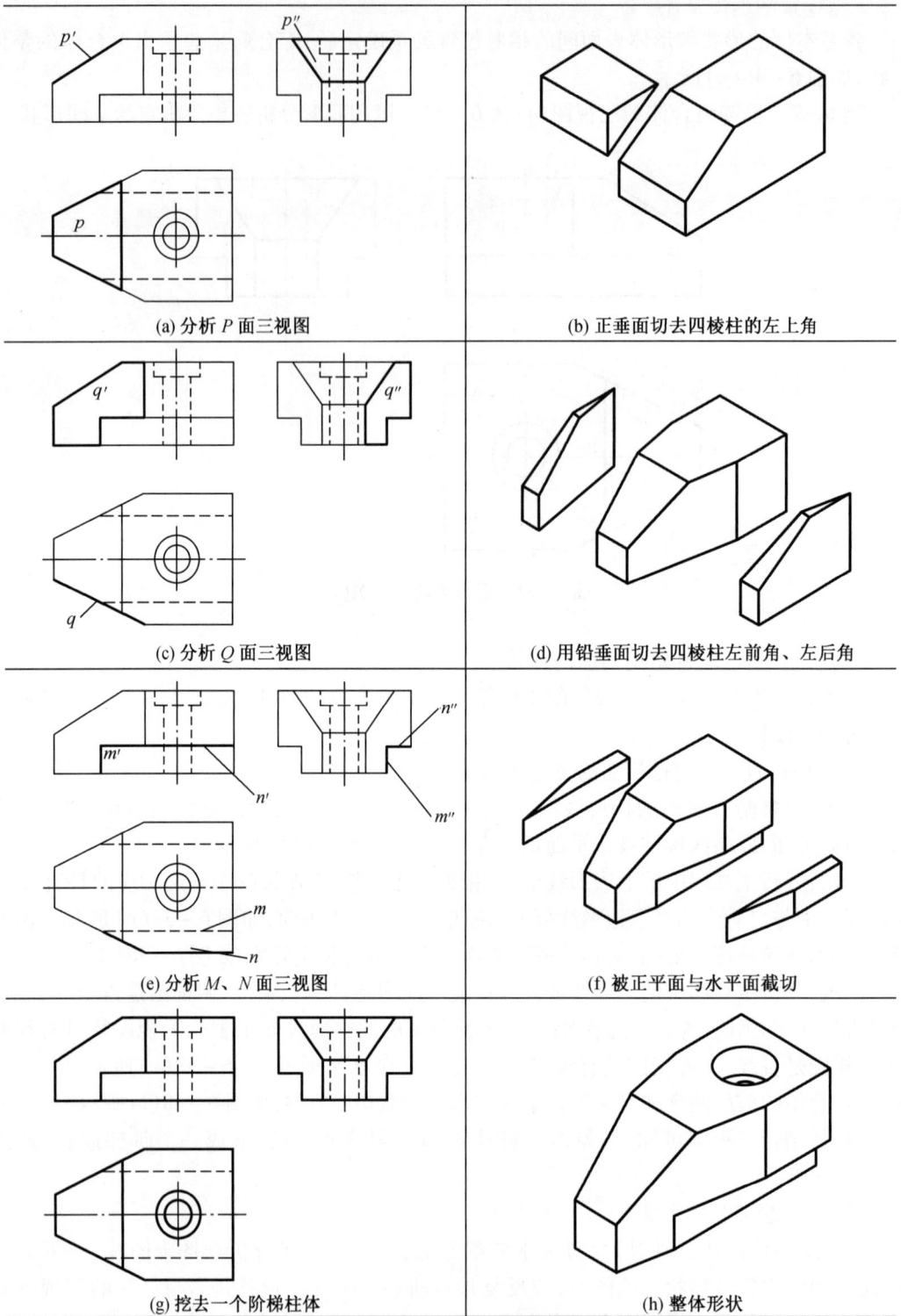

(a) 分析 P 面三视图

(b) 正垂面切去四棱柱的左上角

(c) 分析 Q 面三视图

(d) 用铅垂面切去四棱柱左前角、左后角

(e) 分析 M、N 面三视图

(f) 被正平面与水平面截切

(g) 挖去一个阶梯柱体

(h) 整体形状

图 6-38 面形分析法读图

6.4.3 已知两视图,求作第三视图

已知两视图,求作第三视图,是组合体读图和画图的综合运用。首先根据已知视图,想象出组合体的形状,在完全读懂已知视图的基础上,再根据投影规律画出第三视图。

例 6 - 3 已知组合体的主视图和俯视图(见图 6 - 39),求作左视图。

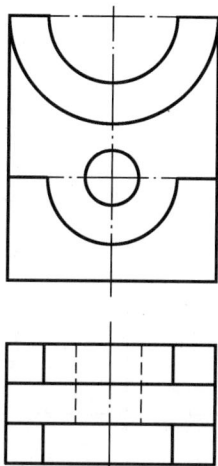

图 6 - 39 已知两视图求第三视图示例

首先,主视图中的三个长度相等的线框 1′,2′,3′,在俯视图中均无类似形,根据投影规律"若非类似形,必有积聚性",所以应积聚成直线。又因主视图上三个线框相邻,所以它们不可能对应俯视图上的同一直线,而是应分别与三条直线相对应。主视图中线框 2′中的圆,对应俯视图中的虚线,又由于三个线框的正面投影都是可见的,且俯视图上 1,2,3 对应的图线均为实线,所以Ⅰ面在后、Ⅱ面居中、Ⅲ面在前,如图 6 - 40(a)所示。

然后,对构成组合体的各基本体进行分析,根据各形体的相对位置关系,想象出组合体的整体形状,如图 6 - 40(b) ~ 图 6 - 40(d)所示。

根据想象出的组合体的形状,利用投影的"三等"对应关系,画出左视图的底稿草图,如图 6 - 40(e) ~ 图 6 - 40(i)所示。最后,检查加深,完成左视图,如图 6 - 40(j)所示。

(a) 主视图三个封闭线框对应俯视图三条直线

(b) 想象出形体 I

(c) 想象出形体 II

(d) 想象出形体 III

(e) 画出外轮廓的左视图

(f) 画出前层半圆槽的左视图

(g) 画出中层半圆槽的左视图

(h) 画出后层半圆槽的左视图

(i) 画出中层与后层通孔的左视图

(j) 检查加深,完成左视图

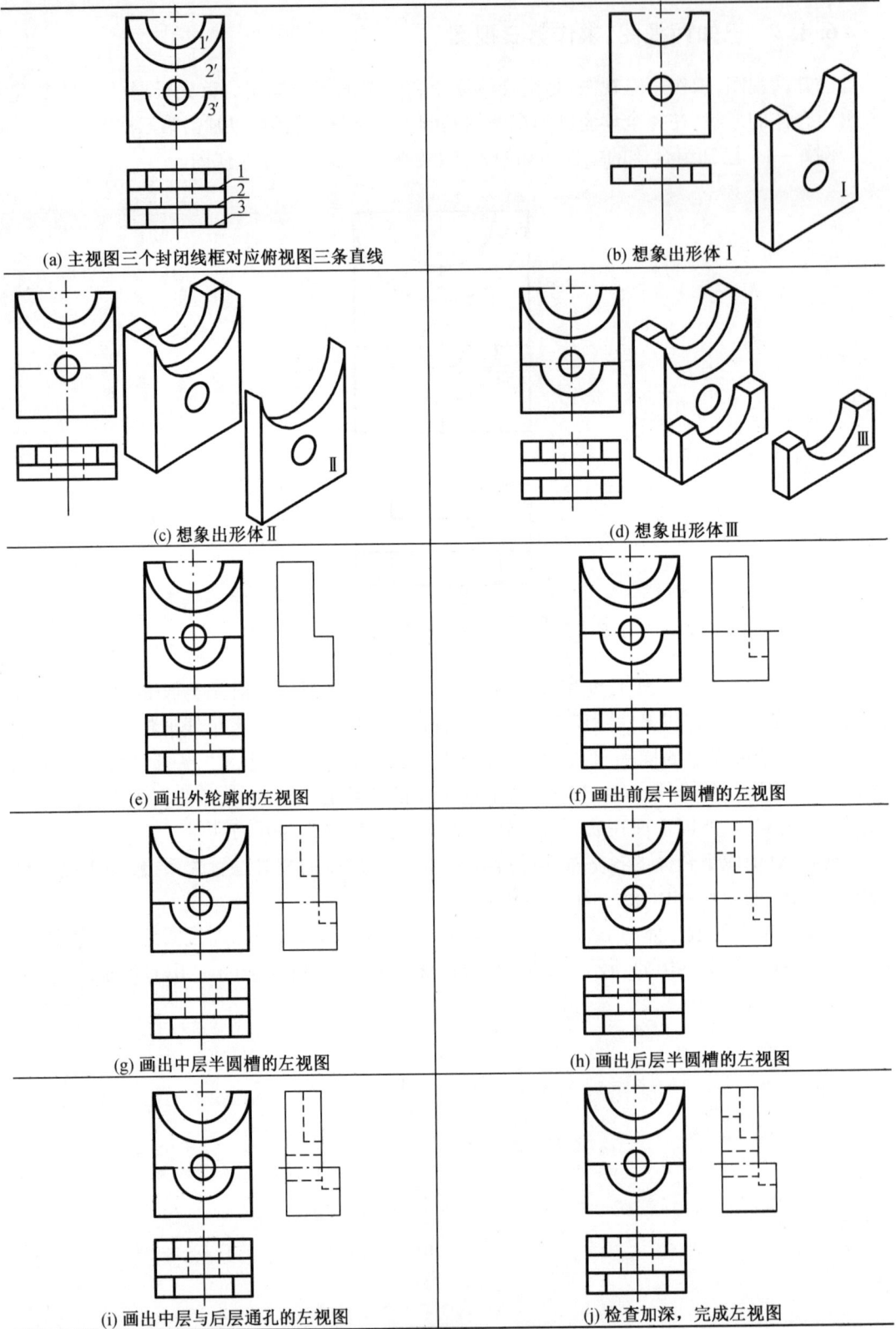

图 6－40　读懂已知视图,补画第三视图

第 7 章 轴 测 图

从前面几章的内容我们可以看出,正投影图能够正确地表达物体的形状和大小,并且作图简便,在工程实践中得到广泛的应用。但是,这种图无立体感,缺乏读图基础的人很难看懂。如果将图 7-1(a)所示的平面投影用图 7-1(b)所示的轴测投影来表达,就有了立体感,即使是缺乏读图基础的人也能看懂。但是它的缺点是不能直接反映物体的真实形状和大小,度量性差,作图也比较麻烦,一般情况只能作为一种辅助图样。

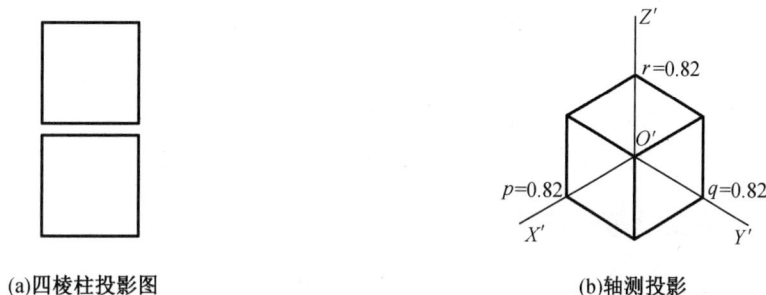

(a)四棱柱投影图

(b)轴测投影

图 7-1 正等轴测投影

7.1 轴测图的基本知识

7.1.1 轴测图的形成

将物体连同建立在其上的直角坐标系,沿不平行于任一坐标面的方向,用平行投影法将其投射在单一投影面上所得到的图形,叫作轴测图,如图 7-2 所示。得到轴测投影的投影面称为轴测投影面,如图中的投影面 P。

其中用正投影法形成的轴测图称为正轴测图;用斜投影法形成的轴测图称为斜轴测图。

7.1.2 轴测轴、轴间角及轴向伸缩系数

1. 轴测轴

三条坐标轴 OX, OY, OZ 在轴测投影面上的投影 $O'X', O'Y', O'Z'$,称为轴测轴。

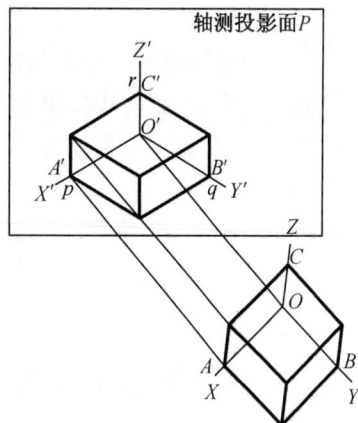

图 7-2 轴测投影的形成

2. 轴间角

轴测轴之间的夹角 $\angle X'O'Y'$, $\angle X'O'Z'$, $\angle Y'O'Z'$ 称为轴间角。

3. 轴向伸缩系数

轴测轴上某段投影长度与其实长的比称为轴向伸缩系数,通常用 p, q, r 分别代表 X, Y, Z 三个方向的轴向伸缩系数,即 $p = O'A'/OA$, $q = O'B'/OB$, $r = O'C'/OC$。

轴间角和轴向伸缩系数是绘制轴测投影必须具备的要素,对于不同类型的轴测投影,有其不同的轴间角和轴向伸缩系数。

7.1.3 轴测图的分类

按照所采用投影法的不同,轴测投影可分为正轴测投影和斜轴测投影;

根据轴向伸缩系数的不同又可以分为:

(1)正(斜)等轴测图:三个轴向伸缩系数均相等;

(2)正(斜)二轴测图:两个轴向伸缩系数相等;

(3)正(斜)三轴测图:三个轴向伸缩系数均不相等。

在工程上为了作图方便,通常采用正等轴测图和斜二轴测图。

7.1.4 轴测投影的特性

轴测投影属于平行投影,因此它具有平行投影的投影特性:

1. 平行性

物体上相互平行的线段,轴测投影仍相互平行;物体上平行于坐标轴的线段,其轴测投影与相应轴测轴保持平行。

2. 度量性

形体上与坐标轴平行的直线尺寸,在投影图中均可沿轴测轴方向测量。因此,形体上平行于坐标轴的线段的轴测投影与线段实长之比,等于相应的轴向伸缩系数。

3. 变形性

形体上与坐标轴不平行的直线,具有不同的伸缩系数,不能在轴测图上直接量取,而要先定出直线的两端点的位置,再画出该直线的轴测投影。

4. 定比性

一直线的分段比例在轴测投影中比值不变。

在轴测图中,用粗实线画出物体的可见轮廓,为了使画出的图形明显,通常不画出物体的不可见轮廓,必要时可用虚线画出。

7.2 正等轴测图

7.2.1 轴间角与轴向伸缩系数

如图 7-3(a)所示,正等轴测投影的三个轴间角相等,即 $\angle X'O'Y' = \angle X'O'Z' = \angle Y'O'Z' = 120°$,轴向伸缩系数相等,即 $p = q = r = 0.82$。为了作图简便,通常将轴向伸缩系数取为 $p = q = r = 1$。这样,沿轴向的尺寸就可以直接量取物体的实长,作图比较方便,但画出的轴测图比原投影

放大了 $1/0.82 \approx 1.22$ 倍。

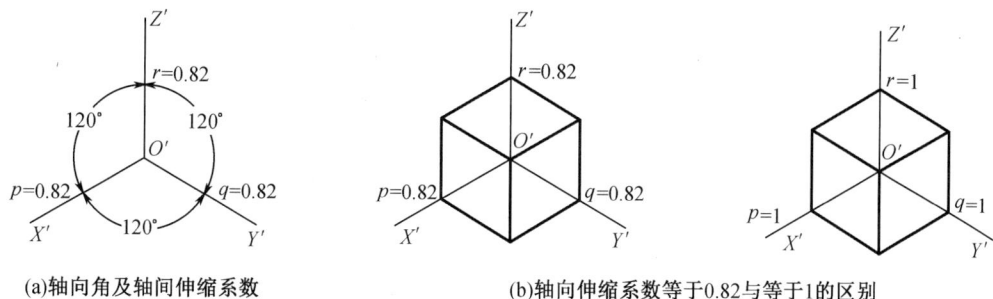

(a)轴向角及轴间伸缩系数　　　　　　(b)轴向伸缩系数等于0.82与等于1的区别

图 7 - 3　正等轴测投影

7.2.2　正等轴测图的画法

绘制正等轴测图一般采用坐标法、挖切法、叠加法,坐标法是最基本的,挖切法与叠加法都是建立在坐标法的基础之上的。

1. 坐标法

坐标法就是根据立体表面上的每个顶点的坐标,画出它们的轴测投影,然后连接相应点,从而获得轴测图的方法。

例 7 - 1　已知正六棱柱的 V,H 面投影,如图 7 - 4 所示,求作正等轴测图。

分析:如图 7 - 4 所示,正六棱柱的前后、左右对称,将坐标原点 O 定在上底面六边形的中心,以六边形的中心线为 X 轴和 Y 轴。这样可以直接作出上底面六边形的各顶点的坐标,从上底面开始作图。

作图:

(1)画出轴测轴 $O'X',O'Y'$,并在轴测轴上直接量取 $O'A' = oa$,$O'D' = od$,作出 A' 点及 D' 点,如图 7 - 5(a) 所示。

(2)作 X 轴的平行线并且平行线与 X 轴的距离为 y_b,作 Y 轴的平行线并且平行线与 Y 轴的距离为 x_b,两条平行线的交点即为点 B',然后依次可以求出 C',E',F' 点,如图 7 - 5(b) 所示。

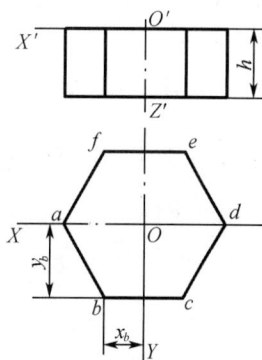

图 7 - 4　正六棱柱 V,H 面投影

(3)依次连接 A',B',C',D',E',F' 各点完成六棱柱的上底面,由上底面各点分别向下画出高度为 h 的可见棱线得到下底面各点,如图 7 - 5(c) 所示。

(4)依次连接下底面各点,擦去作图线,描深,完成六棱柱正等轴测图,如图 7 - 5(d) 所示。

2. 挖切法

挖切法是对于某些切割体,可先画出其切割前的基本体的轴测图,然后用形体分析法按形体形成的过程逐一切去多余部分从而得到轴测图的方法。

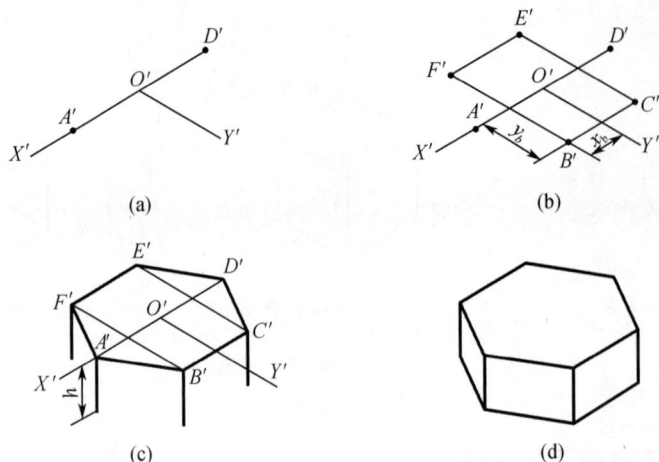

（a）

（b）

（c）

（d）

图 7 - 5　正六棱柱的正等测图

例 7 - 2　已知切割体的三视图,如图 7 - 6 所示,求作正等轴测图。

分析:该形体是一个长方体被一个正垂面切割后,在左侧又切了一个槽而形成的。

作图:

(1)画轴测轴,并绘制长为 x、宽为 y,高为 z 的长方体,如图 7 -7(a)所示。

(2)用距侧面为 x_1,水平面为 z_1 的正垂面切割长方体,如图 7 -7(b)所示。

(3)在形体左边切一个长为 x_2,宽为 y_1 的槽,如图 7 -7(c)所示。

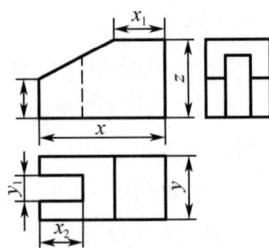

图 7 - 6　切割体三视图

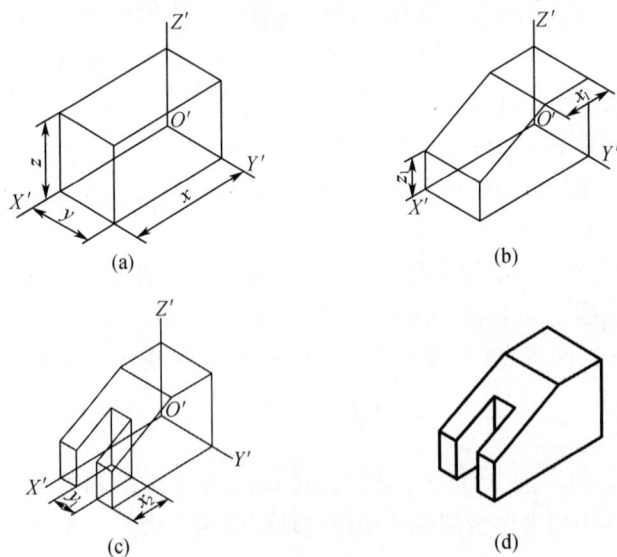

（a）

（b）

（c）

（d）

图 7 - 7　切割体正等测图

（4）擦去作图线，描深，完成形体轴测图，如图7-7（d）所示。

3. 叠加法

叠加法是利用形体分析法将组合体分解成若干个基本体，然后逐个画出基本体的轴测图，再根据基本体邻接表面间的相对位置关系擦去多余的图线而得到立体轴测图的方法。

例7-3 已知叠加体如图7-8所示的三视图，求作正等轴测图。

分析：根据图7-8可知，物体由上方带槽四棱柱和下方五棱柱两部分组成。作图时先绘制下方五棱柱的轴测图，然后再绘制上方带槽四棱柱的轴测图，两个轴测图叠加后形成物体的轴测图。

作图：

（1）根据图7-8所示形体的投影图绘制下方五棱柱的正等轴测图，如图7-9（a）所示。

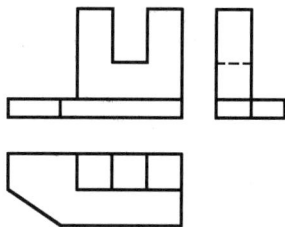

图7-8 叠加体三视图

（2）绘制上方带槽四棱柱的轴测图，如图7-9（b）所示。

（3）擦去作图线，描深，完成轴测投影图，如图7-9（c）所示。

在实际应用中，多数情况是将以上三种方法综合起来一起使用。

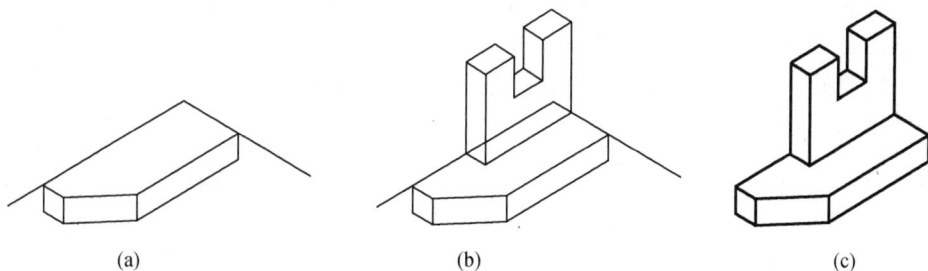

(a)	(b)	(c)

图7-9 叠加体正等测图

7.2.3 平行于坐标面的圆的正等轴测投影的画法

在平面投影中，当圆所在的平面平行于投影面时，其投影仍是圆，当圆所在平面倾斜于投影面时，其投影是椭圆。当画平行于坐标面的圆的正等测时，它的投影是一个椭圆，通常采用四心法画出。现以平行于 H 面的圆如图7-10（a）为例，说明四心法作圆的正等轴测图的画图过程，具体方法如下：

（1）过圆心在轴测轴方向 $O'X'$ 和 $O'Y'$ 截取半径长度，得到椭圆上四个点 A'，B'，C' 和 D'，并画出外切菱形如图7-10（b）所示。

（2）连接 O_2C' 和 O_2D'（或者连接 O_1A' 和 O_1B'），它们分别垂直于菱形的相应边，并且交菱形的长对角线于 O_3，O_4，如图7-10（c）所示。

（3）以 O_2 为圆心，O_2D' 为半径画圆弧 $D'C'$，以 O_1 为圆心，O_1A' 为半径画圆弧 $A'B'$，再分别以 O_3，O_4 为圆心，O_3D'，O_4C' 为半径画圆弧，得到椭圆，如图7-10（d）所示。

可用同样的方法作出正平圆和侧平圆的正等测投影。

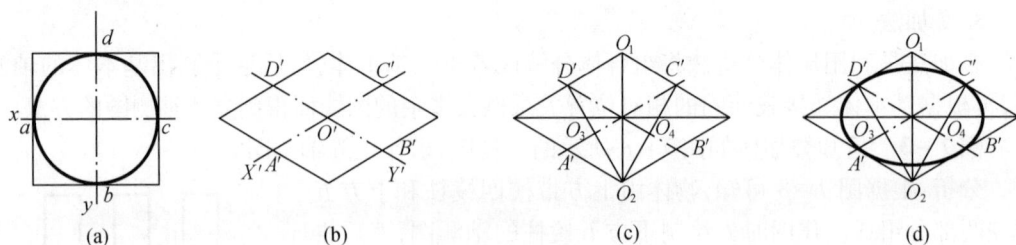

图 7 - 10　四心法作圆的正等轴测图

例 7 - 4　作如图 7 - 11 所示的圆柱正等轴测图。

分析:圆柱的上、下底面为平行于 H 面的圆,可分别用四心法作出上、下底面的正轴测图,并使两轴测图之间的距离为圆柱体的高,即可完成圆柱的正等轴测图。

作图:

(1)用四心法画出上底面的正等测,如图 7 - 12(a)所示。

(2)用四心法画下底面的正等测,并使上下两底面的正等测间的距离为圆柱体的高 h,如图 7 - 12(b)所示。

(3)作两椭圆的切线,擦去不可见的线条,完成圆柱的正等轴测图,如图 7 - 12(c)所示。

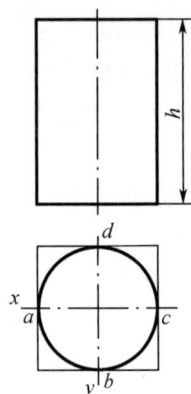

图 7 - 11　圆柱投影图

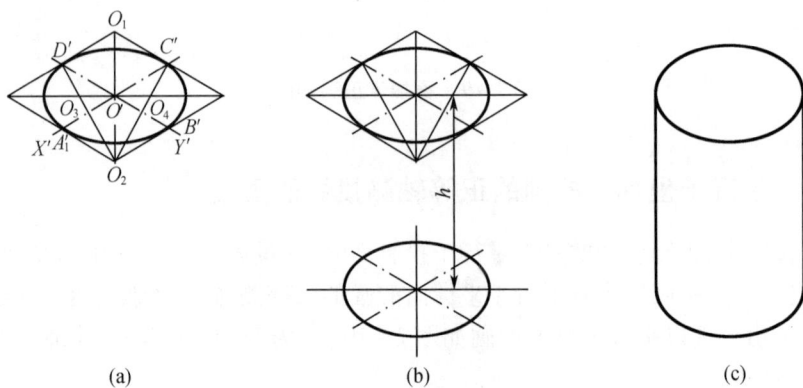

(a)　　　　　　　　(b)　　　　　　　　(c)

图 7 - 12　圆柱的正等轴测图

7.2.4　圆角的正等轴测图画法

物体上由 1/4 圆弧组成的圆角如图 7 - 13 所示,在轴测图中为 1/4 椭圆弧。

例 7 - 5　画如图 7 - 13 所示的圆角平板的正等轴测图。

分析:平行于水平面的圆角是圆的一部分,特别是常见的四分之一圆弧其正等轴测图正好是圆的正等轴测图椭圆的四段圆弧中的一段。

作图:

(1)画出平板轴测图,并根据圆角半径 R,在平板上底面相应的棱线上作出切点 $1',2',3',4'$,如图 7-14(a) 所示。

(2)过 $1',2'$ 分别作棱线的垂线,交于点 O_1,同样过 $3',4'$ 分别作棱线的垂线交于点 O_2,以 O_1 为圆心,O_11' 为半径画圆弧 $1'2'$,以 O_2 为圆心,O_23' 为半径画圆弧 $3'4'$,如图 7-14(b)所示。

(3)将圆心 O_1,O_2 向下平移板的厚度 z,再用与上底面画圆弧的方法画出下底面的圆弧,如图 7-14(c) 所示。

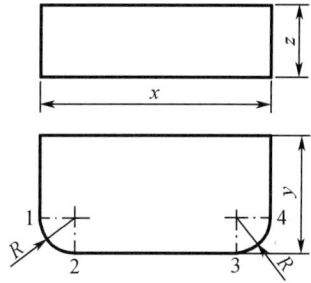

图 7-13 圆角板投影图

(4)作上下圆弧的公切线,擦去作图线,描深完成圆角板的正等轴测图,如图 7-14(d)所示。

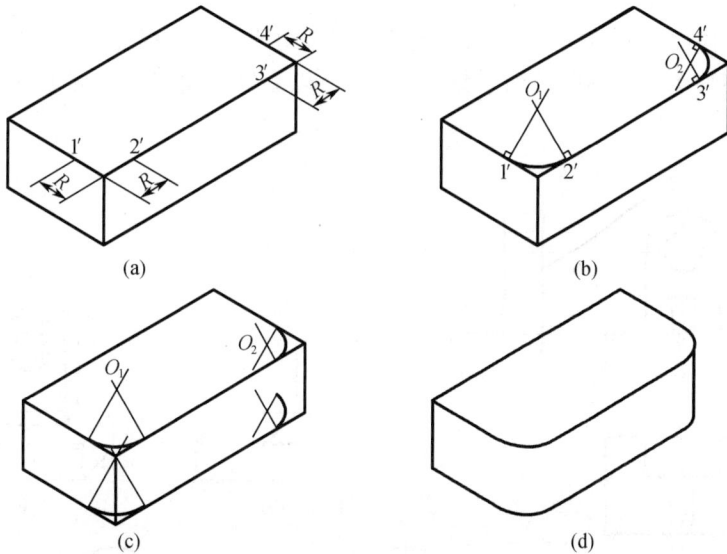

图 7-14 圆角板正等轴测图

7.3 斜二等轴测图

7.3.1 轴间角及轴向伸缩系数

当投射方向倾斜于轴测投影面时所得的投影图,称为斜轴测图。以与 XOZ 相平行的平面作为轴测投影面,所得到的斜轴测投影为正面斜二等轴测图,简称斜二等轴测图。

不管投射方向如何倾斜,XOZ 面始终平行于轴测投影面,所以 XOZ 面内图形始终反映其实形,也就是轴间角 $\angle X'O'Z' = 90°$,轴向伸缩系数 $p = r = 1$,为了作图方便,斜二等轴测投影将 $O'Y'$ 轴测轴与水平方向成 $45°$,轴向伸缩系数 $q = 0.5$,如图 7-15 所示,为两种常用的斜二等轴测投影轴间角及轴向伸缩系数。

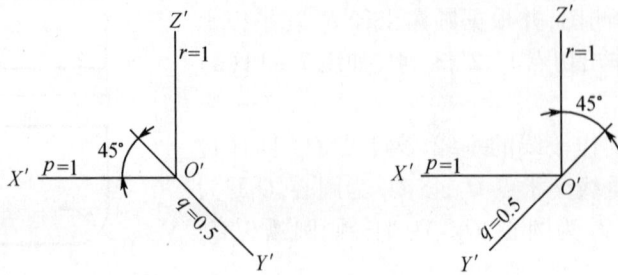

图 7 – 15   斜二等轴测投影轴间角及轴向伸缩系数

7.3.2   斜二等轴测图的画法

例 7 – 6   作如图 7 – 16(a)所示的组合体的斜二等轴测图。

分析：该形体由长方体底板、半圆竖板及梯形板组成。适合用叠加法画图。

注意：轴测轴 Y 轴的轴向伸缩系数 $q = 0.5$，所以立体在斜二测投影上的宽度为实际宽度的 1/2。

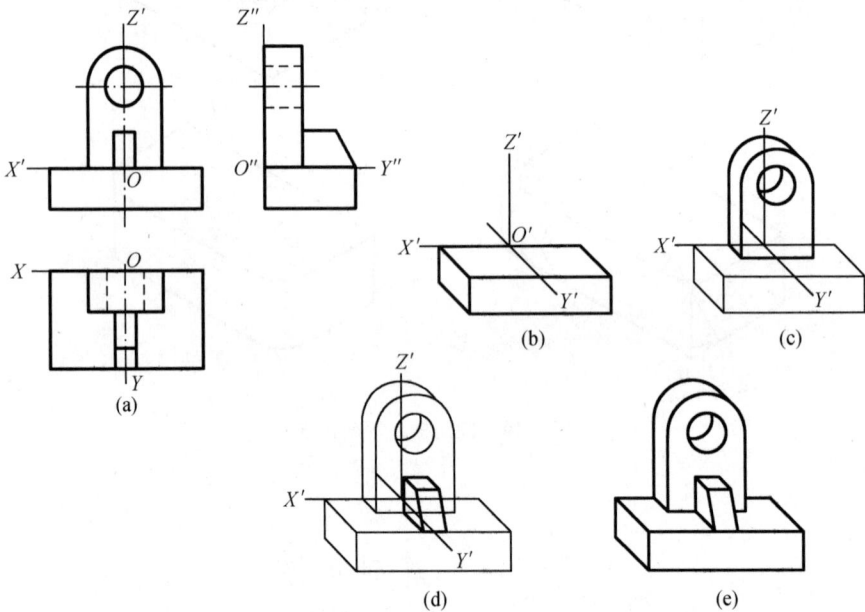

图 7 – 16   组合体正面斜二测投影

作图：

（1）在正投影面上确定坐标轴，如图 7 – 16（a）所示。

（2）画出斜二测的轴测轴，并用坐标法画出底板的斜二测投影，如图 7 – 16（b）所示。

（3）在轴测图中相对应的位置处画出半圆竖板的斜二测投影，如图 7 – 16（c）所示。

（4）画出梯形板的轴测投影，如图 7 – 16（d）所示。

（5）擦去画图线，加深，完成斜二测投影，如图 7 – 16（e）所示。

根据例 7 – 6 所示的作图过程可以看出，斜二测投影比正等测投影作图更为简便一些，尤其是在正面投影中有圆或者圆弧的图形，在斜二测中图形的正面投影是保持不变的，而在正等测中需要将圆绘制成椭圆。

7.4 轴测剖视图

为了表达机件内部的结构和形状，有时可以采用轴测剖视图来表达。

7.4.1 轴测剖视图的画法

不论机件是否对称，常用两个相互垂直的剖切平面，沿两个坐标面方向将机件剖开。其画法有两种（以画圆筒正等轴测图为例）。

1. 先画外形后剖切

（1）确定坐标轴的位置，如图 7 – 17（a）所示。

（2）画圆筒的轴测图，如图 7 – 17（b）所示。

（3）用两个相互垂直的剖切平面沿坐标面 $X'O'Z'$ 和 $Y'O'Z'$ 剖切，画出断面的形状和剖切后内形可见部分的投影，如图 7 – 17（c）所示。

（4）擦掉多余的线，加深并画剖面线，如图 7 – 17（d）所示。

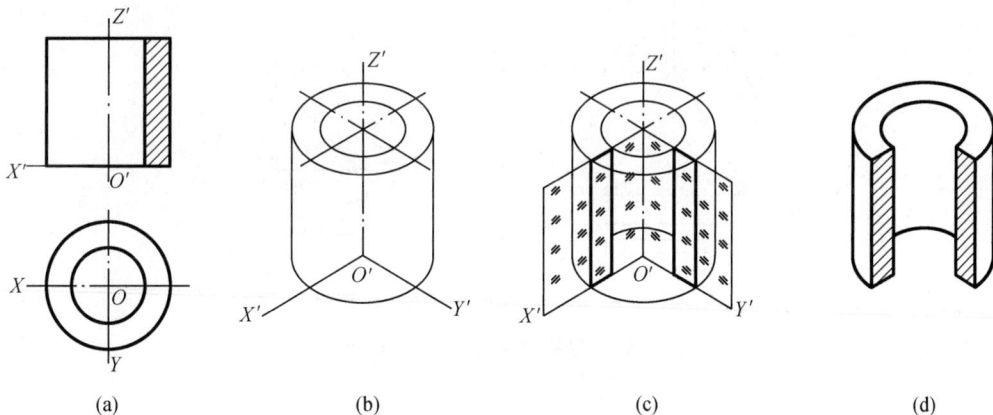

| (a) | (b) | (c) | (d) |

图 7 – 17 圆筒的轴测剖视图画法（一）

2. 先画断面后画外形

（1）确定坐标轴的位置，如图 7 – 18（a）所示。

(2)画出断面的形状,如图 7 – 18(b)所示。

(3)画出剖切平面后面可见部分的投影,如图 7 – 18(c)所示。

(4)擦掉多余的线,并加深,如图 7 – 18(d)所示。

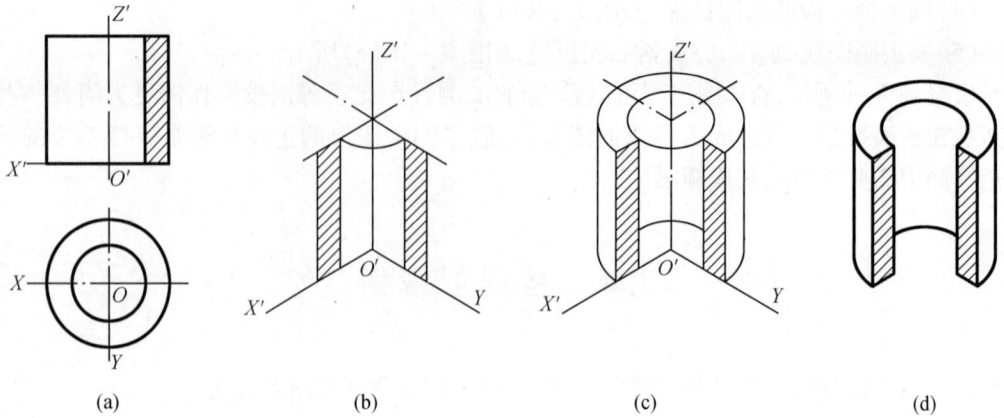

图 7 – 18　圆筒的轴测剖视图画法(二)

7.4.2　轴测剖视图剖面符号的画法

一般情况下,多面正投影图上剖面线的方向与剖面区域的主要轮廓线或轴线成 45°夹角,即剖面线与两相关轴的截距相等。在轴测图上这种关系保持不变。

图 7 – 19(a)和图 7 – 19(b)分别为正等轴测图和斜二等轴测图上平行于各坐标面的断面的剖面线的画法。

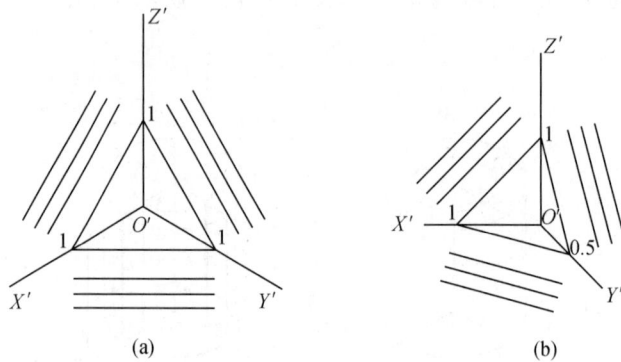

图 7 – 19　常用轴测图上剖面线的画法

表示零件中间折断或局部断裂时,断裂处的边界线应画波浪线,并在可见断裂面内加画细点以代替剖面线如图 7 – 20 所示。

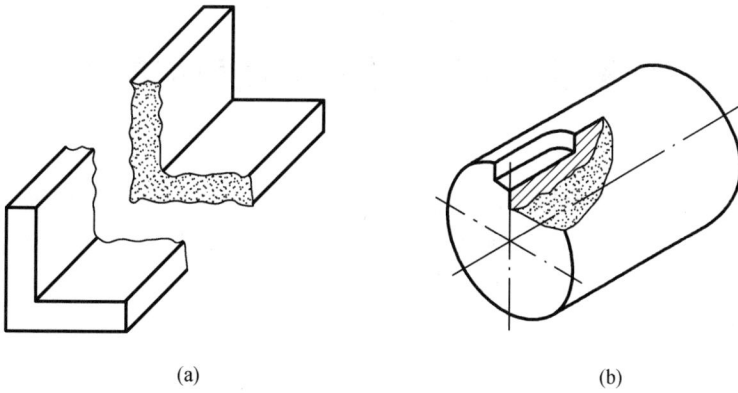

(a)　　　　　　　　　　　　(b)

图 7 - 20　零件中间折断或局部断裂画法

　　剖切平面通过零件的肋板或薄壁等结构的纵向对称平面时,这些结构不画剖面符号,而用粗实线将它与邻接部分分开如图 7 - 21(a)所示;在图中表现不够清晰时,也可以在肋板或薄壁部位用细点表示被剖切部分如图 7 - 21(b)所示。

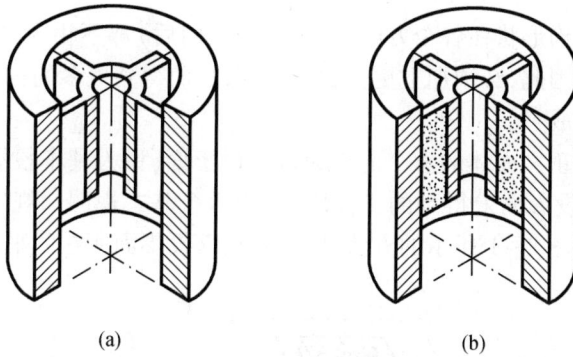

(a)　　　　　　　　　　　　(b)

图 7 - 21　纵向剖切画法

第8章 机件图样的表达方法

为使制图简便、图样清晰易懂,国家标准 GB/T 17450—1998《技术制图 图线》规定了表达机件的各种方法。本章将分别介绍视图、剖视图、剖面图、局部放大图、规定画法及简化画法等。

8.1 视 图

根据有关标准和规定,用多面正投影法所绘制出机件的图形称为视图。

视图主要用于表达机件的外部结构和形状。一般只画出机件的可见部分,必要时可用虚线表达其不可见部分。视图的种类有基本视图、向视图、局部视图和斜视图。

8.1.1 基本视图

当机件的外部结构形状在各个方向(上下、左右、前后)都不相同时,三视图往往不能清晰地把它表达出来。因此,必须加上更多的投影面,从而得到更多的视图。

1. 基本视图的形成

标准中规定采用正六面体的六个面作为六个投影面,称为基本投影面。将机件置于六面体中间,分别在各投影面上得到的正投影,称为六个基本视图。规定:正立投影面不动,其余各基本投影面按图 8 - 1 所示的方法,展开到正立投影面所在的平面上。

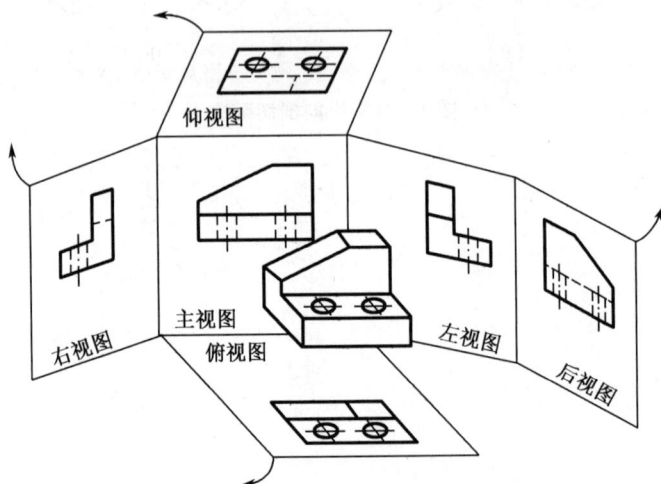

图 8 - 1 六个基本投影面的展开

六个基本视图的名称、投射方向及配置位置规定为:主视图——自前向后投射,以它为中心配置其余视图;俯视图——自上向下投射,配置在主视图下方;左视图——自左向右投射,配置在主视图右方;右视图——自右向左投射,配置在主视图左方;仰视图——自下向上投射,配置在主视图上方;后视图——自后向前投射,配置在左视图右方,如图 8－2 所示,此时可不标注视图名称。

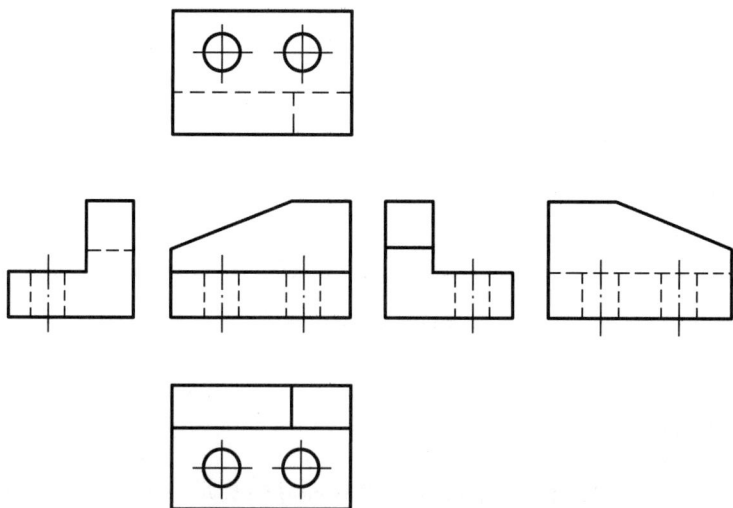

图 8－2　六个基本视图的配置

2. 投影规律

(1)度量对应关系:遵守"三等"规律,即主、俯、后、仰四个视图长对正;主、左、后、右四个视图高平齐;俯、左、仰、右四个视图宽相等。

(2)方位对应关系:除后视图外,其余各视图靠近主视图的一边是机件的后面,远离主视图的一边是机件的前面。

3. 注意事项

在实际画图时并不是任何机件都要用六个基本视图来表达。应根据机件的结构特点,在完整、清晰地表示机件形状的前提下,合理确定主视图、选用必要的基本视图,使视图数量尽量少,并尽可能避免出现不可见轮廓线。

8.1.2　向视图

在实际画图过程中,为了合理地利用图纸,基本视图的位置可以自由配置,这种视图称为向视图。

1. 标注方法

向视图的标注方法如图 8－3 所示,在向视图的上方标注"×"("×"为大写拉丁字母),在相应视图的附近用箭头指明投射方向,并标注相同的字母。

2. 注意事项

(1)向视图是基本视图的另一种表现形式,它们的主要差别在于视图的位置发生了变化。所以,在向视图中表示投射方向的箭头应尽可能使所获视图与基本视图相一致。

(2)表示投射方向的箭头尽可能配置在主视图上,只是表示后视投射方向的箭头才配置在其他视图上,如图 8－3 所示的 C 向视图。

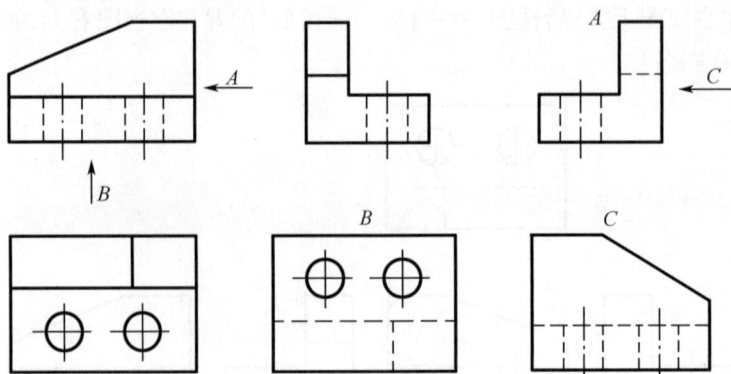

图 8-3 向视图

8.1.3 局部视图

当采用一定数量的基本视图后,机件上仍有部分结构形状尚未表达清楚,而又没有必要再画出完整的基本视图时,可采用局部视图的表达方式。

将机件的某一部分向基本投影面投射所得的视图,称为局部视图。

1. 表达方法

(1)局部视图的断裂边界应以波浪线(如图 8-4 所示的 A 向局部视图)或双折线表示(见图 8-5)。

(2)当表示的局部结构外形轮廓线呈完整封闭图形时,可省略波浪线或双折线,如图 8-4 的 B 向局部视图。

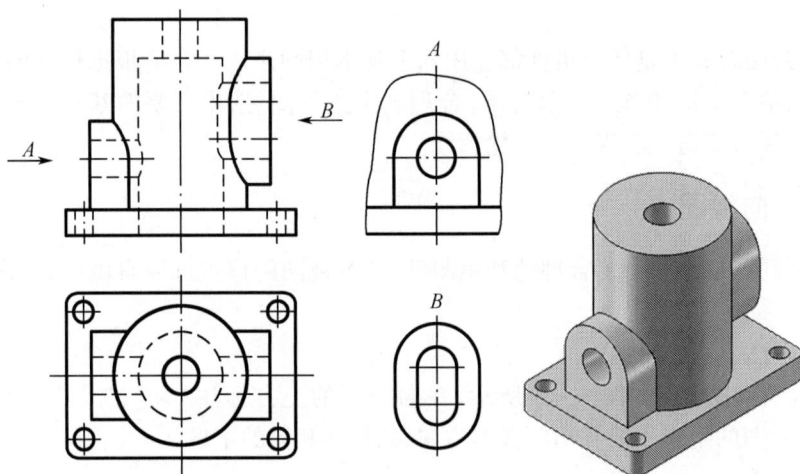

图 8-4 按向视图配置的断裂边界以波浪线表示的局部视图

(3)对称机件的视图可只画一半或四分之一,并在对称中心线的两端画出两条与其垂直的平行细实线,如图 8-6 所示。

2. 配置与标注

局部视图可按基本视图配置,也可按向视图配置。

(1)按基本视图配置。若中间没有其他图形隔开,这时可省略标注,如图 8-5 所示。

(2)按向视图配置。应在局部视图的上方用大写的拉丁字母标出视图的名称,同时在相应的视图附近用箭头指明投射方向,并标注相同的字母,如图 8-4 所示。

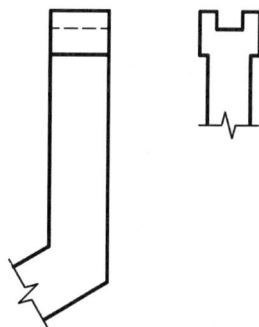

图 8-5　按基本视图配置的断裂边界以双折线表示的局部视图

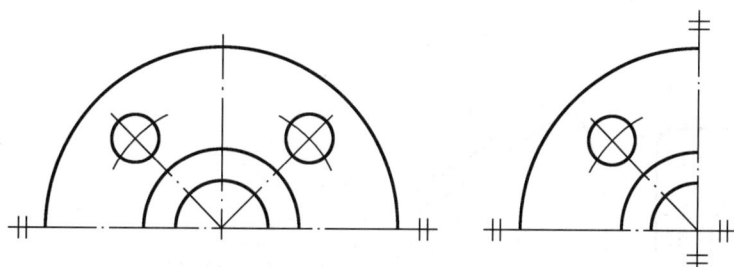

图 8-6　对称机件的局部视图

8.1.4　斜视图

当机件上某部分的结构是倾斜的,且不平行于任何基本投影面,在基本视图上不能反映该部分的实形时,可采用斜视图的表达方式。

机件向不平行于基本投影面的平面投射所得的视图,称为斜视图。

1. 形成

斜视图的形成如图 8-7 所示,可概括为以下三个步骤:

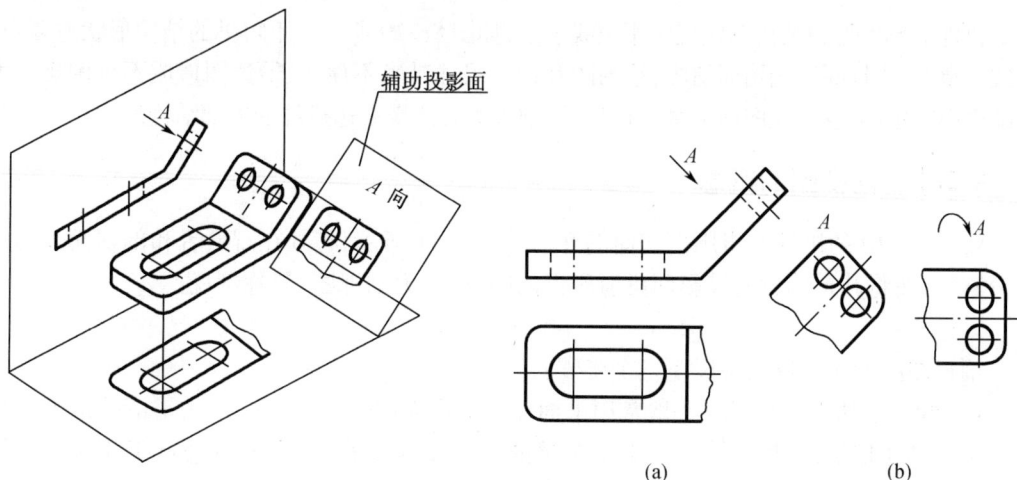

(a)　　　　　　　　　　(b)

图 8-7　斜视图的形成

(1)选择一个与机件倾斜部分平行,且垂直于一个基本投影面的辅助投影面;

(2)将机件的倾斜部分向辅助投影面投射;

(3)将辅助投影面按投射方向旋转到与其垂直的基本投影面上。

2. 表达方法

(1)斜视图只反映机件倾斜部分的实形,因此原来平行于基本投影面的一些结构可省略不画。

(2)斜视图的断裂边界用波浪线或双折线表示。

3. 配置与标注

(1)斜视图通常按向视图配置并标注,如图 8 – 7(a)所示。

(2)必要时允许将斜视图旋转配置并标注。表示该视图名称的大写拉丁字母应靠近旋转符号的箭头端(见图 8 – 7(b)),也允许将旋转角度标注在字母之后(见图 8 – 8),旋转符号的方向应与实际旋转方向一致。旋转符号的画法如图 8 – 9 所示。

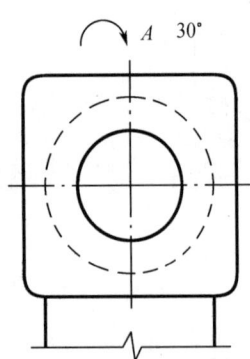

图 8 – 8　斜视图旋转角度标注

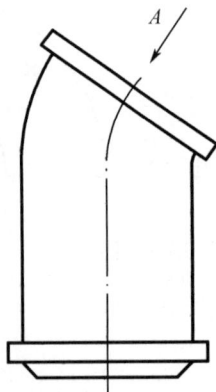

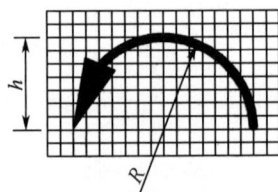

$h=$符号与字体高度
$R=h$
符号笔画宽度$=h/10$ 或 $h/14$

图 8 – 9　旋转符号的画法

8.2 剖 视 图

机件上不可见的结构形状规定用虚线表示,如图 8 – 10 所示。不可见的结构形状愈复杂,虚线就愈多,这样既影响图面清晰,给画图和标注尺寸带来不便,又给读图造成不少困难。为了减少视图中的虚线,使图面清晰,可以采用剖视的方法来表达机件的内部结构形状。

8.2.1 剖视图的概念

将图 8 – 10 的机件假想用剖切面剖开,如图 8 – 11 所示,将处在观察者和剖切面之间的部分移去,而将其余部分向投影面投射所得的图形,称为剖视图,简称剖视。

1. 形成

剖视图的形成可概括为以下三个步骤:

(1)确定剖切面的位置。一般常用平面作为剖切面(也可用柱面)。为了清晰地表达机件内部的真实形状,避免剖切后产生不完整的结构要素,剖切平面通常平行于相应的投影面,且通过机件上孔、槽的轴线或对称平面,如图 8 – 11(a)所示。

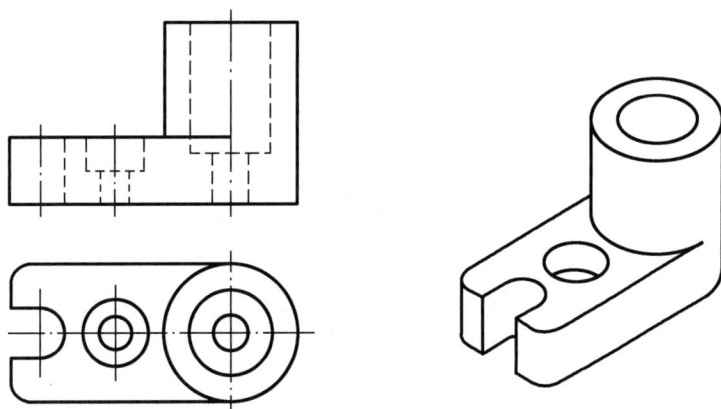

图 8 – 10　未剖开的机件

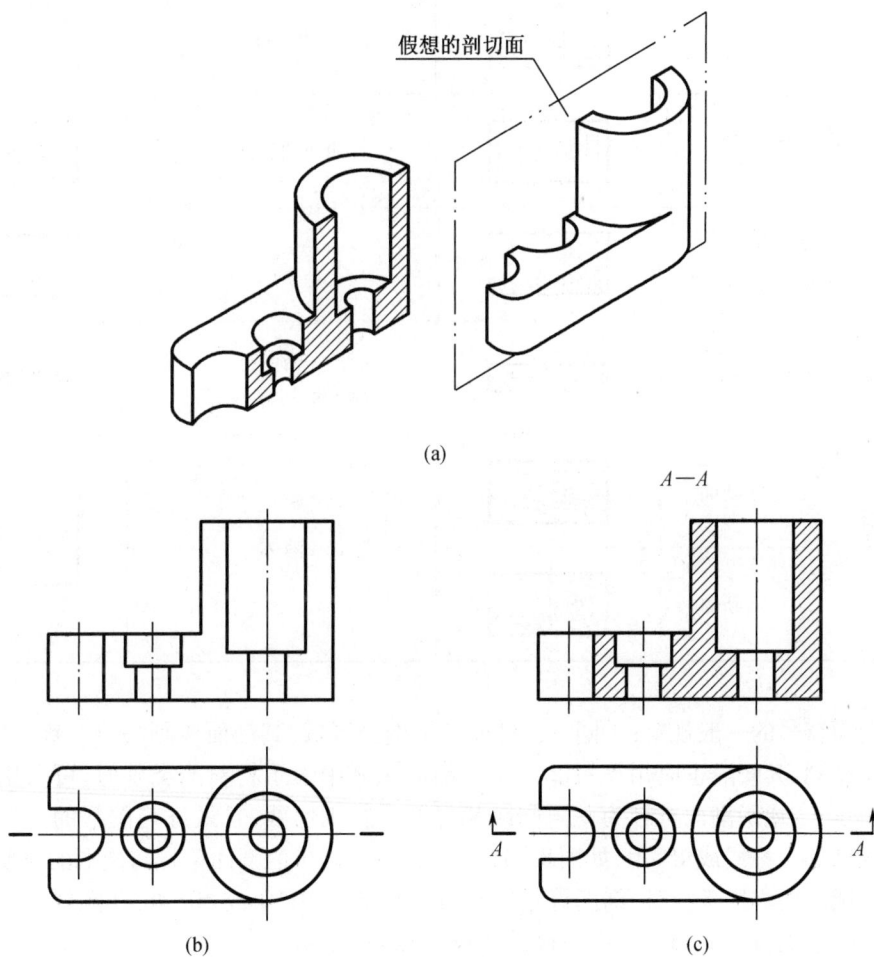

假想的剖切面

(a)

A—A

(b)

(c)

图 8 – 11　剖视图的形成

(2)画剖视图。剖切面剖切到的机件断面轮廓和机件后面的可见轮廓线,都用粗实线画出,如图 8 – 11(b)所示。

(3)画剖面符号。应在剖切面切到的断面轮廓内画出剖面符号,如图 8 – 11(c)所示。剖面符号一般与机件的材料有关,如表 8 – 1 所示。

表 8 –1　剖面符号

材料名称	剖面符号	材料名称	剖面符号
金属材料 通用剖面符号	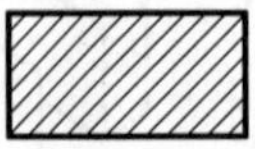	玻璃及供观察用的 其他透明材料	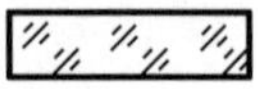
塑料、橡胶、油毡等非金属 材料(已有规定剖面符号除外)	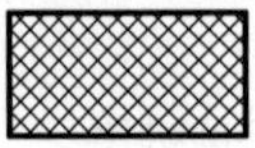	基础周围的泥土	
绕圈绕组元件	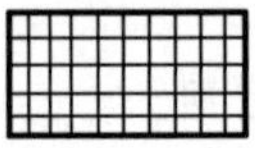	混凝土	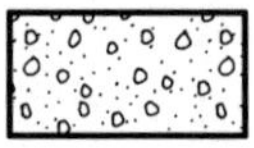
转子、电枢、变压器和 电抗器等叠钢片	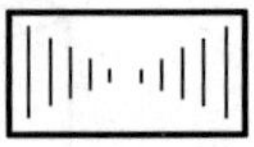	钢筋混凝土	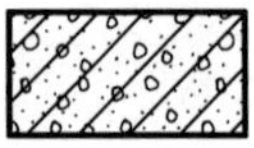
型砂、填砂、砂轮、粉末冶金、 陶瓷刀片、硬质合金刀片等	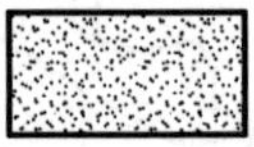	砖	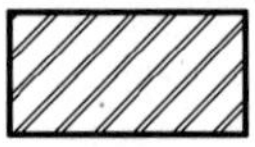
木质胶合板(不分层数)		格网 (筛网、过滤网等)	
木材	 纵断面	液体	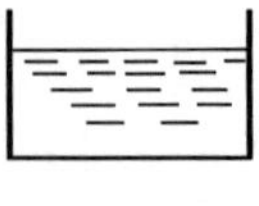
	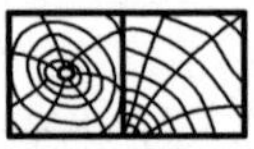 横断面		

画剖面符号的一般规定:①同一机件的各个剖面区域,其剖面线画法应一致(即剖面线的方向应相同,其间隔也应相等);②不需在剖面区域中表示材料的类别时,可采用通用剖面符号表示;③通用剖面符号为一组间距相等的平行细实线,且最好与图形的主要轮廓线或剖面区域的对称线成45°角,如图 8 – 12(a)所示;当画出的剖面符号与图形的主要轮廓线或剖面区域的对称线平行时,剖面符号应改为与水平成30°角或60°角,其倾斜方向应与其他视图上的剖面符号的倾斜方向一致,如图 8 – 12(b)所示。

2. 标注

标注的目的是帮助读图的人判断剖切位置和剖切后的投射方向,便于找出各视图间的对应关系。一般需标注下列内容:

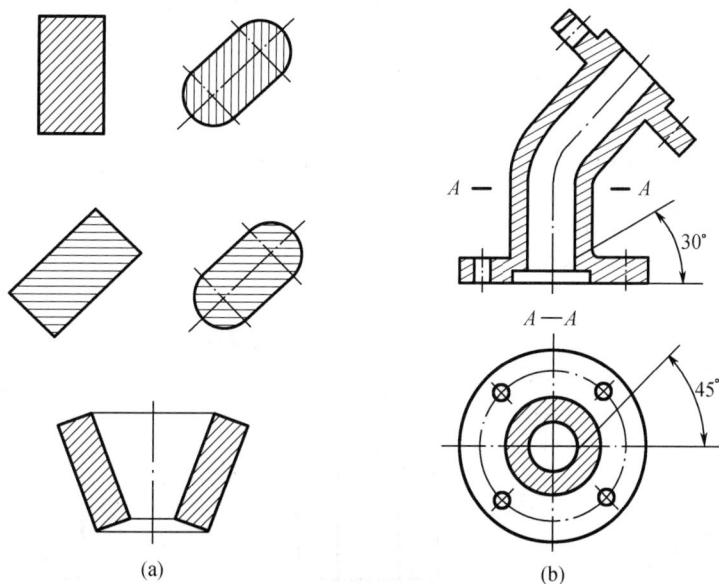

图 8-12　通用剖面符号的规定

（1）剖视图名称。在剖视图上方用大写拉丁字母标出剖视图的名称"×—×"，如图 8-11（c）所示。

（2）剖切符号。在相应的视图上用剖切符号表示剖切面起、止和转折位置及投射方向，并标注相同的字母，如图 8-12（a）所示。

用粗短线表示剖切面起、止和转折位置，且尽可能不要与图形的轮廓线相交；用箭头表示投射方向，并与剖切符号垂直。

（3）剖切线。用细点画线表示剖切面的位置，通常省略不画，如图 8-13（b）所示。

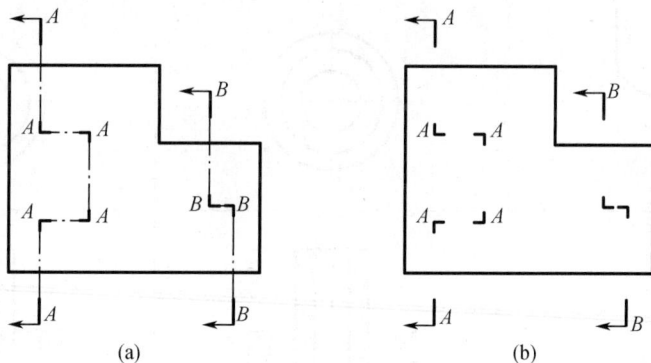

图 8-13　剖视图的标注

下列情况标注可省略：

（1）剖视图一般按基本视图关系配置，但也可以配置在图纸的其他位置。当剖视图按基本视图关系配置，且中间没有其他图形隔开时，可省略箭头。例如，图 8-12（b）所示的 A—A 剖视图，在相应的主视图上剖切符号仅用粗短线注出了剖切面的起、止位置，而没有注出表示投射方向的箭头。

(2)当单一剖切平面通过机件的对称平面或基本对称平面,且剖视图按基本视图关系配置时,可以不加标注。例如,图8-12(b)所示的主剖视图则省略了剖视图的名称,在相应的俯视图上也没有注出剖切符号。

3.注意事项

(1)剖视图是假想把机件剖切后画出的投影,因此除剖视图外,其他视图应按完整的机件画出,如图8-11(c)所示。

(2)剖切面后的可见轮廓线应全部画出,不应遗漏,如表8-2所示。

表8-2 剖切面后的可见轮廓线画法示例

立体图	错误画法	正确画法
	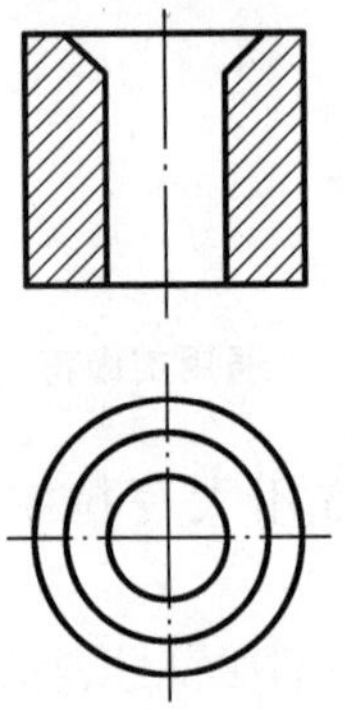	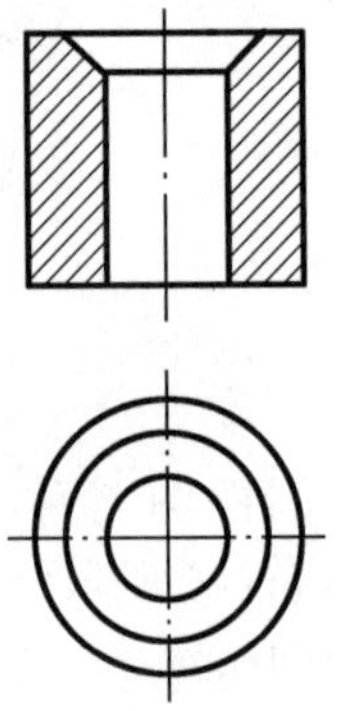
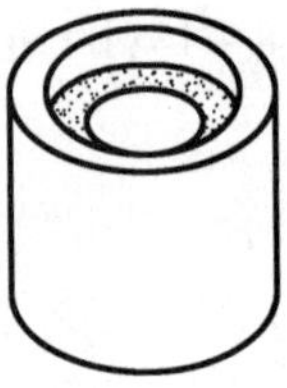	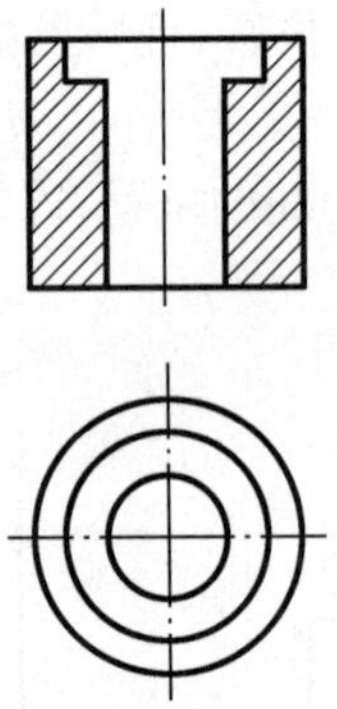	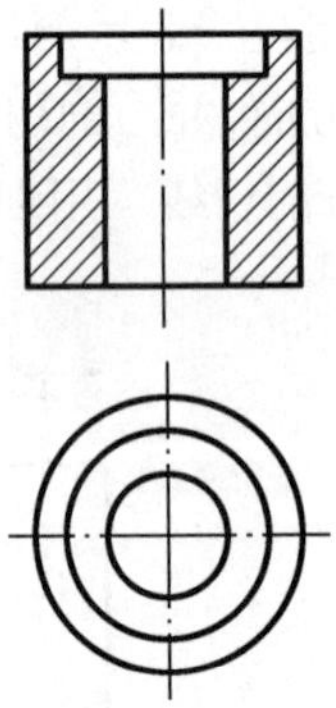
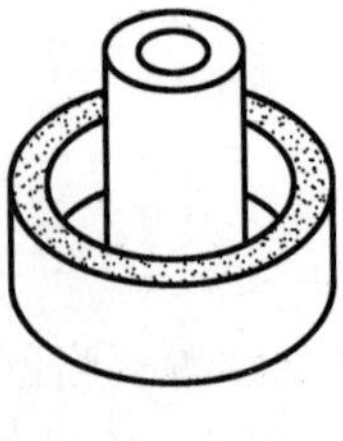	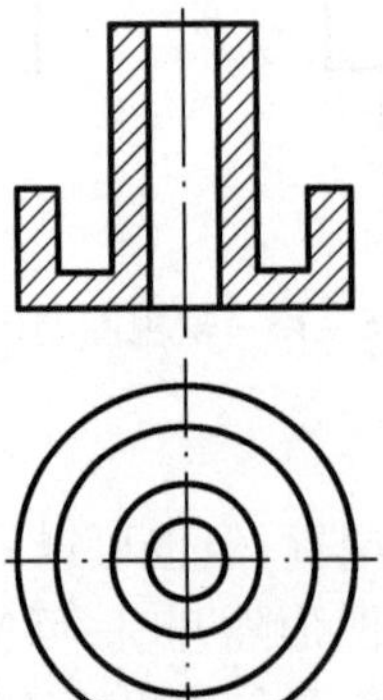	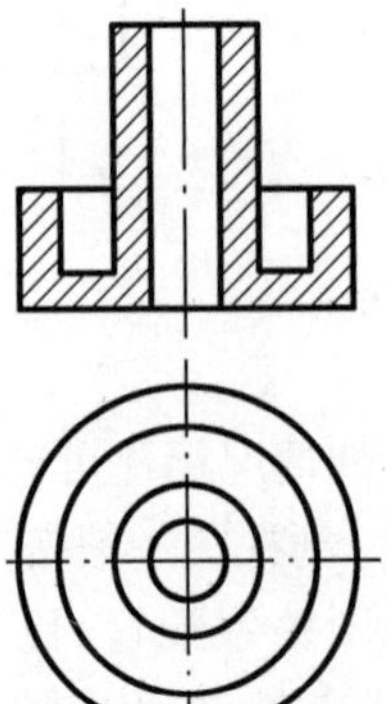

（3）为了使剖视图清晰，凡是其他视图上已经表达清楚的结构形状，其虚线省略不画，如图 8－14 所示。只有在不影响图形清晰的条件下，又可减少视图数量时，允许画少量虚线，如图 8－15 所示相互垂直的两条虚线应画出。

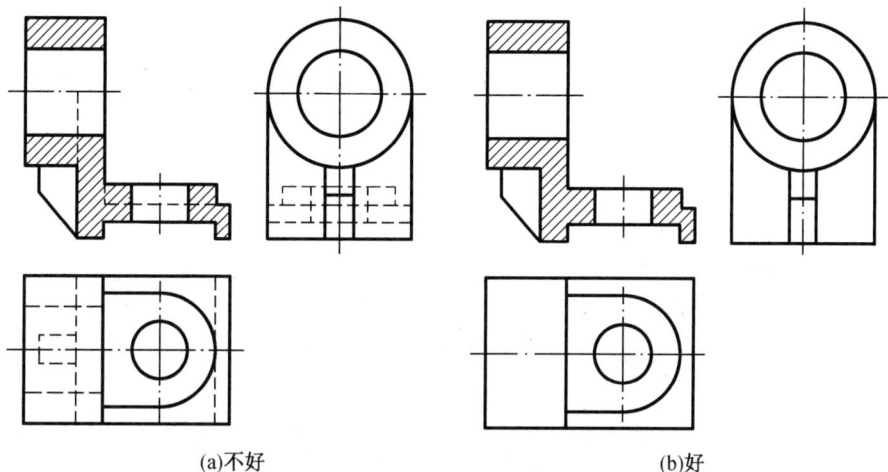

(a)不好   (b)好

图 8－14 不应画虚线的剖视图

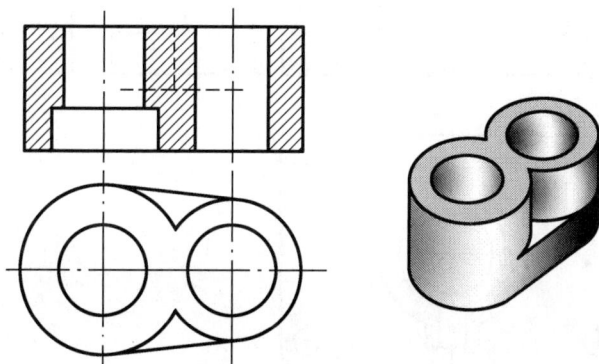

图 8－15 剖视图中画少量虚线以减少视图数量

8.2.2 剖视图的种类

按剖切范围的大小，剖视图可分为全剖视图、半剖视图和局部剖视图三类。

1. 全剖视图

用剖切面完全地剖开机件后所得的剖视图，称为全剖视图，如图 8－11（c）、图 8－12（b）、图 8－14 和图 8－15 所示均为全剖视图。

主要用于表达外部形状简单、内部形状比较复杂的不对称机件或不需表达外形的对称机件。

2. 半剖视图

当机件具有对称平面时，向垂直于对称平面的投影面上投射所得的图形，以对称中心线为界，一半画成视图（以表达外部结构形状），另一半画成剖视图（以表达内部结构形状），这样得到的图形称为半剖视图。

半剖视图主要用于内、外形状都需要表达的对称机件,如图 8 – 16 所示的机件左、右对称,前、后对称,因此主视图、俯视图和左视图均可以画成半剖视图。若机件的结构形状近于对称,且不对称部分已在其他视图中表达清楚,也可采用半剖视图,如图 8 – 17 所示。

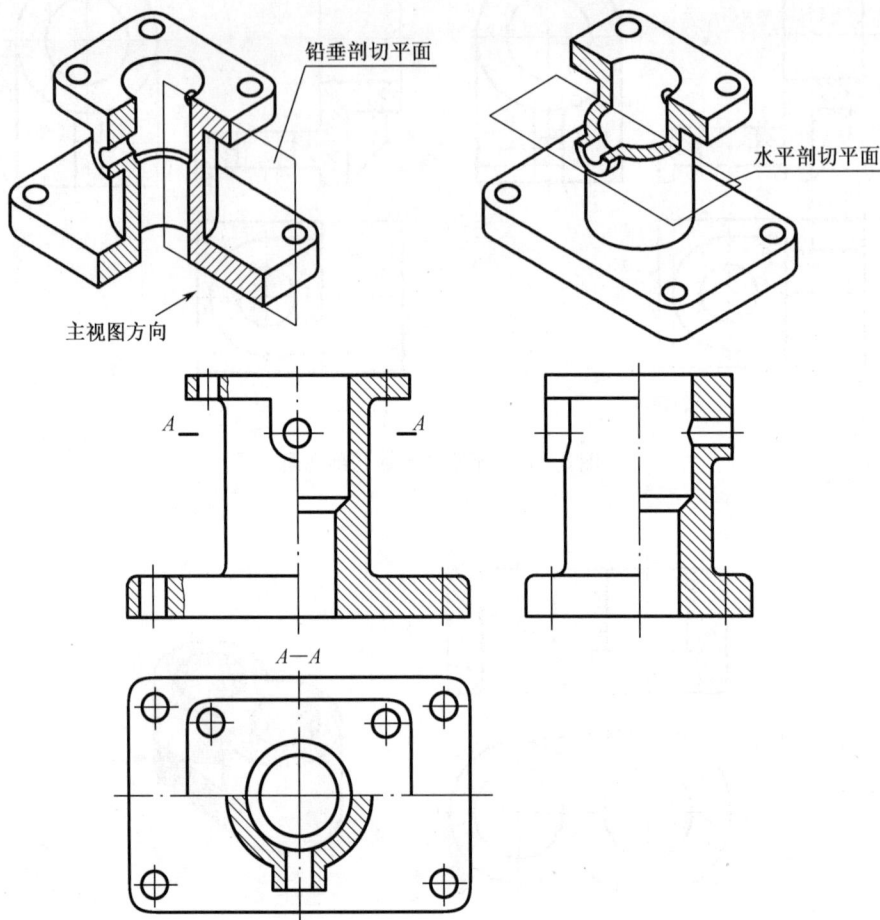

图 8 – 16　半剖视图表示形状对称的机件

画半剖视图时应注意的问题:

(1)在半剖视图中已表达清楚的内部结构,在不剖的半个视图上,表示该部分结构的虚线应省略,如图 8 – 17 所示;

(2)半剖视图与半个视图的分界线为点画线,切忌画成粗实线;

(3)半剖视图中剖视部分的位置通常按以下原则配置:主视图和左视图位于对称线右侧,俯视图位于对称线下方,如图 8 – 16 所示。

3.局部剖视图

用剖切面局部地剖开机件所得的剖视图,称为局部剖视图。

局部剖视图存在一个被剖部分与未剖部分的分界线,用波浪线(见图 8 – 18(a))或双折线(见图 8 – 18(b))进行表示。

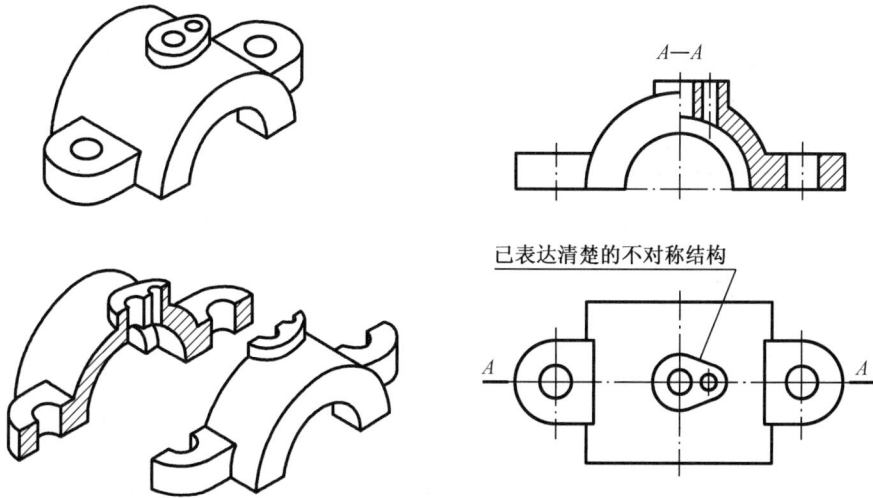

图 8 - 17　半剖视图表示形状基本对称的机件

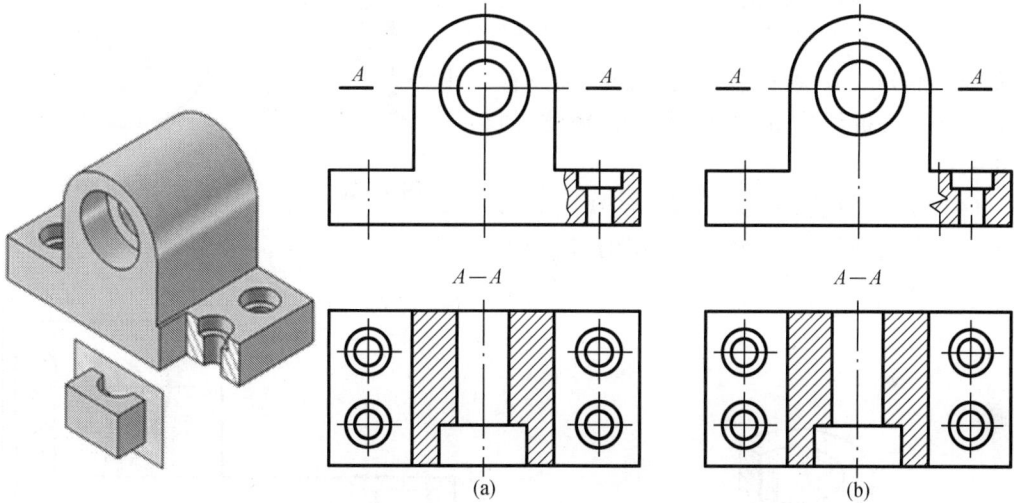

图 8 - 18　局部剖视图分界线的表示方法

　　局部剖视图是一种比较灵活的表达方法,不受图形是否对称的限制,其剖切位置和剖切范围可视需要决定。运用恰当可使表达重点突出、简明清晰。通常用于下列几种情况:

　　(1)机件只有局部的内部结构形状需要表达,此时不必画成全剖视图,如图 8 - 18 所示。

　　(2)实心杆件(如轴、杆、手柄等)上有孔、槽等内部结构需剖开表达时,应采用局部剖视图,如图 8 - 19 所示。

　　(3)当对称机件的中心线与轮廓线重合时,不宜采用半剖视图,而应采用局部剖视图,如图 8 - 20 所示。

　　(4)当不对称机件的内、外部形状都需要表达时,常采用局部剖视图,如图 8 - 21 所示。

　　画局部剖视图时应注意的问题:

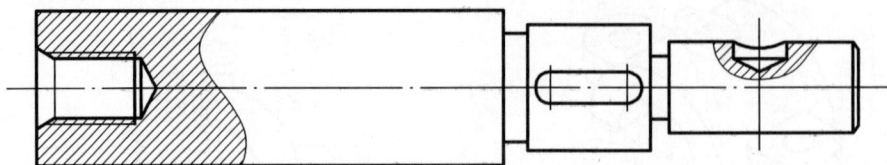

图 8－19　局部剖视图表示实心杆件上的孔或槽

（1）表示剖切范围的波浪线或双折线不应与其他图线重合或用其他图线代替（见图 8－22(a)），也不应画在它们的延长线位置上（见图 8－22(b)）。

（2）当剖切结构为回转体时，允许将该结构的轴线作为局部剖视与视图的分界线，如图 8－23 所示。

（3）如遇孔或槽，波浪线不应穿空而过（应断开），也不应超出视图的轮廓线；当用双折线表示被剖部分与未剖部分的分界线时，则没有此限制，且双折线应超出视图的轮廓线，如图 8－24 所示。

（4）在一个视图中，采用局部剖视图的部位不宜过多，否则会显得零乱，影响图形清晰。

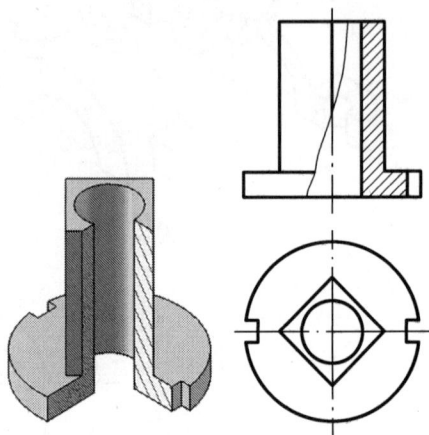

图 8－20　局部剖视图表示对称机件

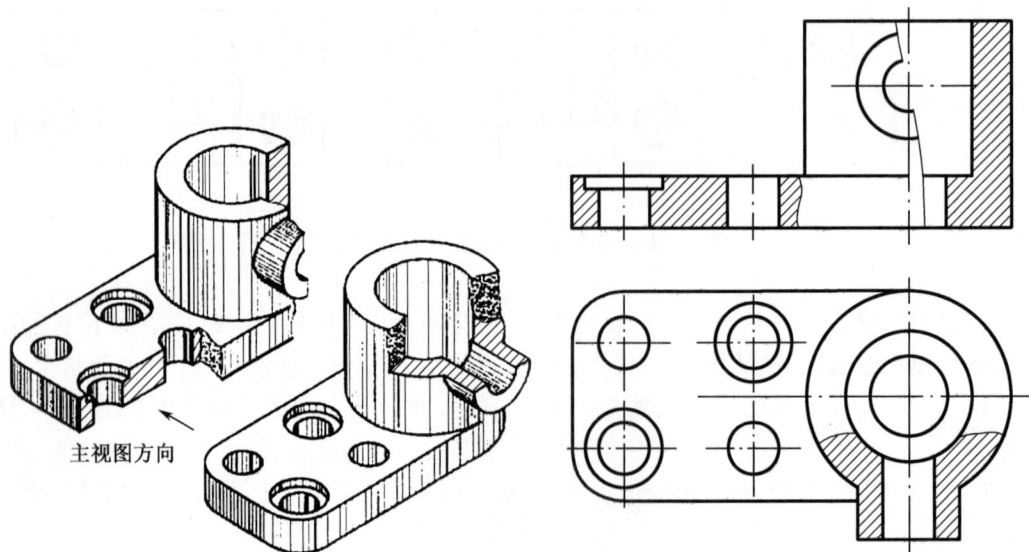

主视图方向

图 8－21　局部剖视图表示不对称机件

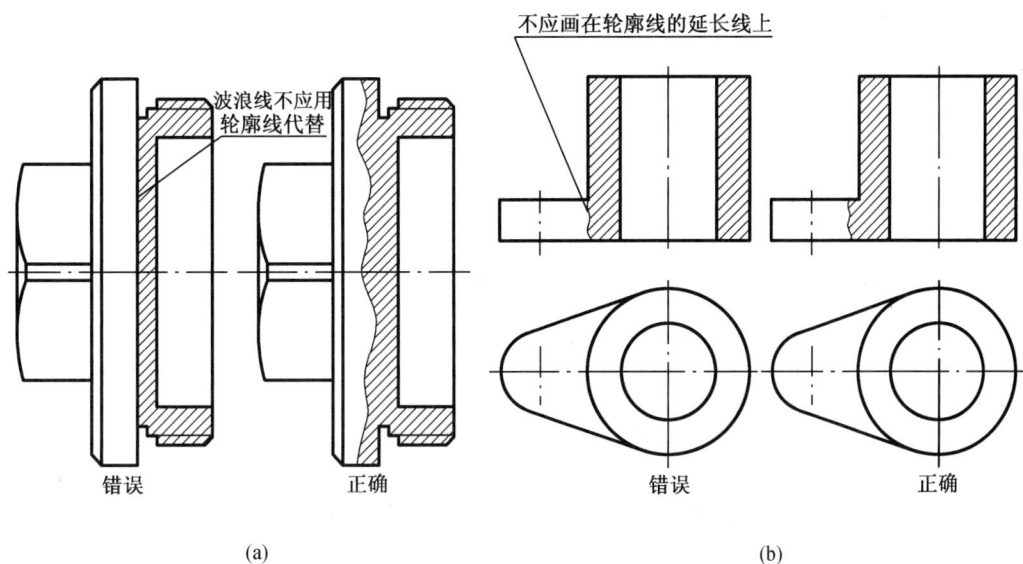

波浪线不应用轮廓线代替

不应画在轮廓线的延长线上

错误　　　　　正确　　　　　　　错误　　　　　　　正确

(a)　　　　　　　　　　　　　　(b)

图 8 - 22　画局部剖视图应注意的问题（一）

8.2.3　剖切面的种类

根据机件结构特点,国家标准规定可选择三种剖切面剖开机件:单一剖切平面、几个平行的剖切平面、几个相交的剖切平面。

1. 单一剖切平面

单一剖切平面有以下两种情况:

（1）用一个平行于某一基本投影面的平面作为剖切面。在前述各种剖视图例中,所选用的剖切面都是这种剖切面。

（2）用一个不平行于任何基本投影面的剖切平面剖开机件,这种剖切方法称为斜剖,如图 8 - 25 所示的 *A—A* 剖视图。

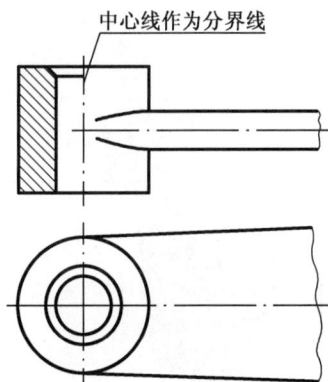

中心线作为分界线

图 8 - 23　画局部剖视图应注意的问题（二）

当机件上倾斜部分的内部结构在基本视图上不能反映实形时,选择一个与倾斜部分的主要平面平行,且垂直于某一基本投影面的平面剖切,再投射到与剖切面平行的投影面上,即可得到该部分内部结构的实形。

采用斜剖画剖视图时,标注不能省略。所得剖视图一般配置在箭头所指方向,并符合投影关系,但也允许配置在其他位置。在不致引起误解时允许旋转配置,但要在剖视图的上方用旋转符号注明旋转方向及剖视图名称,也可将旋转角度标注在名称之后。

2. 几个平行的剖切平面

当机件的内部结构层次较多,且这些结构的轴线或对称面位于几个相互平行的平面上时,可用几个平行的剖切平面剖开机件,如图 8 - 26 所示。

画图时,先用假想的与投影面（通常为基本投影面）平行的剖切平面剖开机件,再向选定的投影面进行投射,所得的剖视图是在同一平面上,应看作是一个完整的图形。

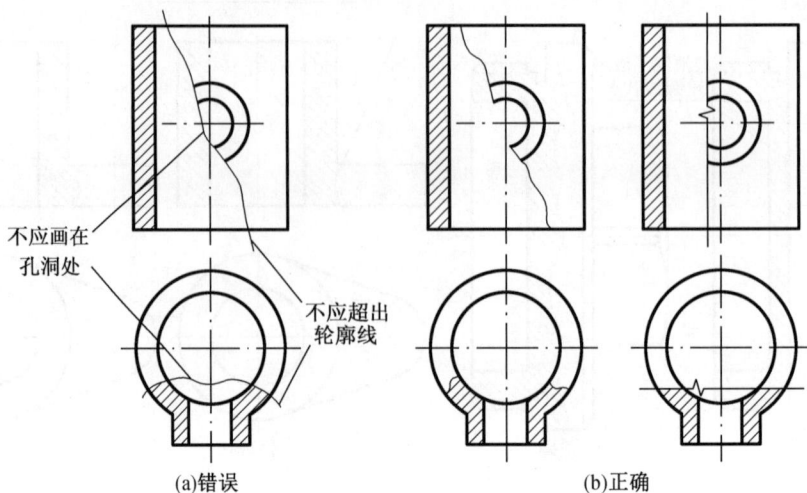

图 8 - 24   画局部剖视图应注意的问题(三)

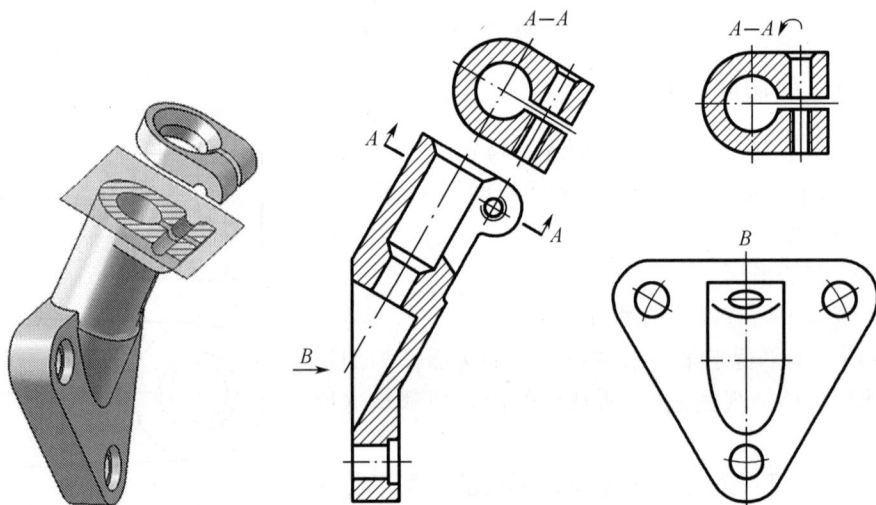

图 8 - 25   斜剖视图

画图时应注意的问题:

(1)剖切位置符号的转折处必须是直角,且不应与图上的轮廓线重合,如图 8 - 27(a)所示。

(2)在剖视图上不应画出两个剖切平面转折处的投影,如图 8 - 27(b)所示。

(3)要正确选择剖切平面的位置,在剖视图上不应出现不完整要素,如图 8 - 27(c)所示。

(4)当机件上的两个要素具有公共对称面或轴线时,剖切平面可以在公共对称中心线或轴线处转折,各画一半,如图 8 - 27(d)所示。

3. 几个相交的剖切平面

当机件的内部结构形状用一个剖切平面剖切不能将其表达完全,且这个机件在整体上又具有回转轴时,可用两个或几个相交的剖切平面剖开机件,如图 8 - 28 所示。

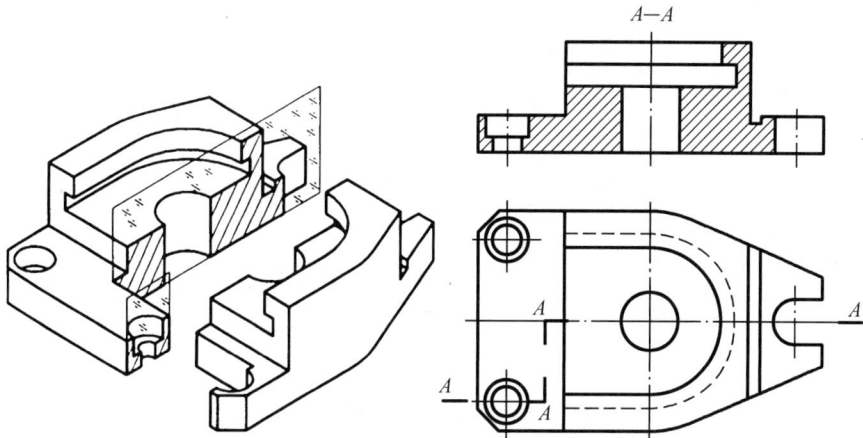

图 8 – 26　平行剖切平面剖切

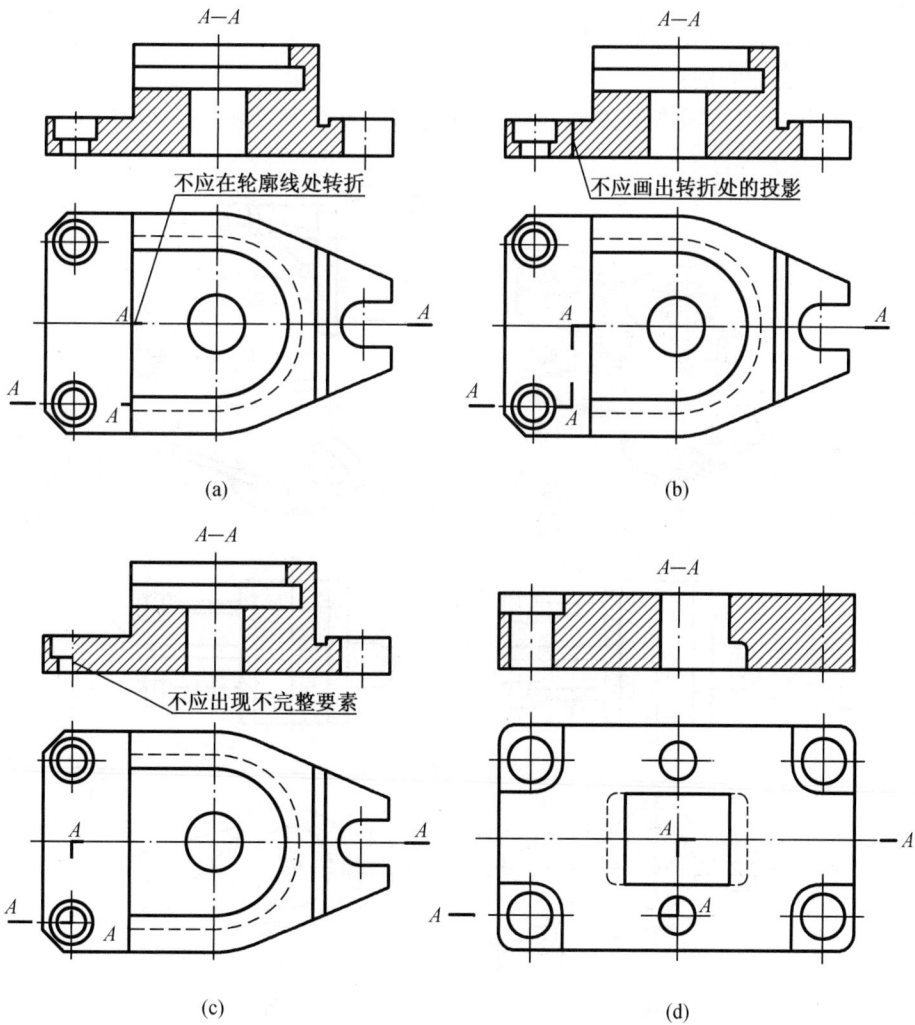

(a)

(b)

(c)

(d)

图 8 – 27　采用几个平行的平面剖切时应注意的问题

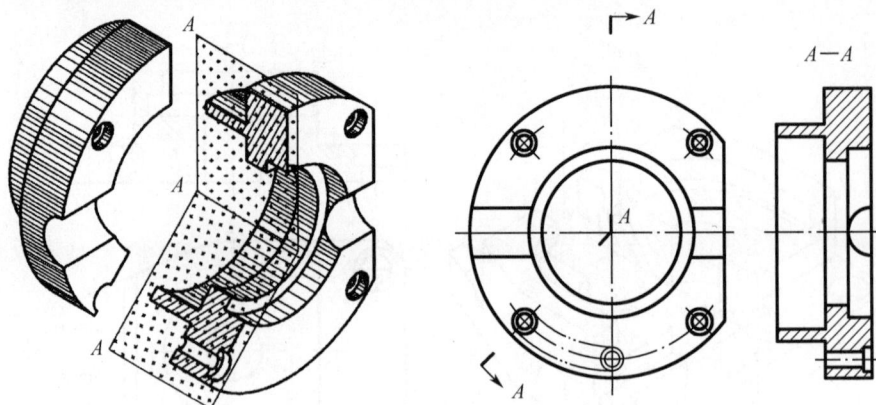

图 8 - 28   采用两相交的平面剖切

画图时,几个相交的剖切平面的交线应垂直于投影面(通常为基本投影面)。首先假想按剖切位置剖开机件,然后将与投影面不平行的被剖切面剖开的结构及其有关部分旋转到与选定的投影面平行,然后再进行投射。

画图时应注意的问题:

(1)当剖切后产生不完整要素时,应将此部分按不剖绘制,如图 8 - 29 所示。

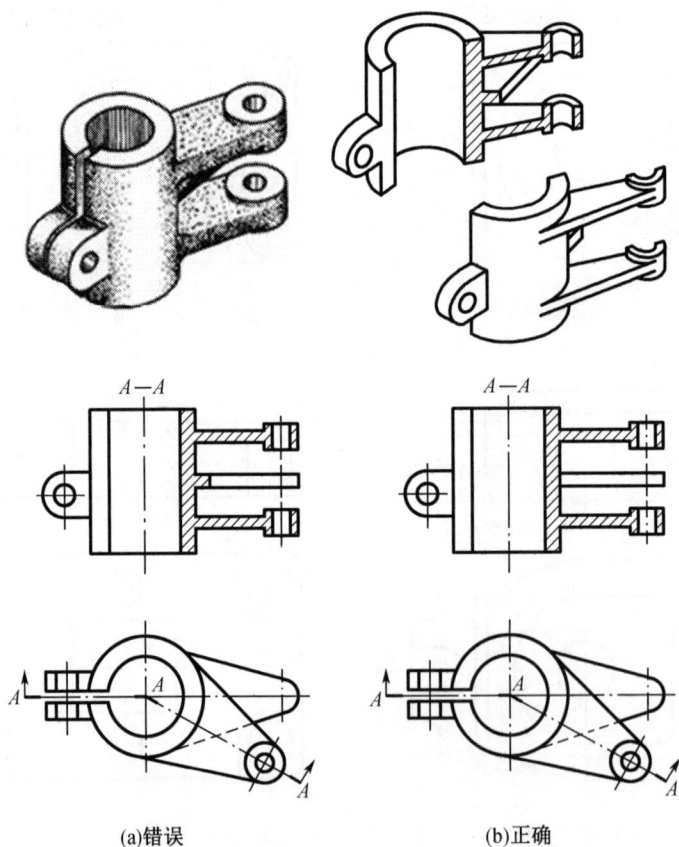

(a)错误   (b)正确

图 8 - 29   相交剖切平面剖切后产生不完整要素的画法

(2)位于剖切平面后的其他结构绘制时应分两种情况:当其与被剖结构关系不甚密切,或同被剖结构一起旋转易引起误解,一般应按原来的位置投射(见图 8 - 31(a)中的油孔);当其与被剖结构有直接联系且密切相关,或不与被剖结构一起旋转难以表达清楚时,应先旋转后投射(见图 8 - 30(b)中的螺孔)。

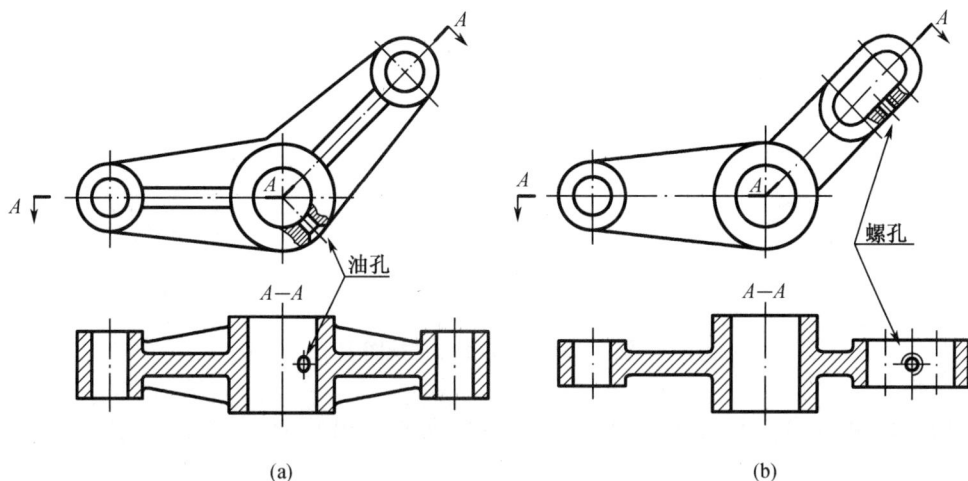

图 8 - 30　相交剖切平面后的结构画法

8.3　断　面　图

用断面图来表达机件上的某些结构(如键槽、小孔、轮辐及型材、杆件)的断面形状,要比视图清晰、比剖视图简便。

8.3.1　断面图的概念

假想用剖切面把机件的某处切断,仅画出剖切面与机件接触部分的图形,称为断面图,简称断面。

剖切时,剖切面应与被切断处的中心线或主要轮廓线垂直。如图 8 - 31 所示的轴,为了将轴上的键槽清晰地表达出来,假想用一个垂直于轴线的剖切面在键槽处将轴切断,只画出断面的图形,并画上剖面符号,这样得到的图形就是断面图(见图 8 - 31(a))。剖视图和断面图的区别在于,除了要画出断面的图形外,剖视图还要画出剖切面后机件上其他可见部分的图形(见图 8 - 31(b))。

根据断面图配置位置的不同,断面图可分为移出断面图和重合断面图两种。

8.3.2　移出断面图

图形画在视图之外,轮廓线用粗实线绘制,称为移出断面图,如图 8 - 31(a)所示。

1. 表达方法

用移出断面图表达机件上某些结构的断面形状时,应注意以下问题:

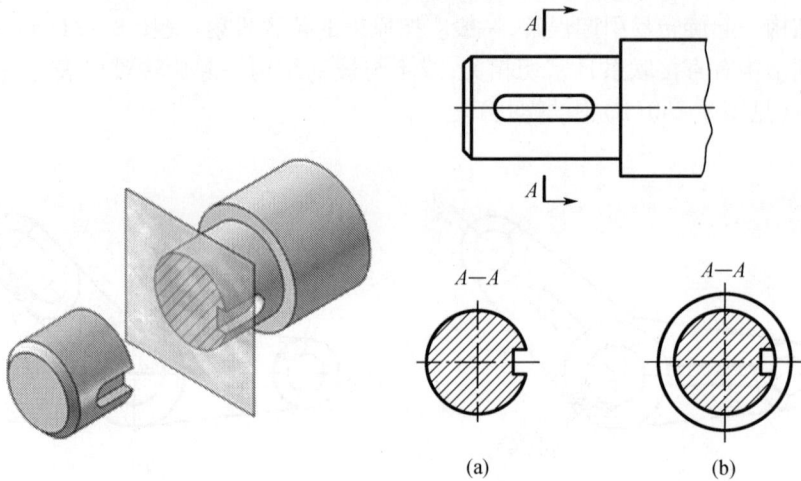

图 8 - 31   断面图与剖视图

(1)由两个或多个相交的剖切平面剖切得到的移出断面图,中间一般应断开,如图8 - 32 所示。

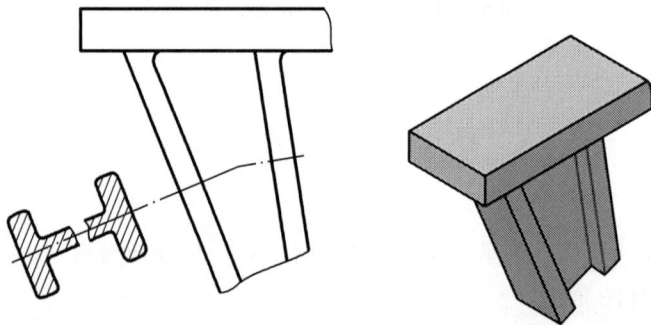

图 8 - 32   两相交剖切平面剖切得到的移出断面图

(2)在一些特殊情况下,例如当剖切面通过由回转面形成的孔或凹坑的轴线时(见图 8 - 33(a)和图 8 - 33(b));或者是当剖切面通过非回转面形成的孔,会导致出现完全分离的两个断面时(见图 8 - 33(c)和图 8 - 33(d)),这些结构均应按剖视图绘制。

2. 配置

(1)为便于看图,移出断面图应尽量配置在剖切符号或剖切线的延长线上,如图 8 - 32 所示。

(2)移出断面图形对称时,可将其画在视图中断处,此时视图应用波浪线或双折线断开,如图 8 - 34 所示。

(3)必要时可将移出断面图配置在其他适当位置,如图 8 - 31(a)所示。

(4)在不致引起误解时,允许将移出断面图旋转,如图 8 - 33(d)所示。

(a)

(b)

(c)

(d)

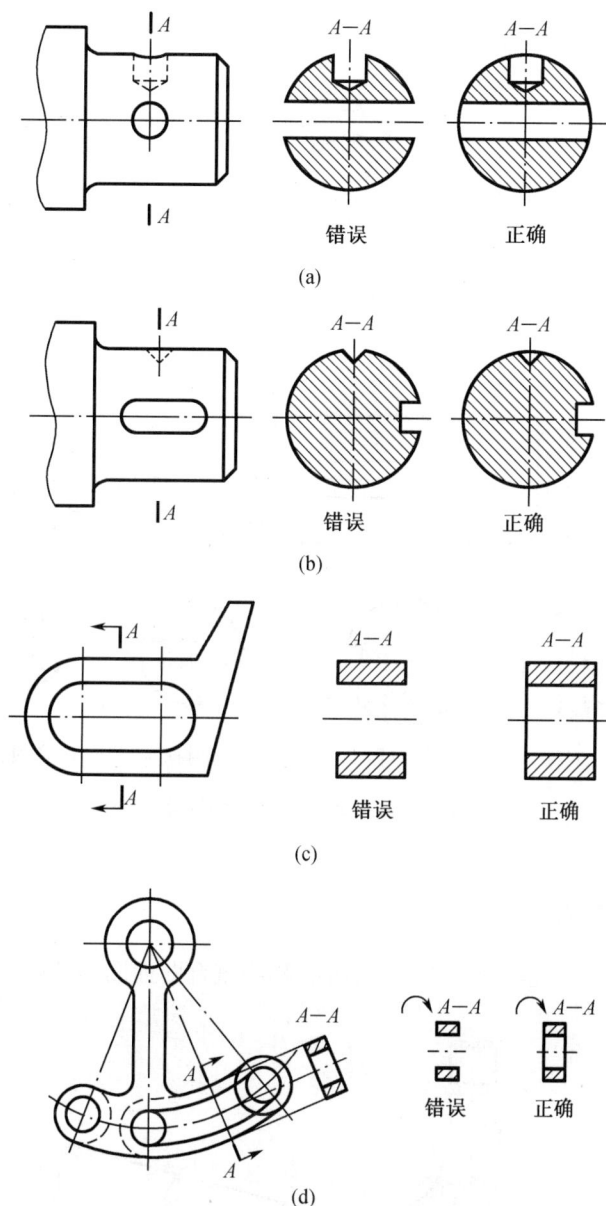

图 8 – 33　按剖视图绘制的特殊情况

3. 标注

移出断面图的标注与剖视图的标注一样，一般应标注出断面图名称、剖切符号、剖切线，如图 8 – 35（d）所示。下列情况可省略标注：

（1）对于对称的移出断面图，若配置在剖切线的延长线上或视图中断处，只需用细点画线标注剖切线（见图 8 – 34 和图 8 – 35（c）；若配置在其他位置，可省略箭头（见图 8 – 35（a））。

（2）对于不对称的移出断面图，若配置在剖切线延长线上，可省略断面图名称（见图 8 – 35（b））；若按投影关系配置，可省略箭头（见图 8 – 33（a）和图 8 – 33（b））。

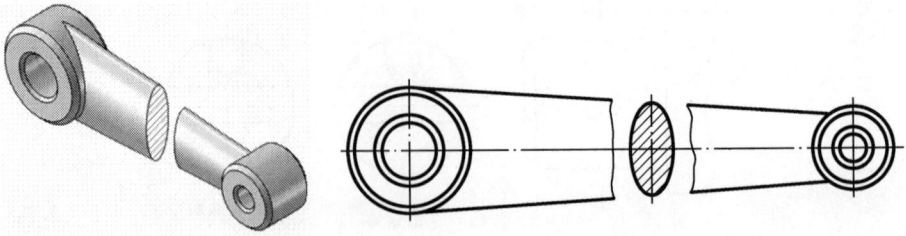

图 8 – 34　画在视图中断处的移出断面图

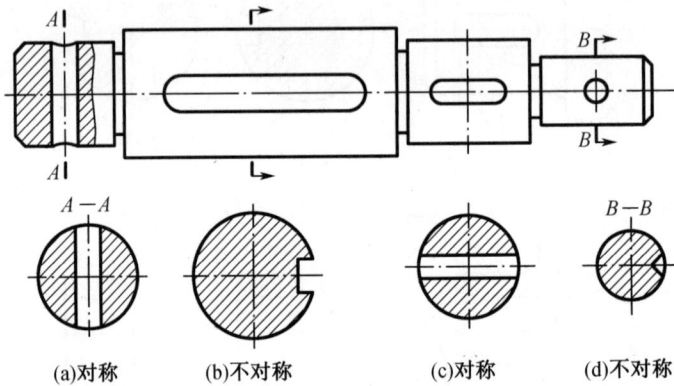

(a)对称　　　(b)不对称　　　(c)对称　　　(d)不对称

图 8 – 35　移出断面图的标注

8.3.3　重合断面图

图形画在视图之内,轮廓线用细实线绘制,称为重合断面图,如图 8 – 36 所示。

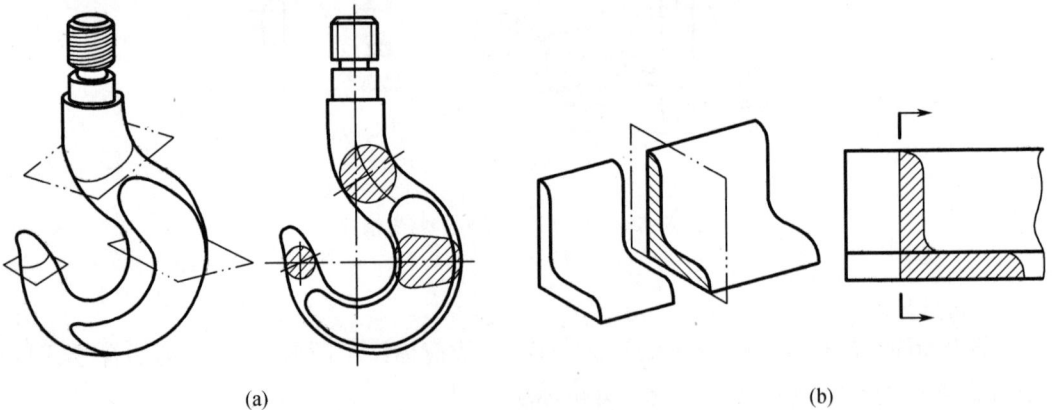

(a)　　　　　　　　　　　　　　　　　　(b)

图 8 – 36　重合断面图

画重合断面图时应注意的问题:

(1)当视图中轮廓线与重合断面图的图形重叠时,视图中的轮廓线仍应连续画出,不可间断。

（2）对称的重合断面图，只需用细点画线标注剖切线（见图8-36（a））；不对称的重合断面图，可省略断面图名称（见图8-36（b））。

8.4　局部放大图、规定画法及简化画法

8.4.1　局剖放大图

在工程实际中，机件的结构形状是复杂多样的，经常会出现机件上某些结构过小，为清晰、准确、完整地反映出该部分结构的形状，可采用局部放大图的表达方式。将机件的部分结构，用大于原图形所采用的比例画出的图形，称为局部放大图，如图8-37所示。

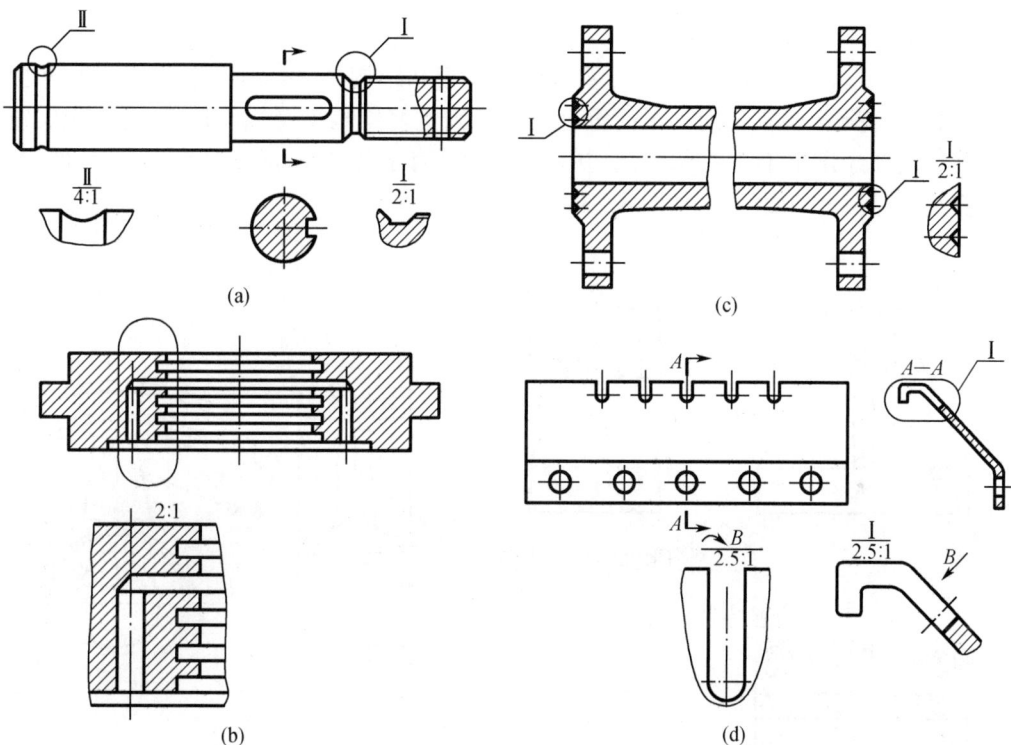

图 8-37　局部放大图

1. 表达方法

（1）局部放大图可以画成视图、剖视图或断面图，与原视图上被放大部分的表达方式无关。

（2）画局部放大图时，除螺纹牙型、齿轮和链轮的齿形外，应将被放大部分用细实线圈出。

（3）同一机件上不同部位的局部放大图，当其图形相同或对称时，只需画出其中的一处，如图8-37（c）所示。

(4) 必要时可用几个图形表达同一个被放大部分的结构,如图 8 - 37(d)所示。

2. 配置

为便于读图,局部放大图应尽量配置在被放大部位的附近。

3. 标注

局部放大图的标注包括两个方面:局部放大图的名称和放大的比例。

(1)若机件上只有一处需要放大画出时,只需在局部放大图的上方注明所采用的比例即可,如图 8 - 37(b)所示。

(2)若机件上有几处需要放大画出时,有两种情况:当其图形相同或对称时,需要在几处被放大的部位标注同一罗马数字,并在局部放大图上方标注相同的罗马数字,同时注明放大的比例(见图 8 - 37(c));当其图形不同时,需用罗马数字标明放大部位的顺序,并在相应的局部放大图上方标出与之相对应的罗马数字及所用比例,以便区别(见图 8 - 37(a))。

8.4.2 其他规定画法及简化画法

1. 剖视图和断面图中的规定画法

(1)对于机件的肋、轮辐、薄壁等实心杆状及板状结构,如按纵向剖切(即剖切平面与肋、轮辐或薄壁厚度方向的对称平面重合或平行),这些结构不画剖面符号,而用粗实线将它与其邻接部分分开;但若按横向剖切(剖切平面垂直于肋、轮辐或薄壁厚度方向)时,这些结构应按规定画出剖面符号,如图 8 - 38 所示。

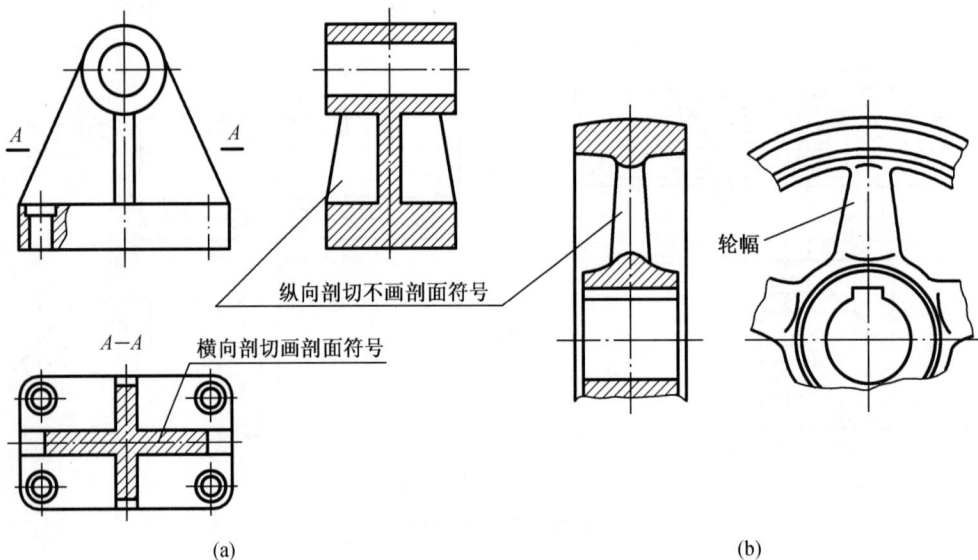

(a)   (b)

图 8 - 38 肋、轮辐的剖切画法

(2)当回转体机件上均匀分布的肋、轮辐、孔等结构不处于剖切平面上时,可将这些结构旋转到剖切平面上画出,不需加任何标注,如图 8 - 39 所示。

(3)在剖视图的剖面区域中可再做一次局部剖,采用这种表达方法时,两者剖面线应同方向、同间隔,但要互相错开,并用引出线标注局部剖视图的名称,如图 8 - 40 所示。

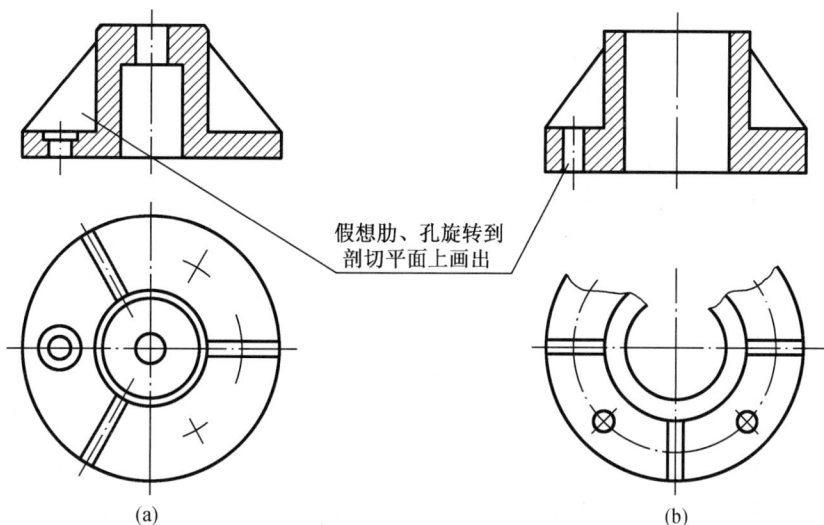

假想肋、孔旋转到剖切平面上画出

(a)　　　　　　　　　　　(b)

图 8 - 39　均匀分布的肋、孔的画法

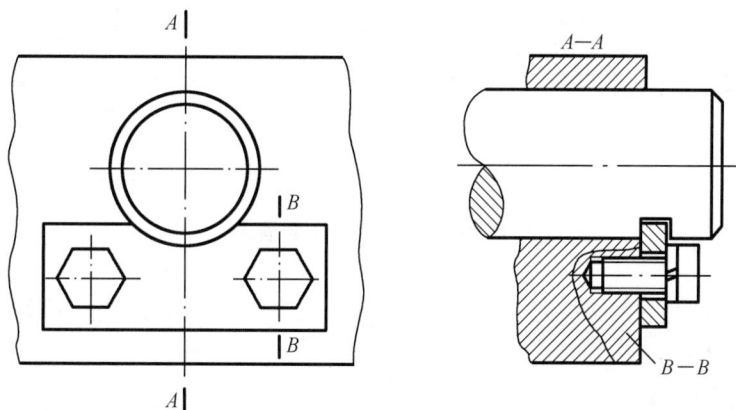

图 8 - 40　在已有剖面区域再做局部剖视的画法

2. 重复结构的画法

（1）当机件具有若干相同结构（齿、槽等），并按一定规律分布时，只需画出几个完整的结构，其余用细实线连接，但应注明该结构的总数，如图 8 - 41(a) 和图 8 - 41(b) 所示。

（2）当机件具有若干直径相同并按规律分布的孔、管道等，可仅画出一个或几个，其余用细点画线表示其中心位置，但应注明总数，如图 8 - 41(c) 和图 8 - 41(d) 所示。

3. 机件上较小结构的画法

（1）机件上较小的结构，如在一个图形中已表达清楚时，在其他图形中可以简化或省略，如图 8 - 42(a) 和图 8 - 42(b) 所示。

（2）在不致引起误解时，机件上的小圆角、小倒圆或 45° 小倒角，均可省略不画，但必须注明尺寸或在技术要求中加以说明，如图 8 - 42(c)、图 8 - 42(d) 和图 8 - 42(e) 所示。

（3）机件上的环面小圆角，在垂直于其轴线的视图上按无圆角处理，如图 8 - 42(f) 所示。

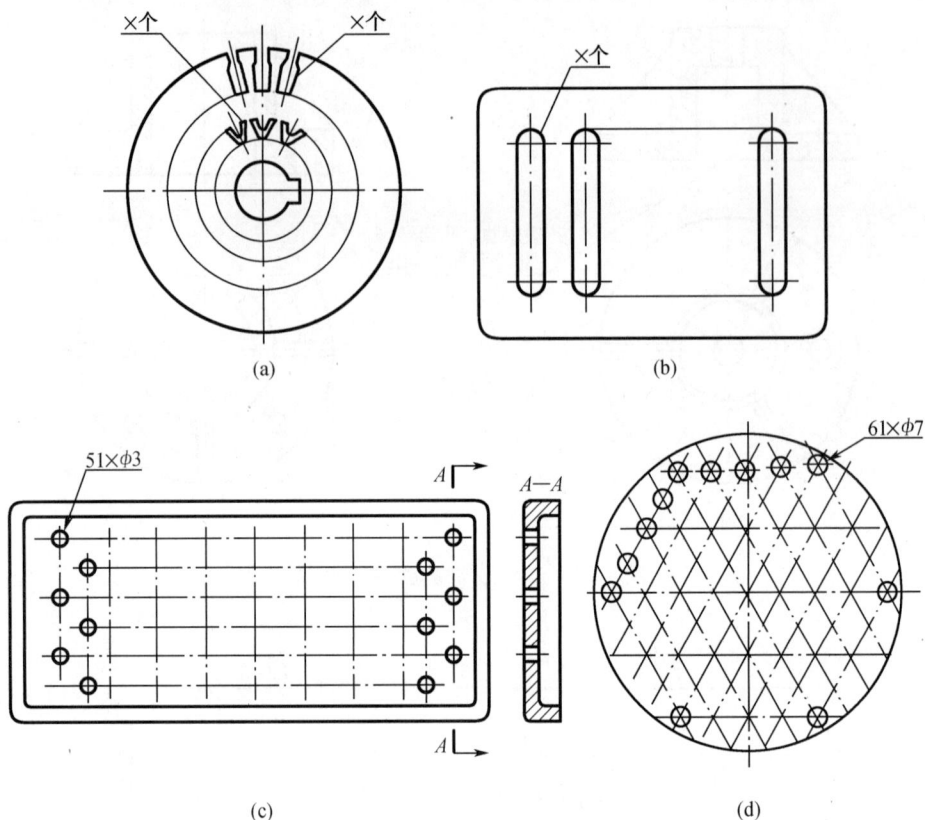

图 8 –41　重复结构的画法

（4）机件上斜度不大的结构，如在一个图形中已表示清楚时，其他图形可按小端画出，如图 8 –42（g）所示。

4. 较长机件的画法

较长的机件（轴、杆、型材、连杆等）沿长度方向的形状一致或按一定规律变化时，可断开后缩短绘制，其断裂边界用波浪线或双折线绘制。注意应按原来实际长度标注尺寸，如图 8 –43 所示。

5. 法兰盘上均匀分布的孔的画法

法兰盘和类似结构上均匀分布的孔，可按图 8 –44 所示的画法表达。

6. 网状物、编织物及滚花表面的画法

网状物、编织物或机件上的滚花部分，可在轮廓线内侧附近示意地画出一部分粗实线网状结构，并加旁注或在技术要求中注明这些结构的具体要求，如图 8 –45 所示。

7. 一些细部结构的画法

（1）当平面在图形中不能充分表达时，可用平面符号（两条相交的细实线）表达，如图 8 –46 所示。

（2）在不致引起误解时，非圆曲线的过渡线及相贯线允许简化为圆弧或直线，如图 8 –47 所示。

简化前　　　　　　简化后　　　　　　　简化前　　　　　　简化后

(a)　　　　　　　　　　　　　　　(b)

锐边倒圆 R0.5

(c)　　　　　　　　　(d)　　　　　　　　　(e)

(f)　　　　　　　　　　　　　(g)

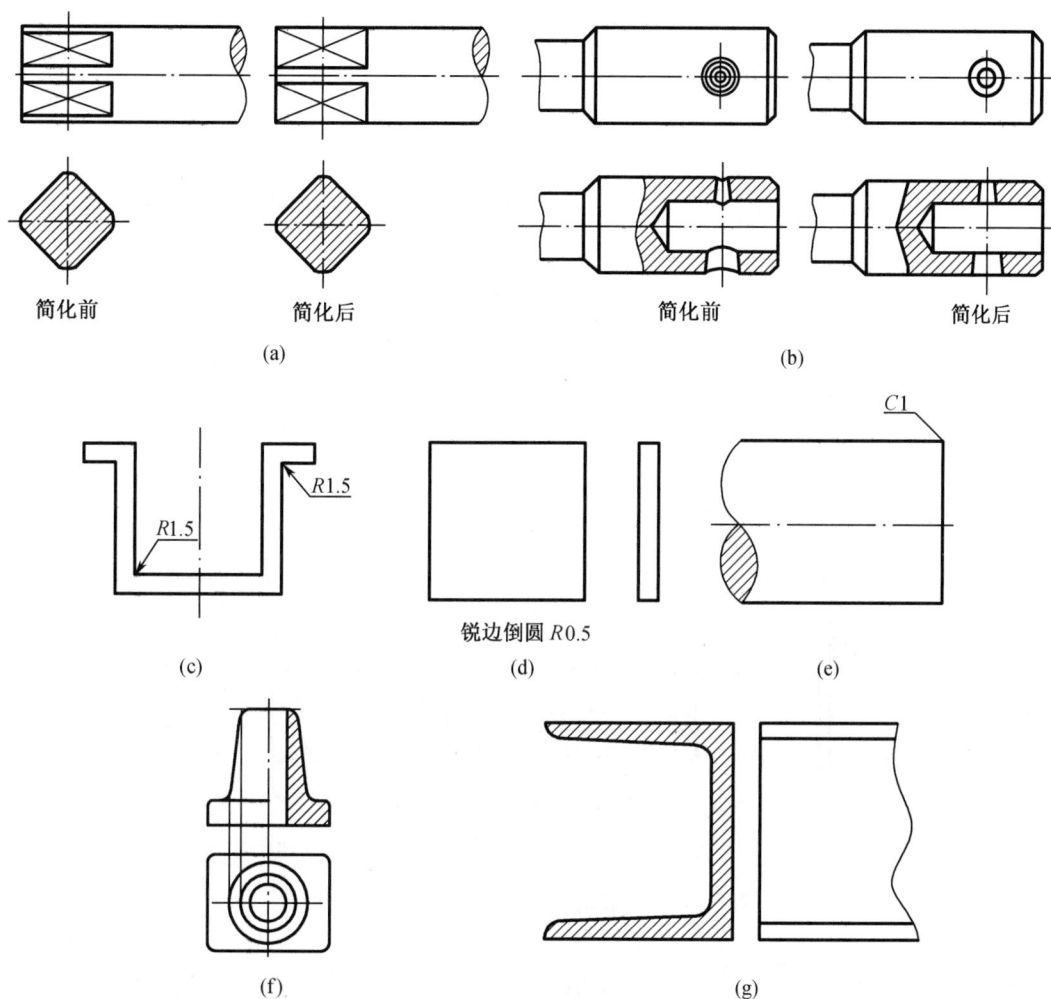

图 8 – 42　机件上较小结构的画法

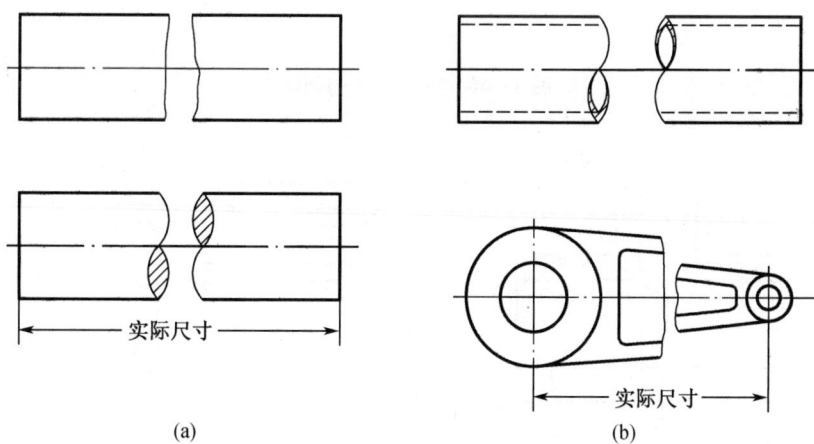

实际尺寸　　　　　　　　　实际尺寸

(a)　　　　　　　　　　　(b)

图 8 – 43　断裂画法

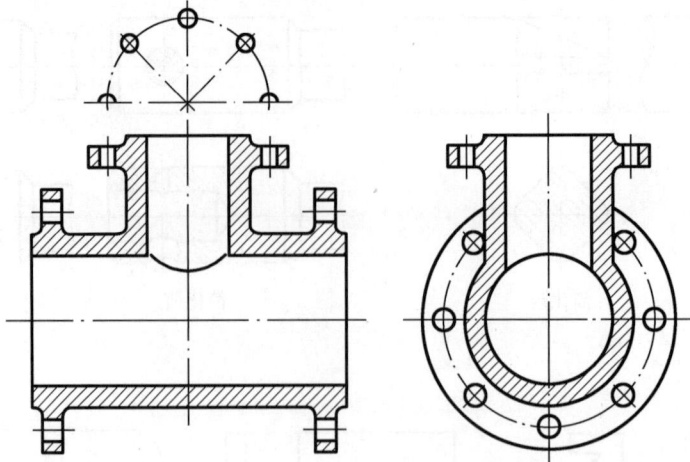

图 8 – 44 法兰盘上均匀分布的孔的画法

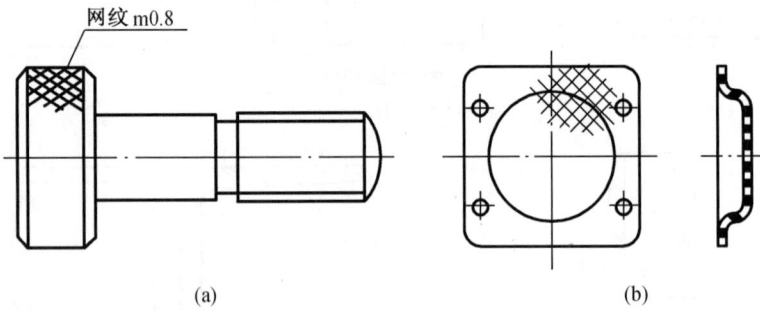

网纹 m0.8

(a)   (b)

图 8 – 45 网状物、编织物及滚花表面的画法

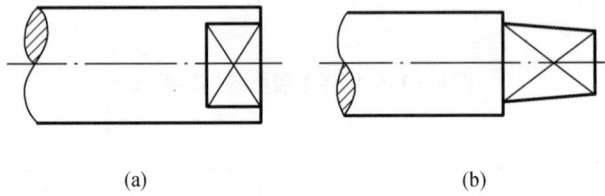

(a)   (b)

图 8 – 46 平面符号的画法

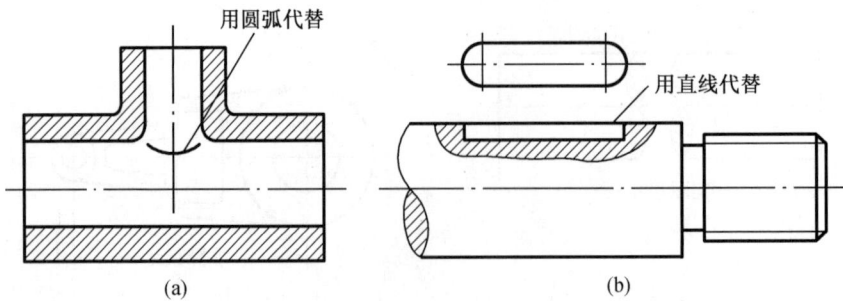

用圆弧代替   用直线代替

(a)   (b)

图 8 – 47 非圆曲线的过渡线及相贯线的画法

（3）与投影面倾斜角度小于或等于 30°的圆或圆弧，其投影可用圆或圆弧代替，如图 8 - 48 所示。

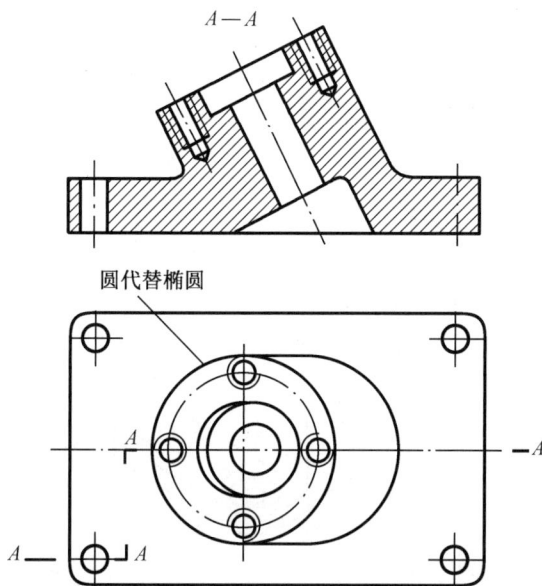

图 8 - 48 小倾斜角度的圆弧简化

8.5 机件表达方法综合举例

在绘制技术图样时，应根据机件的具体情况（复杂程度、结构特征等）选用适当的表达方法（视图表达机件外形、剖视图表达机件内部结构、断面图表达断面形状、局部放大图表达细小结构、规定画法和简化画法用于表达特殊结构），在完整清晰地表达机件各部分结构形状的前提下，力求制图简单、看图方便。

为满足上述要求、确定最佳的机件表达方案，应遵循一定的原则。

1. 视图选择原则

一般先确定主视图，再选配其他视图和其他表达方法。

①主视图选择原则：选择机件安放位置时，应尽可能与机件的工作位置或加工位置相一致；主视图的投射方向应尽可能反映机件的形状特征，使表达的信息最多。

②其他视图选配原则：所选视图应有确定的表达重点，使视图数量最少；尽量避免使用虚线表达机件的轮廓，除非添加少量虚线后不会影响视图清晰，且可省略另一个视图的情况下，才用虚线来表达。

2. 内外结构表达方法选择原则

为了表达机件的内、外结构形状，当机件对称时，可采用半剖视；当机件不对称，且内外结构一个简单、一个复杂时，在表达中要突出重点，外形复杂时以视图为主，内形复杂时以剖视为主；对于非对称，且内外形状均复杂的机件，当投影不重叠时，可采用局部剖，当投影重叠时,可分别表达。

3. 集中表达与分散表达选择原则

当分散表达的视图,如局部视图、局部剖视图等,其表达的均是同一投射方向的结构,则应尽量将其适当地集中或结合到同一基本视图中表达。若在同一投射方向只有某一局部结构未表达清楚,则应分散表达。

这里以支架为例来说明表达方法的综合应用。

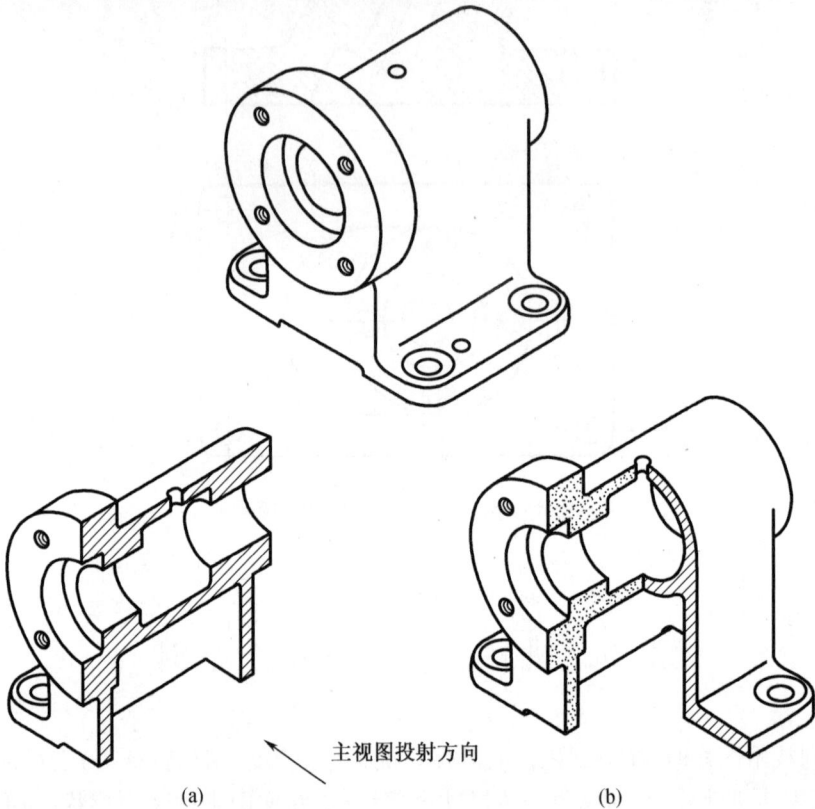

图 8-49　支架

形体分析:图 8-49 所示的支架由圆柱体、凸缘、底板和连接结构 4 部分组成。可以看出该机件外部结构比较简单,而内部结构比较复杂。其主体为一圆柱体结构,其上有一小孔;圆柱体左端为带有通孔的凸缘,其上均布 4 个螺纹孔;支架下部为底板,其上分布 4 个安装孔和 2 个销孔;圆柱体与底板之间为中空的连接结构。

主视图选择:安放位置取自然平放即按工作位置放置;选取较多反映各组成部分的形状和相对位置关系的方向作为主视图的投射方向,如图 8-49(a)所示。

由于支架外形简单、内部复杂,且左右不对称,根据内外结构表达方法选择原则,主视图采用全剖视图。剖切面通过支架的前后基本对称面,主要表达圆柱体及连接结构的内部形状,凸缘上的螺纹孔未剖到,采用剖视图规定画法补充画出。

其他视图选择:将主视图未表达清楚的结构形状,选用其他视图补充表达。根据机件的结构特点,首先考虑用俯、左视图,再考虑其他视图。

初始方案:如图 8 - 50 所示。俯视图是外形图,表达底板的形状和安装孔、销孔的位置,但是未表达出连接结构水平方向的内部形状,所以用 C—C 断面图补充表达。左视图取全剖,主要反映支架连接结构的内部形状,但是未表达出左端和凸缘形状及螺纹孔的分布位置,所以用 A 向视图补充表达。

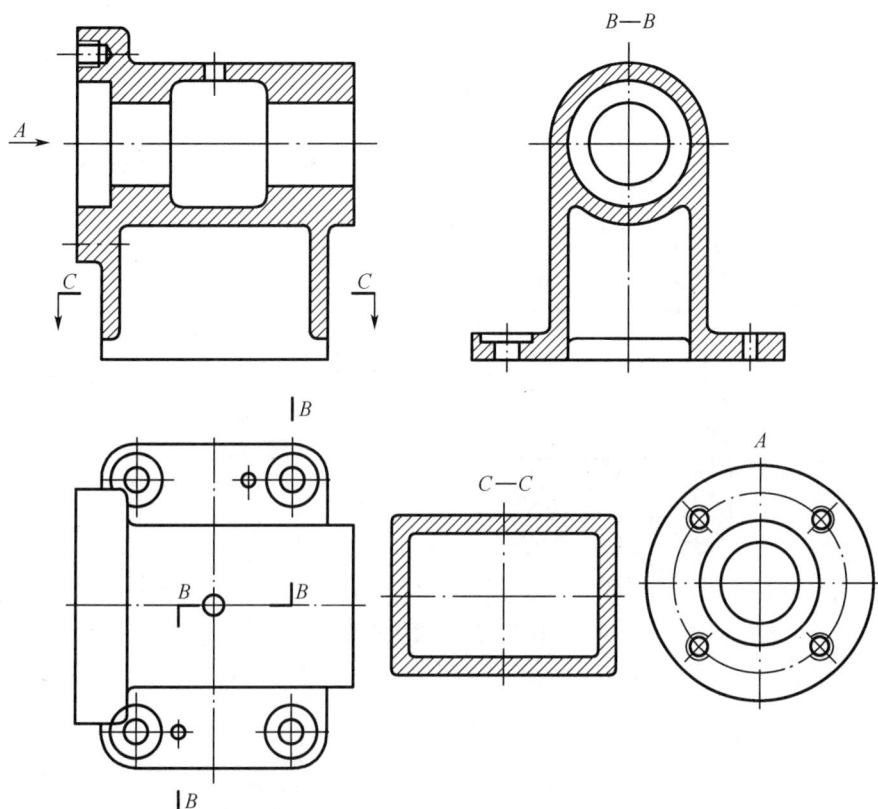

图 8 - 50　初始方案

分析:俯视图和 C—C 断面图,左视图和 A 向视图,表达的是同一投射方向的结构,根据集中表达与分散表达选择原则,应将其集中或结合到同一基本视图中进行表达,由此得到优化方案。

优化方案:如图 8 - 51 所示。因支架前后基本对称,俯视图及左视图均采用半剖视图。俯视图既反映底板的形状及底板上安装孔、销孔的位置,又表达连接结构的内部形状。左视图既反映圆柱体和底板之间的连接情况和形状,又表达底板上销孔的深度,以及凸缘端面上螺纹孔的数量和分布情况,同时配合局部剖视表示安装孔的深度。

说明:两组表达方案均正确、完整、清晰地表达了机件的结构形状,每个视图都有各自表达的重点,但后者视图数量少、简洁,且看图方便,所以是较好的表达方案。

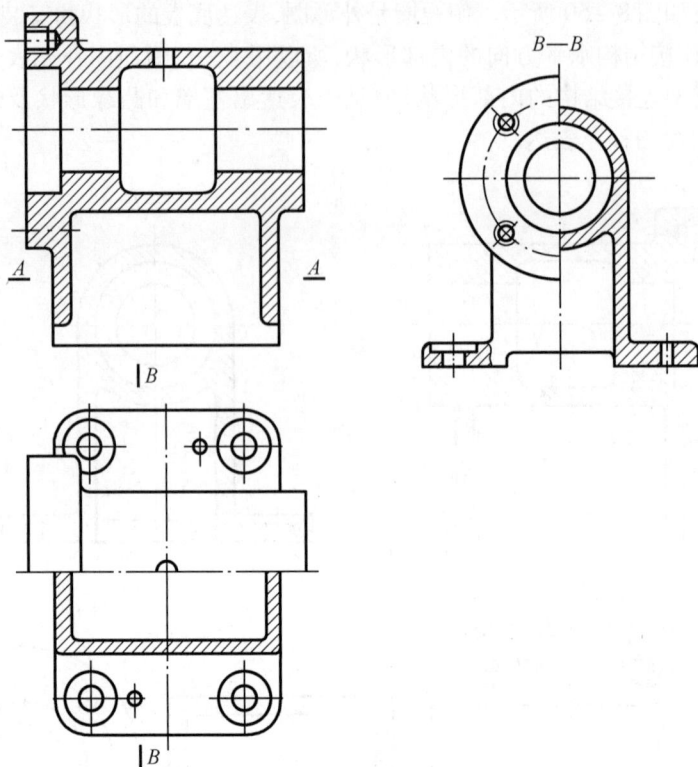

图 8 – 51   优化方案

8.6   第三角投影法简介

根据国家标准规定,我国工程图样采用第一角投影法,而世界上有些国家(如美国、加拿大、日本等)采用的是第三角投影法。为便于国际交流,本节对第三角投影法作简要介绍。

1. 形成

第三角投影法是假想把机件放在一个透明的正六面体内,分别从六个方向观察而得到六个基本视图。六个基本视图的名称、观察方向及配置位置规定为:主视图——自前向后观察,以它为中心配置其余视图;俯视图——自上向下观察,配置在主视图上方;右视图——自右向左观察,配置在主视图右方;左视图——自左向右观察,配置在主视图左方;仰视图——自下向上观察,配置在主视图下方;后视图——自后向前观察,配置在右视图右方,如图 8 – 52 所示。

2. 第三角投影法与第一角投影法的异同

相互垂直的三个投影面 V,H 和 W 将空间分成八个分角。第三角投影法是将机件放在第三分角内,第一角投影法是将机件放在第一分角内。二者的异同主要体现在以下几个方面:

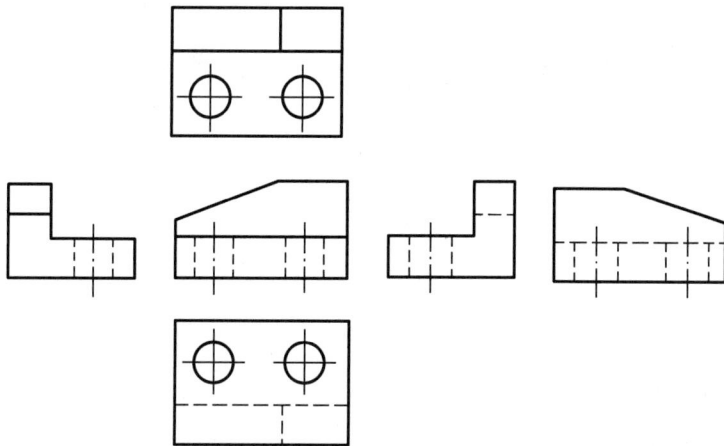

图 8 - 52　六个基本视图的配置(第三角投影法)

（1）第三角投影法和第一角投影法一样,都是平行正投影法,均遵循"长对正,高平齐,宽相等"的投影规律。不同的是:第三角投影法除后视图外,其余各视图靠近主视图的一边是机件的前面,远离主视图的一边则是机件的后面。

（2）在第三角和第一角投影中,观察者、机件和投影面的相对位置不同:第三角投影法——观察者→投影面→机件;第一角投影法——观察者→机件→投影面。

（3）第三角投影法和第一角投影法的六个基本投影面的展开方式和六个基本视图的配置不同。

3. 识别符号

为了识别第三角投影法与第一角投影法,国家标准规定了识别符号,如图 8 - 53 所示,该符号一般标在图纸标题栏的上方或左方。规定:采用第三角投影法时,必须在图样上标出其识别符号;采用第一角投影法时,通常可省略。

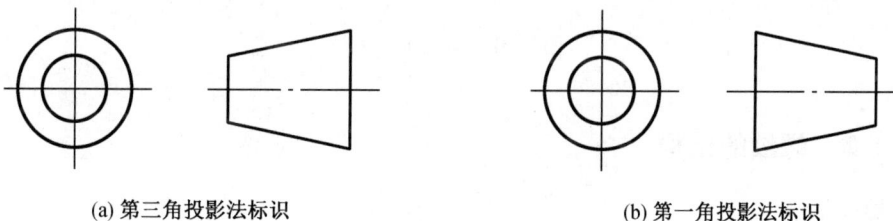

(a) 第三角投影法标识　　　　　　　　　　　　(b) 第一角投影法标识

图 8 - 53　识别符号

第9章　螺纹和螺纹紧固件

9.1　螺纹的形成、结构和要素

9.1.1　螺纹的形成

螺纹是指在圆柱(或圆锥)表面上,沿着螺旋线所形成的螺旋状断面凸起和凹陷。在圆柱面上形成的螺纹为圆柱螺纹;在圆锥面上形成的螺纹为圆锥螺纹。在回转体外表面加工的螺纹称外螺纹;在回转体孔腔内加工的螺纹称内螺纹。

螺纹通常可在车床上加工,如图9-1是在车床上加工内、外螺纹的情况,它是根据螺旋线形成原理加工而成。将工件卡在车床卡盘上作等速旋转运动,车刀与工件相接触沿其轴线作等速的直线移动,即在工件表面加工出螺纹。由于刀刃的形状不同,在工件表面被切去部分的断面形状也不同,所以可加工出各种不同的螺纹。

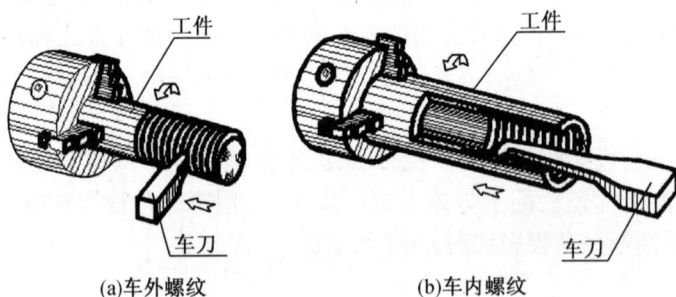

(a)车外螺纹　　　　　　　　(b)车内螺纹

图9-1　螺纹加工方法

9.1.2　螺纹的结构

1. 螺纹末端

为了防止螺纹端部损坏和便于安装,通常在螺纹的起始处做出规定形式的末端,如图9-2所示,常见的型式有倒角(圆锥面)、圆顶(球面)及平面。

2. 螺尾和退刀槽

在车刀逐渐离开工件时,在螺纹末尾形成一段不完整的螺纹牙型,称为螺尾,如图9-3(a)和图9-3(b)所示。为便于退刀,并避免出现螺尾,加工时,可以在螺纹终止处预制出一个退刀槽,如图9-3(c)和图9-3(d)所示。

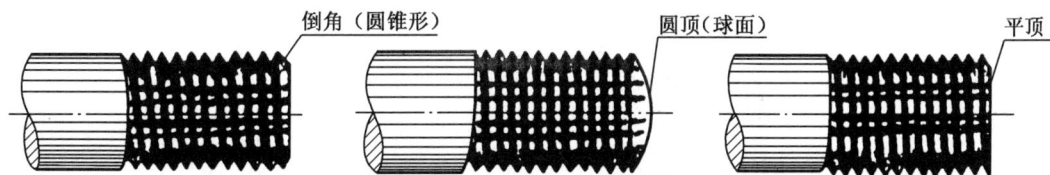

图 9 - 2　螺纹的末端

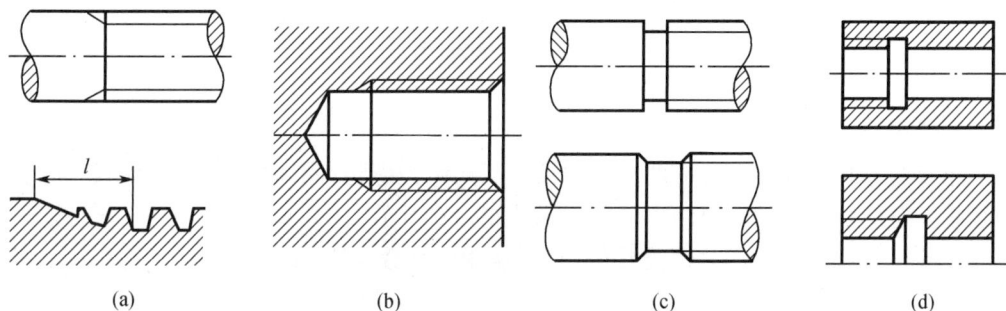

(a)　　　　　　(b)　　　　　　(c)　　　　　　(d)

图 9 - 3　螺尾和退刀槽

9.1.3　螺纹的要素

1. 牙型

牙型是指在通过螺纹轴线的断面上,螺纹的轮廓形状。其凸起部分称为螺纹的牙,凸起的顶端称为螺纹的牙顶,沟槽的底部称为螺纹的牙底。常见的螺纹牙型有三角形、梯形、锯齿形等,如图 9 - 4 所示。国标对标准牙型规定了标记符号,如表 9 - 1 所示。

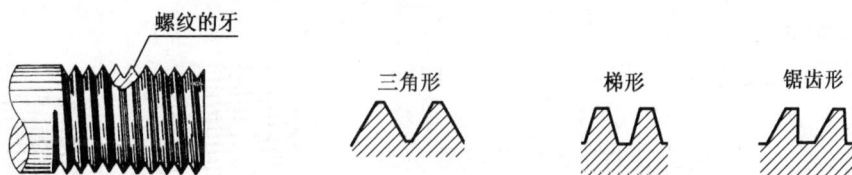

图 9 - 4　螺纹的牙型

2. 螺纹直径

与外螺纹牙顶或内螺纹牙底相重合的假想圆柱面的直径称为螺纹大径(d,D),与外螺纹牙底或内螺纹牙顶相重合的假想圆柱面的直径称为螺纹小径(d_1,D_1),通过牙型上沟槽和凸起宽度相等处的一个假想圆柱的直径称为螺纹中径(d_2,D_2)。普通螺纹大径又称为公称直径,如图 9 - 5 所示。

3. 线数(n)

螺纹有单线与多线之分。沿一条螺旋线所形成的螺纹称单线螺纹;沿两条或多条在轴向等距离分布的螺旋线所形成的螺纹称多线螺纹。

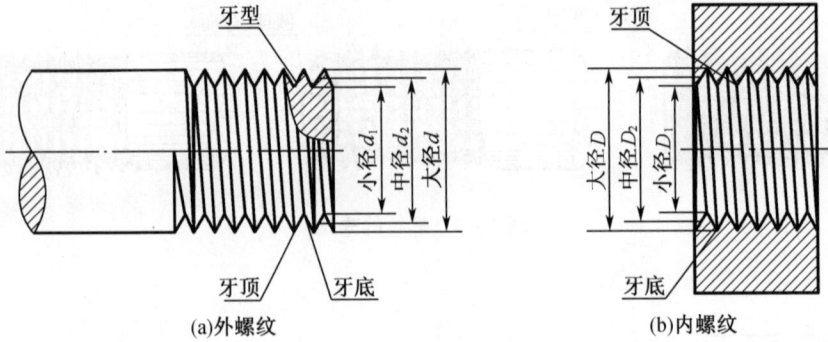

图 9 - 5　螺纹的直径

4. 螺距(P)和导程(S)

相邻两牙在中径线上对应两点间的轴向距离称为螺距;同一条螺旋线上的相邻两牙在中径线上对应两点间的轴向距离称导程,如图 9 - 6 所示。

$$螺纹导程(S) = 螺距 \times 线数 = P \cdot n$$

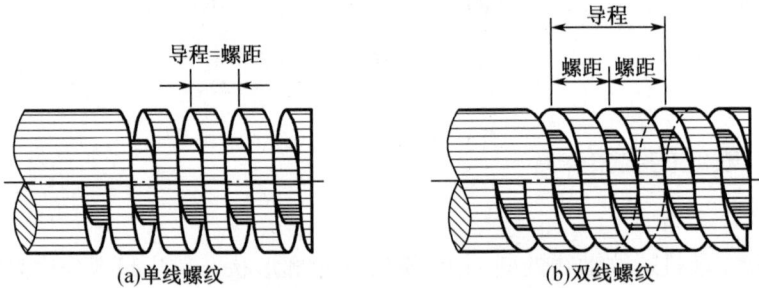

图 9 - 6　螺距和导程

5. 旋向

内、外螺纹的旋合方向分左旋和右旋两种。按顺时针方向旋转时旋入的螺纹称右旋螺纹,反之,按逆时针方向旋转时旋入的螺纹称左旋螺纹,如图 9 - 7 所示。工程上常用右旋螺纹。

内外螺纹是成对使用的,只有以上五个要素都相同时,内、外螺纹才能旋合在一起。其中,螺纹的牙型、大径和螺距是螺纹的最基本的三个要素,三要素符合标准的螺纹称标准螺纹;牙型符合标准,而大径或螺距不符合标准的螺纹称特殊螺纹;牙型不符合标准的螺纹称非标准螺纹。

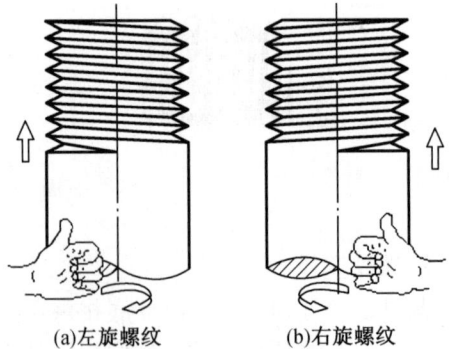

图 9 - 7　螺纹的旋向

9.2　螺纹的种类

　　工程上广泛将螺纹应用于螺纹紧固件,螺纹还可以用来传递运动和动力。螺纹根据用途可分为连接螺纹和传动螺纹。常用的连接螺纹有普通螺纹和非密封管螺纹,普通螺纹又分为粗牙普通螺纹和细牙普通螺纹。传动螺纹有梯形螺纹、锯齿形螺纹等。常用标准螺纹的种类、牙型及用途见表 9 - 1。

表 9 - 1　常用标准螺纹

螺纹种类	连接螺纹		传动螺纹	
	普通螺纹	非密封管螺纹	梯形螺纹	锯齿形螺纹
特征代号	M	G	Tr	B
外形图				
用途	最常用的连接螺纹	用于水管、油管、气管等一般低压管路的连接	用于传递双向动力,如机床的丝杠	用于传递单向动力,如千斤顶中的螺杆

9.3　螺纹的规定画法

9.3.1　外螺纹的画法

　　外螺纹的画法,如图 9 - 8 所示。

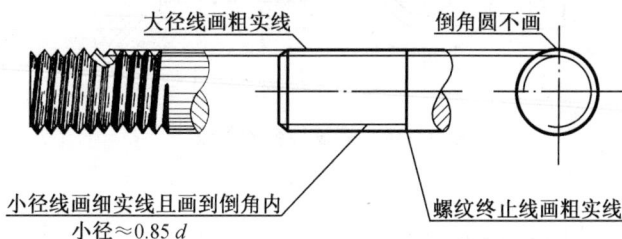

图 9 - 8　外螺纹的画法

　　(1)在平行螺纹轴线的视图中,螺纹大径(牙顶)用粗实线表示;小径(牙底)用细实线表示(通常按大径的 0.85 倍绘制),并画入倒角内;

(2)在垂直于螺纹轴线的投影面的视图中,螺纹大径用粗实线圆表示;小径用约 3/4 圈的细实线圆表示(空出约 1/4 的位置不画);倒角圆的投影省略不画;

(3)螺纹终止线用粗实线表示。

9.3.2 内螺纹的画法

如图 9 - 9 所示:

(1)在平行螺纹孔的轴线的剖视图中,小径用粗实线表示;大径用细实线表示,螺纹终止线用粗实线表示,剖面线必须画到代表小径的粗实线处;

(2)在垂直于螺纹轴线的视图中,小径用粗实线圆表示;大径用约 3/4 圈的细实线圆表示(空出约 1/4 的位置不画)。倒角圆的投影省略不画;

(3)不可见内螺纹的所有图线(轴线除外)均用虚线绘制。

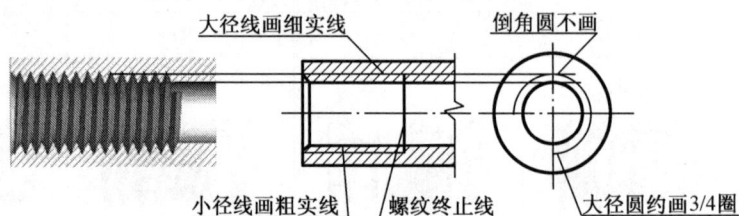

图 9 - 9　内螺纹的画法

9.3.3 内、外螺纹连接的画法

当用剖视图表示内、外螺纹连接时,其旋合部分应按外螺纹绘制,其余部分仍按各自的画法表示,并且注意内、外螺纹的大、小径应分别对齐,如图 9 - 10 所示。

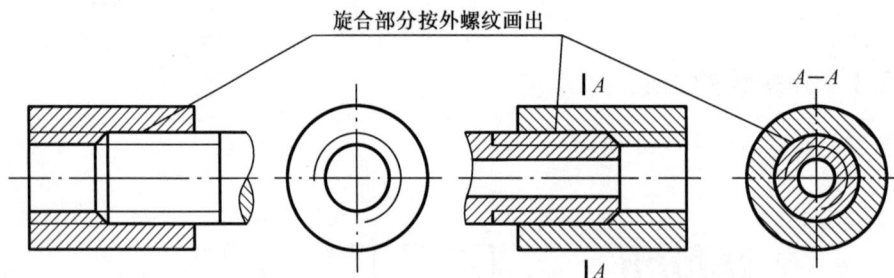

图 9 - 10　螺纹旋合的画法

9.3.4 螺纹的其他规定画法

1. 牙型的表示

按规定画法画出的螺纹,如需要表示螺纹的牙型时(多用于非标准螺纹),可按如图 9 - 11 所画的局部剖视图,局部放大图等方法表示。

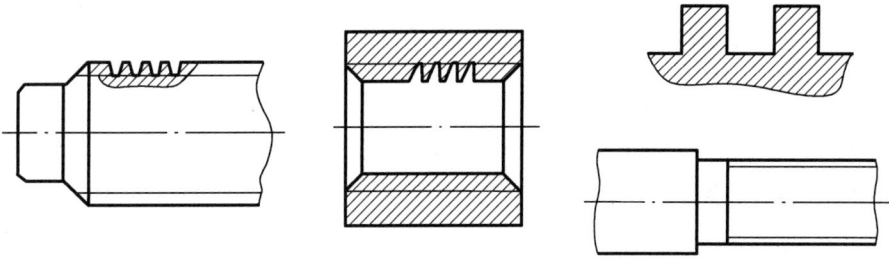

图 9 - 11　牙型的表示方法

2. 不穿通的螺纹孔表示法

绘制不穿透螺纹孔时,一般应将钻孔深度与螺纹孔深度分别画出,钻孔深度应比螺孔深度大 0.5D,因钻头端部的锥顶角约为 118°,画图时锥顶角画成 120°。如图 9 - 12 所示。

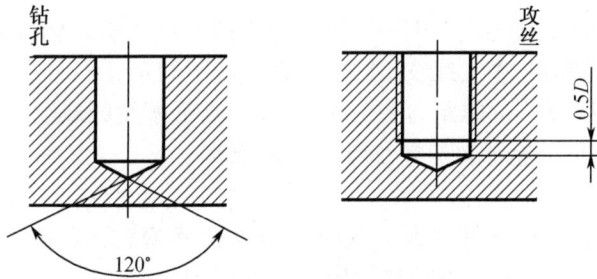

图 9 - 12　不穿通的螺纹孔的表示方法

3. 螺纹孔相交的表示法

螺纹孔相交的表示方法,如图 9 - 13 所示。

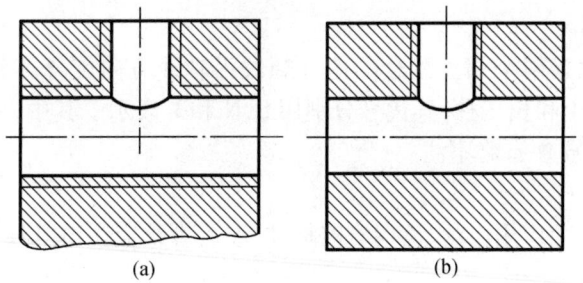

图 9 - 13　螺纹孔相交的表示方法

9.4 螺纹的规定标记及标注

由于螺纹采用了统一规定画法,图上不反映螺纹要素等参数,因此需要在图样中标注出国家标准所规定的螺纹标记。各常用螺纹的标记和标注方法如下:

9.4.1 普通螺纹

普通螺纹应用广泛,螺纹紧固件(螺栓、螺柱、螺钉、螺母)的连接均为普通螺纹。

普通螺纹标记的格式为:

$$\boxed{螺纹代号}—\boxed{公差带代号}—\boxed{旋合长度代号}—\boxed{旋向代号}$$

1. 螺纹代号

螺纹代号:$\boxed{螺纹特征代号}$ $\boxed{公称直径}×\boxed{螺距}$

普通螺纹的螺纹特征代号为"M",公称直径为螺纹的大径。粗牙普通螺纹不标注螺距,细牙单线螺纹标注螺距,多线螺纹用"导程(P 螺距)"表示。

例如,公称直径为 20 mm、螺距为 1.5 mm 的细牙普通螺纹的螺纹代号应标记为:M20 × 1.5;公称直径为 20 mm 的粗牙普通螺纹应标记为:M20。

2. 公差带代号

螺纹加工精度由公差带代号来表示,数字表示公差等级(公差带大小),用拉丁字母表示基本偏差代号(公差带位置),小写字母代表外螺纹,大写字母代表内螺纹。一般同时标出中径和顶径(即外螺纹大径或内螺纹小径)的公差带代号,当中径和顶径的公差带代号相同时,则只标注一个。最常用的中等公差精度螺纹,即公称直径≤1.4 mm 的 5H,6h 和公称直径≥1.6 mm 的 6H,6g 可不标注其公差代号。

例如:M20 ×1.5—5g 6g   5g—中径公差带代号,6g—顶径公差带代号

在内、外螺纹连接图上标注时,其公差带代号应用斜线分开,如 6H/6g,6H/5g6g 等。

3. 旋合长度代号

螺纹的旋合长度指两个相互配合的内外螺纹沿轴线方向旋合部分的长度。普通螺纹的旋合长度分为短、中和长三种,其代号分别用 S,N 和 L 表示。其中,中等旋合长度应用较为广泛,在标记中代号 N 省略不注。

4. 旋向代号

右旋螺纹在工程上应用广泛,旋向省略标注,左旋螺纹应注出"LH"。

9.4.2 梯形螺纹

梯形螺纹主要用于传递运动和动力,工作时可以传递双向的力。梯形螺纹与普通螺纹的标记格式类似,梯形螺纹标记的格式为:

$$\boxed{螺纹代号}—\boxed{公差带代号}—\boxed{旋合长度代号}$$

螺纹代号的项目及格式:$\boxed{螺纹特征代号}$ $\boxed{公称直径}×\boxed{导程(P 螺距)}$ $\boxed{旋向}$

梯形螺纹的螺纹特征代号为"Tr"。

例如,公称直径为 40 mm、螺距为 7 mm 的单线左旋梯形螺纹的螺纹代号应标记为:

Tr40×7LH;而同一公称直径为40 mm且螺距为7 mm的双线右旋梯形螺纹的代号应标记为:Tr40×14(P7)。

9.4.3 管螺纹

管螺纹一般用于管路的连接。管螺纹的牙型为等腰三角形,牙型角为55°,其公称尺寸为管子的通径,单位为英寸,标记格式为: 螺纹特征代号 尺寸代号   公差等级代号—旋向 。

管螺纹的标记一律注在引线上,引线从大径处引出。

非密封管螺纹的螺纹特征代号为"G"。外螺纹的公差等级规定了A级和B级两种,A级为精密级,B级为粗糙级;而内螺纹的中径只规定了一种公差等级,对内螺纹不标记公差等级代号。右旋螺纹不标注旋向,左旋螺纹标注"LH"。

例如,非密封管螺纹为外螺纹,其尺寸代号为1/4,公差等级为A级,右旋,则该螺纹的标记为:G1/4A。

各种螺纹的标记示例如表9-2所示。

表9-2 标准螺纹的标记和标注

螺纹种类		标注内容及格式	标注示例	说明
普通螺纹	粗牙普通螺纹	M20—5g6g		公称直径为20 mm的右旋粗牙普通螺纹(外螺纹),中径公差带代号为5g,顶径公差带代号为6g,中等旋和长度
	细牙普通螺纹	M20×2—6H—S—LH		公称直径为20 mm、螺距为2 mm的左旋细牙普通螺纹(内螺纹),中径和顶径公差带代号均为6H,短旋和长度
梯形螺纹		Tr30×6LH—7e—L		公称直径为30 mm、螺距为6 mm的单线左旋梯形外螺纹,中径公差带代号为7e,长旋和长度
		Tr30×12(P6)—7H		公称直径为30 mm、螺距为6 mm、导程为12 mm的双线右旋梯形内螺纹,中径公差带号为7H,中等旋和长度
非螺纹密封的管螺纹		G3/4A		尺寸代号为3/4、公差等级为A级的非螺纹密封的右旋圆柱外螺纹
		G1$\frac{1}{2}$—LH		尺寸代号为1$\frac{1}{2}$的非螺纹密封的左旋圆柱内螺纹

16

9.5　常用螺纹紧固件

　　表面制有螺纹,起连接和紧固作用的零件称为螺纹紧固件。常用的螺纹紧固件有螺栓、双头螺柱、螺钉、螺母和垫圈等,如图 9-14 所示。这些零件都是标准件,其结构形式和尺寸都已标准化,使用时可根据需要按有关标准选用。

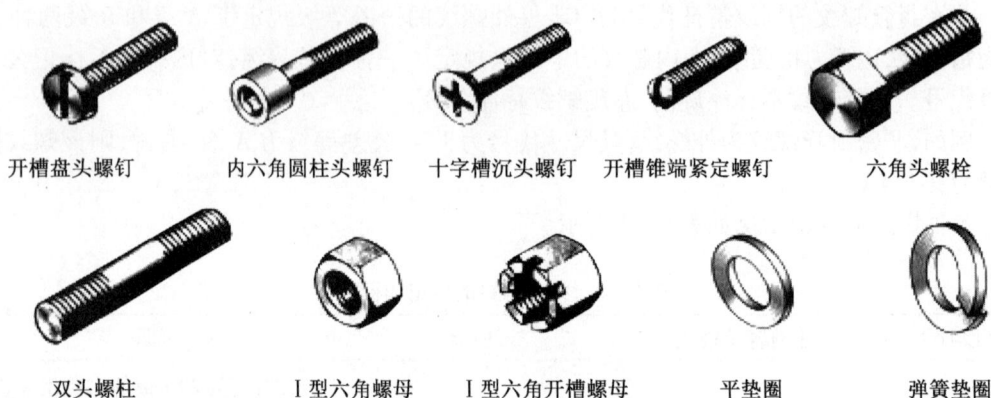

| 开槽盘头螺钉 | 内六角圆柱头螺钉 | 十字槽沉头螺钉 | 开槽锥端紧定螺钉 | 六角头螺栓 |

| 双头螺柱 | I 型六角螺母 | I 型六角开槽螺母 | 平垫圈 | 弹簧垫圈 |

图 9-14　常用的螺纹紧固件

9.5.1　螺纹紧固件的标记(GB/T 1237—2000《紧固件标记方法》)

　　因螺纹紧固件为标准件,在进行设计时,不必画出它们的零件图,只需在装配图中按规定画法画出,并注明它们的标记即可。

　　螺纹紧固件的完整标记由名称、标准编号、螺纹规格或公称长度(必要时)、性能等级或材料等级、热处理、表面处理组成。紧固件一般采用简化标记,主要标记前四项,表 9-3 列出了常用螺纹紧固件的标记示例。

表 9-3　常用螺纹紧固件的标记示例

种类	结构与规格尺寸	简化标记示例及说明
六角头螺栓		螺纹规格为 M6,$l = 30$ mm,性能等级为 8.8 级,表面氧化的 A 级六角头螺栓 简化标记:螺栓 GB/T 5782 M6×30
双头螺柱		两端螺纹规格均为 M8,$l = 30$ mm,性能等级为 4.8 级,不经表面处理的 B 型双头螺柱 简化标记:螺柱 GB/T 898 M8×30

表 9 – 3(续)

种类	结构与规格尺寸	简化标记示例及说明
开槽圆柱头螺钉		螺纹规格为 M5,$l=45$ mm,性能等级为 4.8 级,不经表面处理的开槽圆柱头螺钉 简化标记:螺钉 GB/T 65 M5×45
开槽盘头螺钉		螺纹规格为 M5,$l=45$ mm,性能等级为 4.8 级,不经表面处理的开槽盘头螺钉 简化标记:螺钉 GB/T 67 M5×45
开槽沉头螺钉		螺纹规格为 M5,$l=45$ mm,性能等级为 4.8 级,不经表面处理的开槽沉头螺钉 简化标记:螺钉 GB/T 68 M5×45
开槽锥端紧定螺钉		螺纹规格为 M5,$l=20$ mm,性能等级为 14H 级,表面氧化的开槽锥端紧定螺钉 简化标记:螺钉 GB/T 71 M5×20
I 型六角螺母		螺纹规格为 M8,性能等级为 8 级,不经表面处理的 I 型六角螺母 简化标记:螺母 GB/T 6170 M8
平垫圈		标准系列,规格 8 mm,性能等级为 140HV,不经表面处理的 A 级平垫圈 简化标记:垫圈 GB/T 97.1 8
标准型弹簧垫圈		规格 8 mm,材料为 65Mn,表面氧化的标准型弹簧垫圈 简化标记:垫圈 GB/T 93 8

9.5.2　螺纹紧固件的画法

1. 查表画法

根据螺纹紧固件标记中的公称直径 d(或 D),查阅有关标准,按图例进行绘图。

2. 比例画法

螺纹紧固件的螺纹公称直径按标记确定,其他各部分尺寸都取与大径 d(或 D)成一定比例的数值。采用比例画法时,螺纹紧固件的螺纹工称长度 l 需根据被连接件的厚度计算后,查其标准选定标准值。

各种常用螺纹连接件的比例画法,如表9-4所示。

表9-4　各种螺纹连接件的比例画法

名称	比例画法	名称	比例画法
螺栓	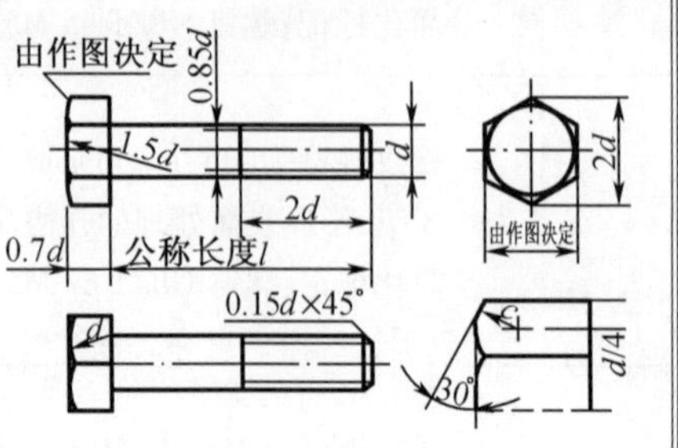	螺母	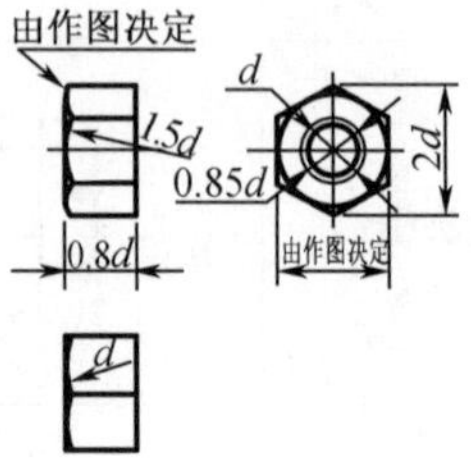
双头螺柱	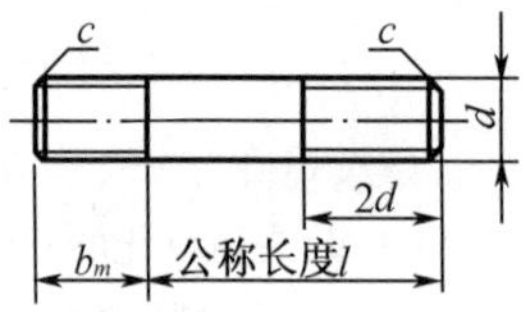	内六角圆柱头螺钉	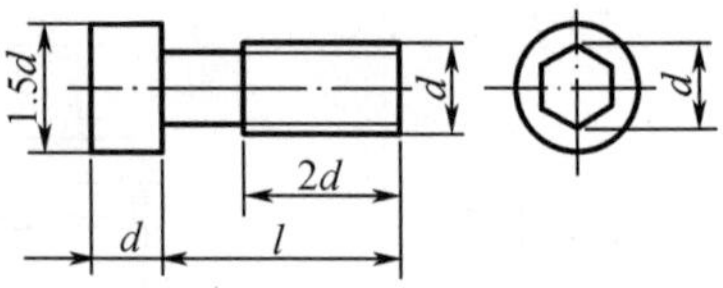
开槽圆柱头螺钉	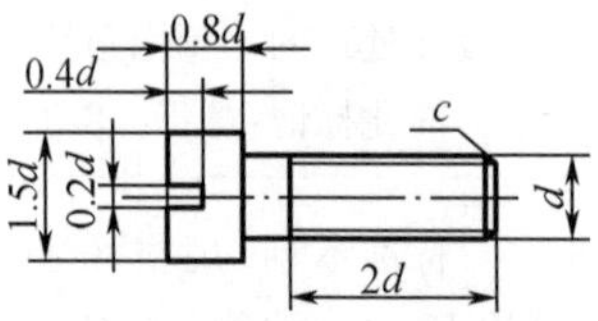	沉头螺钉	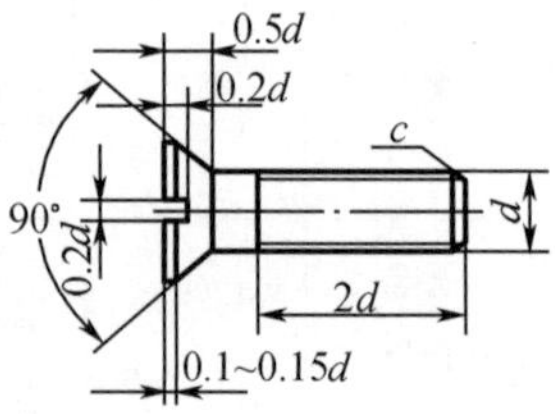
平垫圈	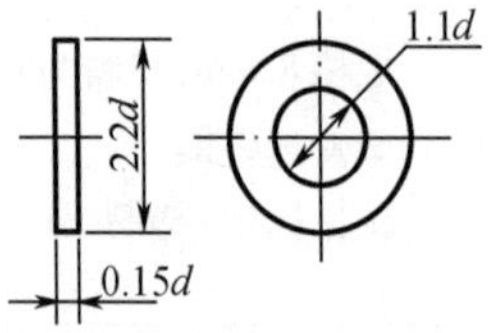	弹簧垫圈	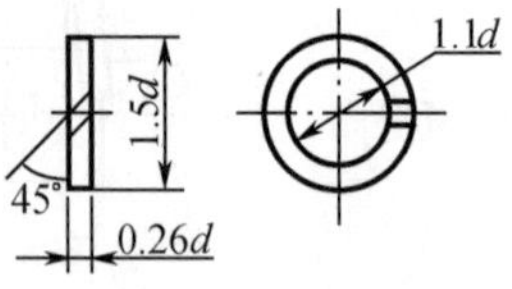
钻孔	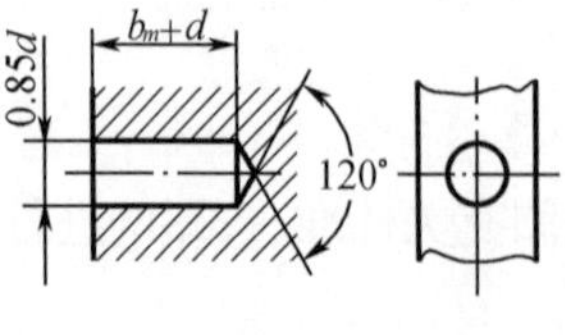	螺孔和光孔尺寸	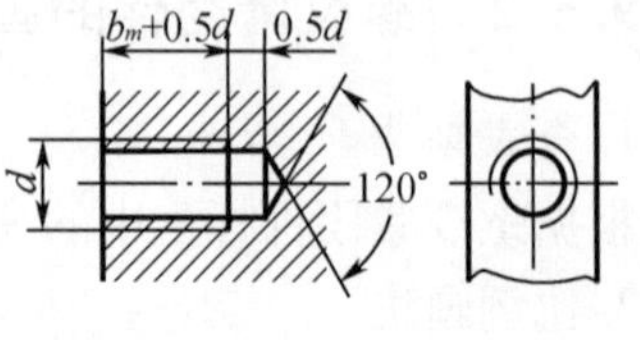

9.6　螺纹紧固件的装配图画法

螺纹紧固件连接的基本形式有三种:螺栓连接、螺柱连接、螺钉连接,如图 9 – 15 所示。

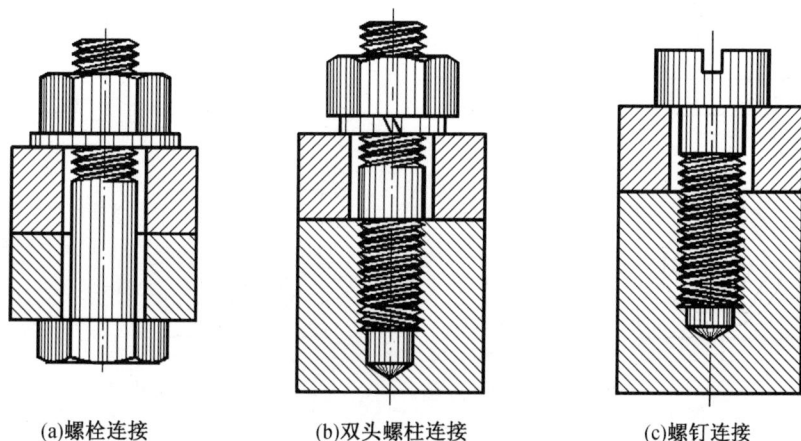

(a)螺栓连接　　　　(b)双头螺柱连接　　　　(c)螺钉连接

图 9 – 15　螺纹紧固件连接

9.6.1　螺纹紧固件连接装配图的规定画法

(1)两零件的接触面只画一条粗实线;不接触的表面,不论间隙大小,都必须画成两条线。

(2)在剖视图中,相邻两个零件的剖面线方向应相反或间隔不同,但同一零件在各剖视图中,剖面线的方向和间隔应相同。

(3)当剖切平面通过螺杆的轴线时,对于螺栓、螺柱、螺钉、螺母及垫圈等均按不剖绘制,螺纹紧固件的工艺结构,如倒角、退刀槽、缩径、凸肩等均可省略不画。

9.6.2　螺栓连接的装配图画法

螺栓适用于连接不太厚并能制出通孔的零件之间的连接,用于螺栓连接的螺纹紧固件有螺栓、螺母和垫圈,如图9 – 16(a)所示。

作图时被连接件上孔径比螺纹大径略大,画图时取 1.1d。采用比例画法时,螺栓公称长度 l 为:

$$l \approx \delta_1 + \delta_2 + h + m + a$$

式中　δ_1,δ_2——被连接零件厚度;

　　　h——垫圈厚度;

　　　m——螺母厚度;

　　　$a = 0.3d$——螺栓旋出长度。

螺栓连接还可以采用简化画法,螺栓倒角、六角头部曲线等均可省略不画,如图 9 – 16 (b)所示。

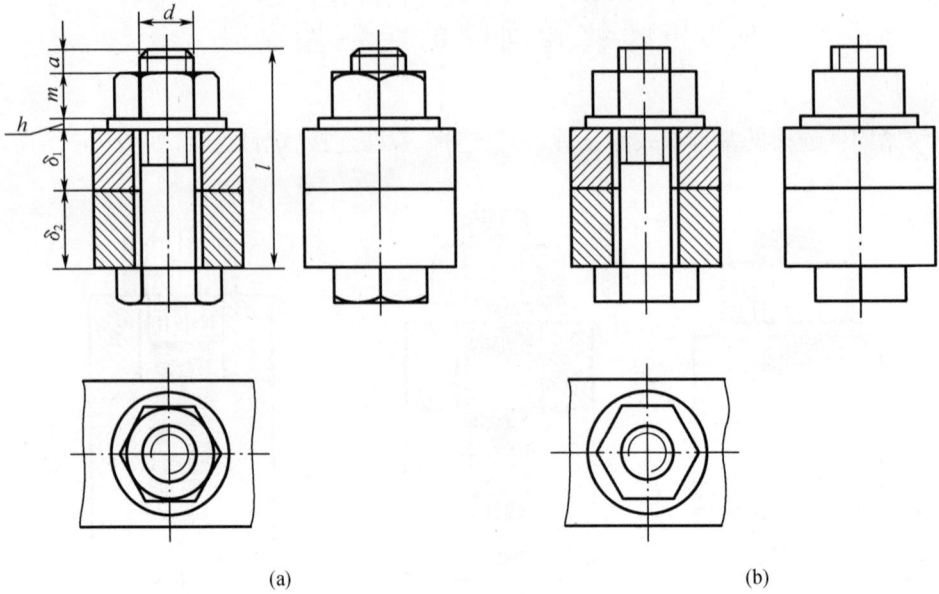

图 9-16　螺栓连接

9.6.3　双头螺柱连接的装配图画法

　　双头螺柱连接适用于被连接零件之一较厚或不允许钻成通孔，且经常拆卸的情况，所用螺纹紧固件有双头螺柱、螺母和垫圈。在较薄的零件上加工成孔径为 $1.1d$ 通孔，而在较厚的零件上制出不穿通的螺纹孔。双头螺柱两端都加工有螺纹，连接时，旋入较厚零件中的螺孔中的一端称为旋入端，另一端穿过较薄零件的通孔，套上垫圈，再用螺母拧紧，称为紧固端，如图 9-17 所示。在拆卸时只须拧出螺母等零件，而不需要拆卸螺柱，因此采用这种连接不会损坏被连接件。

　　螺孔深度一般取 $b_m + 0.5d$，钻孔深度一般取 $b_m + d$，如图 9-18 所示。

　　画螺柱连接时应注意：

　　（1）螺柱旋入端的螺纹应全部旋入机件的螺纹内，螺纹终止线与旋入零件的螺孔上端面平齐。

　　（2）双头螺柱的旋入端长度 b_m 与被连接零件的材料有关，按表 9-5 选取。

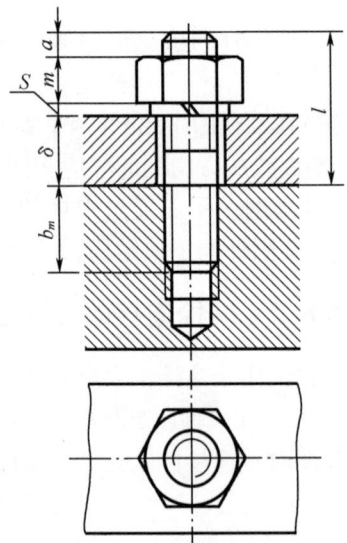

图 9-17　双头螺柱连接

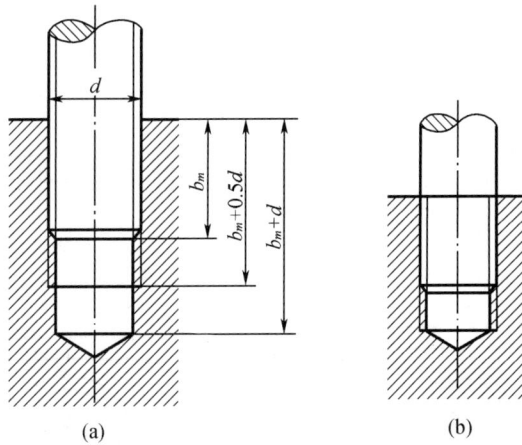

图 9 – 18　钻孔和螺孔的深度

表 9 – 5　旋入端长度

被旋入零件的材料	旋入端长度 b_m
钢、青铜	$b_m = d$
铸铁	$b_m = 1.25d$ 或 $1.5d$
铝、较软材料	$b_m = 2d$

（3）双头螺柱的公称长度应按下式估算：

$$l \approx \delta + S + m + (0.3 \sim 0.4)d$$

式中　δ——穿沉孔零件厚度；

　　　S——垫圈厚度；

　　　m——螺母厚度。

（4）画装配图时，不穿通螺纹孔的钻孔深度也可省略不画出，仅按有效螺纹部分的深度画出，见图 9 – 18（b）。

9.6.4　螺钉连接的装配图画法

螺钉连接按用途分为连接螺钉和紧定螺钉。

螺钉连接用于不经常拆卸，受力不大且被连接件之一较厚的场合。螺钉连接装配图的画法与螺柱连接下半部分相同，螺钉根据其头部形式不同而有多种形式，图 9 – 19 为两种常见螺钉连接装配图的简化画法。

对于带槽螺钉的槽部，在投影为圆的视图中画成与中心线成 45°；当槽宽小于 2 mm 时，可涂黑表示。螺钉的螺纹终止线应超出螺孔的端面使螺钉的头部压紧被连接零件。

紧定螺钉对机件主要起定位和固定作用。紧定螺钉根据其尾端形状有多种形式，可参阅有关标准。图 9 – 20 所示为开槽锥端紧定螺钉的画法。

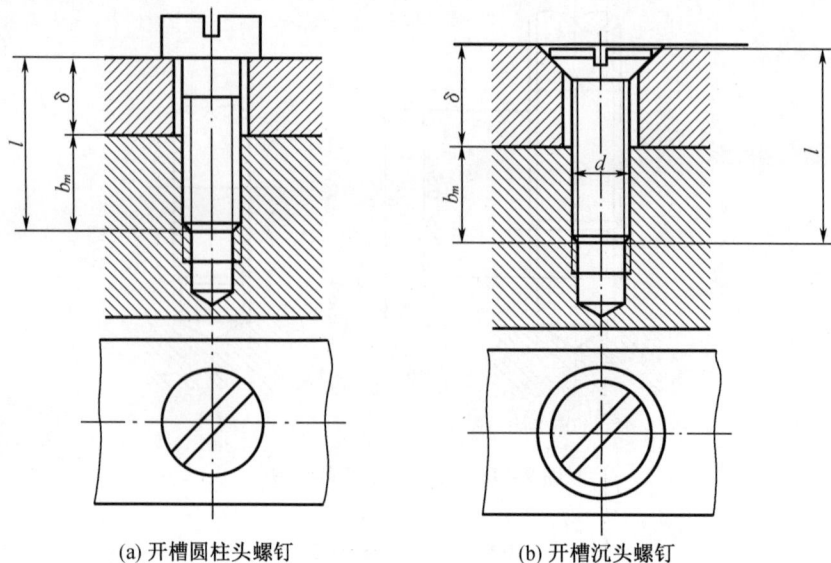

(a) 开槽圆柱头螺钉　　　　　　　(b) 开槽沉头螺钉

图 9 – 19　螺钉连接画法

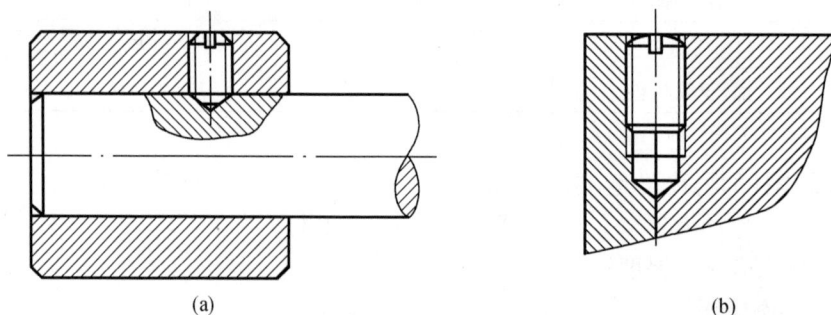

(a)　　　　　　　　　　　　　　(b)

图 9 – 20　紧定螺钉连接

9.7　螺纹连接的防松

因振动、变载、冲击等动载荷或工作温度发生较大变化,可使螺纹连接产生松动,反复多次后将会导致连接的摩擦力和预紧力逐渐减小甚至消失,从而导致螺纹连接失效。因此,螺纹连接的放松非常重要。

9.7.1　螺纹连接松脱的原因

1. 螺纹连接件的初始变形

在螺纹连接中,螺纹连接件的初始变形表现为塑性变形,在某些条件下还会扩大,因此导致了螺纹连接发生初始松动。

2. 轴向载荷的作用

当螺栓受到轴向载荷的作用时,螺栓轴向伸长,径向弹性收缩,螺母则径向扩张。从而在两者的接触面间出现微量相对径向滑动。同时,相对径向滑动在载荷的反复作用下不断增大,导致螺母松动回转。

3. 横向载荷的作用

当螺栓受到反复横向力作用时,螺栓产生弹性扭转变形,从而产生了螺纹连接的松动现象。横向载荷的作用是导致螺纹连接松动失效的主要原因。

9.7.2　螺纹连接防松的方法

防止螺纹连接松动、失效,就是限制螺栓与螺母之间的相对转动。螺纹连接防松技术和防松结构很多,从其工作原理可以分为摩擦防松、机械防松、铆冲防松等。

1. 摩擦防松

这类防松措施是使旋和的螺纹之间始终有摩擦力防止连接松脱,不因外载荷变化而失去压力。这种方法多用于冲击和振动不剧烈的场合。常用的有以下几种:

(1)对顶螺母:利用两螺母的对顶作用,使螺栓始终受到附加摩擦力以防止螺母松动。一般适用于低速、平稳和重载的固定装置上的连接。如图 9 – 21(a)所示。

(2)尼龙圈锁紧螺母:主要利用螺母末端嵌有的尼龙圈锁紧。当拧紧时,尼龙圈内孔被胀大,从横向压紧螺纹而箍紧螺栓,防松作用很好。如图 9 – 21(b)所示。

(3)弹簧垫圈:螺母拧紧后,因垫圈的弹性反力使螺纹间保持一定的压紧力和摩擦阻力,从而防止螺母松脱。此外,垫圈斜口尖端的抵挡作用也有助于防松。弹簧垫圈斜口的方向应与螺母旋紧方向一致。在冲击、振动的工作条件下,弹簧垫圈防松效果较差,一般用于不太重要的连接。如图 9 – 21(c)所示。

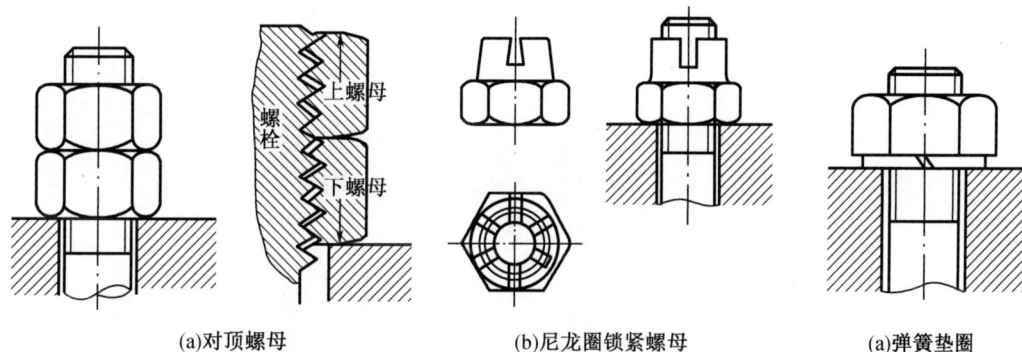

(a)对顶螺母　　　　　　(b)尼龙圈锁紧螺母　　　　　(a)弹簧垫圈

图 9 – 21　摩擦防松

2. 机械防松

这类防松装置是利用各种止动零件来阻止旋和的螺纹零件间的相对转动。这类防松方法十分可靠,应用很广。

(1)开口销和槽形螺母:将开口销穿过螺母上的槽和螺栓末端上的孔,尾端分开,则螺母被锁紧在螺栓上,从而达到防松的目的。这种防松装置常用于有振动的高速机械,如图9 – 22(a)所示。

(2)止动垫圈:螺母拧紧后,将单耳或双耳止动垫圈分别向螺母和被连接件的侧面折弯贴紧,螺母就锁紧在被连接件上,如图 9 – 22(b)所示。

(3)串联钢丝:用低碳钢丝穿入各螺钉头部的孔内,将各螺钉串联起来,使其相互制动。

一般适用于螺钉组连接,防松可靠,但装拆不便,如图9-22(c)所示。

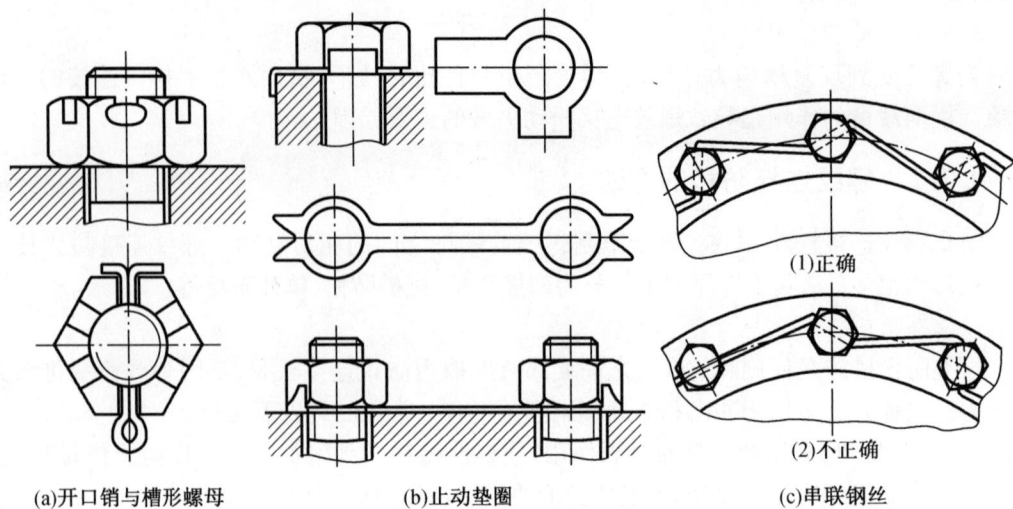

| (a)开口销与槽形螺母 | (b)止动垫圈 | (c)串联钢丝 |

图 9 - 22　机械防松

3. 铆冲防松

(1)冲点法防松:将螺母拧紧,用冲头在螺栓末端与螺母的旋合缝处打冲或将螺栓末端与螺母的旋合缝处焊接。这种防松方法可靠,但拆卸后连接件不能再重复使用。

(2)黏接法防松:用黏结剂涂于螺纹旋合表面,拧紧螺母后黏结剂能自行固化。

第10章　标准件及常用件

有些零件在机器和设备中应用范围广,使用量大,为了提高产品质量和降低成本,国家标准对这类零件的结构、尺寸和技术要求实行全部或部分标准化。实行全部标准化的零件,称为标准件,如螺纹紧固件、键、销、滚动轴承。实行部分标准化的零件,称为常用件,如齿轮、弹簧等。标准件和常用件的结构和形状,应根据相应的国家标准所规定的画法、代号和标记,进行绘图和标注。

10.1　键及其连接

键是标准件。在机器和设备中,通常用键来连接轴和轴上的零件(如齿轮、带轮、联轴器等),以传递转矩。

10.1.1　常用键及其标记

键连接有多种形式,常用键有普通平键、半圆键和钩头楔键等,如图10-1所示,其中普通平键最为常用。

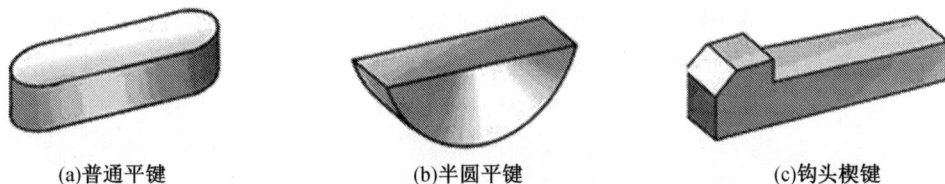

(a)普通平键　　　　　　(b)半圆平键　　　　　　(c)钩头楔键

图 10-1　常用键

表 10-1 列出了这几种键的标准编号、画法及其标记示例。

表 10-1　常用键的图例和标记

名称及标准编号	图　　例	标记示例
普通平键 GB/T 1096—2003		GB/T 1096—2003 键 18×11×100 圆头普通平键 键宽 $b=18$,键高 $h=11$,键长 $L=100$

表 10 −1(续)

名称及标准编号	图 例	标记示例
半圆键 GB/T 1099.1—2003		GB/T 1099.1—2003 键 6×10×25 半圆键 键宽 $b=6$,键高 $h=10$,直径 $d=25$
钩头楔键 GB/T 1565—2003		GB/T 1565—2003 键 18×100 钩头楔键 键宽 $b=18$,键高 $h=8$,键长 $L=100$

10.1.2　键连接的画法

设计时,应根据轴径 d 查阅标准确定键及键槽尺寸。图 10 −2 和图 10 −3 分别为普通平键和半圆键连接的画法,根据国家标准规定,当剖切平面沿着键的纵向剖切时,键不画剖面符号,沿其他方向剖切时需画上剖切符号。通常为了表示键在轴上的连接情况,轴采用局部剖视来表达。普通平键和半圆键的两侧面为工作面,键与键槽两侧面相接触,应画一条线,而键与轮毂槽的键槽顶面间应留有间隙,故画成两条线。

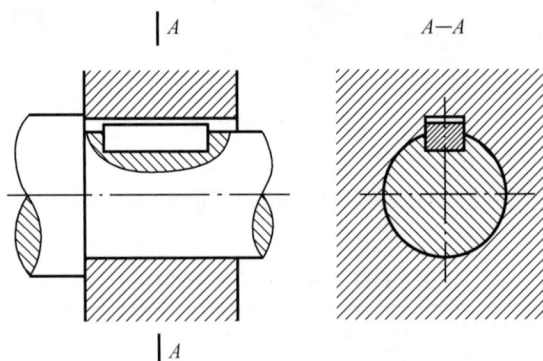

图 10 −2　普通平键连接的画法

10.1.3　键槽的画法及尺寸标注

确定键的形式和尺寸后,轴和轮毂上键槽的尺寸应查阅有关标准确定。键槽的画法和尺寸标注如图 10 −4 所示。

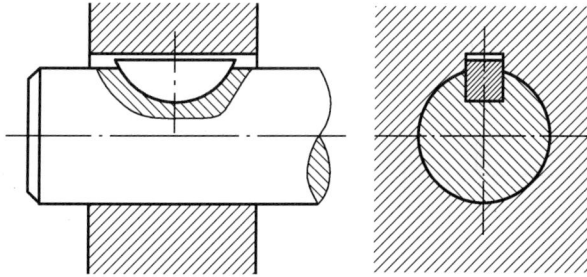

图 10 - 3　半圆键连接的画法

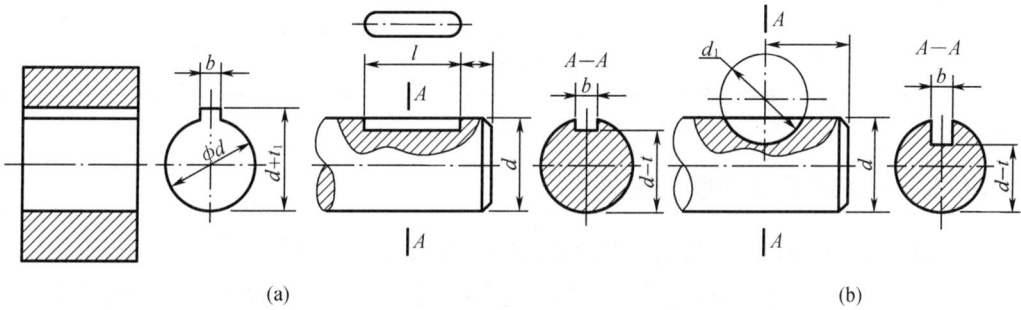

(a)　　　　　　　　　　　　　　　　　　　(b)

图 10 - 4　键槽的画法和尺寸标注

10.2　销

10.2.1　销的种类和标记

销也是标准件,主要用于两零件之间的连接或定位。常用的销有圆柱销、圆锥销、开口销等,如图 10 - 5 所示。销各部分的尺寸可根据其公称直径和标准编号从标准中查得,其画法及标记如表 10 - 2 所示。圆柱销靠过渡配合固定在被连接件的销孔中、多次装拆会因磨损而影响其定位精度。圆锥销有 1∶50 的锥度,可便于多次装拆而不影响其精度。

(a)圆柱销　　　　　　　　　(b)圆锥销　　　　　　　　　(c)开口销

图 10 - 5　销

表 10 - 2 列出了常用的几种销的标准代号、形式和标记示例。

表 10 - 2　销的画法和标记示例

名称	圆柱销	圆锥销	开口销
结构及规格尺寸			
简化标记示例	销 GB/T 119.2　5×20	销 GB/T 117　6×24	销 GB/T 91　5×30
说明	公称直径 $d=5$ mm,长度 $l=$ 20 mm,公差为 m6,材料为钢,普通淬火(A 型),表面氧化的圆柱销	公称直径 $d=6$ mm,长度 $l=$ 24 mm,材料为 35 钢,热处理硬度 28~38 HRC,表面氧化处理的 A 型圆锥销	公称直径 $d=5$ mm,长度 $l=$ 30 mm,材料为 Q215 或 Q235,不经表面处理的开口销

10.2.2　销连接装配图的画法

　　销作为实心键及标准件,当剖切平面通过销的轴线时,销作不剖处理,垂直于轴线剖切时,应画出剖面符号。圆柱销和圆锥销的装配要求较高,一般两个被连接件的销孔要一起加工。

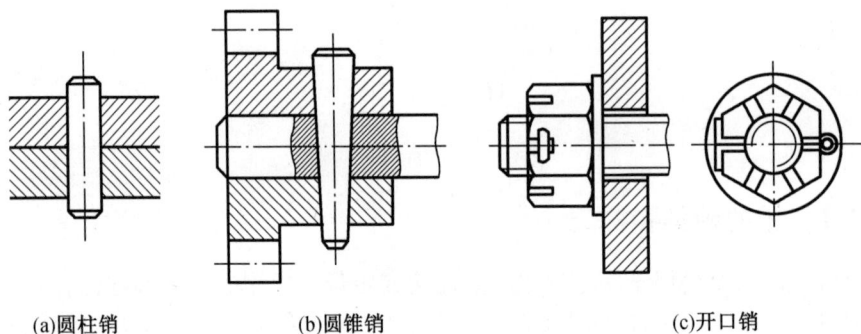

(a)圆柱销　　　　　　(b)圆锥销　　　　　　(c)开口销

图 10 - 6　销连接的画法

10.3　齿　　轮

　　齿轮广泛应用于机器和部件中,通过轮齿间的啮合,传递运动和动力,也可用来改变转速和旋转方向。齿轮的种类很多,根据两轴的相对位置可以分为三类:

　　(1)圆柱齿轮——用于两平行轴间的传动,如图 10 - 7(a);

　　(2)圆锥齿轮——用于两相交轴间的传动,如图 10 - 7(b);

　　(3)蜗轮蜗杆——用于两交错轴间的传动,如图 10 - 7(c)。

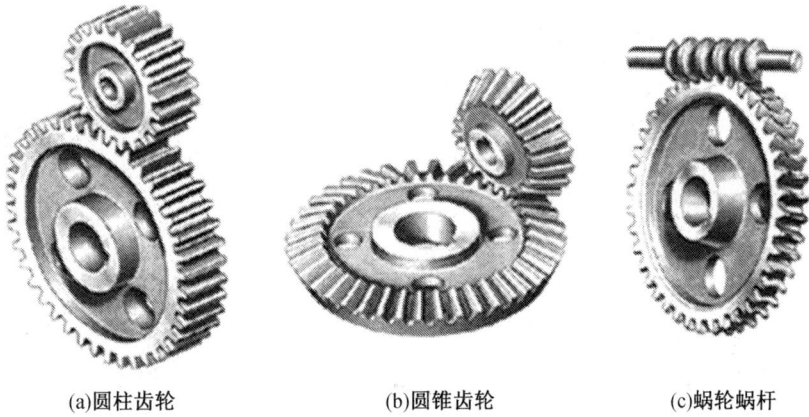

(a)圆柱齿轮　　　　　　(b)圆锥齿轮　　　　　　(c)蜗轮蜗杆

图 10 - 7　齿轮传动

10.3.1　直齿圆柱齿轮

1. 直齿圆柱齿轮各部分的名称和代号

圆柱齿轮各部分的名称和代号如图 10 - 8 所示。

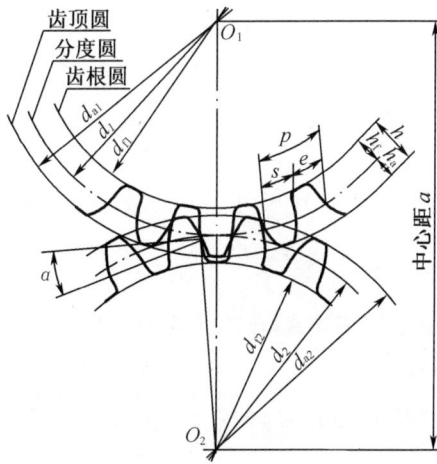

图 10 - 8　齿轮各部分的名称

(1)齿顶圆　通过齿轮顶部的圆,直径用 d_a 表示。

(2)齿根圆　通过齿轮根部的圆,直径用 d_f 表示。

(3)节圆、分度圆　如图 10 - 8 所示,当两齿轮啮合时,齿轮齿廓线的啮合点(接触点)C 称节点,过圆心 O_1,O_2 相切于节点的两个圆称为节圆,直径用 d' 表示。设计、加工齿轮时,为了便于计算和分齿而设定的基准圆称为分度圆,直径用 d 表示。标准齿轮分度圆上的齿厚 s(某圆上一个轮齿两侧的弧长)与槽宽 e(某圆上一个齿槽两侧的弧长)相等。一对标准齿轮啮合时,节圆与分度圆重合(即 $d = d'$)。

(4)齿顶高　齿顶圆与分度圆之间的径向距离,用 h_a 表示。

（5）齿根高　齿根圆与分度圆之间的径向距离，用 h_f 表示。

（6）齿全高　齿顶圆与齿根圆之间的径向距离，用 h 表示，$h = h_a + h_f$。

（7）齿距　分度圆上相邻两齿对应点间的弧长，用 p 表示。$p = s + e$

（8）中心距　两圆柱齿轮轴线之间的距离，用 a 表示。

2. 直齿圆柱齿轮的基本参数与齿轮各部分的尺寸关系

（1）齿数　齿轮上轮齿的个数，用 z 表示。

（2）模数　由于齿轮分度圆的周长 $= \pi d = zp$，即

$$d = \frac{p}{\pi} z$$

在设计和制造过程中，为了便于计算和测量，令齿距与圆周率的比值 $p/\pi = m$，则

$$d = mz$$

式中　m——齿轮的模数。

模数 m 是设计、制造齿轮的重要参数。一对相啮合齿轮的模数和压力角必须分别相等。模数大，而齿轮的承载能力也增大。不同模数的齿轮，要用不同模数的刀具来加工制造。模数已经标准化，我国规定的标准模数如表 10 - 3 所示。

表 10 - 3　标准模数（摘自 GB/T 1357—2008）　　　　单位：mm

圆柱齿轮	第一系列	1, 1.25, 1.5, 2, 2.5, 3, 4, 5, 6, 8, 10, 12, 16, 20, 25, 32, 40,50
	第二系列	1.125,1.375,1.75, 2.25, 2.75,3.5,4.5, 5.5, (6.5), 7, 9,11, 14,18, 22,28,36,45

注：选用圆柱齿轮模数时，应优先选用第一系列，其次选第二系列，括号内的模数尽可能不用。

标准直齿圆柱齿轮的轮齿各部分尺寸，可根据模数和齿数来确定，其计算公式如表10 - 4 所示。

表 10 - 4　标准直齿圆柱齿轮几何尺寸计算公式

名称及代号	计算公式	名称及代号	计算公式
模数 m	$m = p/\pi$ 并按表 10 - 3 取标准值	分度圆直径 d	$d = mz$
齿顶高 h_a	$h_a = m$	齿顶圆直径 d_a	$d_a = d + 2h_a = m(z + 2)$
齿根高 h_f	$h_f = 1.25m$	齿根圆直径 d_f	$d_f = d - 2h_f = m(z - 2.5)$
齿高 h	$h = h_a + h_f = 2.25m$	中心距 a	$a = (d_1 + d_2)/2 = m(z_1 + z_2)/2$

（3）压力角　两个啮合的轮齿齿廓在接触点处的受力方向与运动方向的夹角，用 α 表示。我国标准齿轮的压力角 $\alpha = 20°$（压力角通常指分度圆压力角）。

3. 圆柱齿轮的规定画法

（1）单个齿轮的规定画法

①齿顶圆和齿顶线用粗实线绘制，分度圆和分度线用点画线绘制，齿根圆和齿根线用细实线绘制，也可省略不画，如图 10 - 9（a）所示。

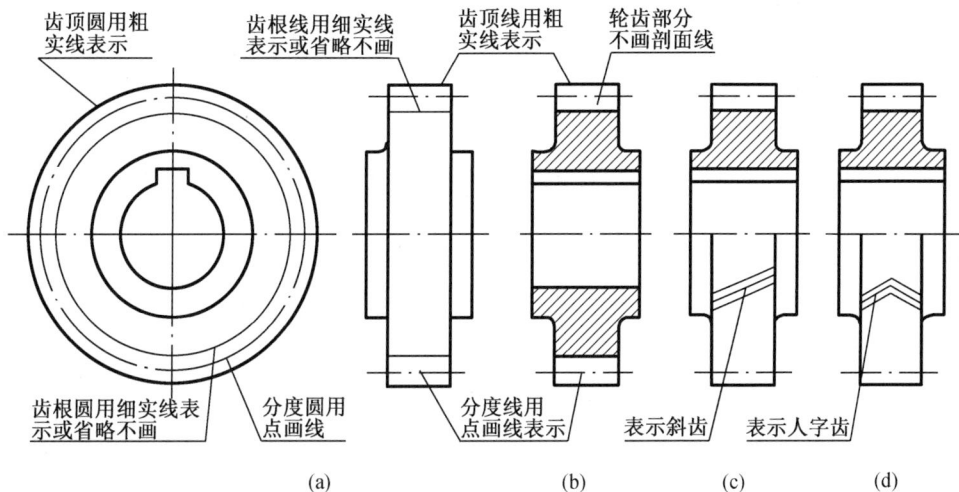

图 10 – 9　单个齿轮的规定画法

②在剖视图中,当剖切平面通过齿轮的轴线时,轮齿一律按不剖处理,齿根线用粗实线绘制,如图 10 – 9(b)所示。

③对于斜齿和人字齿的齿轮,当需要表示轮齿特征时,可用三条与齿线方向一致的相互平行的细实线表示,如图 10 – 9(c)和图 10 – 9(d)所示。

(2)两圆柱齿轮啮合的画法

①在垂直于圆柱齿轮轴线投影的视图中,两分度圆应相切,啮合区的齿顶圆均用粗实线绘制,见图 10 – 10(a),也可省略不画,如图 10 – 10(b)所示。

②在剖视图中,当剖切平面通过两啮合齿轮的轴线时,在啮合区内,将一个齿轮的轮齿用粗实线绘制,另一个齿轮的轮齿被遮挡的部分用虚线绘制,如图 10 – 10(a)所示,虚线也可省略不画。

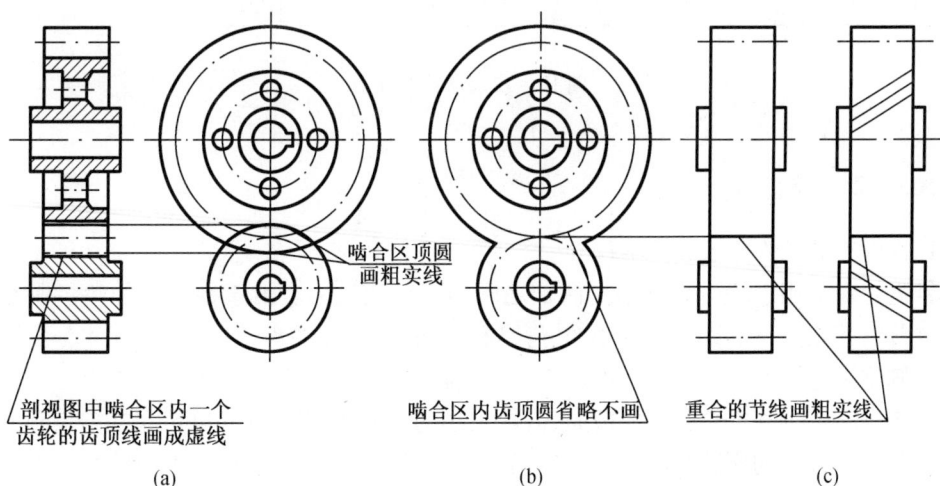

图 10 – 10　齿轮啮合的规定画法

③在平行于圆柱齿轮轴线的投影面的外形视图中,啮合区内的齿顶线不需要画出,节线用粗实线绘制,其他处的节线用点画线绘制,如图 10 – 10(c)所示。

④齿顶与齿根之间有 0.25m 的间隙,在剖视图中,应按图 10 – 11 所示的形式画出;

图 10 – 12 是齿轮零件图,除了要表示出齿轮的形状、尺寸和技术要求外,还要在图样右上角注明加工齿轮所需的基本参数及检验项目等。

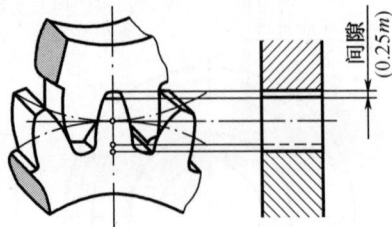

图 10 – 11　啮合区的画法

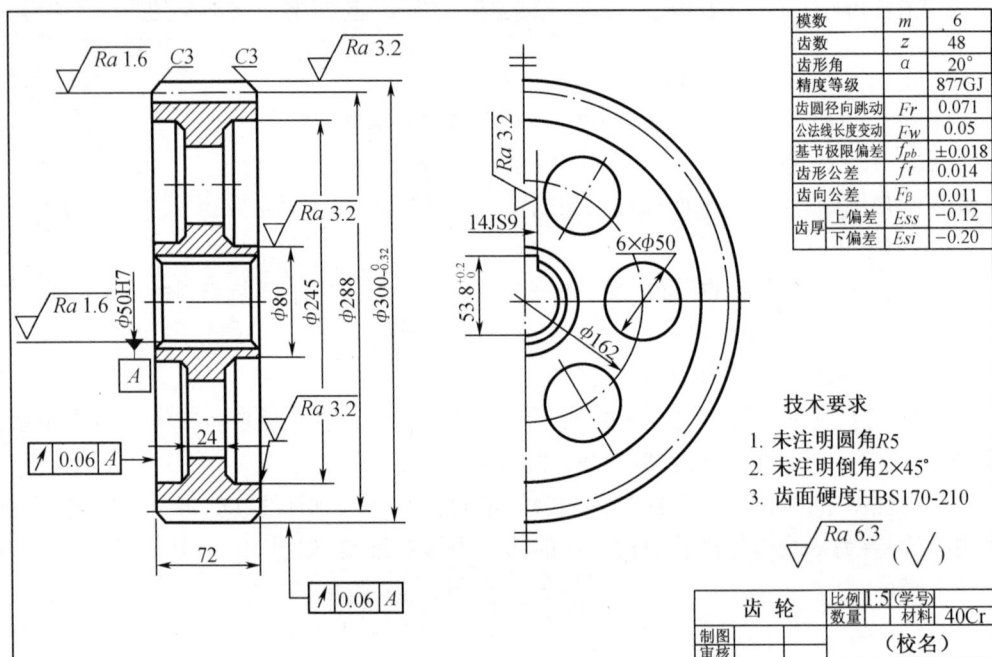

图 10 – 12　齿轮零件图

10.3.2　锥齿轮

1. 锥齿轮的结构要素和基本尺寸

锥齿轮通常用于传递垂直相交两轴之间的运动或动力。由于锥齿轮的轮齿制在圆锥面上,因而,其轮齿一端大另一端小,其齿厚和齿槽宽、各处的齿顶圆、齿根圆和分度圆也不相等。圆锥齿轮分为直齿、斜齿、螺旋齿、人字齿等,如图 10 – 13 所示。

直齿锥齿轮的基本参数有模数 m、齿数 z、压力角 α 和分度圆锥角 δ,是决定其他尺寸的依据。只有锥齿轮的模数和压力角分别相等,且两齿轮分锥角之和等于两轴线间夹角的一对直齿圆锥齿轮才能啮合。为了便于设计和制造,规定以大端端面模数为标准模数来计算轮齿各部分的尺寸。直齿锥齿轮的尺寸关系如表 10 – 5 所示。

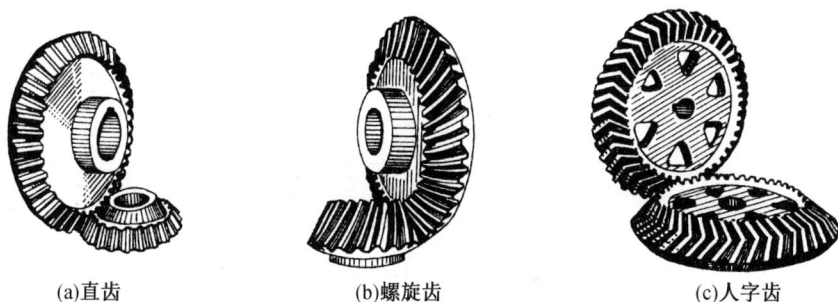

(a)直齿　　　　　　　　(b)螺旋齿　　　　　　　　(c)人字齿

图 10 - 13　圆锥齿轮

表 10 - 5　直齿圆锥齿轮的计算公式

名称	代号	计算公式
齿顶高	h_a	$h_a = m$
齿根高	h_f	$h_f = 1.2m$
齿　高	h	$h = h_a + h_f = 2.2m$
分度圆直径	d	$d = mz$
齿顶圆直径	d_a	$d_a = m(z + 2\cos \delta)$
齿根圆直径	d_f	$d_f = m(z - 2.4\cos \delta)$
外锥距	R	$R = mz/(2\sin \delta)$
分度圆锥角	δ_1	$\tan \delta_1 = z_1/z_2$
	δ_2	$\tan \delta_2 = z_2/z_1$
齿宽	b	$b \leqslant R/3$

2. 直齿锥齿轮的规定画法

锥齿轮的规定画法和圆柱齿轮的规定画法基本相同。

(1)单个齿轮的画法

单个锥齿轮各部分几何要素的名称代号和规定画法,如图 10 - 14 所示。一般用主、左两视图来表达锥齿轮,即全剖的主视图和投影为圆的左视图。齿顶线、剖视图中的齿根线和大、小端的齿顶圆用粗实线绘制,分度线和大端的分度圆用点画线绘制,齿根圆及小端分度圆均不必画出。

(2)锥齿轮啮合的画法

图 10 - 15 为一对直齿锥齿轮啮合的画法,两齿轮轴线相交成 90°,两齿轮的节圆锥面相切,节线重合,画成点画线。锥齿轮的主视图常画成剖视图,当剖切平面通过两啮合齿轮的轴线时,在啮合区内,将一个齿轮的轮齿用粗实线绘制,另一个齿轮轮齿被遮挡的部分用虚线绘制,也可以省略不画,若采用不剖的主视图,啮合区内的节线用粗实线绘制。左视图常用不剖的外形视图表示。

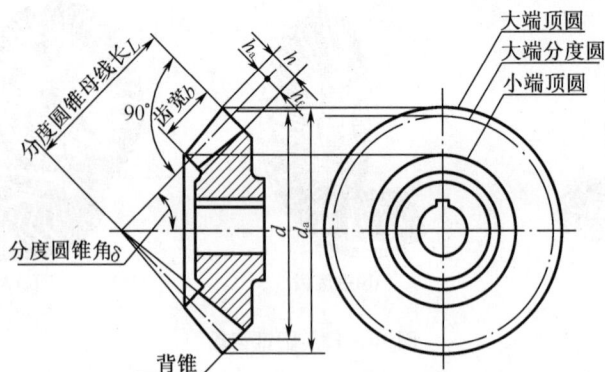

图 10 - 14　锥齿轮各部分几何要素的名称代号和规定画法

10.3.3　蜗轮蜗杆

　　蜗轮蜗杆通常用于垂直交叉的两轴之间的动力和运动的传递,通常蜗杆是主动件,蜗轮是从动件。蜗轮的轮齿顶面常制成圆弧形,以增加接触面积。蜗杆的齿数称为头数,相当于螺杆上螺纹的线数,有单头和多头之分。在传动时,蜗杆旋转一圈,蜗轮只转一个齿或两个齿。蜗轮蜗杆传动,其传动比较大,结构紧凑,且传动平稳,但效率较低。相互啮

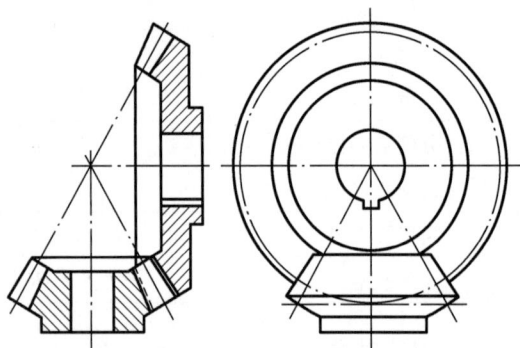

图 10 - 15　直齿锥齿轮啮合的画法

合的蜗轮蜗杆的模数必须相同,且蜗杆的导程角与蜗轮的螺旋角大小相等,方向相同。

　　1. 蜗杆和蜗轮的画法

　　蜗杆和蜗轮各部分几何要素的代号和规定画法如图 10 - 16 和图 10 - 17 所示,其画法与圆柱齿轮基本相同。如图 10 - 16 所示,蜗杆实质上是一个圆柱斜齿轮,只是齿数很少,其齿数相当于螺纹的线数,一般制成单线或双线。如图 10 - 16(b)所示,蜗杆齿形部分的尺寸以轴向剖面上的尺寸为准。主视图一般不作剖视,分度圆、分度线用点画线绘制;齿顶圆、齿顶线用粗实线绘制;齿根圆、齿根线用细实线绘制或省略不画。

　　如图 10 - 17 所示,蜗轮实质上也是一个圆柱斜齿轮,为了增加它与蜗杆的接触面积,将蜗轮外表面做成环面形状。蜗轮的齿形部分尺寸是以垂直蜗轮轴线的中间平面为准。主视图一般画成全剖视图,其轮齿为圆弧形,分度圆用点画线绘制;在全剖视图中喉圆和齿根圆用粗实线绘制。在投影为圆的视图中,只画出分度圆和最外圆,不画齿顶圆与齿根圆。

　　2. 蜗杆、蜗轮的啮合画法

　　如图 10 - 18 所示为蜗杆、蜗轮的啮合画法。在蜗杆投影为圆的视图中,无论外形图还是剖视图,蜗杆与蜗轮的啮合部分只画蜗杆,蜗轮被遮住的部分不必画出。在左视图中,蜗杆的分度线与蜗轮的分度圆应相切,一般采用局部剖视图表达其啮合区。

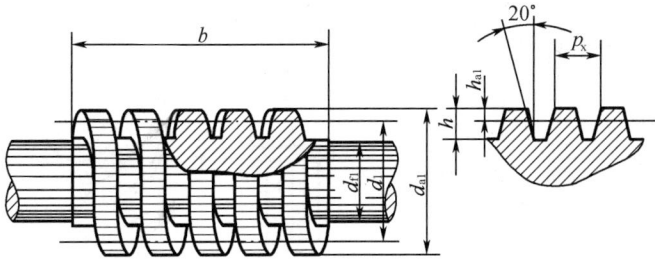

(a)蜗杆各部分的名称

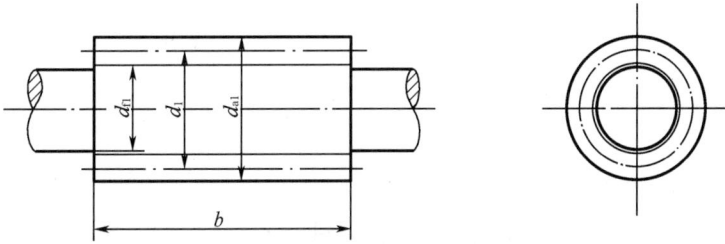

(b)蜗杆画法

d_1—分度圆直径；d_{a1}—齿顶圆直径；d_{f1}—齿根圆直径；h_{a1}—齿顶高；

h_{f1}—齿根高；h—齿高；b—蜗杆齿宽；P_x—轴向齿距。

图 10-16　蜗杆各部分的名称和画法

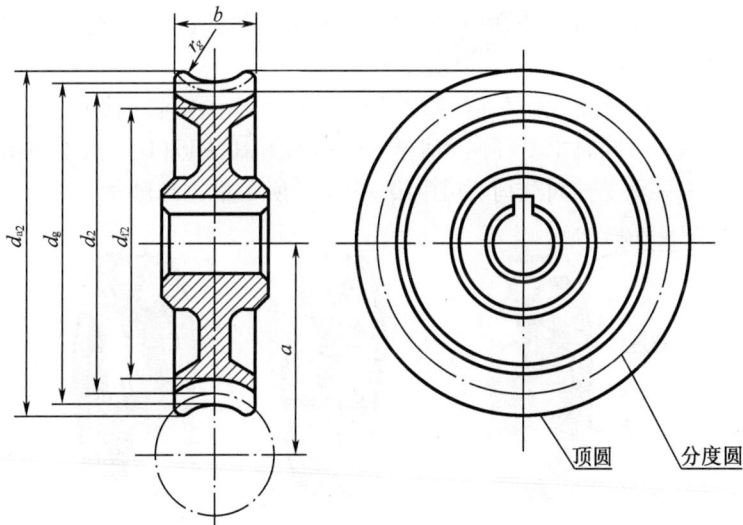

d_2—分度圆直径；d_g—喉圆直径；d_{f2}—齿根圆直径；d_{a2}—外圆直径；

b—蜗轮宽度；r_g—咽喉母圆半径；a—中心距。

图 10-17　蜗轮各部分名称和画法

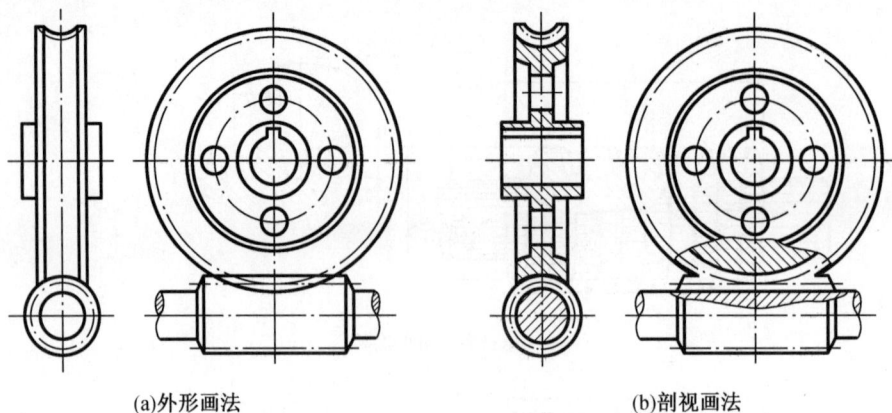

(a)外形画法   (b)剖视画法

图 10 – 18   蜗杆、蜗轮的啮合画法

10.4   滚 动 轴 承

滚动轴承是用作支承旋转轴和承受轴上载荷的标准件。它具有结构紧凑、摩擦阻力小、维修方便等优点,因此在机械设备中得到广泛应用。

10.4.1   滚动轴承的结构和分类

滚动轴承是一种标准组合件,由内圈、外圈、滚动体和保持架组成。常用的滚动轴承按受力方向可分为以下三种类型:

向心轴承——主要承受径向载荷,如图 10 – 19(a)所示深沟球轴承。

向心推力轴承——同时承受径向和轴向载荷,如图 10 – 19(b)所示圆锥滚子轴承。

推力轴承——只承受轴向载荷,如图 10 – 19(c)所示推力球轴承。

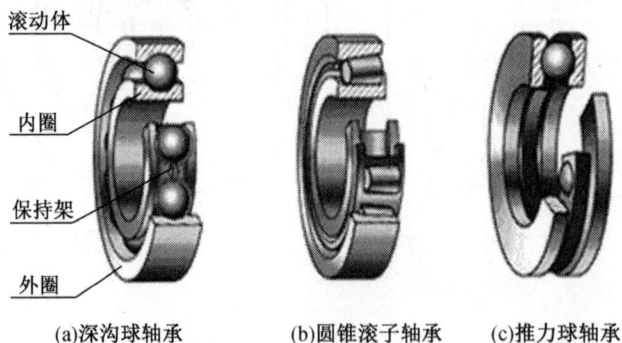

(a)深沟球轴承   (b)圆锥滚子轴承   (c)推力球轴承

图 10 – 19   滚动轴承

10.4.2   滚动轴承的代号

按国家标准规定,滚动轴承的代号是由基本代号、前置代号和后置代号三部分组成,各

部分的排列如下：

| 前置代号 | 基本代号 | 后置代号 |

轴承的基本类型、结构和尺寸由滚动轴承的基本代号表示，它由轴承类型代号、尺寸系列代号、内径代号三部分构成。类型代号由数字或字母表示；尺寸系列代号由轴承宽（高）度系列代号和直径系列代号组合而成，用两位数字表示；其中左边一位数字为宽（高）度系列代号，右边一位数字为直径系列代号，内径代号用数字表示。

前置代号和后置代号是轴承在结构形式、尺寸、公差和技术要求等有改变时，在其基本代号前后添加的补充代号。

1. 类型代号

用数字或字母表示，如表 10 - 6 所示。

表 10 - 6　滚动轴承类型代号

代号	轴承类型	代号	轴承类型
0	双列角接触球轴承	6	深沟球轴承
1	调心球轴承	7	角接触球轴承
2	调心滚子轴承和推力调心滚子轴承	8	推力轴承
3	圆锥滚子轴承	N	圆柱滚子轴承
4	双列深沟球轴承	U	外球面球轴承
5	推力球轴承	QJ	四点接触球轴承

注：在表中代号后或者前加字母或数字表示该轴承中的不同结构。

2. 尺寸系列代号

尺寸系列代号由滚动轴承的宽（高）度系列代号和直径系列代号组合而成。向心轴承、推力轴承尺寸系列代号，如表 10 - 7 所示。

表 10 - 7　滚动轴承尺寸系列代号

直径系列代号	向心轴承									推力轴承		
	宽度系列代号									宽度系列代号		
	8	0	1	2	3	4	5	6	7	9	1	2
	尺寸系列代号											
7	—	—	17	—	37	—	—	—	—	—	—	—
8	—	08	18	28	38	48	58	68	—	—	—	—
9	—	09	19	29	39	49	59	69	—	—	—	—
0	—	00	10	20	30	40	50	60	70	90	10	—
1	—	01	11	21	31	41	51	61	71	91	11	—
2	82	02	12	22	32	42	52	62	72	92	12	22
3	83	03	13	23	33	43	53	63	73	93	13	23
4	—	04	—	24	—	—	—	—	74	94	14	24
5	—	—	—	—	—	—	—	—	—	95	—	—

尺寸系列代号中的数字,除圆锥滚子轴承外,其余各类轴承宽度系列代号"0"均省略;深沟球轴承和角接触球轴承的宽度系列代号中的"1"可以省略;双列深沟球轴承的宽度系列代号"2"可以省略。

3. 内径代号

内径代号表示轴承的公称内径,如表 10 - 8 所示。

表 10 - 8　滚动轴承内径代号

轴承公称内径 d /mm		内径代号
0.6 ~ 10(非整数)		用公称内径毫米数直接表示,在其与尺寸系列代号之间用"/"分开
1 ~ 9(整数)		用公称内径毫米数直接表示,对深沟球轴承及角接触轴承 7,8,9 直径系列,内径与尺寸系列代号之间用"/"分开
10 ~ 17	10	00
	12	01
	15	02
	17	03
20 ~ 480 (22,28,32 除外)		公称内径除以 5 的商数,商数为个位数,需要在商数左边加"0",如 08
≥500 以及 22,28,32		用尺寸内径毫米数直接表示,但在与尺寸系列代号之间用"/"分开

4. 基本代号示例

(1)滚动轴承

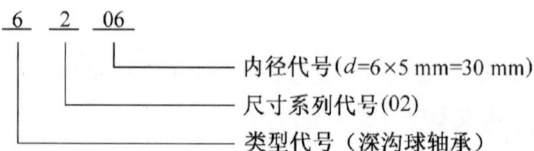

内径代号(d=6×5 mm=30 mm)
尺寸系列代号(02)
类型代号(深沟球轴承)

(2)滚动轴承

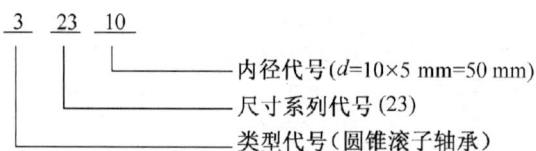

内径代号(d=10×5 mm=50 mm)
尺寸系列代号(23)
类型代号(圆锥滚子轴承)

10. 4. 3　滚动轴承的画法

1. 简化画法

在装配图中滚动轴承采用简化画法和规定画法来表示,其中简化画法又分为通用画法和特征画法两种。在装配图中,若不必确切地表示滚动轴承的外形轮廓、载荷特征和结构特征,可采用通用画法来表示。即在轴的两侧按相同画法用矩形线框及位于线框中央正立的十字形符号表示,十字形符号不应与线框接触。在装配图中,若要较形象地表示滚动轴承的结构特征,可采用在矩形线框内画出其结构要素符号的特征画法来表示。通用画法和特征画法如表 10 - 9 所示。

2. 规定画法

在装配图中,若要较详细地表达滚动轴承的主要结构形状,可采用规定画法来表示。滚动体不画剖面线,各套圈的剖面线方向可画成一致,间隔相同。一般只在轴的一侧用规定画法表达,而在轴的另一侧仍然按通用画法表示,如表 10 - 9 所示。

表 10 - 9　常用滚动轴承的画法

种类	深沟球轴承	圆锥滚子轴承	推力球轴承
已知条件	D,d,B	D,d,B,T,C	D,d,T
特征画法	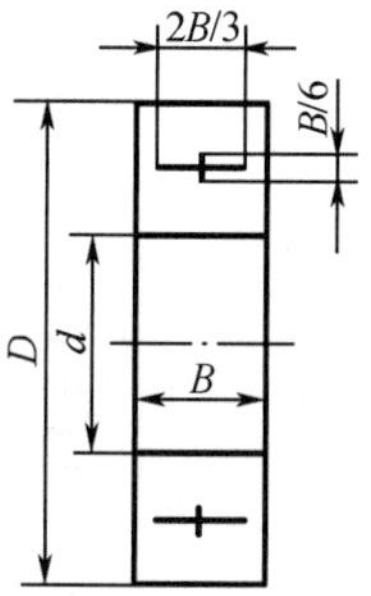	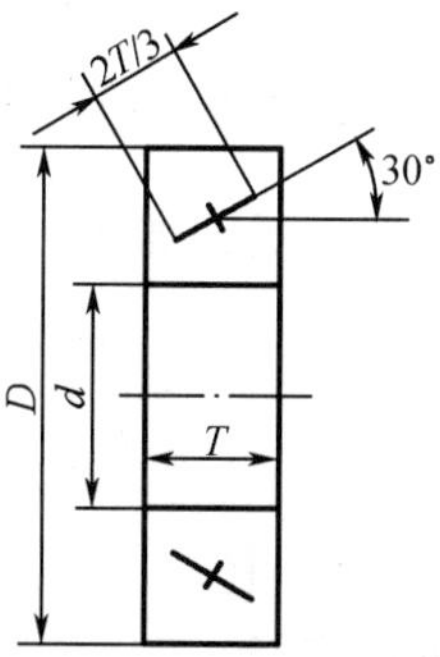	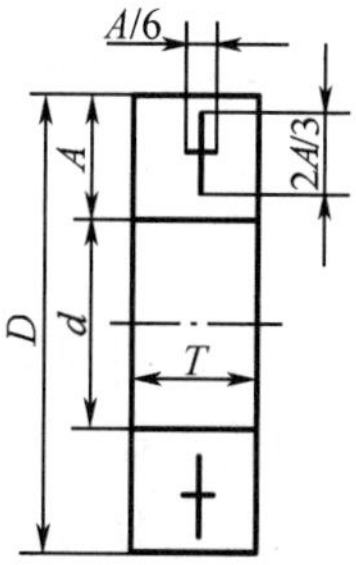
上侧为规定画法,下侧为通用画法	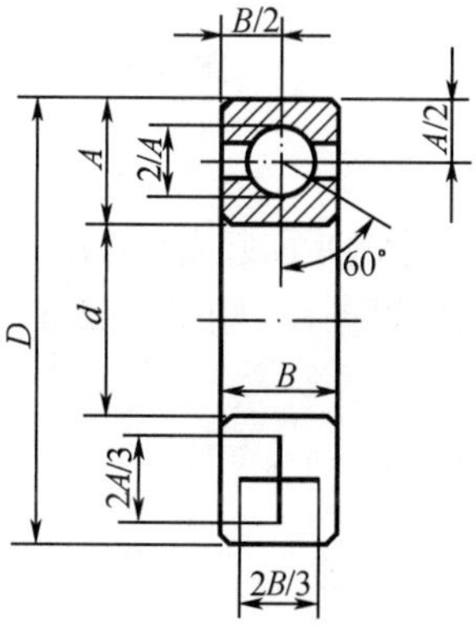	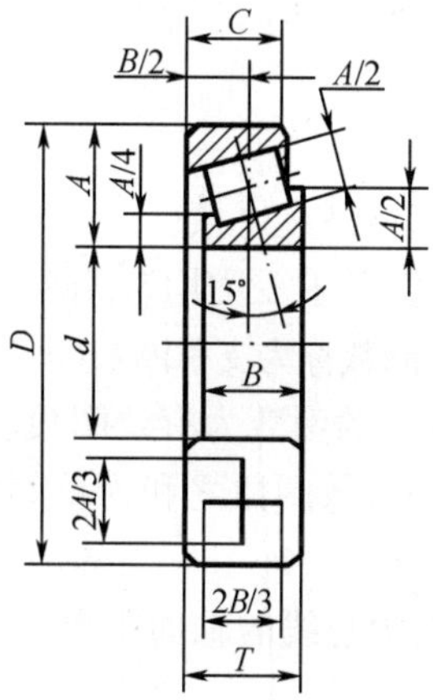	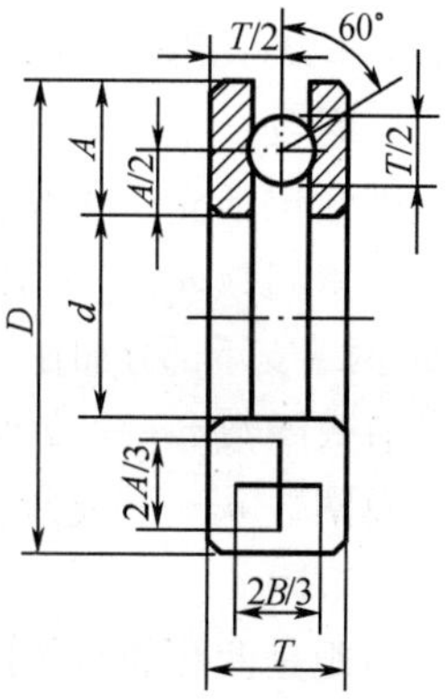

10.5　弹　簧

弹簧是一种常用件,它的作用主要是来减振、夹紧、复位、测力和储存能量。弹簧的种类很多,常用的有螺旋弹簧、涡卷弹簧和板弹簧等。根据受力情况不同,螺旋弹簧又可分为压缩弹簧、拉伸弹簧和扭转弹簧等,常用的各种弹簧如图 10 - 20 所示。本节只介绍圆柱螺旋压缩弹簧的主要参数及其画法。

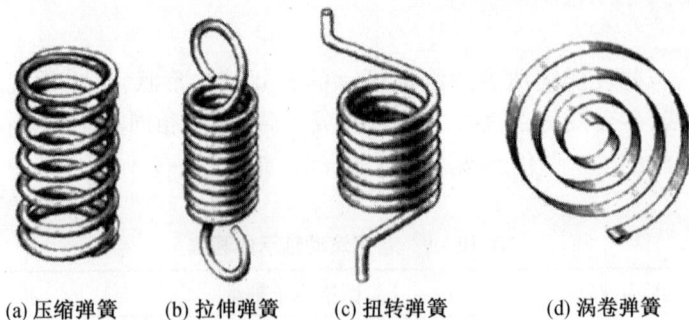

(a) 压缩弹簧　　(b) 拉伸弹簧　　(c) 扭转弹簧　　(d) 涡卷弹簧

图 10 - 20　常用的各种弹簧

10.5.1　圆柱螺旋压缩弹簧的参数及尺寸关系

圆柱螺旋压缩弹簧的参数及尺寸关系如图 10 - 21 所示。

1. 线径 d

线径即制造弹簧的钢丝直径。

2. 弹簧直径

弹簧直径分为弹簧外径、内径和中径。

弹簧外径 D——即弹簧的外圈直径。

弹簧内径 D_1——即弹簧的内圈直径，$D_1 = D - 2d$。

弹簧中径 D_2——即弹簧外径和内径的平均值，$D_2 = (D + D_1)/2 = D - d = D_1 + d$。

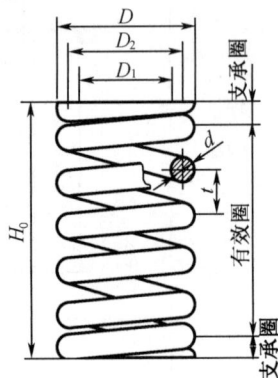

图 10 - 21　弹簧的参数

3. 圈数

圈数包括支承圈数、有效圈数和总圈数。

支承圈数 n_2——为使弹簧工作时受力均匀，弹簧两端并紧磨平而起支承作用的部分称为支承圈，两端支承部分加在一起的圈数称为支承圈数(n_2)。支承圈有 1.5 圈、2 圈、2.5 圈三种。

有效圈数 n——支承圈以外的圈数为有效圈数。

总圈数 n_1——支承圈数和有效圈数之和为总圈数，$n_1 = n + n_2$。

4. 节距 t

节距是两相邻有效圈截面中心线的轴向距离。

5. 自由高度 H_0

自由高度是弹簧在未受负荷时的高度，$H_0 = nt + 2d$。

6. 展开长度 L

展开长度是弹簧展开后的钢丝长度。其计算方法为：当 $d \leqslant 8$ mm 时，$L = \pi D_2(n + 2)$；当 $d > 8$ mm 时，$L = \pi D_2(n + 1.5)$。

7. 旋向

弹簧的旋向与螺纹的旋向一样，也有右旋和左旋之分。

10.5.2　单个弹簧的规定画法

(1)在平行于弹簧轴线的投影面的视图中，弹簧各圈的轮廓线画成直线；

（2）螺旋弹簧均可画成右旋，但左旋弹簧一律要在"技术要求"中注明；

（3）压缩弹簧在两端并紧磨平时，不论支承圈数多少或末端并紧情况如何，均按支承圈数为 2.5 圈的形式画出；

（4）有效圈数在 4 圈以上的螺旋弹簧，中间部分可以省略。中间部分省略后，允许适当缩短图形长度。

图 10 – 22 所示为圆柱螺旋压缩弹簧的画图步骤。

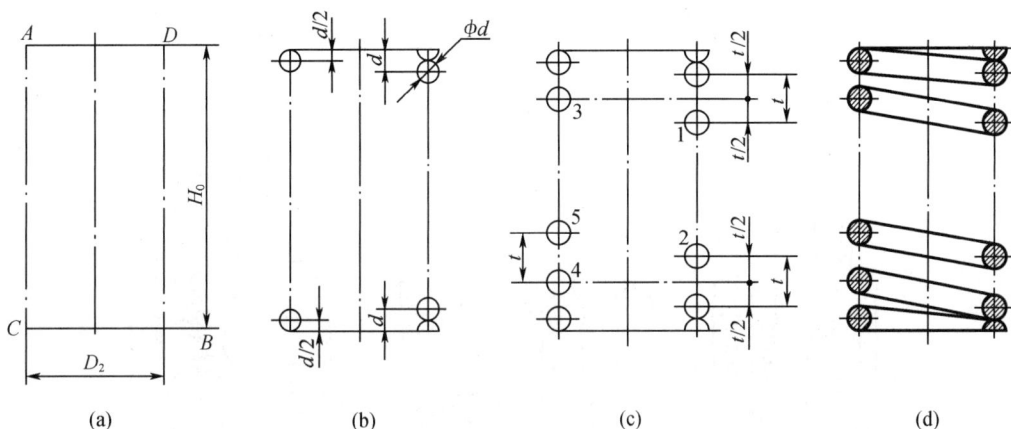

图 10 – 22　圆柱螺旋压缩弹簧的画法

圆柱螺旋压缩弹簧的零件工作图参照图 10 – 23 所示的图样格式。

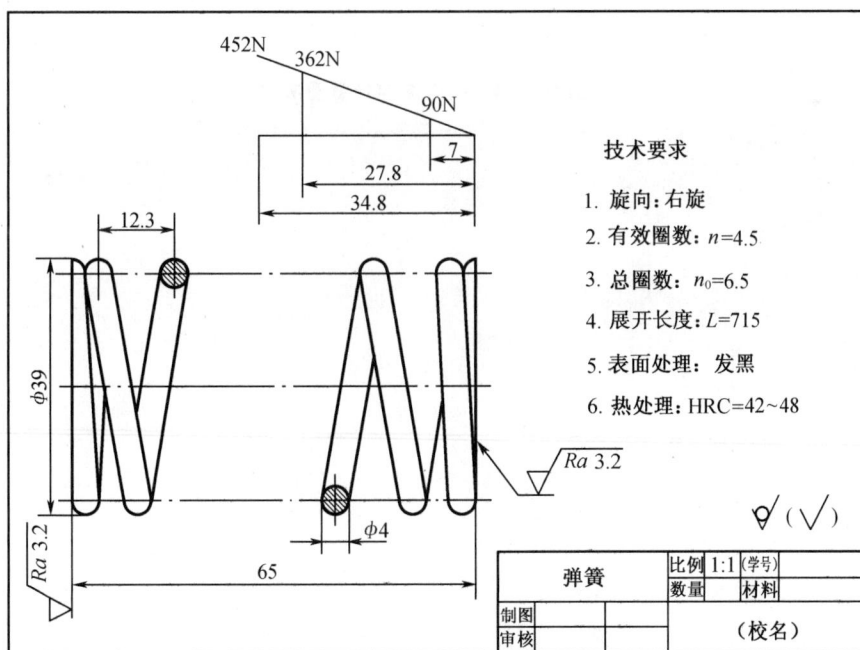

图 10 – 23　圆柱螺旋压缩弹簧图样格式

10.5.3 弹簧在装配图中的画法

在装配图中,弹簧的画法要注意以下几点:

(1)弹簧中各圈采取省略画法后,被挡住的结构一般不画,其可见部分应画到弹簧的外轮廓线或钢丝断面的中心线处,如图 10-24(a)所示;

(2)弹簧被剖切时,当线径小于或等于 2 mm 时,其剖面可涂黑表示,如图 10-24(b)所示;

(3)被剖切弹簧的截面尺寸在图形上小于或等于 2 mm 时,允许采用示意画法,如图 10-24(c)所示。

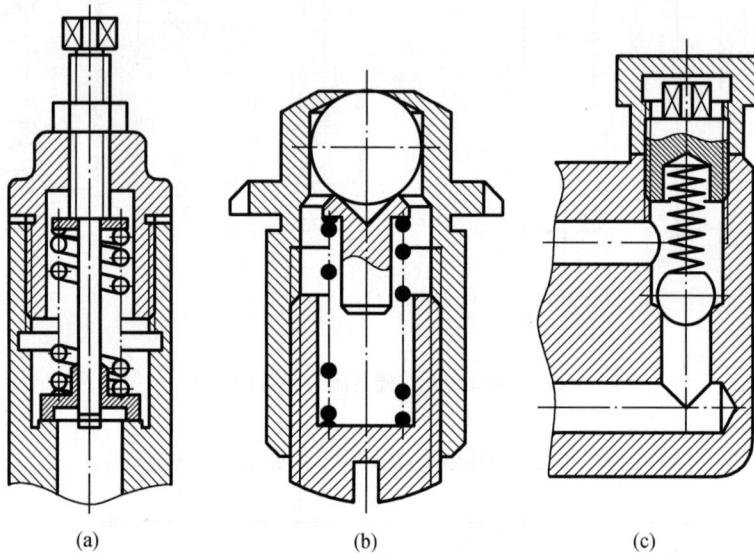

图 10-24 装配图中弹簧画法

第11章 零 件 图

11.1 零件图的作用与内容

零件是组成机器或部件的基本单元,根据零件的形状和功用可分为轴类(如齿轮轴)、盘类(如齿轮、端盖)、箱体类(如箱体、箱盖)等。表达零件的图样称为零件工作图(简称零件图),用于表达单个零件的结构形状、大小和技术要求。它是设计部门提交给生产部门的重要技术文件。零件图要反映出设计者的意图,是制造和检验零件的依据。它涉及到机器(或部件)对零件的要求,同时还涉及结构和制造的可能性与合理性。本章主要讨论零件图的作用与内容、零件视图表达方案的选择、零件的工艺结构分析、零件图中尺寸的合理标注、画零件图和读零件图的方法步骤等。

图 11-1 是端盖的零件图,从图上可以看出,它包括以下四个方面内容。

(1)一组视图:包括视图、剖视图、断面图等,用于表达零件的结构形状。

(2)一组尺寸:用于确定零件各部分的形状大小及其相对位置。

(3)技术要求:说明零件在加工和检验时应达到的技术指标,如零件的表面粗糙度、尺寸公差、形状和位置公差、材料的热处理等。

(4)标题栏:说明零件的名称、材料、数量、绘图比例和必要的签署等。

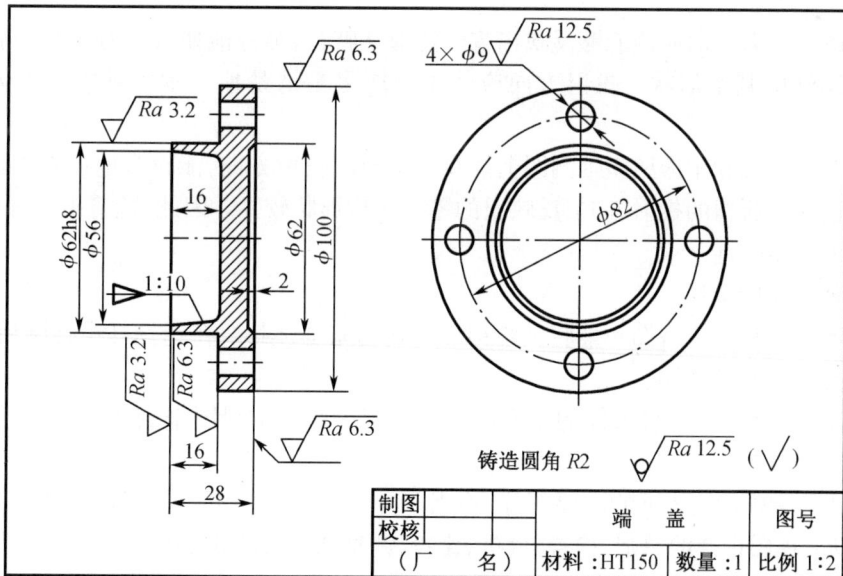

图 11-1 端盖零件图

11.2　零件图的视图选择方案

不同的零件有不同的结构形状。选择视图表达方案,就是要选择一组视图(视图、剖视图、断面图等),将零件的结构形状表达完全、正确和清楚,符合生产的实际要求。视图选择的要求如下:

(1)完全:零件各组成部分的结构形状及其相对位置,要表达完全且唯一确定。

(2)正确:各视图之间的投影关系及所采用的视图、剖视、断面等表达方法要正确。

(3)清楚:视图表达应清晰易懂,便于读图。

对零件进行形体分析和功用分析是选择零件图视图之前的必要步骤。分析零件的整体功能和在部件中的安放位置,零件各组成部分的形状及作用,进而确定零件的主要部分和次要部分。

11.2.1　视图选择的一般原则

1. 主视图的选择

主视图是反映零件信息量最多的一个视图,因其最重要,应首先选择。选择主视图应注意以下两点:

(1)零件的安放位置

零件的安放位置应符合其加工位置或工作位置。零件图的主要功用是为了制造零件,因此,其主视图所表示的零件安放位置应和零件的加工位置保持一致,以使工人加工时看图方便。但有些零件形状复杂,加工面多,需要在不同的机床上加工,且加工的装夹位置各不相同,其主视图一般按零件的工作位置(在部件中工作时所处的位置)绘制。

(2)投射方向

主视图的投射方向应该能够反映出零件的形状特征,最好能使人一看主视图就能大体上了解该零件的基本形状。投射方向应使主视图尽量清楚地显示零件主要形体的形状特征。

图11-2中轴和车床尾座轴测图上箭头1所指的投射方向,能较多地反映零件的结构形状。而箭头2所指的投射方向,反映出的零件结构形状较少。因此,选箭头1所指的方向为主视图的投射方向。

2. 其他视图的选择

许多零件只用一个视图不能将其结构形状表达完全,因此,在选择好主视图后,还应根据以下两点选择其他视图。

(1)首先考虑表达零件形体的主要部分。确定一些基本视图来表达主要部分;同时也附带表示一些次要部分。

(2)其次考虑表达余下的次要部分,检查并补全形体次要部分的视图。选择零件视图后,应按以上视图选择的原则,检查、分析、比较、调整、修改,形成较好的视图表达方案。

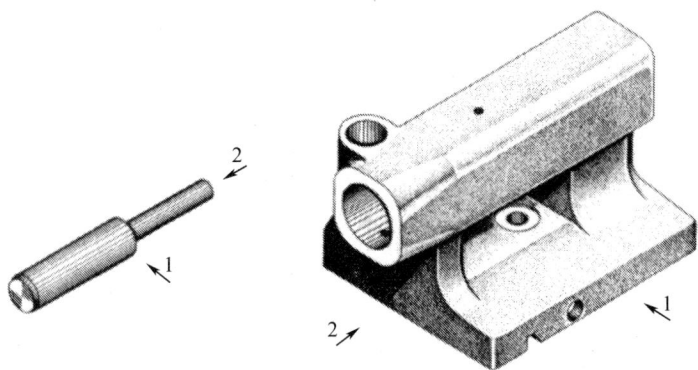

图 11 - 2 主视图要较多地反映出零件的形状特征

11.2.2 视图方案选择的步骤和举例

1. 视图选择的一般步骤

(1)对零件进行分析

对零件进行结构分析(包括零件的装配位置及功能)和工艺分析(零件的制造加工方法)。

(2)选择主视图

在上述分析的基础上,选定主视图。选择时,在确定主视图的投射方向后,根据零件的特点应尽量符合工作位置或加工位置。

(3)选择其他视图和表达方法

在主视图选定后,根据零件的外部结构形状与内部结构形状的复杂程度和零件的结构形状特点来选择其他视图和表达方法。在选择时,要处理好以下三个问题。

①零件的内、外部结构形状的表达问题。为了表达零件的内、外部结构形状,当零件的某一方向有对称平面时,可采用半剖视图;无对称平面,且外部结构简单时,可采用全剖视图;对于无对称平面,而外部结构形状与内部结构形状都需表达,且投影并不重叠时,可采用局部剖视图;当投影重叠时,可分别表达。

②集中与分散的表达问题。对于局部视图、斜视图和一些局部剖视图等分散表达的图形,若处于同一个方向时,可以适当地集中和结合起来,优先采用基本视图。若在一个方向仅有一部分结构没有表达清楚时,可采用一个分散图形表达,则更加清晰和简洁。

③是否用虚线表达的问题。为了便于看图和标注尺寸,一般不用虚线表达。如果零件上的某部分结构的大小已经确定,仅形状或位置没有表达完全,且不会造成看图困难时,可用虚线表达。

2. 视图选择举例

例 11 -1 试表达如图 11 -3(a)所示零件。

(1)分析零件的形体及功用

主体结构包括三部分:

①长方形箱体 Ⅱ、Ⅶ。它是中空的,用来容纳和支承其他零件,是该零件的工作部分。

②带圆角的长方形底板 Ⅰ,Ⅵ。它是整个零件的基础,是零件的安装部分。

③三角形肋板 Ⅲ。它用来连接底板和箱体,是零件的连接部分。

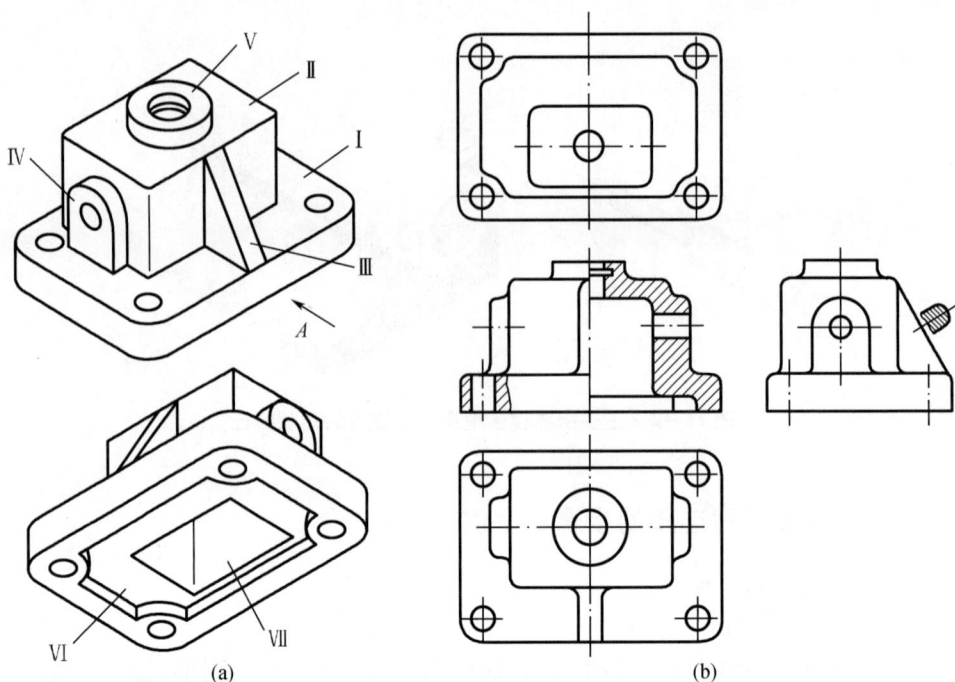

图 11-3　零件表达举例

长方形箱体的两侧有 U 形凸台Ⅳ,上方有圆柱凸台Ⅴ,这些属于局部功能结构。

(2)选择主视图

主视图的投射方向如箭头 A 的方向。

(3)选择其他视图

可用五个图形(主、俯、左、仰和断面)表达该零件,如图 11-3(b)所示。

(4)表达方法的选择

该零件既有外部结构,又有内部结构。在主视图中,它具有对称平面,所以选用半剖视图,为了表达底板的通孔,采用局部剖视;俯视图、仰视图和左视图都选用了视图表达它的外部结构形状;用一个移出断面图(使用重合断面图也可)表达肋的截断面形状。

当然,也可选用图 11-4 所示方案,与图 11-3 相比较,将仰视图中孔的结构在俯视图中表达,利用局部剖视清楚地表示小孔和矩形孔的位置和结构,A 向视图简洁明了。

例 11-2　试表达图 11-5 所示零件。

(1)分析零件的形体及功用

阀体基本形体是个球形壳体,内腔容纳阀芯和密封圈等零件。左边方形凸缘的四个螺钉孔,用于与阀盖连接。上面圆柱筒内孔安装阀杆、密封填料等。右端的螺纹为接管子用。

(2)选择主视图

阀体在加工时的装卡位置不定,其主视图应以图 11-5 所示的工作状态绘制,以箭头 A 所指的方向为投射方向,采用全剖视图,表达其复杂的内部结构。

(3)选择其他视图

主体部分的外形特征和左端凸缘的方形结构,采用半剖的左视图表达。经检查阀体顶部的扇形凸缘还没表示清楚,同时为使阀体的外形表示得更为清晰,再加选一个俯视图。

阀体零件图的视图表达方案如图 11 – 6 所示。

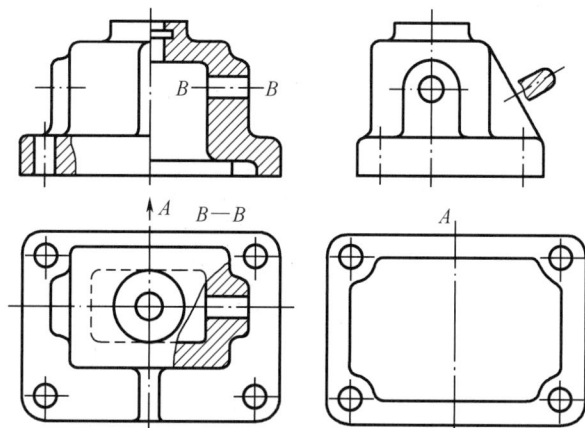

图 11 – 4　零件表达的可选方案

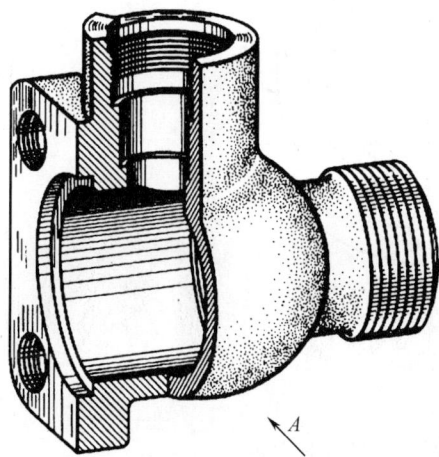

图 11 – 5　阀体轴测图

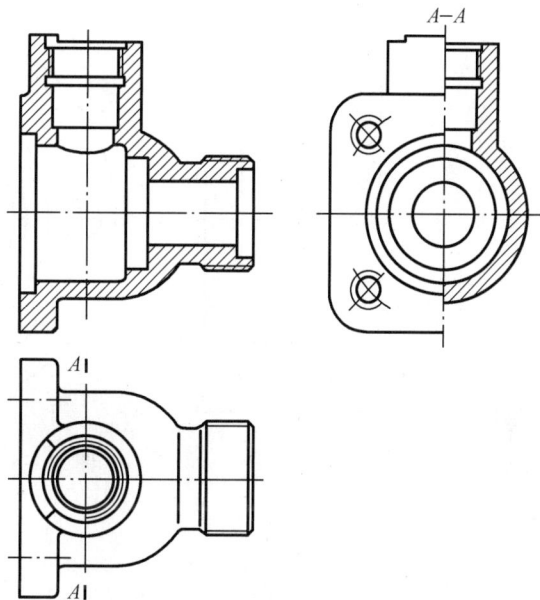

图 11 – 6　阀体视图表达方案

例 11 – 3　试表达图 11 – 7 所示零件。

（1）分析零件的形体及功用

端盖安装在箱体轴承孔的外端面。右端凸缘上均匀分布 4 个安装用的螺钉孔。

（2）选择主视图

端盖主要在车床上加工,其主视图按加工状态将轴线水平放置。以图 11 – 7 中箭头 A 的指向作为主视图的投射方向,用全剖主视图表达零件的内形及由不同圆柱面组成的结构特点。

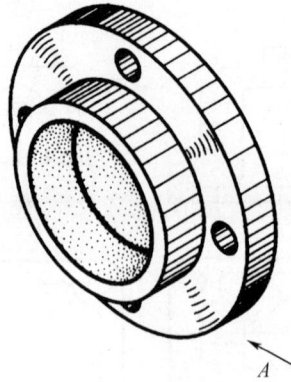

图 11 -7　端盖轴测图

（3）选择其他视图

端盖上的螺钉孔沿圆周方向分布的情况等用左视图表达，如图 11 -8 所示。

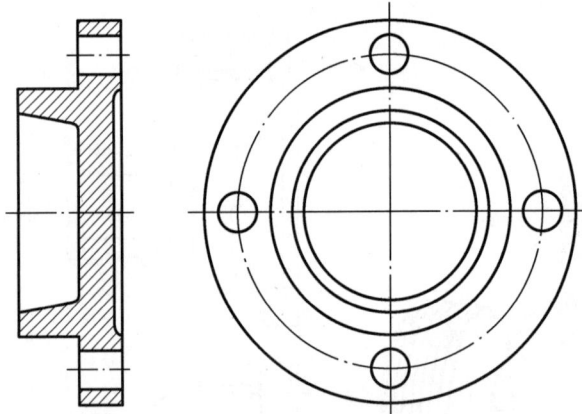

图 11 -8　端盖

11.3　零件图常见的工艺结构

　　零件的结构，主要是根据它的设计要求决定的，但除了满足设计要求之外，还要考虑零件在加工、测量、装配等制造过程中所提出的一系列工艺要求，使零件具有良好的结构工艺性。因此，在设计和绘制零件图时，应使零件的结构既满足使用上的要求又便于加工、制造和装配。下面介绍一些零件上常见的工艺结构。

11.3.1　零件的铸造结构

1. 拔模斜度

如图 11 -9 所示，在铸造零件毛坯时，为便于将木模从砂型中取出，零件的内、外壁沿起模方向应有一定的斜度,称为拔模斜度。一般为 1°～3°,因斜度较小,在图上可以不必画出,如图 11 –9(a);若斜度较大,则应画出,见图 11 –9(b)。

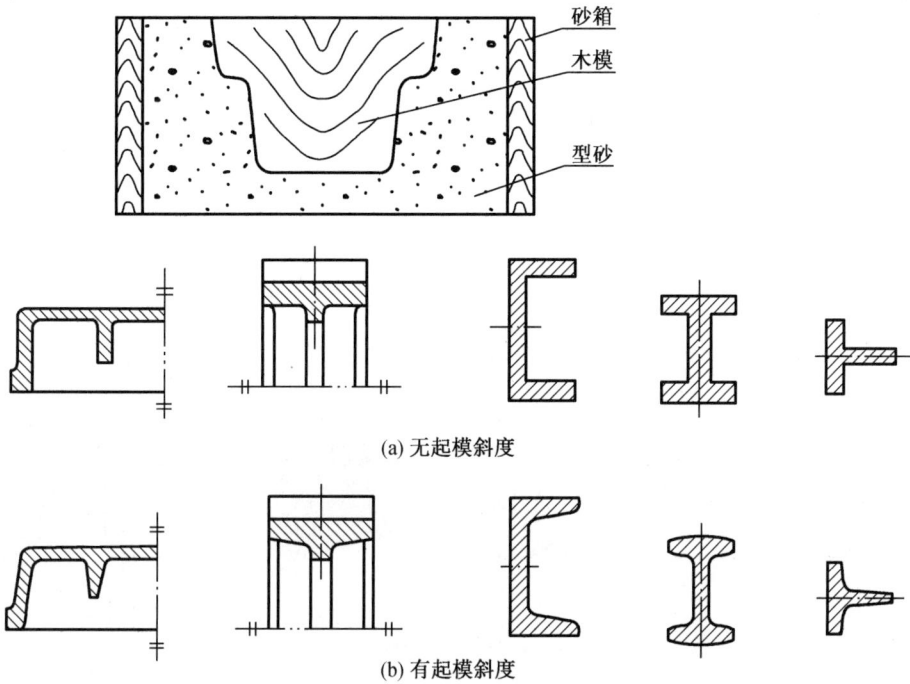

(a) 无起模斜度

(b) 有起模斜度

图 11 –9 铸造件的起模斜度

2. 铸造圆角

为了防止铸件冷却时产生裂纹或缩孔,防止浇注时落砂,在铸件各表面的相交处都有圆角过渡,称为铸造圆角,如图 11 –10 所示。

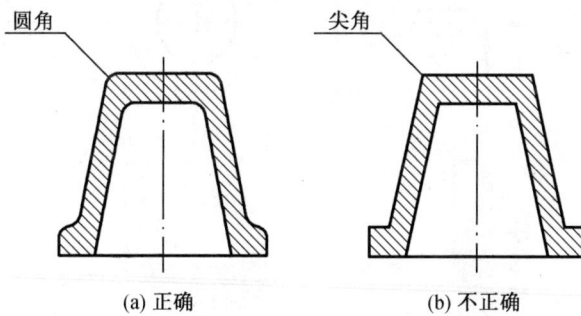

(a) 正确 (b) 不正确

图 11 –10 铸造圆角

3. 铸件壁厚

为了保证铸件质量,防止产生缩孔和裂纹,铸件壁厚要均匀,并要避免突然改变壁厚和局部肥大现象,如图 11 –11 所示。

4. 过渡线的画法

由于铸造圆角、拔模斜度的存在,两铸造表面的相贯线不很明显,为了区分不同形体的

(a) 不正确   (b) 正确

图 11－11   铸造件壁厚要求

表面,仍要画出这条相贯线,这种相贯线称为过渡线。过渡线的画法和相贯线相同,按没有圆角的情况求出相贯线的投影,画到理论上的交点为止,如图 11－12 所示。其他形式的过渡线的画法,如图 11－13 所示。

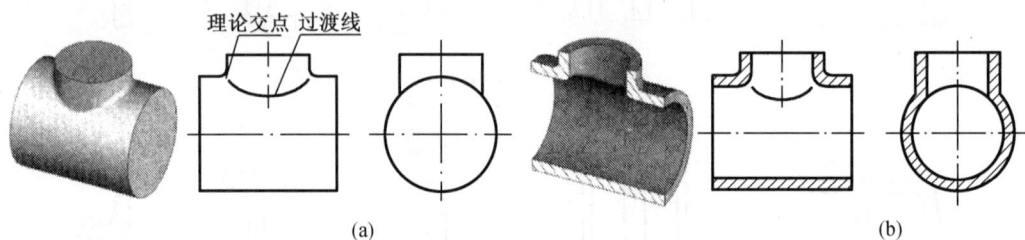

理论交点   过渡线

(a)   (b)

图 11－12   过渡线画法

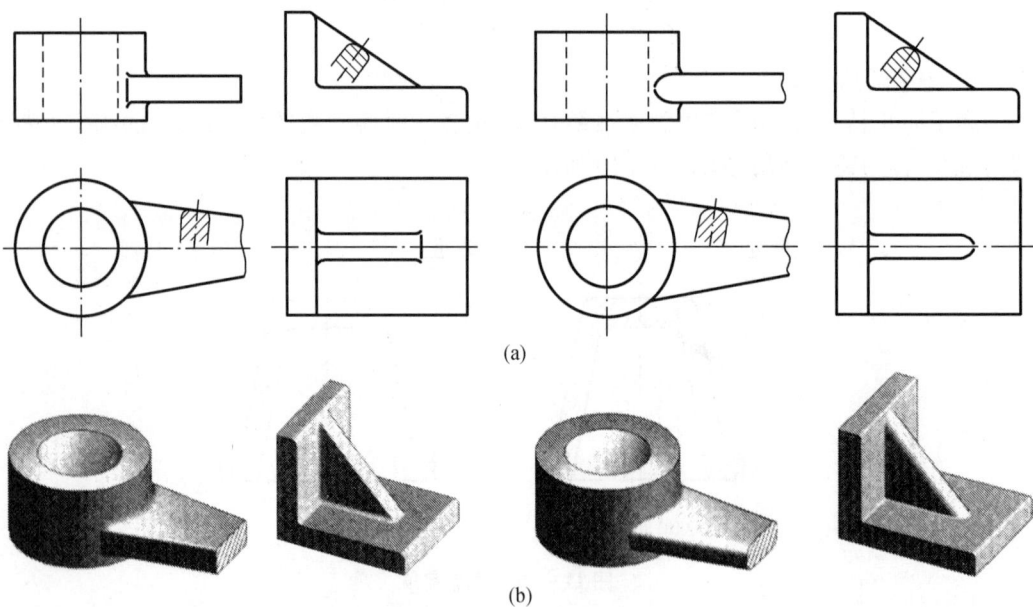

(a)

(b)

图 11－13   过渡线画法

11.3.2 零件的机械加工结构

1. 倒角

为了便于装配和保护装配面不受损伤,一般在轴和轴孔端部加工一圆锥面称为倒角。如图 11 – 14 所示。倒角一般与轴线成 45°角,有时也用 30°或 60°角。

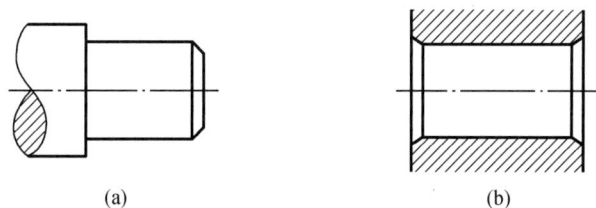

图 11 – 14 倒角

2. 退刀槽和砂轮越程槽

为了在切削加工中便于退刀和装配时零件的可靠定位,通常预先在被加工轴的轴肩或孔底处,加工出退刀槽或砂轮越程槽,如图 11 – 15 所示。

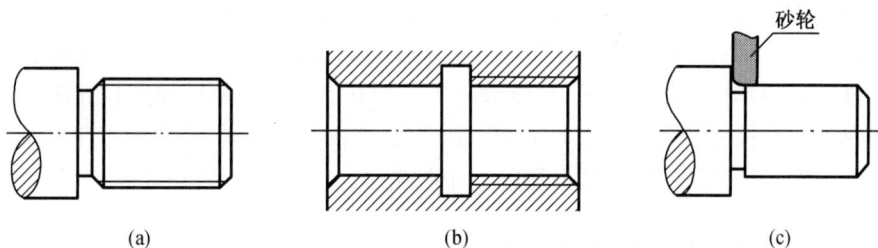

图 11 – 15 退刀槽和砂轮越程槽

3. 钻孔端面

为防止钻头折断或钻孔倾斜,被钻孔的端面应与钻头轴线垂直,如图 11 – 16 所示。

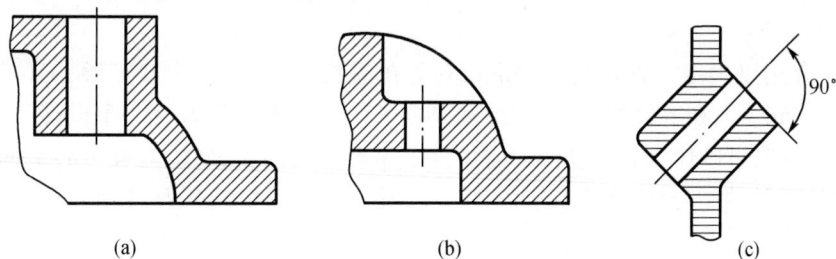

图 11 – 16 钻孔端面

4. 减少加工面

凡零件与零件的接触面都要加工,为了减少加工面,使两零件接触平稳,常在两零件的接触面做出凸台、凹坑或凹槽等,如图 11 – 17 所示。

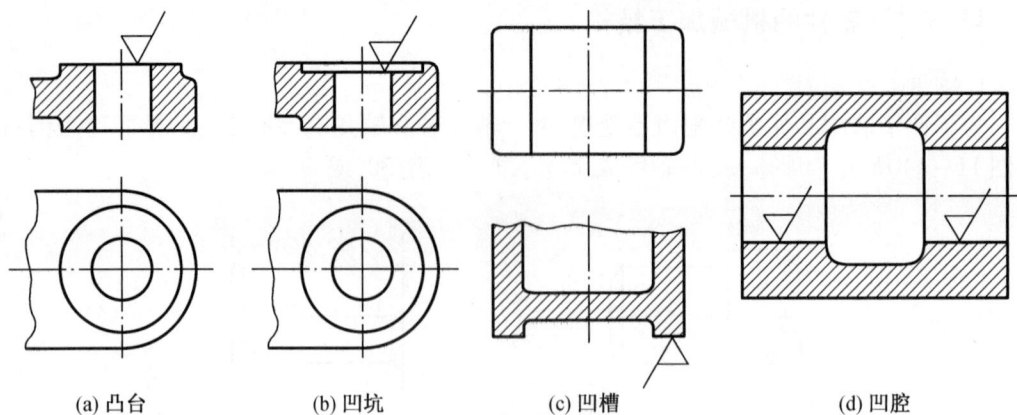

(a) 凸台　　　　(b) 凹坑　　　　(c) 凹槽　　　　(d) 凹腔

图 11 - 17　减少加工面

11.4　零件图的尺寸标注

零件图中的图形只用来表达零件的形状,而零件各部分的真实大小及相对位置,则靠标注尺寸来确定。这一节将讨论怎样标注尺寸才能满足设计要求和工艺要求,也就是既满足零件在机器中能很好地承担工作的要求,又能满足零件的制造、加工、测量和检验方便的要求。这种要求归结为标注尺寸的合理性。为了能做到合理,在标注尺寸时,必须对零件进行结构分析和工艺分析,确定零件的基准,选择合理的标注形式,结合具体情况合理地标注尺寸。

11.4.1　合理标注尺寸的基本原则

1. 合理选择尺寸基准

零件的尺寸基准,是指在零件上选定的一组几何元素(点、线、面)作为确定其他几何元素相互位置关系的依据。在具体标注尺寸时,应选择恰当的尺寸基准。因为尺寸基准是每个方向上尺寸的起点。根据基准作用的不同,可分为设计基准和工艺基准。

(1)设计基准

设计基准用以确定零件在机器中准确位置的基准,是零件上主要定形、定位尺寸和重要性能尺寸的起点。在零件的长度、宽度和高度 3 个方向上必须各有一个设计基准。设计基准是主要基准,可以作为设计基准的是零件上主形体的回转轴线、对称中心平面、主要定位面(与其他零件的结合面、底面、端面)等。在图 11 - 18 中,B、C、D 分别为轴承座 3 个方向的设计基准。

(2)工艺基准

工艺基准是根据零件加工制造、测量和检测等工艺要求所选定的基准,常作为尺寸标注时的辅助基准,如定位基准、测量基准、装配基准等。它是在满足设计要求的前提下,服从工艺简单、方便、成本低的工艺要求而确定的基准。在图 11 - 18 中,螺纹孔 M8×0.75 的深度,以 D 面为基准标注十分不便,若改为以 E 面为基准标注其深度尺寸(6 mm),则便于控制加工和测量,E 面就是工艺基准。

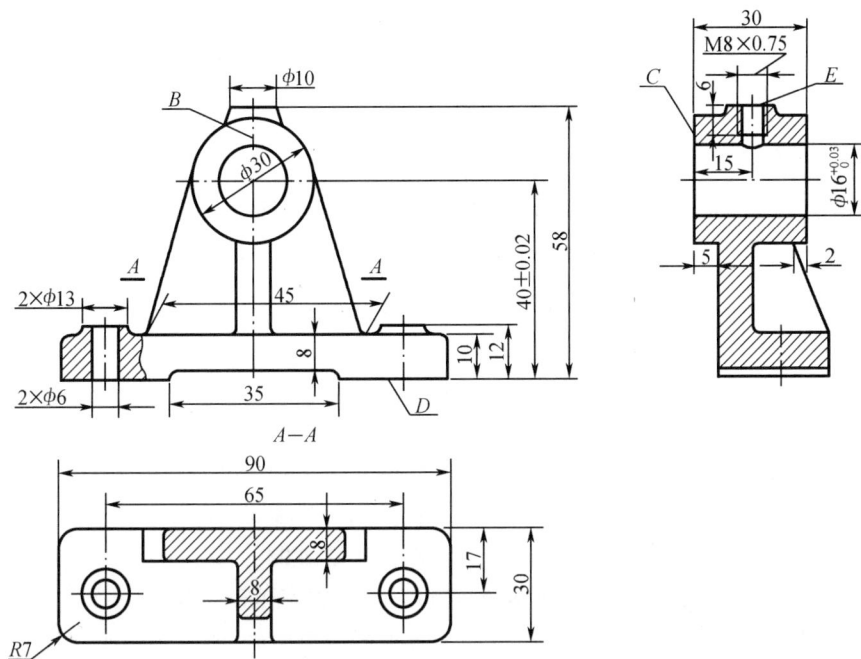

图 11-18 轴承座尺寸标注

零件的重要底面、端面,结构的对称面,装配时的结合面,主要孔或轴的轴线均可选作尺寸基准。选择尺寸基准的原则是:零件的重要尺寸必须从设计基准出发直接标注出,对其余尺寸,考虑到加工、测量的方便,一般应由工艺基准出发标注。在零件的长、宽、高三个方向上应分别确定尺寸基准,当同一个方向有几个基准时,其中之一为主要基准,即设计基准,其余为辅助基准,并且基准之间应有联系尺寸,如图 11-18 中的尺寸58。从设计基准出发标注尺寸,能保证设计要求;从工艺基准出发标注尺寸,则便于加工、测量和提高产品质量。有时工艺基准与设计基准是重合的,但当工艺基准与设计基准不重合时,所标注尺寸应在保证设计要求的前提下,满足工艺要求。

2. 重要的尺寸直接注出保证零件工作性能或保证零件与其他零件正确装配关系的尺寸为零件的重要尺寸。为保证设计要求,零件的重要尺寸必须直接标出,不应由其他尺寸推算得出。图 11-19(a)中的尺寸 a 和 l 是重要尺寸,应直接标出,图 11-19(b)的标注是错误的。这类尺寸不能仅从一个零件图上分析,而需结合部件或产品设计的装配图进行分析。

3. 避免出现封闭的尺寸链

图 11-19(b)所示的零件图,高度方向有 a,b 和 c 3 个尺寸,只要知道其中两个,第3个即可确定。在机构制造中这样的 3 个尺寸构成封闭尺寸链,其中每一个尺寸称为尺寸链中的一环。

实际加工时,因为种种因素,例如机床和测量工具的精度、技术熟练程度等的影响,不可能将尺寸做的绝对精确。为此,需要对各个尺寸规定误差范围,以便保证零件的精度。误差范围越小,精度越高,但成本也越高。

图 11-19(b)中把 3 个尺寸全部标注出,形成了封闭尺寸链。3 个尺寸全部标出即表

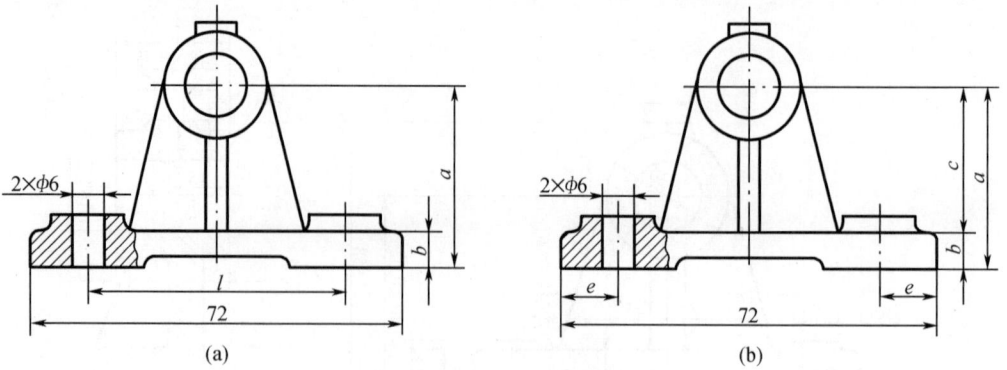

图 11 –19　重要尺寸直接注出

示对 3 个尺寸都有要求,都要控制其误差范围。设 a 为重要尺寸,其误差范围为 ±0. 05。因为, $a = b + c$,所以 b 和 c 的误差范围就必须更小,例如 b 为 0. 02, c 为 0. 03,才能保证 a 的要求。结果它们比重要尺寸 a 的要求还高,这显然是不合理的。

图 11 – 19(a)中只标出了尺寸 a 和 b,并将它们的误差范围分别定为 ±0. 05 和 ±0. 08。由于尺寸 c 对零件工作性能无影响,所以加工时不必严格控制,图纸中也不必标注出。最后的结果是尺寸 c 的误差范围将为 ±0. 13,这样的标注方法既保证了重要尺寸的精度要求,又降低了次要尺寸的精度要求,显然是合理的。

根据上述,在标尺寸时应避免出现封闭尺寸链。做法是在尺寸链中挑选一个最次要的尺寸空出不标注,不作要求(见图 11 – 19(a)),以此来容纳尺寸链中环的积累误差。

4. 应尽量符合加工顺序

按加工顺序标注尺寸,符合加工过程,便于加工和测量。图 11 – 20 所示的小轴,长度方

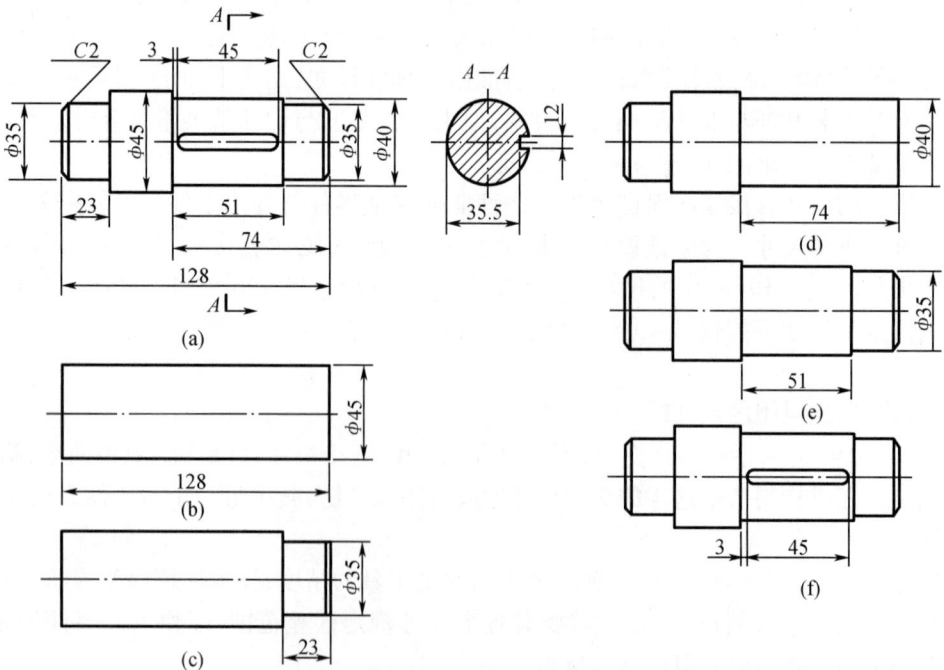

图 11 – 20　轴的加工顺序与标注尺寸的关系

向尺寸 51 是功能尺寸,要直接注出,其余都按加工顺序标注。为了便于备料,注出了轴的总长 128;为了加工左端 φ35 的轴颈,直接注出了尺寸 23。掉头加工 φ40 的轴颈,应直接注出尺寸 74;在加工右端 φ35 时,应保证功能尺寸 51。这样既保证设计要求,又符合加工顺序。加工顺序按图 11 - 20(b)至图 11 - 20(f)。

5. 标注尺寸应便于测量

标注尺寸应考虑测量方便,尽量做到用普通的量具就能测量,以减少专用量具的设计和制造。图 11 - 21(a)所示套筒的轴向尺寸标注测量最不方便,图 11 - 21(b)的尺寸标注测量较好。

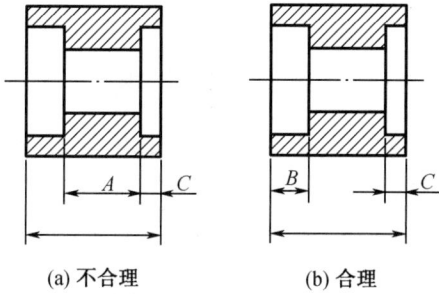

(a) 不合理　　　　　　(b) 合理

图 11 - 21　套筒轴的尺寸标注

6. 非加工面的尺寸标注

标注零件上各非加工面的尺寸时,在同一方向(如高度方向)最好只有一个非加工面以加工面定位,其他的非加工面只与非加工面有尺寸联系,如图 11 - 22。在图 11 - 22(a)中沿铸件的高度方向有三个非加工面 B,C 和 D,其中只有 B 面与加工面 A 有尺寸 8 的联系,这是合理的。

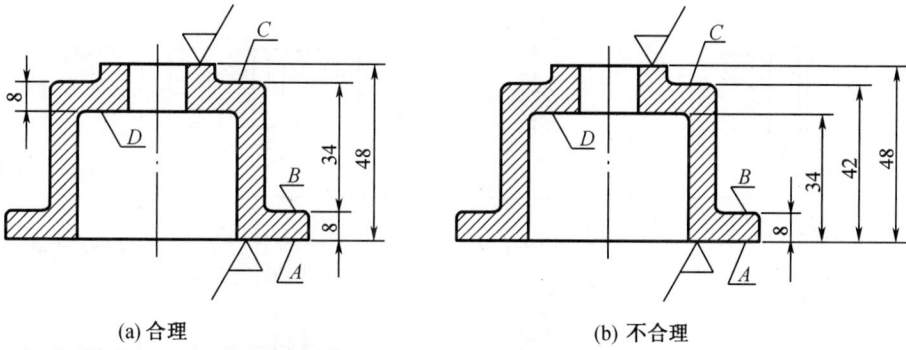

(a) 合理　　　　　　　　　(b) 不合理

图 11 - 22　毛坯面的尺寸标注

如果按图 11 - 22(b)所示标注尺寸,三个非加工面 B,C 和 D 都与加工面 A 有联系。那么,在加工 A 面时,就很难同时保证三个联系尺寸 8,34 和 42 的精度。

11.4.2　典型工艺结构的尺寸注法

零件上常见工艺结构的尺寸注法已经格式化,倒角、退刀槽及各种孔的尺寸注法如表 11 - 1 和表 11 - 2 所示。

表 11 −1 倒角、退刀槽的尺寸标注

结构名称	尺寸标注方法	说明
倒角	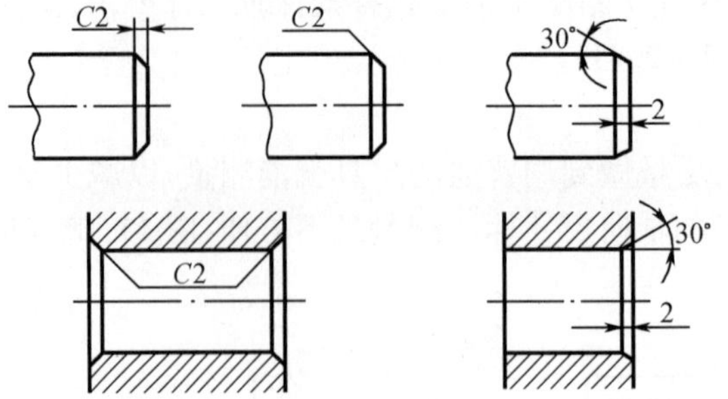	一般 45°倒角按"C 倒角宽度"标出。30°或 60°倒角,应分别注出宽度和角度
退刀槽	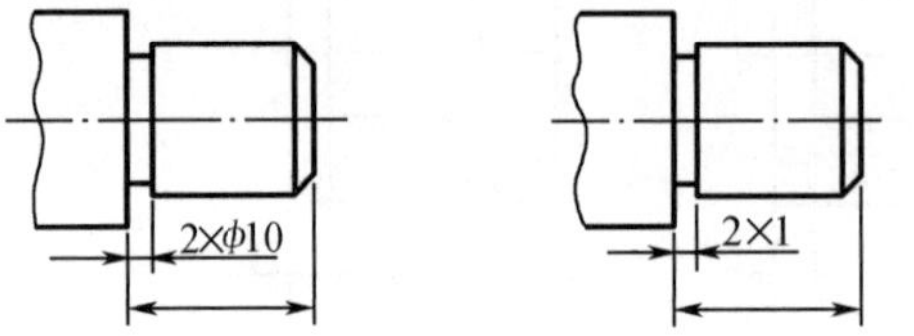	一般按"槽宽 × 槽深"或"槽宽 × 直径"注出

表 11 −2 常见孔的尺寸注法

类型	旁注法		普通注法	说明
螺孔	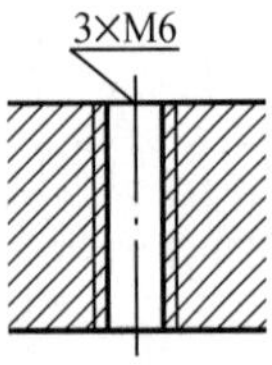	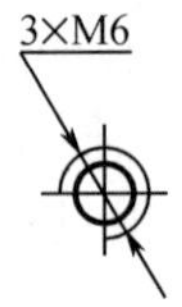	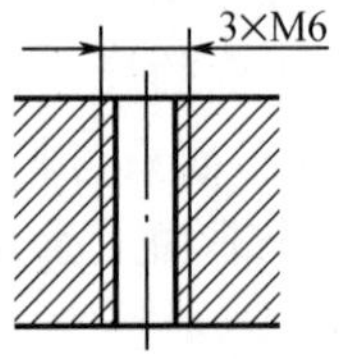	3 × M6 表示公称直径为 6,均匀分布的 3 个螺孔
螺孔	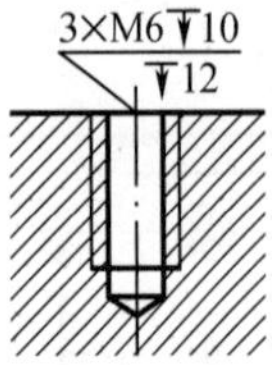	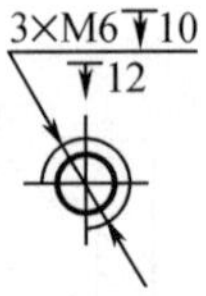	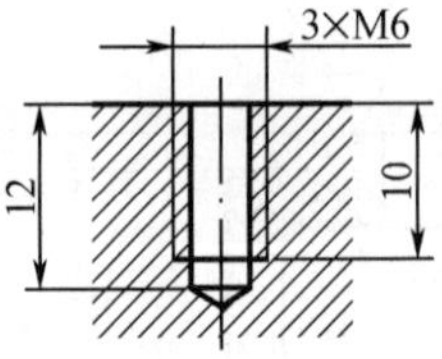	"▼"为深度符号。M6 ▼ 10:表示螺孔深 10 ▼ 12:表示钻孔深 12
螺孔	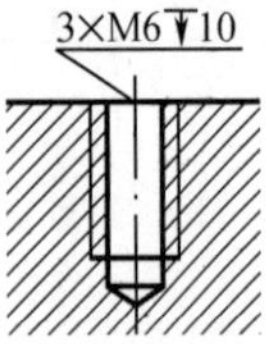		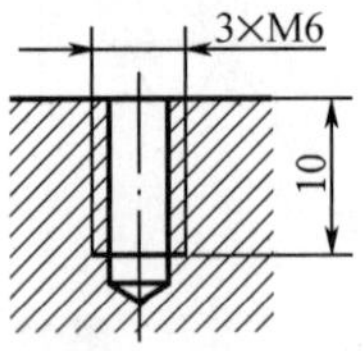	如对钻孔深度无一定要求,可不必标注,一般加工到比螺孔稍深即可
光孔	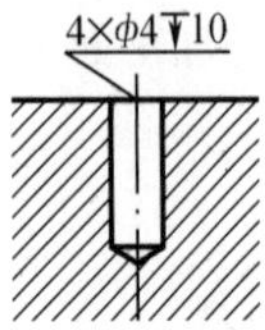	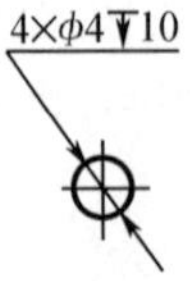	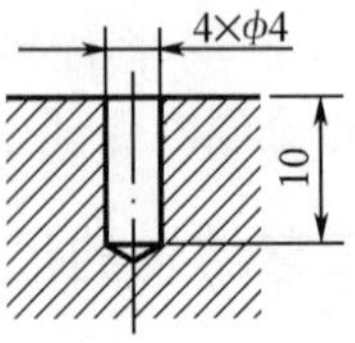	4 × ϕ4 表示直径为 4,均匀分布的 4 个光孔

表 11 - 2(续)

类型	旁注法		普通注法	说明
沉孔	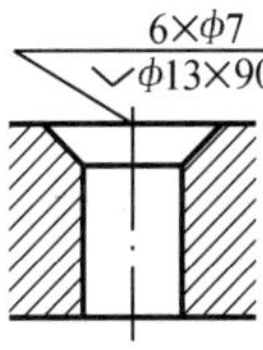 6×φ7 ∨φ13×90°	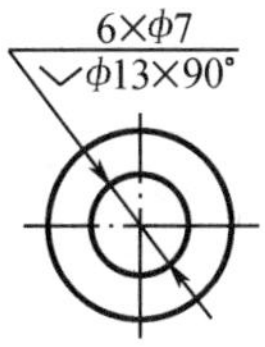 6×φ7 ∨φ13×90°	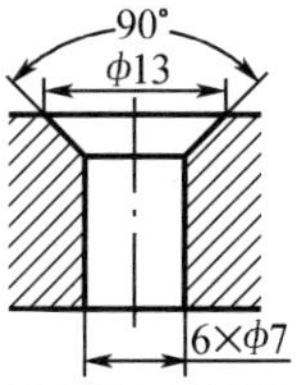 90° φ13 6×φ7	"∨"为埋头孔的符号。锥形孔的直径 φ13 及锥角 90° 均需注出
	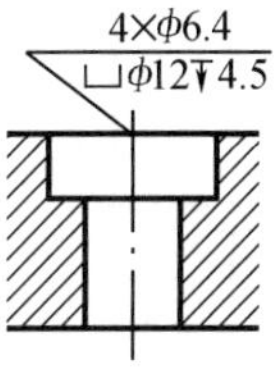 4×φ6.4 ⊔φ12▽4.5	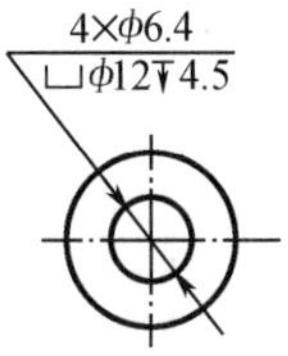 4×φ6.4 ⊔φ12▽4.5	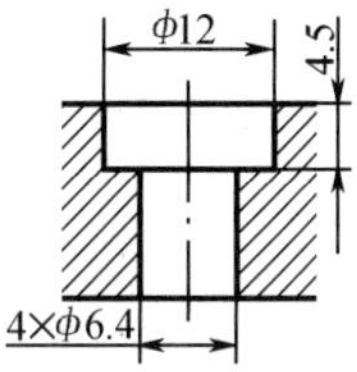 φ12 4.5 4×φ6.4	"⊔"为沉孔及锪平孔的符号
	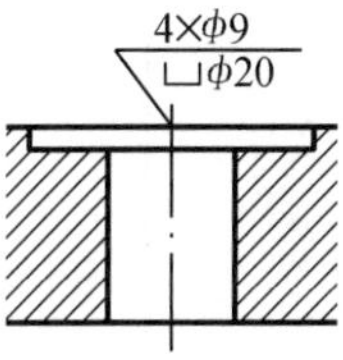 4×φ9 ⊔φ20	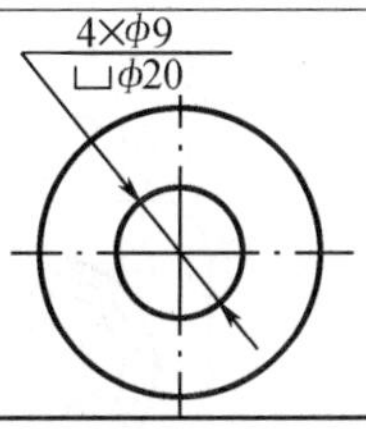 4×φ9 ⊔φ20	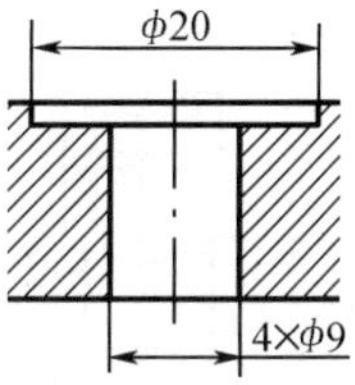 φ20 4×φ9	锪平 φ20 的深度不需标注,一般锪平到不出现毛坯面为止

11.5 零件图的画法

在实际工作中经常按照实际零件画零件图,其中包括测量零件的尺寸、制定技术要求等。绘制零件图是非常重要的一项工作,如仿制新产品必须通过测绘来获得生产图纸。又如维修旧设备,当破损的零件缺少配套图纸时,也必须测绘零件。零件图也是绘制装配图的重要环节,应认真细致绘制。零件图的绘制方法和步骤如下:

1. 绘图前的准备

(1)了解零件的功用、材料及相应的加工方法。

(2)分析零件的结构形状,确定零件图视图表达方案。

在 11.2 节已对阀体进行了形状及结构分析,确定了其视图表达方案(图 11 - 6)。

2. 画图的方法和步骤

(1)定图幅

根据视图数量和零件大小,选择适当的比例、图幅,画出图框和标题栏。

(2)布置视图

根据所选各视图的尺寸,画出确定各视图位置的基准线(对称中心线、轴线、某一基面的投影线),各视图之间要留出标注尺寸的位置(图 11 - 23(a))。

(3)画底稿

画图的基本方法是:从主视图开始,逐个画出各个形体。先画主要形体,后画次要形体;先定位置,后定形状;先画主要轮廓,后画细节。各个视图应按投影关系配合画。

①画阀体的球形结构、各圆柱面及左端的方板主要轮廓(图 11 - 23(b))。

②画细部结构,如螺纹、倒角、圆角、退到槽等(图 11 - 23(c))。

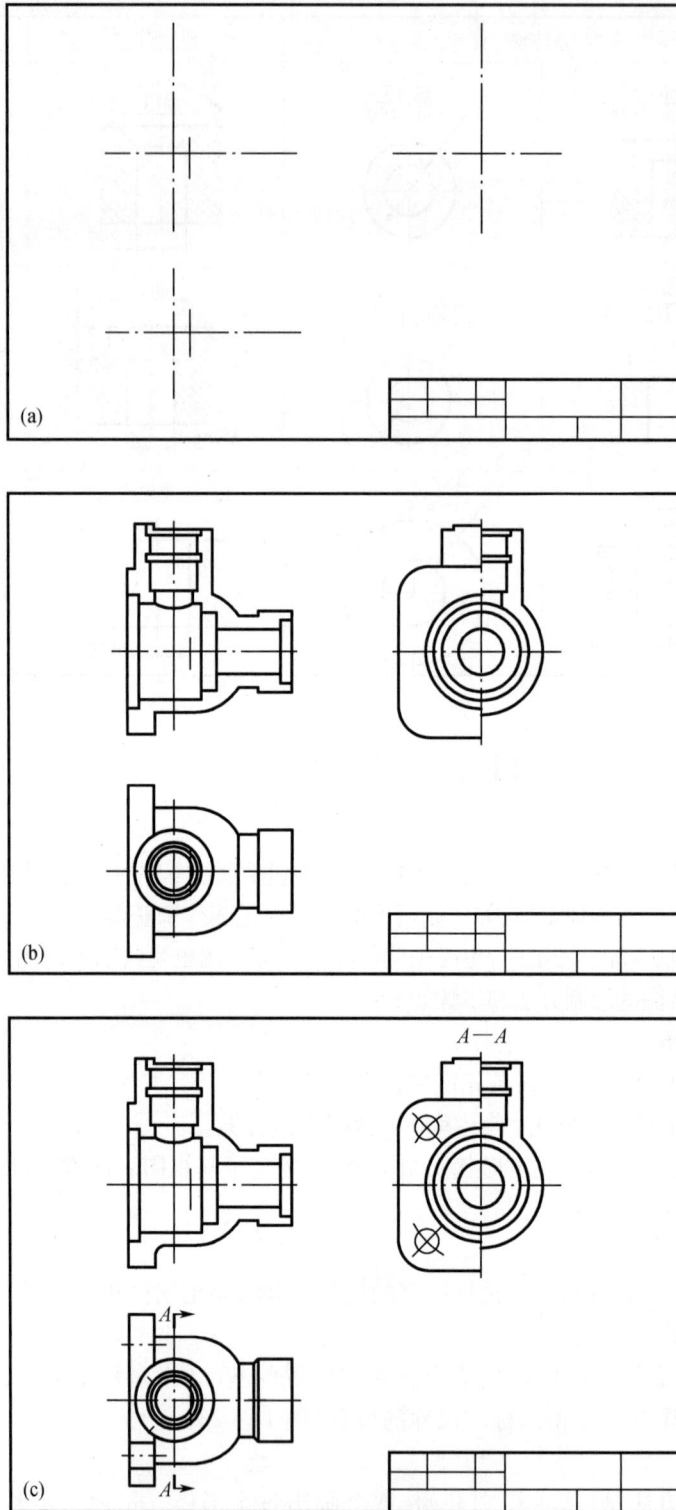

图 11-23 阀体零件图画图步骤

（4）完成零件图检查无误后描深，并画剖面线，标注尺寸，注写技术要求（如表面粗糙度、尺寸公差、几何公差等），填写标题栏，并完成零件图，如图 11-24 所示。

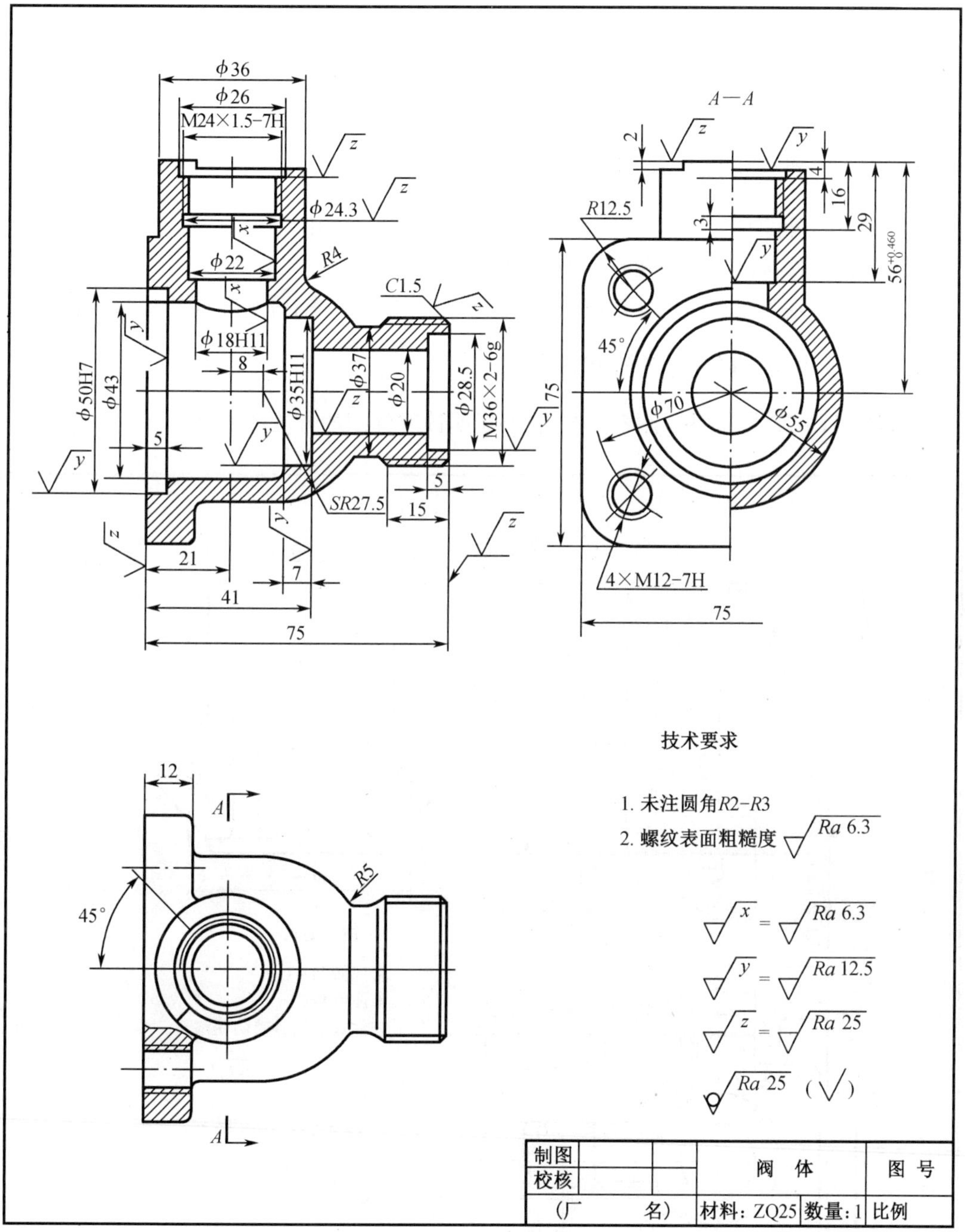

图 11-24 阀体零件图

11.6 读 零 件 图

在设计和制造工作中,经常遇到读零件图的情况,这是一名工程技术人员必须具备的能力。

11.6.1 读零件图的要求

(1)了解零件的名称、材料和用途(包括各组成形体的作用);
(2)读懂零件各组成部分及整体的结构形状;
(3)能基本理解图上的尺寸标注法并了解零件的技术要求,理解零件的视图表达方案。

11.6.2 读零件图的方法和步骤

现以图 11-25 柱塞泵泵体零件图为例,说明读零件图的方法和步骤。

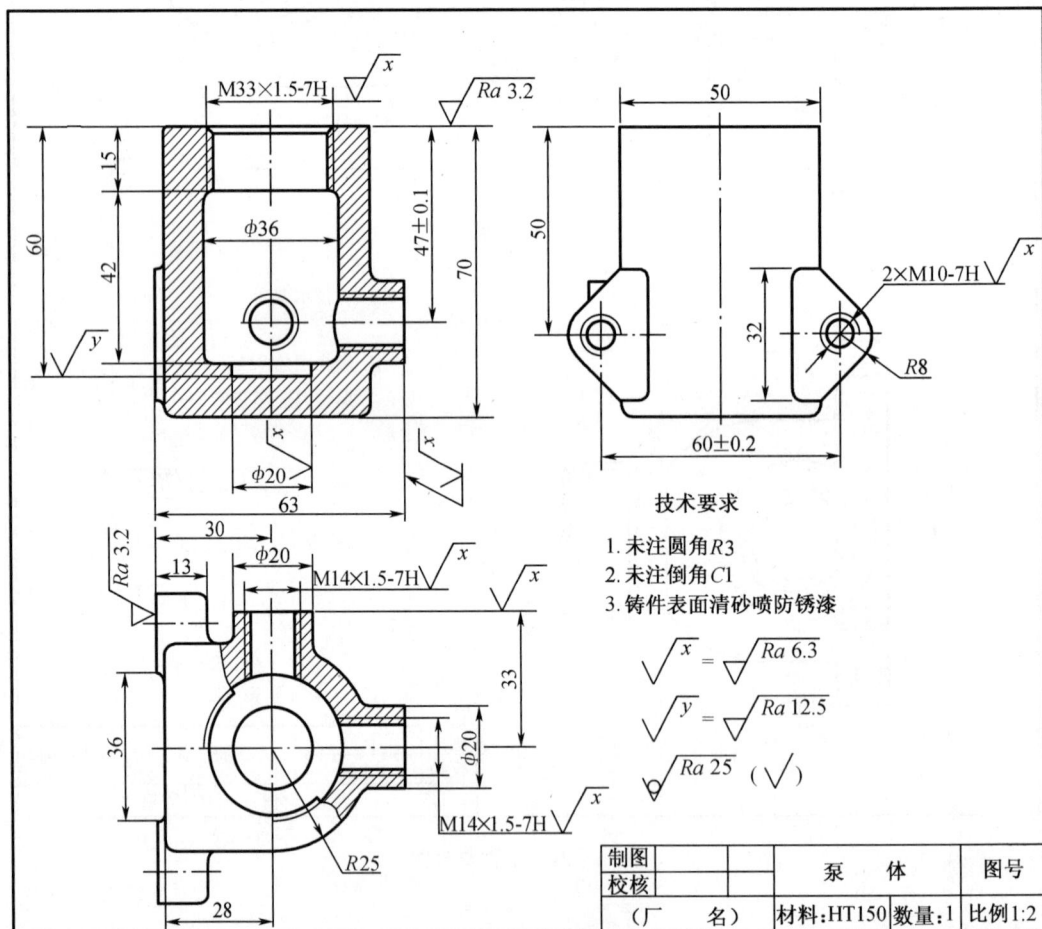

图 11-25 泵体

（1）概括了解

看标题栏，了解零件的名称、材料、比例等内容。粗略了解零件的用途、大致的加工方法和零件的结构特点。

从图11-25可知，零件的名称为泵体，属于箱体类零件。它必有容纳其他零件的空腔结构。材料是铸铁，零件毛坯是铸造而成，结构较复杂，加工工序较多。

（2）分析视图，弄清各视图之间的投影关系及所采用的表达方法

图11-25中为3个基本视图，主视图取全剖，俯视图取局部剖，左视图取外形图。

（3）分析投影，想象零件的结构形状

读图的基本方法是分析形体，先看主要部分，后看次要部分；先看整体，后看细节；先看易懂的部分，后看难懂的部分。还可根据尺寸及功能判断、想象形体。

分析图11-25的各个投影可知，泵体零件由柱体和两块安装板组成。

①泵体部分。其外形为左方右圆，内腔为圆柱形，用来容纳柱塞泵的柱塞等零件。后面和右边各有一个凸起，分别有进、出油孔与泵体内腔相通，从所标注尺寸可知两凸起都是圆柱形。

②安装板部分。从左视图和俯视图可知，在泵体左边有两块三角形安装板，上面有安装用的螺钉孔。通过以上分析，可以想象出泵体的整体形状如图11-26所示。

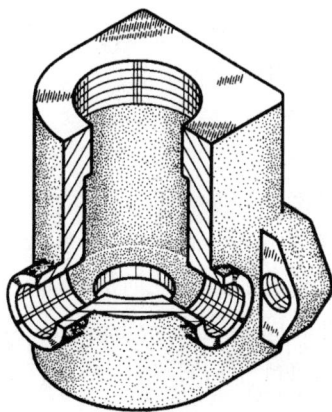

11-26 柱塞泵泵体轴测图

③分析尺寸和技术要求

分析零件的尺寸时，除了找到长、宽、高3个方向的尺寸基准外，还应按照形体分析法，找到定形、定位尺寸，进一步了解零件的形状特征，特别要注意精度高的尺寸，并了解其要求及作用。在图11-25中，从俯视图的尺寸13,30可知长度方向的基准是安装板的左端面；从主视图的尺寸70,47±0.1可知高度方向的基准是泵体上顶面；从俯视图尺寸33和左视图的尺寸60±0.2可知宽度方向的基准是泵体前后对称面。进出油孔的中心高47±0.1和安装板两螺孔的中心距60±0.2要求比较高，加工时必须保证。

分析表面粗糙度时，要注意它与尺寸精度的关系，了解零件制造、加工时的某些特殊要求。两螺孔端面及顶面等处表面为零件结合面，为防止漏油，表面粗糙度要求较高。

第12章 零件图的技术要求

零件图是指导生产和检测零件的重要技术文件。因此,零件图除了要表达零件的形状和尺寸外,还必须有制造该零件时应该达到的一些技术要求。技术要求一般包括表面粗糙度、尺寸公差、形状和位置公差、热处理及表面镀涂、零件材料及零件加工、检验的要求等项目。

本章主要介绍表面结构要求、极限与配合、形状和位置公差等的基本知识及其标注和选择方法。

12.1 表面结构要求

在机械图样上,为保证零件装配后的使用要求,应根据功能需要对零件的表面质量——表面结构提出要求。GB/T 131—2006《产品几何技术规范(GPS)技术产品文件中表面结构的表示法》中规定,表面结构是表面粗糙度、表面波纹度、表面缺陷、表面纹理和表面几何形状的总称。下面仅介绍常用的表面粗糙度表示法。

12.1.1 表面粗糙度

零件表面无论加工得多么光滑,在放大镜(或显微镜)下观察,都可以看到峰谷高低不平的情况,如图 12 - 1 所示。把加工表面上较小间距和峰谷所组成的微观几何形状特性称为表面粗糙度。它是评定零件表面质量的一项重要技术指标,它的大小直接影响零件的配合性质、耐磨性、耐腐性、密封性和外观等。

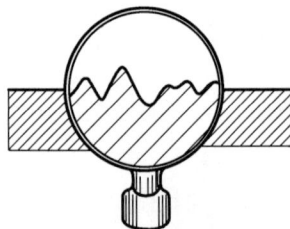

图 12 - 1 零件表面微小不平

12.1.2 评定表面粗糙度常用的参数

评定表面粗糙度常用的参数有:①轮廓参数(GB/T 1031—2009);②图形参数(GB/T 18618—2002);③支承率曲线参数(GB/T 18778.2 和 GB/T 18778.3—2003)。其中轮廓参数是我国机械图样中目前最常用的评定参数。下面仅介绍评定粗糙度轮廓(R 轮廓)中的两个高度参数 Ra 和 Rz,使用时优先选用 Ra(单位:μm)。

(1)轮廓算术平均偏差 Ra:在一个取样长度(用于判别被评定轮廓不规则特征的 X 轴上的长度)内,纵坐标 $Z(x)$ 绝对值的算术平均值(见图 12 - 2)。Ra 可近似表示为

$$Ra = \frac{1}{l}\int_0^l |Z(x)| \, \mathrm{d}x$$

其中:

①在每一个取样长度内的测量值通常是不等的,为了取得表面粗糙度最可靠的值,一般取几个连续的取样长度进行测量,并以各取样长度内测量值的平均值作为测得的参数

值。这段在 X 轴方向上用于评定轮廓的、包含一个或几个取样长度的测量段称为评定长度。当参数代号后未注明时,评定长度默认为 5 个取样长度,否则应注明个数。例如:Ra 0.8, Ra 3 3.2 的评定长度分别为 5 个和 3 个取样长度。

　　②中线:在取样长度内,将轮廓分成上、下面积相等的两部分的基准线,即图 12 - 2 中的 X 轴。

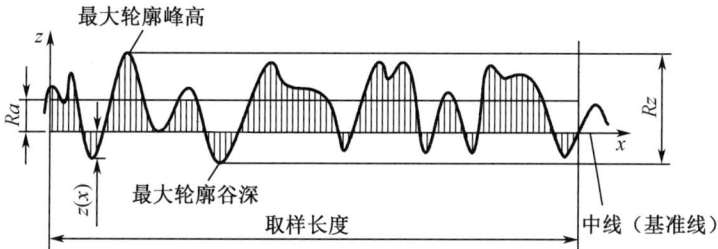

图 12 - 2　轮廓算术平均偏差 Ra 和轮廓最大高度 Rz

　　(2)轮廓的最大高度 Rz:在一个取样长度内,最大轮廓峰高和最大轮廓谷深之和的高度(见图 12 - 2),用公式表示为

$$Rz = Rp + Rv$$

其中,Rp 为在一个取样长度内的最大轮廓峰高;Rv 为在一个取样长度内的最大轮廓谷深。

12.1.3　表面粗糙度参数的选用

　　表面粗糙度值越小,零件被加工表面越光滑,加工成本越高。因此,零件表面粗糙度值的选用,既要满足零件表面的功能要求,又要考虑经济合理性。一般机械中常用的 Ra 值为:25 μm,12.5 μm,6.3 μm,3.2 μm,1.6 μm,0.8 μm 等。具体选用时,可参照生产中的实例,用类比法确定,同时注意下列问题:

　　(1)在满足功能的前提下,尽量选用较大的表面粗糙度参数值,以降低生产成本。

　　(2)在同一零件上,工作表面的粗糙度参数值一般应小于非工作表面的粗糙度参数值。

　　(3)受循环载荷的表面及容易引起应力集中的表面(如圆角、沟摘),其表面粗糙度参数值要小。

　　(4)配合性质相同时,零件尺寸小的比尺寸大的表面粗枪度参数值要小。同一公差等级,小尺寸比大尺寸、轴比孔的表面粗糙度参数值要小。

　　(5)运动速度高、单位压力大的摩擦表面比运动速度低、单位压力小的摩擦表面的粗糙度参数值要小。

　　(6)一般情况下,尺寸和表面形状要求梢确程度高的表面的粗糙度参数值要小。

　　Ra 参数的数值一般在表 12 - 1 中选取,Rz 参数的值一般在表 12 - 2 中选取。不同加工方法获得的 Ra 数值见表 12 - 3。

表 12 - 1　轮廓的算术平均偏差 *Ra* 的数值　　　　单位：μm

Ra	0.012	0.2	3.2	50
	0.025	0.4	6.3	100
	0.05	0.8	12.5	
	0.1	1.6	2.5	

表 12 - 2　轮廓的最大高度 *Rz* 的数值　　　　单位：μm

Rz	0.025	0.4	6.3	100	1 600
	0.05	0.8	12.5	200	
	0.1	1.6	25	400	
	0.2	3.2	50	800	

表 12 - 3　常用切削加工表面的 *Ra* 值和相应的表面特征

Ra/μm	表面特征	加工方法	应 用 举 例
50	明显可见刀痕	粗加工面 粗车、粗刨、粗铣、钻孔等	一般很少使用
25	可见刀痕		钻孔表面,倒角、端面,穿螺栓用的光孔、沉孔、要求较低的非接触面
12.5	微可见刀痕		
6.3	可见加工痕迹	半精加工面 精车、精刨、精铣、精镗、铰孔、刮研、粗磨等	要求较低的静止接触面,如轴肩、螺栓头的支撑面、一般盖板的结合面;要求较高的非接触表面,如支架、箱体、离合器、皮带轮、凸轮的非接触面
3.2	微见加工痕迹		要求紧贴的静止结合面以及有较低配合要求的内孔表面,如支架、箱体上的结合面等
1.6	看不见加工痕迹		一般转速的轴孔,低速转动的轴颈;一般配合用的内孔,如衬套的压入孔,一般箱体的滚动轴承孔;齿轮的齿廓表面,轴与齿轮、皮带轮的配合表面等
0.8	可见加工痕迹的方向	精加工面 精磨、精铰、抛光、研磨、金刚石车、刀精车、精拉等	一般转速的轴颈;定位销、孔的配合面;要求保证较高定心及配合的表面;一般精度的刻度盘;需镀铬抛光的表面
0.4	微辨加工痕迹的方向		要求保证规定的配合特性的表面,如滑动导轨面,高速工作的滑动轴承;凸轮的工作表面
0.2	不可辨加工痕迹的方向		精密机床的主轴锥孔;活塞销和活塞孔;要求气密的表面和支撑面
0.1	暗光泽面	光加工面 细磨、抛光、研磨	保证精确定位的锥面
0.05	亮光泽面		
0.025	镜状光泽面		精密仪器摩擦面;量具工作面;保证高度气密的结合面;量规的测量面;光学仪器的金属镜面
0.012	雾状镜面		
0.006	镜面		

在测量 Ra 和 Rz 时,推荐按照表 12 - 4 选用对应的取样长度,这时取样长度值的标注在图样或技术文件上可以省略。当有特殊要求时,应给出相应的取样长度值,并在图样上或技术文件中标出。

表 12 - 4　Ra,Rz 参数值与取样长度的对应关系

$Ra/\mu m$	$Rz/\mu m$	L_r/mm
≥0.008 ~ 0.02	≥0.025 ~ 0.10	0.08
>0.02 ~ 0.1	>0.10 ~ 0.50	0.25
>0.1 ~ 2.0	>0.50 ~ 10.0	0.8
>2.0 ~ 10.0	>10.0 ~ 50.0	2.5
>10.0 ~ 80.0	>50 ~ 320	8.0

12.1.4　表面结构图形符号

(1)标注表面结构要求时的图形符号、名称及说明(见表 12 - 5)。

表 12 - 5　表面结构图形符号

名称	图形符号	意义及说明
基本图形符号		基本图形符号仅用于简化代号标注,没有补充说明时不能单独使用。如果基本图形符号与补充的或辅助的说明一起使用,则不需要进一步说明为了获得指定的表面是否应去除材料或不去除材料
扩展图形符号		表示指定表面是用去除材料的方法获得,如通过机械加工获得的表面
		表示指定表面是用不去除材料方法获得
完成图形符号		允许任何工艺,横线用于标注补充要求,在报告和合同的文本中用文字表达改符号时,使用 APA
		去除材料,横线用于标注补充要求,在报告和合同的文本中用文字表达该符号时,使用 MRR
		不去除材料,横线用于标注补充要求,在报告和合同的文本中文字表达该符号时,使用 NMR

表 12.5（续）

名称	图形符号	意义及说明
构成封闭轮廓的各表面有相同表面结构要求的图形符号	(a) (b)	当在图样某个视图上构成封闭轮廓的各表面有相同的表面结构要求时,应在完整图形符号上加上一个圆圈,标注在图样中工件的封闭轮廓线上,如图所示。如果标注会引起歧义时,各表面应分别标注。 图(a)视图中的表面结构符号是指对立体图(b)中封闭轮廓的 1～6 的 6 个面的共同要求(不包括前后面)

（2）图形符号的画法（见图 12 - 3）, 尺寸要求参见表 12 - 6。

（3）表面结构完整图形符号的组成。

在完整符号中,对表面结构的单一要求和补充要求应注写在图 12 - 4 所示位置。

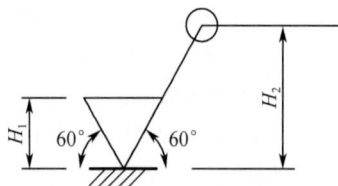

图 12 - 3　图形符号画法

注: $H_1 = 1.4h$; $H_2 > 2.8h$（取决于标注内容）

h 为零件图中字体高度;

符号与字体线宽 $d' = 0.1h$。

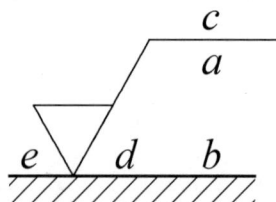

图 12 - 4　补充要求的注写位置

表 12 - 6　符号的尺寸

轮廓线的线宽 b	0.35	0.5	0.7	1	1.4	2	2.8
数字和大写字母(或和小写字母)的高度	2.5	3.5	5	7	10	14	20
符号的线宽 d' 数字与字母的笔画宽度 d	0.25	0.35	0.5	0.7	1	1.4	2
高度 H_1	3.5	5	7	10	14	20	28
高度 H_2	8	11	15	21	30	42	60

图 12 - 4 中 $a \sim e$ 注写内容见表 12 - 7。

表 12 - 7　表面结构补充要求的注写位置

位置	注写内容
a	注写表面结构的单一要求
b	注写第二个表面结构要求。还可以注写第三或更多个表面结构要求,此时,图形符号应在垂直方向扩大,以空出足够的空间。扩大图形符号时,a 和 b 的位置随之上移
c	注写加工方法、表面处理、涂层或其他加工工艺要求等,如车、磨、镀等加工表面
d	注写所要求的的表面纹理和纹理的方向
e	注写所要求的加工余量,以 mm 为单位给出数值

12.1.5　表面结构符号、代号在图样上的标注

表面结构代号是由完整图形符号、参数代号(Ra、Rz)和参数值组成,必要时应标注补充要求。表 12 - 8 是默认定义时的表面结构代号及其含义。

表 12 - 8　默认定义时的表面结构代号及其含义

代号示例(GB/T 131—2006)	说明
$\sqrt{}$ $Ra\ 3.2$	用去除材料方法获得的表面粗糙度,Ra 上限值为 3.2 μm
$\sqrt{}$ $Ra\ 3.2$	用不去除材料方法获得的表面粗糙度,Ra 上限值为 3.2 μm
$\sqrt{}$ $U\ Ra\ 3.2$ $L\ Ra\ 1.6$	用去除材料方法获得的表面粗糙度,Ra 上限值为 3.2 μm,Ra 下限值为 1.6 μm
$\sqrt{}$ $Rz\ 3.2$	用去除材料方法获得的表面粗糙度,Rz 的上限值为 3.2 μm

注意:参数代号(Ra、Rz)为大小写斜体而旧标准为下角标,其和参数之间应插入空格。

新的国家标准(GB/T 131—2006)规定了表面结构要求在图样上的注法,见表 12 - 9。

表 12 - 9　表面结构要求在图样上的注法

标注示例	说明
	表面结构的注写和读取方向与尺寸的注写和读取方向一致

表 12 –9(续)

标注示例	说明
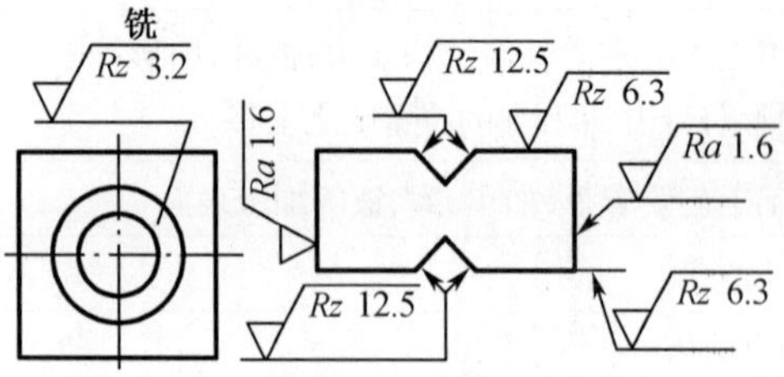	必要时,表面结构符号可用带箭头或黑点的指引线引出标注
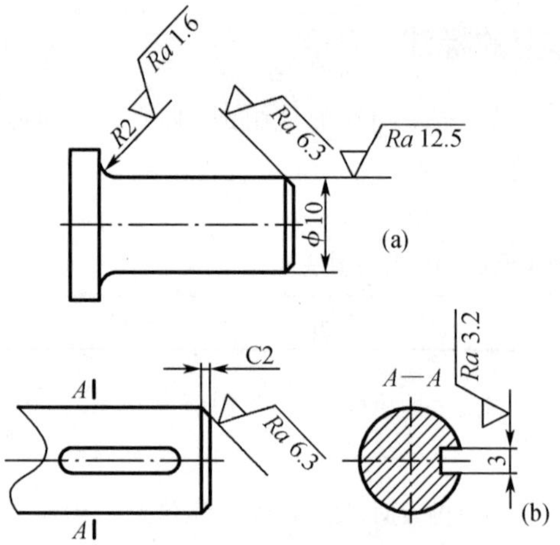	表面结构要求可以标注在尺寸线及其延长线上或分别标注在轮廓线和尺寸界线上,见图(a); 键槽的表面结构要求注法见图(b)
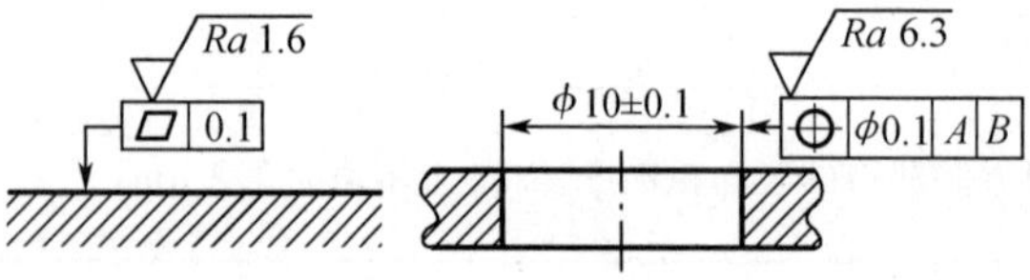	表现结构要求可标注在形位公差框格的上方
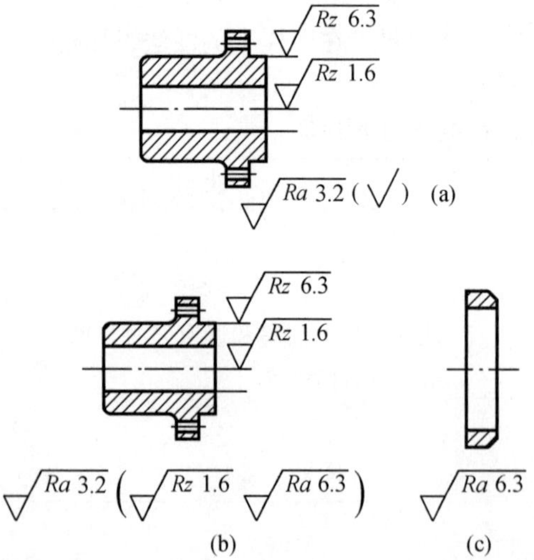	如果零件的多数(包括全部)表面具有相同的表面结构要求,则其表面结构要求可统一标注在图样的标题栏附近。表面结构要求的符号后面应有: 在圆括号内给出无任何其他标注的基本符号,见图(a); 在圆括号内给出不同的表面结构要求,见图(b);不同的表面结构要求应直接标注在图形中,见图(a),(b); 全部表面具有相同要求时,不加括号,见图(c)

表 12 -9(续)

标注示例	说明
	当多个表面具有相同的表面结构要求或图纸空间有限,可以采用简化标注法。用带字幕的完整符号,以等式的形式,在图形或标题栏的附近,对有相同表面结构要求的表面进行简化标注

12.2 极限与配合

12.2.1 极限与配合的有关术语

1. 互换性

现代大规模生产要求零件具有互换性,即当零件成部件在装配或更换时,从一批规格相同的零件或部件中任取一件。事先不必经过挑选,装配时也无需进行任何加工及修配就能装配在机器上,并能满足预定的使用性能要求,这种性质称为互换性,例如:自行车或汽车上的零件。互换性对提高生产水平有非常重要的意义。零件具有互换性,不仅便于采用先进的设备和流水线作业,而且大大简化了零件的设计和制造过程,有利于各企业间的相互合作,缩短生产周期,提高劳动生产率,降低生产成本,便于装配和维修,保证产品质量。

2. 尺寸公差

制造零件时,由于机床的精度、刀具的磨损、测量误差等因素的影响,零件的尺寸不可能做得绝对精确。为了使零件具有互换性,必须对零件的尺寸规定一个允许的变动量,这个变动量称为尺寸公差,简称公差。为了满足互换性要求,图样上必须标注极限与配合等技术要求,为此,国家制定了极限与配合的标准。如图 12 -5 所示的便是一个简单的孔、轴装配图及零件图上的极限与配合标注示例。

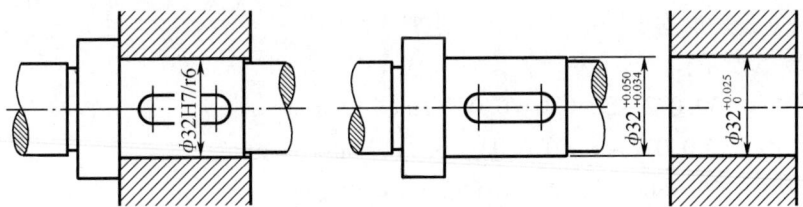

图 12 -5 轴孔公差的尺寸举例

下面介绍一些有关的术语和定义,如图 12 -6 所示。

(1)公称尺寸、实际尺寸和极限尺寸

①公称尺寸

设计时,根据零件的结构、力学性质等方面的要求确定的尺寸。一般应尽量选用标准直径或标准长度。通过它应用上、下偏差可算出极限尺寸。孔用 D，轴用 d 表示，如图 12－5 中的 ϕ32。

②实际尺寸

通过测量加工后的零件所得到的尺寸。由于存在测量误差因而实际尺寸并非真实尺寸。

③极限尺寸

一个孔或轴允许实际尺寸变化的两个极限值。其中，孔或轴允许的最大尺寸称为最大极限尺寸，如图 12－5 所示的轴的最大极限尺寸为 $\phi32^{+0.050}=$ ϕ32.050 mm；孔或轴允许的最小尺寸称为最小极限尺寸，如图 12－5 所示的轴的最小极限尺寸为 $\phi32_{+0.034}=$ ϕ32.034 mm。

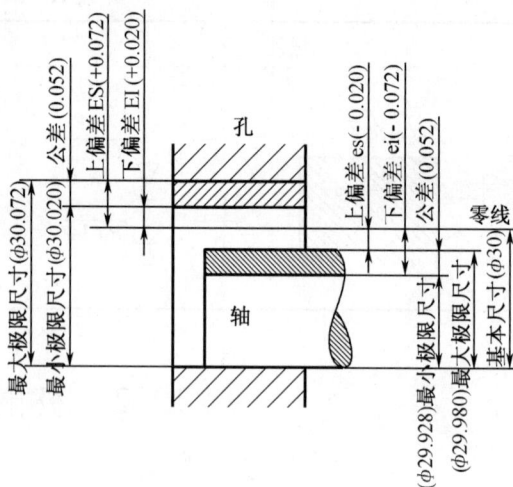

图 12－6　极限与配合示意图

零件尺寸合格的条件：最大极限尺寸≤实际尺寸≤最小极限尺寸。

（2）极限偏差与尺寸公差

①极限偏差

上极限偏差和下极限偏差称为极限偏差。

$$上极限偏差 = 最大极限尺寸 － 公称尺寸$$
$$下极限偏差 = 最小极限尺寸 － 公称尺寸$$

国家标准规定：孔和轴的上极限偏差分别以 ES 和 es 表示；孔和轴的下极限偏差分别以 EI 和 ei 表示。

注意：上、下极限偏差可以是正值、负值或零。

②尺寸公差（简称公差）

公差是允许尺寸的变动量。

$$公差 = 最大极限尺寸 － 最小极限尺寸 = 上极限偏差 － 下极限偏差$$

注意：尺寸公差恒为正。

如图 12－5 所示：

孔的公差　　30.072 － 30.020 ＝ 0.052 mm ＝ 52 μm

或　　　　　＋0.072 － （＋0.020）＝ 0.052 mm ＝ 52 μm

轴的公差　　29.980 － 29.928 ＝ 0.052 mm ＝ 52 μm

或　　　　　－0.020 － （－0.072）＝ 0.052 mm ＝ 52 μm

（3）公差带

如图 12－7 为极限与配合示意图，它表明了上述各术语之间的关系，在研究极限与配合时，为了简化表达，将示意图简化为公差带图；代表上、下极限偏差或最大极限尺寸和最小极限尺寸的两条平行线所限定的区域，称为尺寸公差带，简称公差带。按适当的比例，将上、下极限偏差和公称尺寸的关系画成简图称为公差带图，如图 12－7 所示。在公差带图中，通常用沿水平方向绘制的零线表示公称尺寸，它是正、负偏差的基准线，方框的上边代

表上极限偏差,下边代表下极限偏差;方框的左右
长度可根据需要任意确定。

（4）标准公差和基本偏差

在国家标准《极限与配合》中,公差带是由"公
差带大小"和"公差带位置"两个要素组成。国标
对这两个独立要素分别进行了标准化,即为标准
公差系列和基本偏差系列。

① 标准公差

标准公差是用来确定公差带大小的任一公
差。标准公差等级代号用符号"IT"和数字组成,

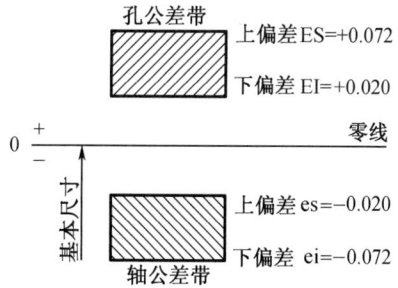

孔公差带　上偏差 ES=+0.072　下偏差 EI=+0.020

0　零线

基本尺寸

上偏差 es=-0.020　下偏差 ei=-0.072　轴公差带

图 12 - 7　公差带图（公称尺寸）

一共分为 20 个等级,依次用 IT01,IT0,IT1,IT2,…,IT18 表示。其中数字 01,0,1,2,…,18
表示公差等级,从 IT01 到 IT18 等级依次降低,精度越高,相应的标准公差依次加大。

公差等级的高低不仅影响产品的性能,还影响加工的经济性。考虑到孔的加工较轴的
加工困难,因此选用公差等级时,通常孔比轴低一级。通常 IT01 ~ IT4 用于块规和量规,
IT5 ~ IT12 用于配合尺寸,IT12 ~ IT18 用于非配合尺寸。在一般机械中（如机床、纺织机
等）,重要的精密部位用 IT5、IT6;常用的为 IT6 ~ IT8;次要部位用 IT8 ~ IT9。

各级标准公差的数值可查阅 GB/T 1800 系列标准极限与配合制,见表 12 - 10。

表 12 - 10　标准公差带数值（GB/T 1800.3—1998）

基本尺寸 /mm		标差公差等级																			
		μm												mm							
大于	至	IT01	IT0	IT1	IT2	IT3	IT4	IT5	IT6	IT7	IT8	IT9	IT10	IT11	IT12	IT13	IT14	IT15	IT16	IT17	IT18
—	3	0.3	0.5	0.8	1.2	2	3	4	6	10	14	25	40	60	0.1	0.14	0.25	0.40	0.60	1.0	1.4
3	6	0.4	0.6	1	1.5	2.5	4	5	8	12	18	30	48	75	0.12	0.18	0.30	0.48	0.75	1.2	1.8
6	10	0.4	0.6	1	1.5	2.5	4	6	9	15	22	36	58	90	0.15	0.22	0.36	0.58	0.90	1.5	2.2
10	18	0.5	0.8	1.2	2	3	5	8	11	18	27	43	70	110	0.18	0.27	0.43	0.70	1.10	1.8	2.7
18	30	0.6	1	1.5	2.5	4	6	9	13	21	33	52	84	130	0.21	0.33	0.52	0.84	1.30	2.1	3.3
30	50	0.6	1	1.5	2.5	4	7	11	16	25	39	62	100	160	0.25	0.39	0.62	1.00	1.60	2.5	3.9
50	80	0.8	1.2	2	3	5	8	13	19	30	46	74	120	190	0.30	0.46	0.74	1.20	1.90	3.0	4.6
80	120	1	1.5	2.5	4	6	10	15	22	35	54	87	140	220	0.35	0.54	0.87	1.40	2.20	3.5	5.4
120	180	1.2	2	3.5	5	8	12	18	25	40	63	100	160	250	0.40	0.63	1.00	1.60	2.50	4.0	6.3
180	250	2	3	4.5	7	10	14	20	29	46	72	115	185	290	0.46	0.72	1.15	1.85	2.90	4.6	7.2
250	315	2.5	4	6	8	12	16	23	32	52	81	130	210	320	0.52	0.81	1.30	2.10	3.2	5.2	8.1
315	400	3	5	7	9	13	18	25	36	57	89	140	230	360	0.57	0.89	1.40	2.30	3.60	5.7	8.9
400	500	4	6	8	10	15	20	27	40	97	155	250	400		0.63	0.97	1.55	2.50	4.00	6.3	9.7

注:基本尺寸小于或等于 1 mm 时,无 IT14 ~ IT18。

② 基本偏差

基本偏差是国家标准规定的用来确定公差带位置的。所谓基本偏差是指用以确定公

差带相对于零线位置的上极限偏差或下极限偏差，一般指靠近零线的那个偏差。当公差带在零线上方时，基本偏差为下偏差；当公差带在零线下方时，基本偏差为上偏差，如图 12 - 8 所示。

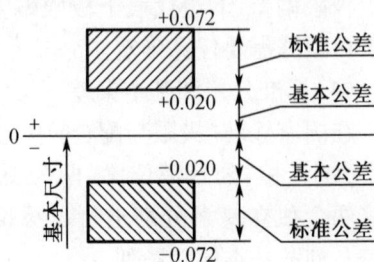

图 12 - 8 基本偏差（公称尺寸）

图 12 - 9 表示的是孔和轴的基本偏差系列。国家标准分别对孔和轴各规定了 28 个不同的基本偏差，其代号分别用大、小写的拉丁字母表示，大写表示孔，小写表示轴。

基本偏差与公差等级之间，原则上是彼此独立的，但有些偏差对于不同的公差等级使用不同的数值，例如 K、M、N，因此它们对零线有两种不同的位置。

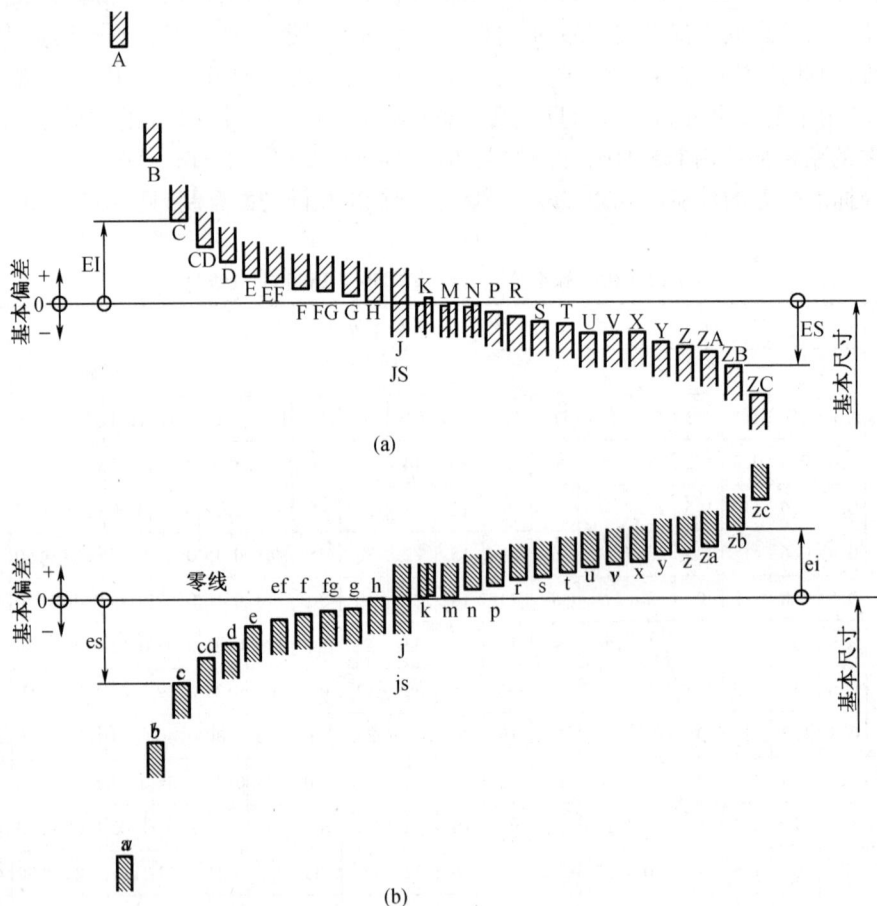

(a)

(b)

图 12 - 9 基本偏差系列

③公差带代号

公差带代号用基本偏差代号的字母和标准公差等级代号中的数字表示，例如，孔公差带代号 H7，轴公差带代号 h7 等。有了公称尺寸和公差带代号，就可以从孔、轴极限偏差表（见附录 D）中查出极限偏差的具体数值，也就可以确定最大极限尺寸和最小极限尺寸了。

例如,根据 φ30H8 可查出公称尺寸 φ30 孔的下极限偏差为 0,上极限偏差为 + 33 μm = + 0.033 mm。根据 φ60f7 可查出公称尺寸 φ60 的轴上极限偏差为 − 30 μm = − 0.030 mm,下极限偏差为 − 60 μm = − 0.060 mm。

3. 配合

基本尺寸相同的孔和轴(泛指包容面与被包容面)的公差带之间的关系,称为配合。通俗地讲,配合就是孔和轴结合时的松紧程度。

(1)配合的类型

根据使用要求的不同,孔和轴之间的配合有松有紧。国标规定配合分为三类,即间隙配合、过盈配合和过渡配合。

①间隙配合。一批孔和轴任意装配,均具有间隙(包括最小间隙等于零)的配合,为间隙配合。此时,孔的公差带位于轴的公差带之上,如图 12 − 10(a)所示。当相互配合的两零件有相对运动或虽无相对运动但要求拆卸方便时,采用间隙配合。

②过盈配合。一批孔和轴任意装配,均具有过盈(包括最小过盈等于零)的配合,为过盈配合。此时,孔的公差带位于轴的公差带之下,如图 12 − 10(b)所示。当相互配合的两零件需要牢固连接、保持相对静止或传递动力时,采用过盈配合。

③过渡配合。一批孔和轴任意装配,可能具有间隙或过盈(一般间隙和过盈量都不大)的配合称为过渡配合。此时,孔的公差带和轴的公差带相互交叠,如图 12 − 10(c)所示。对于不允许有相对运动,轴与孔的对中性要求比较高,且又需拆卸的两零件的配合,采用过渡配合。

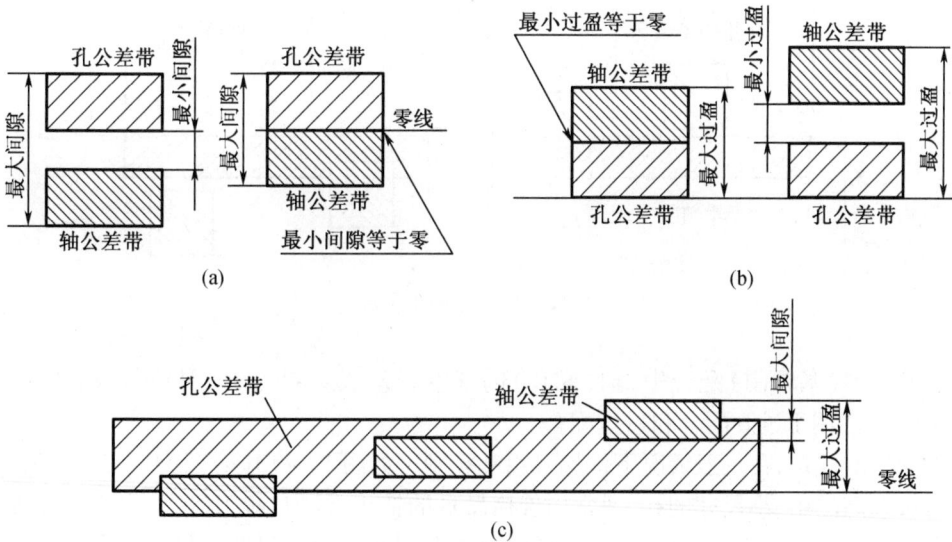

图 12 − 10　配合种类

(2)配合的基准制

根据零件的工作情况,对零件之间的配合提出了不同松紧程度的间隙和过盈要求。而在制造相互配合的零件时,把其中一个零件作为基准件,使其基本偏差不变,而改变另一个非基准件的基本偏差来达到不同的配合。为此,国家标准规定了两种配合制度,即基孔制和基轴制。采用基准制是为了统一基准件的极限偏差,从而达到减少刀具、量具的规格数量,获得最大的技术经济效益。

①基孔制配合:孔的基本偏差为一定的公差带,与基本偏差不同的轴的公差带形成各种配合的一种制度。这种制度在同一基本尺寸的配合中,是将孔的公差位置固定,通过变动轴的公差带位置,得到各种不同的配合,如图 12-11 所示。基孔制中的孔为基准孔,国标 GB/T 1800.1—2009 规定,基准孔的基本偏差(下极限偏差)为零,基准孔的基本偏差代号为"H"。

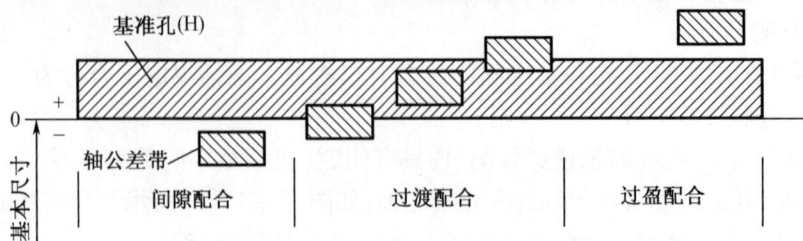

图 12-11 基孔制配合

②基轴制配合:轴的基本偏差为一定的公差带,与基本偏差不同的孔的公差带形成各种配合的一种制度。基轴制配合的轴为基准轴。国标 GB/T 1800.1—2009 规定,基准轴的基本偏差(上极限偏差)为零,基准轴的基本偏差代号为"h"。如图 12-12 所示。基轴制中的轴为基准轴,其基本偏差代号为"h",轴的公差带在零线之下,国家标准规定基准轴的基本偏差(上偏差)为零。

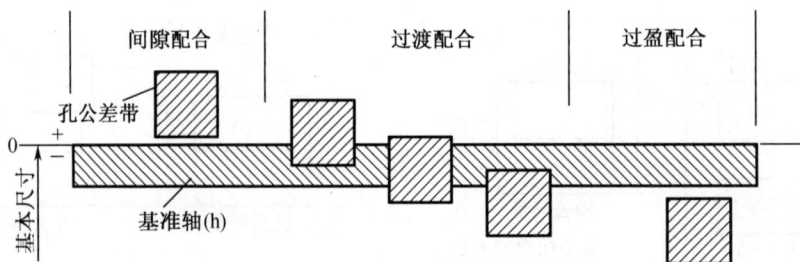

图 12-12 基轴制配合

在基孔制(基轴制)配合中,轴(或孔)的基本偏差从 a～h (A～H)用于间隙配合,从 j～zc(J～ZC)用于过渡配合和过盈配合。

国家标准规定,在一般情况下优先采用基孔制。如图 12-13(a)因为从工艺上看,加工公差等级较高的中、小尺寸的孔,通常用价格昂贵的钻头、铰刀、拉刀等,每一刀具只能加工一种尺寸的孔;而加工尺寸不同的轴,可用同一车刀或砂轮。因此,采用基孔制,对不同的配合要求,例如 $\phi30\dfrac{H7}{f6}$、$\phi30\dfrac{H7}{g6}$、$\phi30\dfrac{H7}{n6}$ 等,能减少定值刀具的规格数量(只用一种,$\phi30H7$ 的孔用定值刀具)。另外也可减少量具的规格数量。

实际生产中选用基孔制配合还是基轴制配合,要从机器的结构、工艺要求、经济性等方面的因素考虑,一般情况下应优先选用基孔制配合。但若与标准件形成配合时,应按标准件确定基准制配合。例如:与滚动轴承内圈配合的轴应按照基孔制配合;与滚动轴承外圈配合的孔应按照基轴制配合。

在下列情况下,最好采用基轴制:

①当使用不需加工的冷拉轴时;

②在同一基本尺寸的轴上装有不同配合要求的几个孔件时,如图 12 – 13(b)所示。

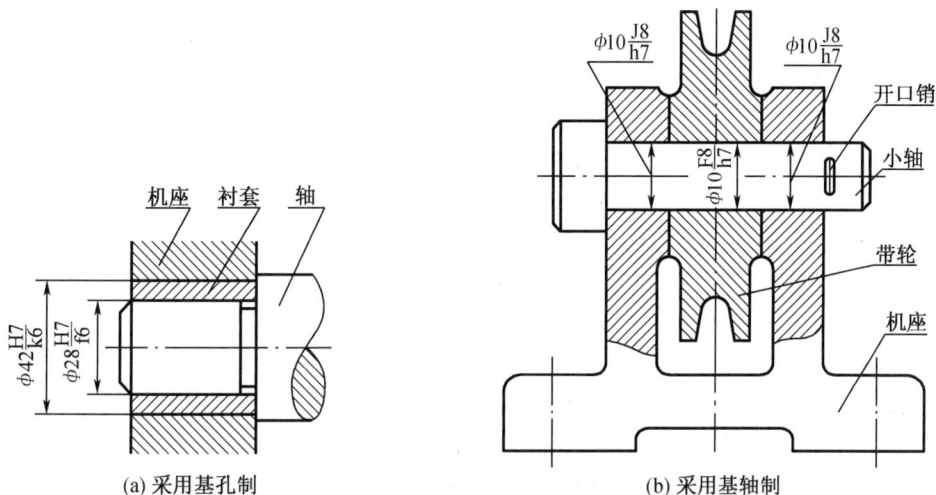

(a) 采用基孔制　　　　　　　　　　　　　　　　(b) 采用基轴制

图 12 – 13　配合的基准制的选用

(3)常用及优先配合

从理论上讲,标准所规定的 20 个等级的标准公差和 28 种基本偏差,能够组合成大量的公差带。由孔、轴公差带任意组合,又能组合更大量的配合。如果同时应用如此大量的配合,不仅经济上难以实现,而且发挥不了标准化应用的作用,不利于生产的发展。

为了最大限度地满足生产的需要,并在此前提下尽量地化简零件、定制刀具、定制量具和工艺装备的品种规格,制定国家标准时,对公差带进行了筛选和限制,规定了一般用途的、常用的和优先选用的轴、孔公差带。同时,还规定了基孔制和基轴制的优先常用配合,使用时应尽量选用优先配合和常用配合。基孔制和基轴制的优先、常用配合见表 12 –11 和表 12 – 12。

表 12 –11　基孔制优先、常用配合(摘自 GB/T 1801—2009)

基准孔	轴																					
	a	b	c	d	e	f	g	h	js	k	m	n	p	r	s	t	u	v	x	y	z
	间隙配合								过渡配合				过盈配合									
H6					$\frac{H6}{e5}$	$\frac{H6}{f5}$	$\frac{H6}{g5}$	$\frac{H6}{h5}$	$\frac{H6}{js5}$	$\frac{H6}{k5}$	$\frac{H6}{m5}$	$\frac{H6}{n5}$	$\frac{H6}{p5}$	$\frac{H6}{r5}$	$\frac{H6}{s5}$	$\frac{H6}{t5}$					
H7						$\frac{H7}{f6}$	$\frac{H7}{g6}▲$	$\frac{H7}{h6}▲$	$\frac{H7}{js6}$	$\frac{H7}{k6}▲$	$\frac{H7}{m6}$	$\frac{H7}{n6}▲$	$\frac{H7}{p6}▲$	$\frac{H7}{r6}$	$\frac{H7}{s6}▲$	$\frac{H7}{t6}$	$\frac{H7}{u6}▲$	$\frac{H7}{v6}$	$\frac{H7}{x6}$	$\frac{H7}{y6}$	$\frac{H7}{z6}$
H8				$\frac{H8}{e7}$	$\frac{H8}{f7}▲$	$\frac{H8}{g7}$	$\frac{H8}{h7}▲$	$\frac{H8}{js7}$	$\frac{H8}{k7}$	$\frac{H8}{m7}$	$\frac{H8}{n7}$	$\frac{H8}{p7}$	$\frac{H8}{r7}$	$\frac{H8}{s7}$	$\frac{H8}{t7}$	$\frac{H8}{u7}$					
			$\frac{H8}{d8}$	$\frac{H8}{e8}$	$\frac{H8}{f8}$			$\frac{H8}{h8}$													

表 12 – 11（续）

基准孔	轴																				
	a	b	c	d	e	f	g	h	js	k	m	n	p	r	s	t	u	v	x	y	z
	间隙配合								过渡配合			过盈配合									
H9				$\frac{H9}{d9}$▲	$\frac{H9}{e9}$	$\frac{H9}{f9}$		$\frac{H9}{h9}$▲													
H10			$\frac{H10}{c10}$	$\frac{H10}{d10}$				$\frac{H10}{h10}$													
H11	$\frac{H11}{a11}$	$\frac{H11}{b11}$	$\frac{H11}{c11}$▲	$\frac{H11}{d11}$				$\frac{H11}{h11}$▲													
H12		$\frac{H12}{b12}$						$\frac{H12}{h12}$				标▲者为优先配合									

注：$\frac{H6}{n5}$，$\frac{H7}{p6}$ 在基本尺寸小于或等于 3 mm 和 $\frac{H8}{r7}$ 在小于或等于 100 mm 时，为过渡配合。

表 12 – 12　基轴制优先、常用配合（摘自 GB/T 1801—2009）

基准轴	孔																				
	A	B	C	D	E	F	G	H	JS	K	M	N	P	R	S	T	U	V	X	Y	Z
	间隙配合								过渡配合			过盈配合									
h5						$\frac{F6}{h5}$	$\frac{G6}{h5}$	$\frac{H6}{h5}$	$\frac{JS6}{h5}$	$\frac{K6}{h5}$	$\frac{M6}{h5}$	$\frac{N6}{h5}$	$\frac{P6}{h5}$	$\frac{R6}{h5}$	$\frac{S6}{h5}$	$\frac{T6}{h5}$					
h6						$\frac{F7}{h6}$	$\frac{G7}{h6}$▲	$\frac{H7}{h6}$▲	$\frac{JS7}{h6}$	$\frac{K7}{h6}$▲	$\frac{M7}{h6}$	$\frac{N7}{h6}$▲	$\frac{P7}{h6}$▲	$\frac{R7}{h6}$	$\frac{S7}{h6}$▲	$\frac{T7}{h6}$	$\frac{U7}{h6}$▲				
h7					$\frac{E8}{h7}$	$\frac{F8}{h7}$▲		$\frac{H8}{h7}$▲	$\frac{JS8}{h7}$	$\frac{K8}{h7}$	$\frac{M8}{h7}$	$\frac{N8}{h7}$									
h8				$\frac{D8}{h8}$	$\frac{E8}{h8}$	$\frac{F8}{h8}$		$\frac{H8}{h8}$													
h9				$\frac{D9}{h9}$▲	$\frac{E9}{h9}$	$\frac{F9}{h9}$		$\frac{H9}{h9}$▲													
h10				$\frac{D10}{h10}$				$\frac{H10}{h10}$													
h11	$\frac{A11}{h11}$	$\frac{B11}{h11}$	$\frac{C11}{h11}$▲	$\frac{D11}{h11}$				$\frac{H11}{h11}$▲													
h12		$\frac{B12}{h12}$						$\frac{H12}{h12}$				标▲者为优先配合									

对于一般的机械设备，这些推荐的配合已基本满足需求。表 12 – 13 为尺寸大小等于 500 mm 的优先配合及其选用说明。

表 12－13　优先配合及其选用说明

优先配合		选用说明
基孔制配合	基轴制配合	
$\dfrac{H11}{c11}$	$\dfrac{C11}{h11}$	间隙极大。用于转速很高,轴、孔温差很大的滑动轴承要求大公差、大间隙的外露部分,要求装配极方便的场合
$\dfrac{H9}{d9}$	$\dfrac{D9}{d9}$	间隙很大。用于转速较高,轴颈压力较大,精度要求不高的滑动轴承
$\dfrac{H8}{f7}$	$\dfrac{F8}{h7}$	间隙不大。用于中等转速,中等轴颈压力,有一定精度要求的一般滑动轴承;要求装配方便的中等定位精度配合
$\dfrac{H7}{g6}$	$\dfrac{G7}{h6}$	间隙很小。用于低速转动或轴向移动的精密定位配合;需要精密定位又经常拆卸的不动配合
$\dfrac{H7}{h6}$ $\dfrac{H8}{g7}$ $\dfrac{H9}{h9}$ $\dfrac{H11}{h11}$	$\dfrac{H7}{h6}$ $\dfrac{H8}{g7}$ $\dfrac{H9}{h9}$ $\dfrac{H11}{h11}$	最小间隙为零。用于间隙定位配合,工作时一般无相对运动;也用于高精度低转速轴向移动的配合。公差等级由定位精度决定
$\dfrac{H7}{k6}$	$\dfrac{K7}{h6}$	平均间隙接近于零。用于要求装拆的定位配合。用于受不大的冲击载荷处,扭矩及冲击很大时应加紧固件
$\dfrac{H7}{n6}$	$\dfrac{N7}{h6}$	较紧的过渡配合用于一般不拆卸的更精密的定位配合。可承受很大的扭矩及冲击,但也需要附加紧固件
$\dfrac{H7}{p6}$	$\dfrac{P7}{h6}$	过盈很小。用于要求定位精度高,配合刚性好的配合;不能只靠过盈传递载荷
$\dfrac{H7}{s6}$	$\dfrac{S7}{h6}$	过盈适中。用于靠过盈传递中等载荷的配合
$\dfrac{H7}{u6}$	$\dfrac{U7}{h6}$	过盈较大。用于靠过盈传递较大载荷的配合。装配时需加热孔或冷却轴

12.2.2　极限与配合在图样上的标注

1. 在装配图中配合代号的标注

在装配图中标注公差与配合,其配合代号由两个相互结合的孔和轴的公差带代号组成,用分数形式表示,分子表示孔的公差带代号(大写字母),分母表示轴的公差带代号(小写字母),在分数形式之前注写公称尺寸数值,其标注格式如下:

$$公称尺寸\dfrac{孔的公差带代号}{轴的公差带代号}$$

例如图 12－13(a)中的 $\phi 42\dfrac{H7}{k6}$,$\phi 28\dfrac{H7}{f6}$,图 12－13(b)中的 $\phi 10\dfrac{F8}{h7}$,$\phi 10\dfrac{J8}{h7}$。

由配合代号的标注可判断配合的基准制:

若分子中的基本偏差代号为 H,则孔为基准孔,轴、孔的配合一般为基孔制配合;若分母中的基本偏差代号为 h,则轴为基准轴,轴、孔的配合一般为基轴制配合。

2. 在零件图中标注

现以图 12 – 14(a)中轴与衬套的配合尺寸 $\phi 28 \dfrac{\text{H7}}{\text{f6}}$ 为例,说明在零件图上极限标注的三种形式:

(1)注出基本尺寸和公差带代号(图 12 – 14(a))。这时公差带代号字高和基本尺寸字高相同。

(2)注出基本尺寸和极限偏差数值(图 12 – 14(b))。

这种标注方法的标注规则主要包括以下四点:

①极限偏差数值字高比基本尺寸字高小一号。上、下偏差数值以 mm 为单位分别写在基本尺寸的右上、右下角,并与基本尺寸数字底线平齐。

②上、下偏差数值中的小数点要对齐。其后面的位数也应相同。

③上、下偏差数值中若有一个为零时,仍应注出,并与另一个偏差小数点左面的个位数对齐(偏差为正时," + "也必须写出)。

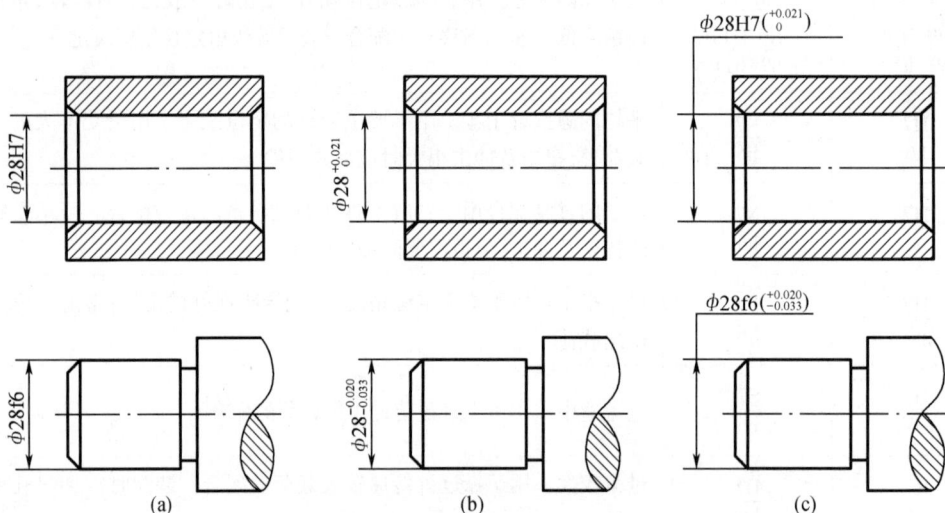

图 12 – 14 在零件图中极限的注法

④上下偏差数值相等时,可写在一起,且极限偏差数值字高与基本尺寸字高相同,如 $\phi 20 \pm 0.011$。

(3)混合标注。如图 12 – 14(c)所示,在零件图上同时注出公差带代号和上、下偏差数值。偏差数值要写在公差带代号后面的括号内。

尺寸中的上、下偏差数值可根据基本尺寸及其公差带代号,查书末附表确定,如:轴径 $\phi 28 \text{f6}$。查表得到上偏差 $es = -0.020$,下偏差 $ei = -0.033$。

3. 一般公差——线性尺寸的未注公差

对机器零件上各要素提出的尺寸、形状、位置等要求,取决于它们的功能。无功能要求的要素是不存在的,因此,所有尺寸都有一定的公差,未注公差的尺寸并不是没有公差。GB/T 1804—1992《一般公差线性尺寸的未注公差》对此专门做了说明。当零件上的要素采用一般公差时,在图样上不单独注出公差,而是在图样上、技术文件或标准中做出总的说明。GB/T 1804—1992 规定的极限偏差适合于非配合尺寸。对线性尺寸的一般公差,规定了 4 个等级,即 f(精密级)、m(中等级)、c(粗糙级)和 v(最粗级)。其中 f 级最高,逐渐降低,v 级最低。线性尺寸的极限偏差数值见表 12 - 14。

表 12 - 14　线性尺寸的极限偏差数值　　　　　　　　单位:mm

公差等级	尺寸分段							
	0.5 ~ 3	>3 ~ 6	>6 ~ 30	>30 ~ 120	>120 ~ 400	>400 ~ 1 000	>1 000 ~ 2 000	>2 000 ~ 4 000
f(精密级)	± 0.05	± 0.05	± 0.1	± 0.15	± 0.2	± 0.3	± 0.5	—
m(中等级)	± 0.1	± 0.1	± 0.2	± 0.3	± 0.5	± 0.8	± 1.2	± 2
c(粗糙级)	± 0.2	± 0.3	± 0.5	± 0.8	± 1.2	± 2	± 3	± 4
v(最粗级)	—	± 0.5	± 1	± 1.5	± 2.5	± 4	± 6	± 8

12.3　几何公差

　　零件在加工制造过程中除了尺寸会产生误差,它的表面几何形状、各组成部分的相对位置也会产生误差。对于这类形状和位置误差所允许的最大变动量,称作几何公差。

　　几何公差对机器、仪器等各种产品的性能(如工作精度、连接强度、密封性、运行平稳性、耐磨性、噪声等)都有一定的影响,尤其对高速、高温、高压、重载条件下工作的精密机器与仪器更为重要,因此它与表面结构、极限与配合等一样,是评定产品质量(品质)的重要技术指标。

　　1. 几何公差的基本概念

　　(1)要素。它指构成零件几何特征的点、线、面。

　　(2)被测要素。它指被测零件上给出了几何公差的要素,如轮廓线、轴线、面及中心平面等。

　　(3)基准要素。它是用来确定被测要素方向或(和)位置的要素。理想基准要素简称基准。

　　(4)形状公差。它指被测零件实际要素的几何形状相对于理想要素的几何形状所允许的变动量,如图 12 - 15 所示。

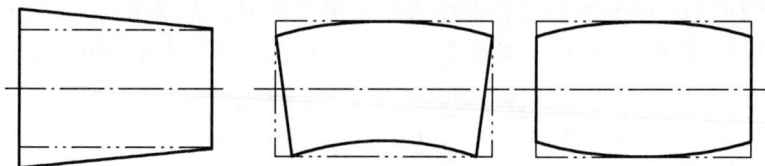

图 12 - 15　形状公差

　　(5)方向、位置公差。它指被测零件实际要素的方向或位置相对于基准要素的方向或位置所允许的变动量,如图 12 - 16 所示。

　　(6)公差带。它指限制实际要素变动的区域。公差带的主要形式有:圆内、球内、圆柱面内的区域,两平行直线之间、两等距曲线之间的区域,两平行平面之间、两等距曲面之间

· 229 ·

的区域,两同心圆之间、两同轴圆柱面之间的区域等。

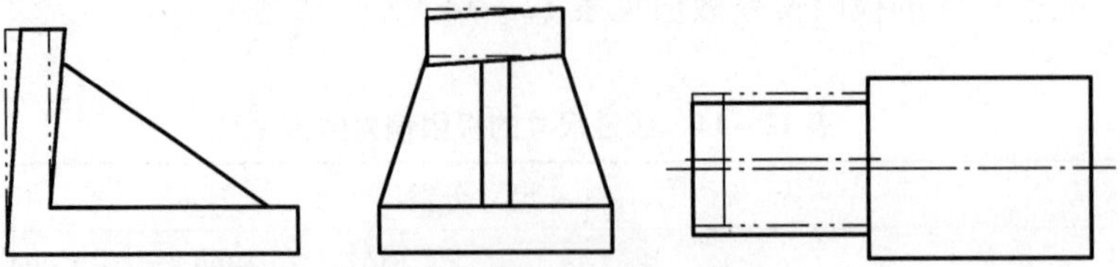

图 12 – 16　方向、位置公差

2. 几何公差的分类和符号

几何公差细分为 4 类:形状公差、方向公差、跳动公差和位置公差。每类几何公差所包含的特征项目及其符号见表 12 – 15。

表 12 – 15　几何公差特征项目及符号

公差	特征项目	符号	有无基准要求	公差	特征项目	符号	有无基准要求	公差	特征项目	符号	有无基准要求
形状公差	直线度	⏤	无	方向公差	平行度	//	有	跳动公差	全跳动	⌰	有
	平面度	▱	无		垂直度	⊥	有	位置公差	位置度	⌖	有或无
	圆度	○	无		倾斜度	∠	有		同轴度	◎	有
	圆柱度	⌭	无		线轮廓度	⌒	有		对称度	⌯	有
	线轮廓度	⌒	无		面轮廓度	⌓	有		线轮廓度	⌒	有
	面轮廓度	⌓	无	跳动公差	圆跳动	↗	有		面轮廓度	⌓	有

3. 几何公差标注

在图样中标注几何公差,用公差框格表示被测要素的公差要求;用带箭头的指引线将公差框格与被测要素相连;相对于被测要素的基准,用基准符号表示,如图 12 – 17 所示。

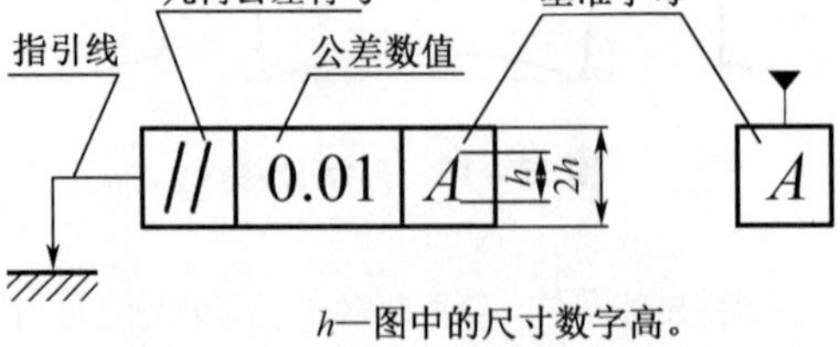

h—图中的尺寸数字高。

图 12 – 17　几何公差代号与基准符号

几何公差标注见表 12 – 16。

表 12 − 16　几何公差标注示例

分类	项目符号	公差带定义	标注示例及说明
形状公差	─ 直线度	如公差值前加 ϕ，则公差带是直径为 ϕt 的圆柱内的区域	指引线与尺寸线对齐，表示被测圆柱面的轴线必须位于直径公差值 $\phi 0.01$ mm 的圆柱面内　(a)
		在给定反向上公差带是距离 t 的两平行面之间的区域	指引线与尺寸线错开，表示被测圆柱面的任一素线必须位于距离为公差值 0.01 mm 的两平行平面内　(b)
	▱ 平面度	公差带是距离为公差值 t 的两平行平面之间的区域	被测表面必须位于距离为公差值 0.08 mm 的两平行平面内
	○ 圆度	公差带是在同一正截面上，半径为公差值 t 的两同心圆之间的区域	被测圆柱面任一正截面的圆周，必须位于半径差为公差值 0.03 mm 的两同心圆之间
	⌭ 圆柱度	公差带是半径差为公差值 t 的两同轴圆柱面之间的区域	被测圆柱面必须位于半径差为公差值 0.1 mm 的两同轴圆柱面之间

表 12 - 16(续)

分类	项目符号	公差带定义	标注示例及说明
方向公差	∥ 平行度	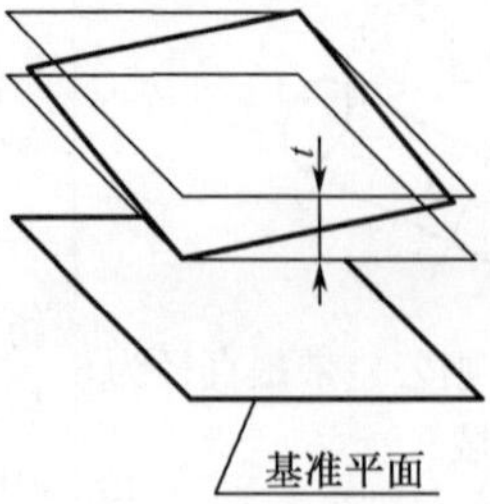 公差带是距离为公差值 t 且平行于基准面的两平行平面之间的区域	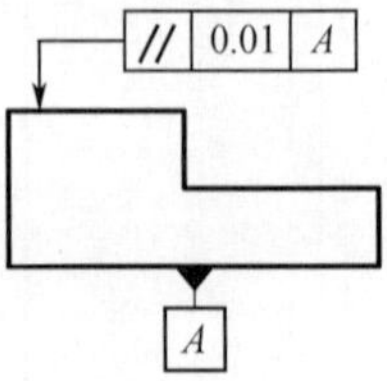 被测面必须位于距离为公差值 0.01 mm 且平行于基平面 A 的两平行平面之间
	⊥ 垂直度	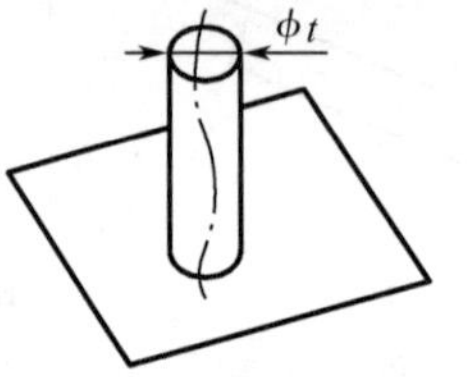 如公差值前加 ϕ,则公差带是直径为 ϕt 且垂直于基准面的圆柱面内的区域	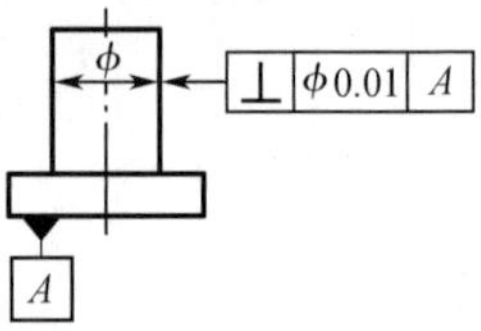 (a) 线对面垂直:被测轴线必须位于直径为公差值 ϕ0.01 mm 且垂直于基准平面 A 的圆柱面内
		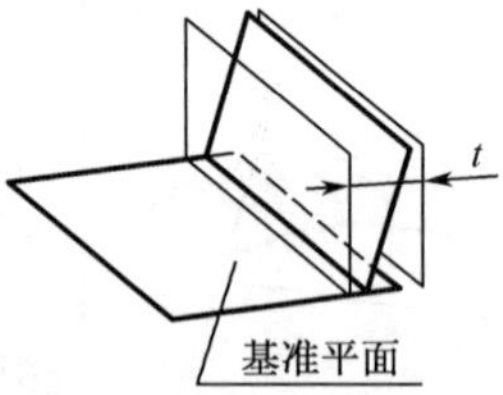 公差带是距离为公差值 t 且垂直于基准面的两平行平面之间的区域	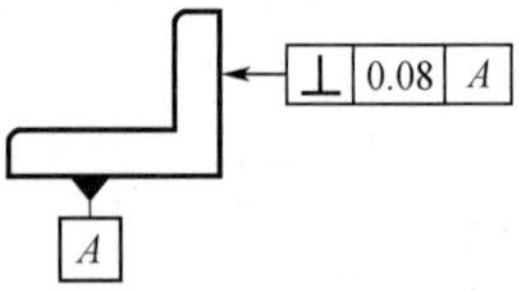 (b) 面对面垂直:被测面必须位于距离为公差值 0.08 mm 且垂直于基准面 A 的两平行平面之间的区域
位置公差	◎ 同轴度	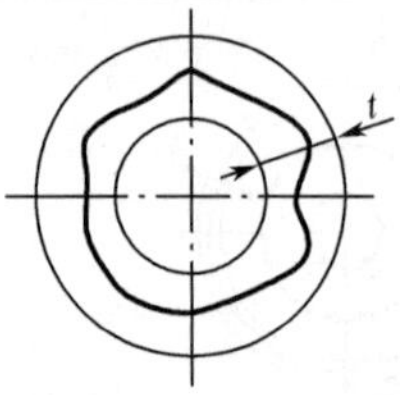 公差带在直径为公差值 ϕt 的圆柱面区域内,该圆柱面的轴线与基准轴线同轴	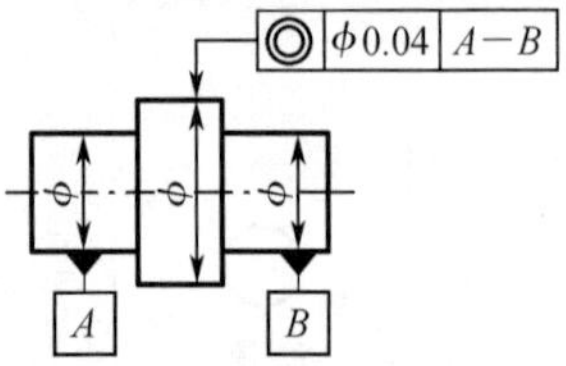 被测圆柱面的轴线必须位于直径为公差值 ϕ0.04 mm,以公共基准线 A—B 为轴线的圆柱面内
标注说明	(1)当被测要素的公差涉及轴线、中心平面时,则带箭头的指引线应与该要素尺寸线的延长线重合(如上图中的直线度(见图(a))、垂直度(见图(a))、同轴度等)。 (2)当被测要素的公差涉及轮廓线或表面时(如上图的直线度(见图(b))、平面度、圆度、平行度等),将箭头置于该要素的轮廓线或轮廓线的延长线上(但必须与尺寸线明显地错开)。 (3)当基准要素是轮廓线或表面时(如上图中的平行度、垂直度(见图(b))等),基准符号应放置在该要素的轮廓线上或它的延长线上(但必须与尺寸线明显地错开)。 (4)当基准要素是轴线、中心平面时,则基准符号必须与该要素的尺寸线对齐(如上图中的同轴度)	

图 12－18 是几何公差代号标注的实例,供标注时参考。

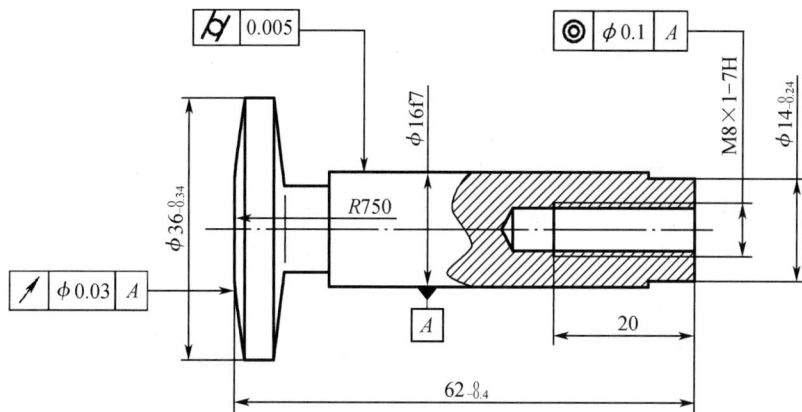

图 12－18　几何公差代号标注的实例

第13章 装 配 图

在机器(部件)的初始设计过程中,根据功能要求先绘制装配图,再根据装配图绘制零件图,从而完成零件的设计。在机器(部件)制造加工过程中,通过装配图了解机器的结构、工作原理,由此制订加工过程中所需的装配工艺。装配图是进行装配、检验、安装、维修的重要技术依据。绘制完整、正确的装配图以及准确读取装配图中的所有技术信息是工程师们必需具备的技术能力,本章重点学习装配图的绘制方法以及读装配图的能力。

13.1 装配图的作用及内容

表示机器(部件)各组成部分的连接、装配关系的图样,称为装配图。同零件图一样,装配图也是机械设计和生产中的重要技术文件之一。装配图就是表达机器或部件的工作原理、结构性能,以及零、部件间的装配、连接关系等内容。

图13-1所示的滑动轴承是一种在滑动摩擦下工作的轴承,视图能够直观地展现滑动轴承完整的外形以及内部结构,但不能清晰地表达出构成滑动轴承的各个零件之间的装配关系,如:轴瓦(包括上轴瓦、下轴瓦)与轴承盖、轴承座之间如何进行配合等重要的装配关系,为机器(部件)的安装、维修等阶段造成困难。

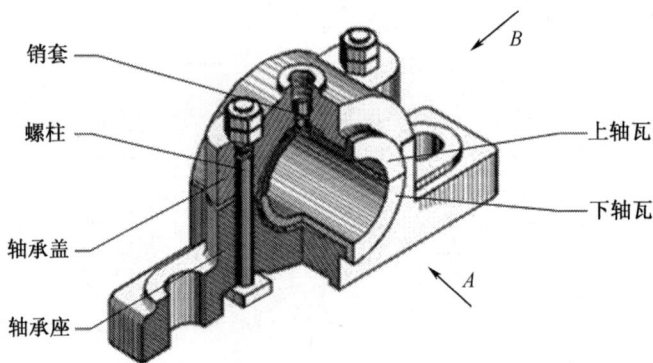

图13-1 滑动轴承的轴测剖视图

图13-2是滑动轴承的装配图,图样中完整地表达出了滑动轴承的内外结构、尺寸及必需的装配关系等重要的技术数据。因此,装配图应包括以下四个方面的内容:

(1)一组完整的视图。表达机器(部件)工作原理,零件之间的连接及装配关系。

(2)必要的尺寸标注。标注反映机器性能、零件配合关系、安装关系等的相关尺寸。

(3)技术要求。对装配、检验等质量要求的文字说明。

(4)零件序号、明细栏及标题栏。注明装配图中全部零件的序号、名称、数量、材料、机器或部件的名称等必要的签署内容。

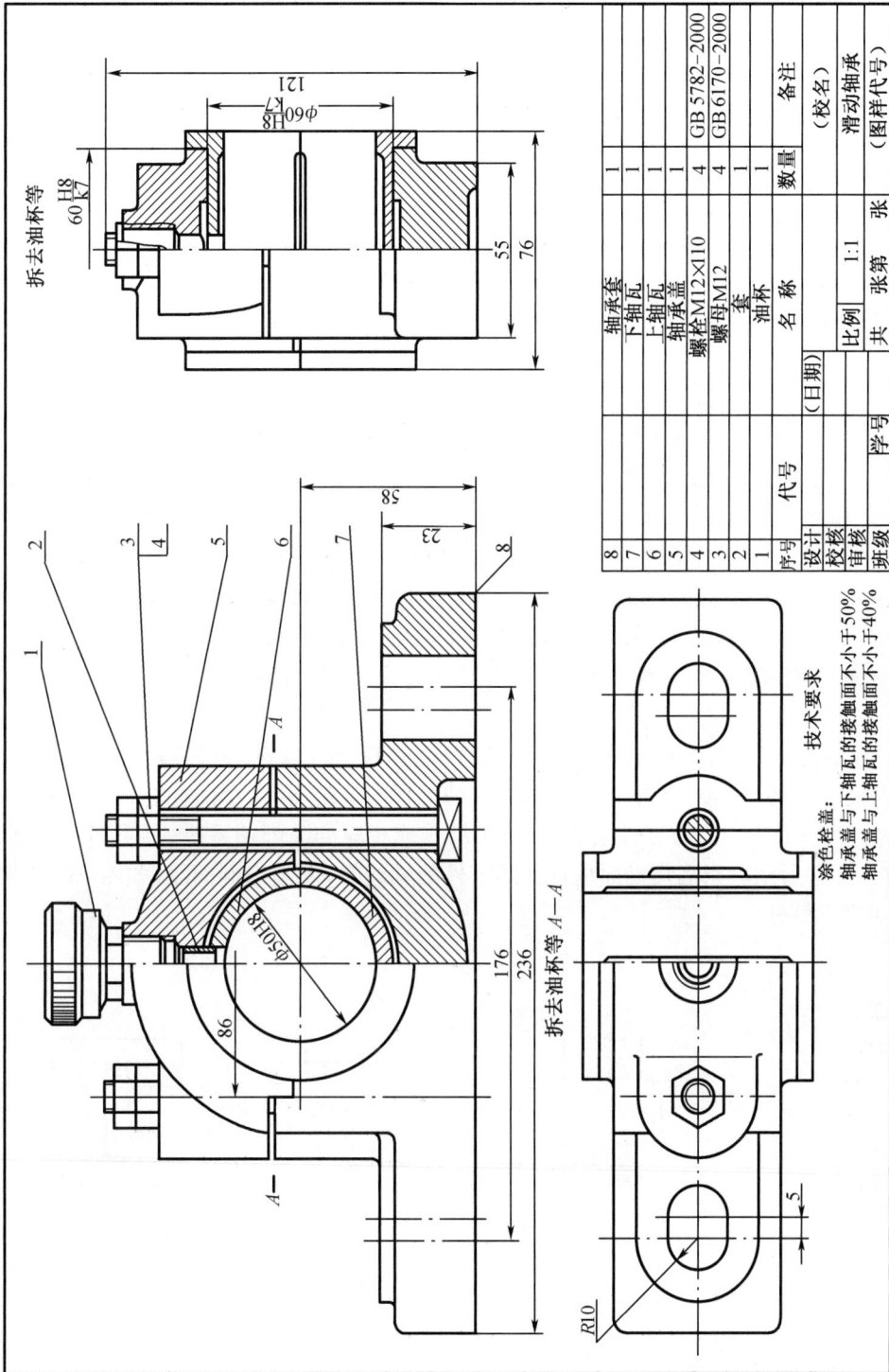

拆去油杯等

拆去油杯等 A—A

技术要求

涂色检查:
轴承盖与下轴瓦的接触面不小于 50%
轴承盖与上轴瓦的接触面不小于 40%

8		轴承套	1		
7		下轴瓦	1		
6		上轴瓦	1		
5		轴承盖	1		
4		螺栓M12×110	4	GB 5782—2000	
3		螺母M12	4	GB 6170—2000	
2		套	1		
1		油杯	1		
序号	代号	名 称	数量	备 注	

设计		（日期）		滑动轴承	（校名）
校核			比例		
审核			1:1	（图样代号）	
班级			共　　张　第　　张		

图 13-2　滑动轴承装配图

分析图 13 −2 可知,图中利用三个视图(主视图、俯视图、左视图)同时结合多种视图表达方法(半剖视图、局部剖视图等)表现出滑动轴承完整的内外结构;尺寸标注内容明确了与滑动轴承有关的性能、规格、装配、安装、外形等尺寸信息;滑动轴承由 8 种零件装配而成,零件序号 1 ~8 的名称、件数、材料、备注等信息填写在明细栏内;标题栏内注明滑动轴承的名称、比例、制图及审核人员的姓名、日期等。

13.2 装配图的常用画法

国家标准中有关图样画法的规定完全适用于装配图。根据装配图的特点及图样表达内容重点的不同,绘制装配图时要遵守以下规定画法和特殊画法。

13.2.1 规定画法

(1)相邻两零件的接触表面或配合表面,只画一条粗实线,用来表示公共轮廓;相邻两零件不接触或不配合的表面(即使间隙很小)画两条粗实线,用来表示各自的轮廓。如图 13 −3(a) 和图 13 −3(b)所示。

(2)在剖视图或断面图中,两个零件相邻接时剖面线的倾斜方向应相反,如图 13 −3(a)所示;当两个以上零件相邻接时,可改变第三个零件剖面线的间隔或使剖面线相互错开,以区分不同零件,如图 13 −3(c)所示;装配图中同一零件在各视图中的剖面线方向、间隔必须一致,如图 13 −3(b)所示;当零件厚度小于 2mm 时,剖切后允许用涂黑代替剖面符号。

(3)在装配图中,当剖切平面通过螺钉、螺栓、螺母、垫圈、键、销等标准件,以及轴、拉杆、钩、球等实心零件的轴线或对称平面时,则在剖视图中按不剖绘制,如图 13 −2 中的零件 4(螺栓)。当需要表达实心零件上的孔、槽等结构或相应的装配关系时,可采用局部剖视,如图 13 −3(d)所示。当剖切平面垂直上述零件的轴线时,需画出剖面线,如图 13 −2 俯视图中右半部的螺柱。

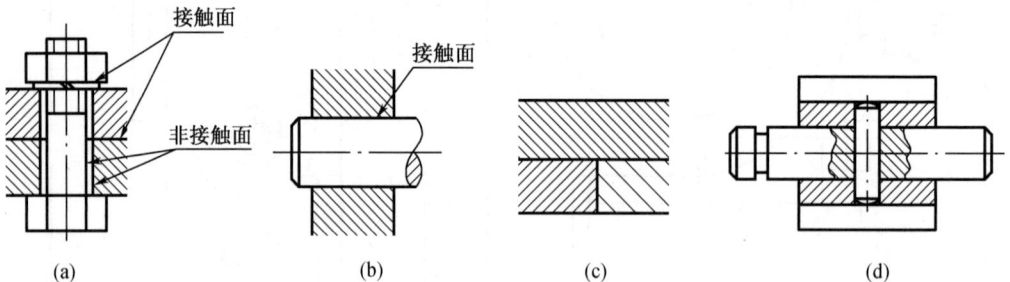

图 13 −3 规定画法示例

13.2.2 特殊画法

为了简便清楚地表达机器(部件),国家标准中规定了以下特殊画法。

(1)拆卸画法 在装配图中,为了表达被遮挡住零件的装配关系时,可假想拆卸相关零件后再进行绘制,并在视图上方标注"拆去××零件"进行说明。如图 13 - 2 中俯视图的右半部分沿轴承盖与轴承座的结合面剖开并拆去上面部分,以表达轴瓦和轴承座的装配关系,并且加注"拆去油杯等"。

(2)沿零件结合面剖切画法 为表达被遮挡住零件的装配关系时,除了采用拆卸画法也可以采用剖切画法,可假想沿某些零件的结合面进行剖切,例如图 13 - 2 中的俯视图"拆去油杯等 A—A"剖视图。

(3)假想画法 为了表示该机器(部件)与其他零件的连接关系,可把与该机器(部件)有密切关系但并不属于本部件的相邻零件,用双点画线画出;当需要表示部件中某个运动零件的工作极限位置时,也可用双点画线画出,如图 13 - 4 中手柄的另一个极限位置(左侧)。

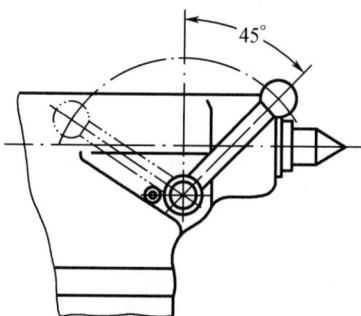

图 13 - 4 假想画法示例(手柄极限位置)

13.2.3 简化画法

(1)在装配图中,国家标准规定零件的工艺结构(圆角、倒角、退刀槽等)允许不画;轴、齿轮的倒角全部简化不画。

(2)装配图中螺母和螺栓的头部全部采用简化画法。如图 13 - 5 所示,螺母即采用了简化画法。

(3)对于装配图中螺纹连接件等相同的零件组,允许只画出一处或几处,其余组件用点画线表示其中心位置。如图 13 - 5 所示,螺钉只画了一个,另一处用点画线表示螺钉的中心位置。

(4)在剖视图中,表示轴承结构时允许只绘制轴承结构对称图形的一半,另一半画出其轮廓,再用粗实线在轮廓线内画一个" + "字,如图 13 - 5 所示。

13.2.4 夸大画法

在画装配图时,薄片零件、细丝弹簧、微小间隙或者间隙无法按其实际尺寸画出的结构(如锥度很小的圆锥销及锥形孔),不能清楚地表达其结构时,可以采用夸大画法,把垫片厚度、簧丝直径及锥度等适当夸大画出。图 13 - 5 中的垫片就采用了夸大画法。

13.2.5 单独表达某个零件

在装配图中,由于某个零件的主要结构形状没有表达清楚而影响机器整体装配关系时,需要单独画出该零件的某一个视图。如图 13 - 6 中的转子油泵中泵盖的 B 向视图。

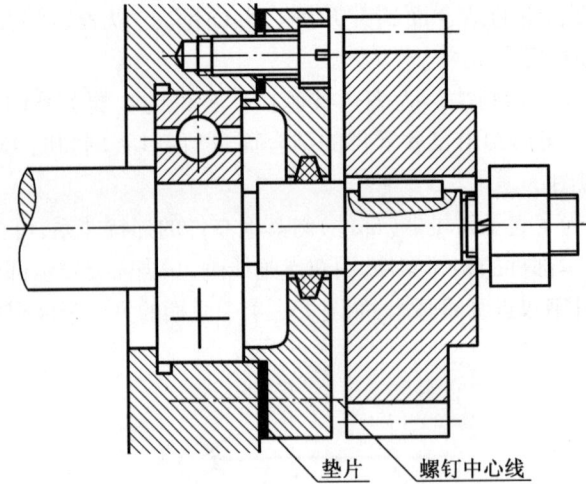

图 13 – 5　简化画法和夸大画法示例

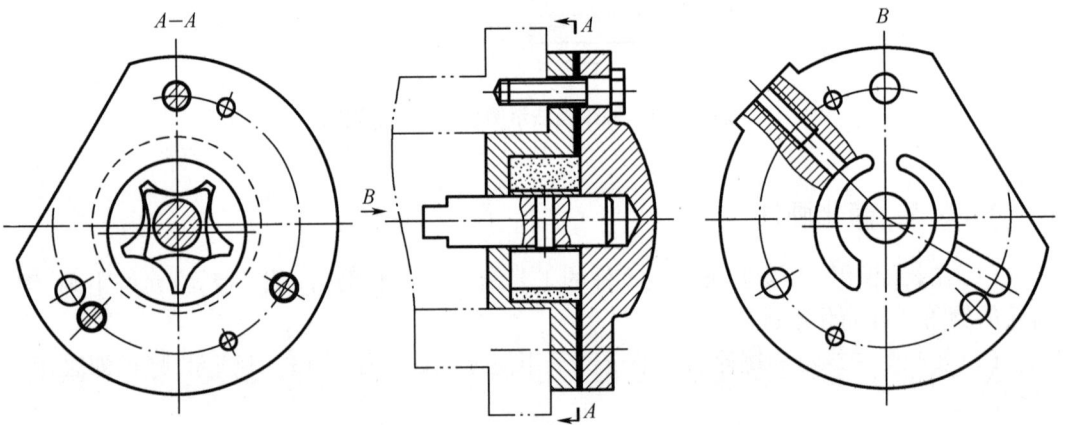

图 13 – 6　单独表达某个零件示例(转子油泵)

13.2.6　展开画法

　　为了表达传动系统的传动路线和装配关系,可以按传动路线沿着各轴线作剖切,依次展开画在同一个平面上,并在视图上方标注"×—×展开"。这种展开画法在表达机床的主轴箱、进给箱、汽车的变速箱等装置时经常运用。图 13 – 7 中挂轮架装配图右侧视图采用了展开画法,并加注"A—A 展开"进行说明。

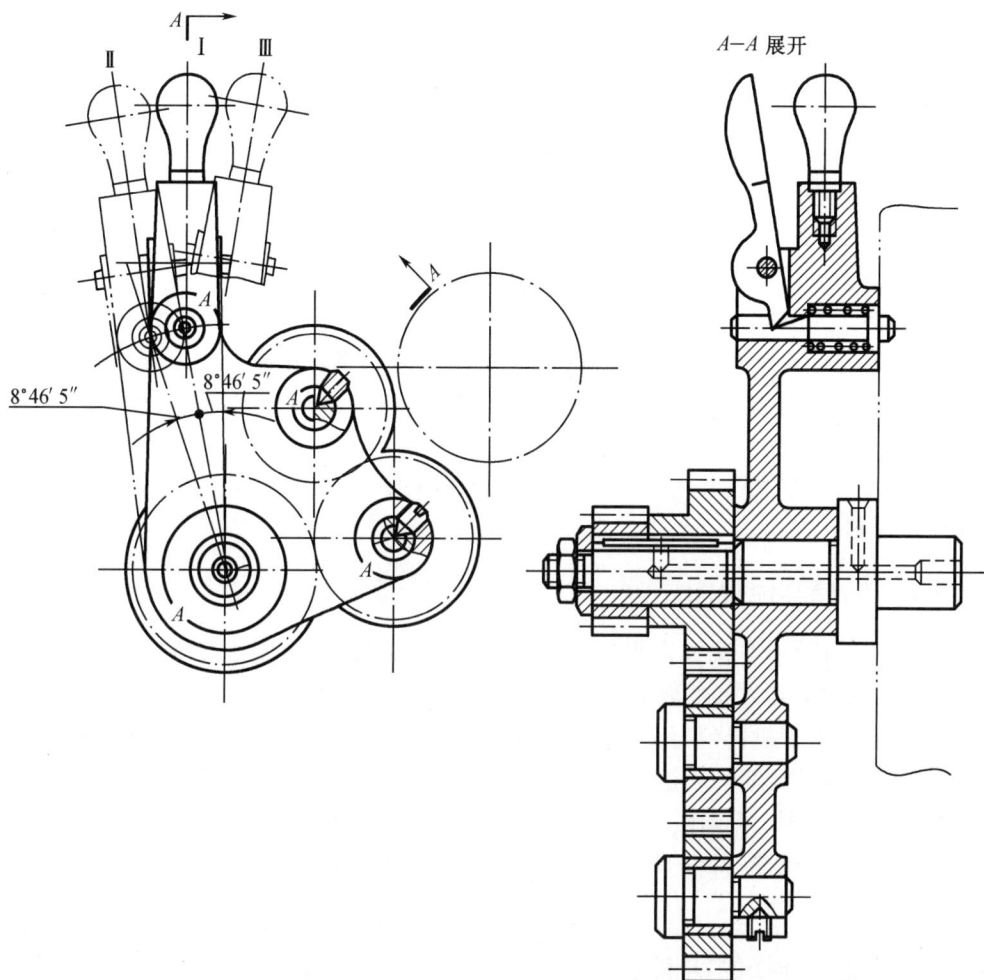

图 13 - 7　展开画法示例(挂轮架)

13.3　装配图的视图选择

13.3.1　视图选择的要求

装配图的视图选择是为了有利于生产和便于读图,要求装配图的视图表达必需符合下列要求:

(1)视图要正确。装配图中采用的视图表达方法(如剖视、断面、规定画法等)符合国家标准的规定。

(2)视图要完整。机器(部件)的工作原理、结构、零件之间装配关系以及和外部的连接要表达完全。

(3)视图要清晰。图样的表达应清楚易懂,便于读图。

13.3.2 视图选择的方法和步骤

(1)分析表达对象,明确表达内容

绘制图样时,首先要明确需要表达的内容。主要考虑机器或部件的功用、性能、工作原理,以及部件之间的装配关系等内容。分析装配关系时,要重点分析零件在轴向和径向(直径方向)的固定定位方式。

(2)选择主视图

选择视图时,应首先选择主视图,主要遵循以下两个原则:

①投射方向。一般情况下,首先选择最能反映机器或部件的工作原理、主要装配关系和主要结构特征的方向作为主视图的投射方向。需要采用剖视图来反映工作原理和装配线关系时,通常沿主要装配干线或主要传动路线的轴线进行剖切,同时兼顾考虑是否采用特殊画法。

②安放位置。绘制主视图,应将机器或部件按其工作位置(或安装位置)进行放置,符合"工作位置原则"。

13.3.3 选择其他视图

确定主视图之后,还要选择适当的其他视图来补充表达主视图中没有表达完整的内容,通常需要考虑以下几方面的要求:

①视图的数量根据机器(部件)结构的复杂程度来确定。在满足表达重点的前提下,尽量减少视图数量,以达到简洁表达的效果。

②优先在基本视图(三视图)中进行选择,适当利用剖视图补充表达其余相关内容。

③充分利用绘制机器(部件)的各种表达方法,每个视图都要具有明确的表达目的和重点,避免重复表达。

13.3.4 视图选择的实例

例 13-1 以图 13-1 所示的滑动轴承为例,说明绘制装配图的方法。

(1)分析表达对象,明确表达内容

图 13-1 中是一种剖分式滑动轴承,作用是支承轴及轴上零件,首先分析它的主要结构。轴承盖靠其下面的凸起与轴承座上面的凹槽之间的配合来定位,通过螺柱连接固定。轴承座内部是剖分式轴瓦,用来减少转动时的磨损。轴瓦靠两端的凸缘确定其在轴承孔中的轴向位置,靠其外圆柱面确定在轴承孔中的径向位置。销套用来确定轴瓦的周向位置,使轴瓦不发生转动。轴承盖顶部的螺孔用来装油杯(注油润滑轴承),减少轴和轴瓦之间的摩擦与磨损。轴承座底板两边的通孔用来安装和固定滑动轴承。

(2)选择主视图

滑动轴承的工作状态与图 13-1 所示的放置状态一致。主视图的投射方向若选择 B 向,经剖切后部件的主要装配关系表达比较清楚,同时能够说明一部分功用,但对滑动轴承结构特征的反映效果欠佳,特别是俯视图很宽,图面布置不合理。如果选择 A 向,其主视图如图 13-2 所示,通过螺柱轴线剖切而画出的半剖视图(主视图中),既表达了轴承盖、轴承座和轴承瓦的定位及连接固定关系,也反映了滑动轴承的功用和结构特征。

（3）选择其他视图

图 13－2 所示的主视图中,轴瓦和轴承孔沿其轴线的装配关系尚未表达清楚,因此左视图采用全剖视的表达方式,很好地表达了轴瓦和轴承孔的装配关系,也反映了它的工作状况。

上述主、左两个视图已经将滑动轴承的功用、工作原理、装配关系、结构特征和安装关系等表达清楚,为使其外形特征更清楚,分散尺寸标注,便于读图,可选用沿轴承盖与轴承座结合面剖切的方法,画出半剖的俯视图。

上述三个视图确定了滑动轴承的视图表达方案,绘制如图 13－2 的滑动轴承装配图。

例 13－2   以图 13－8 所示的球阀为例,分析装配图视图的选择过程。

（1）分析表达对象,明确表达内容

图 13－8 所示的球阀是一种安装在管路中,用于控制流体流量的开关装置,其阀芯是球形的。

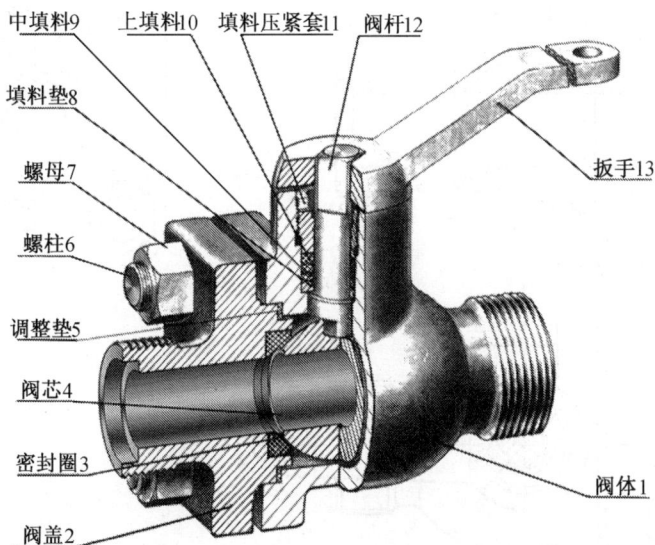

图 13－8　球阀

①球阀的装配关系。阀体 1 和阀盖 2 均带有方形的凸缘,它们用四个双头螺柱 6 和螺母 7 连接,调整垫片 5 调节阀芯 4 与密封圈 3 之间的松紧程度。在阀体上有阀杆 12,阀杆下部有凸块,榫接阀芯 4 上的凹槽中。为了密封,在阀体与阀杆之间加进填料垫 8、填料 9 和 10,旋入填料压紧套 11 进行压紧。

②球阀的工作原理。扳手 13 的方孔套进阀杆 12 上部的四棱柱,当扳手 13 处于图 13－8 所示的位置时,阀门全部开启,管道畅通;当扳手按顺时针方向旋转 90°时,阀门全部关闭,管道断流。

（2）选择主视图

一般将球阀的通径 $\phi20$ 的轴线水平放置,主视图投射方向选择垂直于阀体两孔轴线所在平面的方向,采用全剖视图来表达球阀阀体内两条主要装配干线。各个主要零件及其相互关系为:水平方向的装配干线是阀芯 4、阀盖 2 等零件;垂直方向是阀杆 12、填料压紧套

11、扳手 13 等零件。

(3)选择其他视图

为了进一步将阀杆 12 与阀芯 4 之间的关系表达清楚,同时把阀体 1 的螺纹连接件的数量及分布位置表示清楚,左视图采用半剖视。球阀的俯视图以反映外形为主,采取了局部剖视(B—B),反映扳手 13 与阀体 1 限定位凸块的关系,该凸块用以限制扳手 13 的旋转位置。

这样,上述三个视图确定了球阀的视图表达方案,绘制出球阀的装配图,如图 13 – 9 所示。

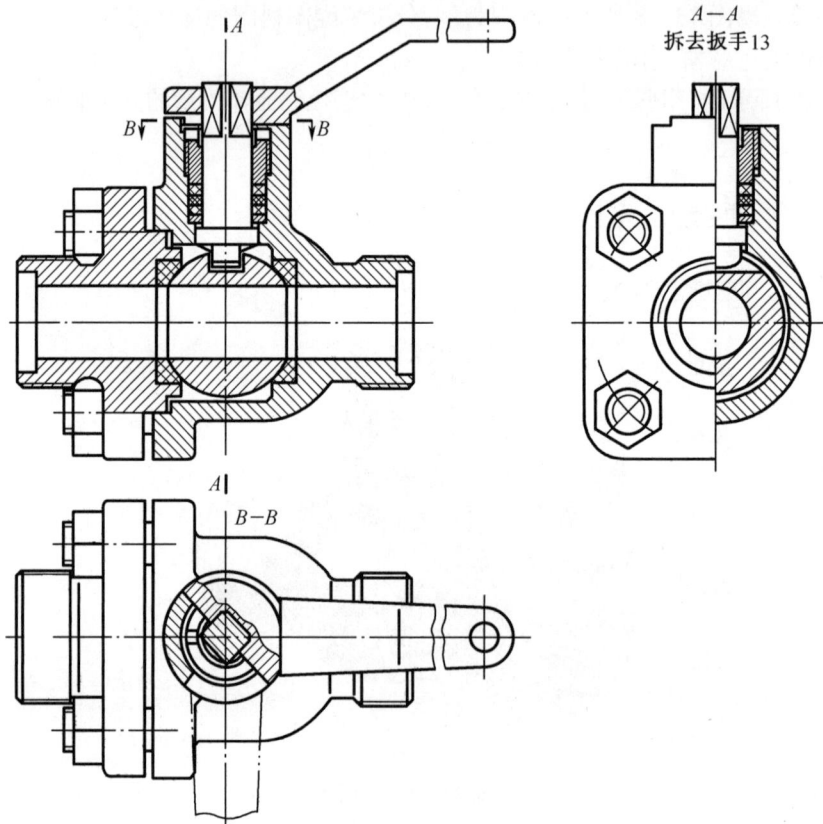

图 13 – 9　球阀的视图表达方案

13.4　装配图的尺寸标注与技术要求

13.4.1　装配图的尺寸标注

与零件图不同,装配图中不需标注出全部尺寸,只需标注一些必要的尺寸。这些尺寸按其作用不同,大致可分为以下几类:

(1)性能(规格)尺寸

性能尺寸也叫规格尺寸,能够反映机器(部件)的性能和规格。这类尺寸是设计、了解和选用机器(部件)的依据,在设计时就已经被确定。如图 13 - 2 滑动轴承装配图中,主视图中的 ϕ50H8 就是性能尺寸,根据这个尺寸可以确定轴瓦和轴承座其他各部分的形状和大小,并选定油杯型号等。

(2)装配尺寸

装配尺寸是用来保证机器(部件)的工作精度和性能要求的尺寸,包括以下两种:

①配合尺寸:保证有关零件间配合性质的尺寸。如图 13 - 2 中的 60H8/k9、ϕ60H8/k7 等都是配合尺寸。

②相对位置尺寸:保证零件相对位置的尺寸。图 13 - 2 中的轴承孔中心高 58 就是重要的相对位置尺寸,使两轴承所支撑的轴的轴线处于水平位置,保证轴上零件的正常转动。

(3)安装尺寸

安装尺寸是将机器(部件)安装到其他机器或基座上所需要的尺寸。通常指安装孔的大小及安装孔的位置,如图 13 - 2 中的轴承座底板上两螺栓孔的中心距 176 和螺栓孔直径尺寸。

(4)外形尺寸

外形尺寸是表示机器(部件)外形轮廓大小的尺寸,即总长、总宽和总高。它为确定包装、运输、安装过程所需要的空间大小提供了依据。如图 13 - 2 中的尺寸 236、76 和 121。

(5)其他重要尺寸

在装配图中有时还要标注出一些其他重要尺寸,它们在设计中被确定,但是不属于上述几类尺寸的一些重要尺寸,如运动零件的极限位置尺寸、主要零件的重要结构尺寸等。

上述五类尺寸之间并不是孤立无关的。实际上有的尺寸往往具有多种作用,例如有的尺寸既是外形尺寸,又是安装尺寸。此外,一张装配图中也并不需要标注全部类型尺寸,要求对装配图中的尺寸数据进行具体分析,然后进行合理标注。

13.4.2　装配图的技术要求

装配图的技术要求是指机器(部件)在性能、装配、安装、调试过程中的有关数据和性能指标,以及在使用、维护和保养等方面的要求。一般采用文字、数字或符号表述,其位置尽量置于标题栏的上方或左方,在"技术要求"标题下逐条书写并编写序号。如果技术要求仅有一条时,可以不写序号,但不可以省略标题。技术要求的内容较多时,可以另外编写技术文件。装配图的技术要求一般包括下列内容:

(1)装配要求

包括装配过程中的注意事项和装配后应满足的要求,如装配时应保证的间隙、精度、密封性等要求。

(2)检验要求

包括机器或部件基本性能的检验方法和要求,对装配后必须达到的精度的检验方法说明以及其他检验要求。

(3)使用要求

对机器(部件)的基本性能、维护、保养的要求,以及使用操作时的注意事项。

13.5 装配图的零件序号和明细栏

为了便于图样管理、读图及生产管理,在装配图中必须为每种零件编写对应的序号,并在明细栏中填写相关信息,用以说明各种零件的非图形信息。序号的作用是直观地了解组成装配体的零件种类,能够将零件与明细栏中对应的信息联系起来。因此零件序号与明细栏的序号是一一对应的,根据序号可以在明细栏中查阅对应零件的详细信息。

13.5.1 零件序号

国家标准《机械制图 装配图中零、部件序号及其编排方法》(GB/T 4458.2—2003)规定了在机械装配图中零件、部件序号的编排方法。

(1)基本要求

①装配图中所有的零、部件都必须编写序号。

②装配图中的一个零、部件可以只编写一个序号;同一装配图中相同的零、部件用一个序号,一般只标注一次;多处出现的相同零部件,必要时也可重复标注。

③装配图中零、部件的序号,应与明细栏中序号一致。

(2)序号的编排方法

①序号的注写形式

序号数字应比装配图中的尺寸数字大一号或两号,同一装配图中的序号注写形式应一致。装配图中的序号主要有以下三种形式:

第一,在指引线(细实线)端部的水平基准线(细实线)上注写序号,如图 13 - 10(a)和图 13 - 10(d)所示;

第二,在指引线端部的圆(细实线)内注写序号,如图 13 - 10(b)所示;

第三,在指引线非零件端的附近注写序号,如图 13 - 10(c)所示。

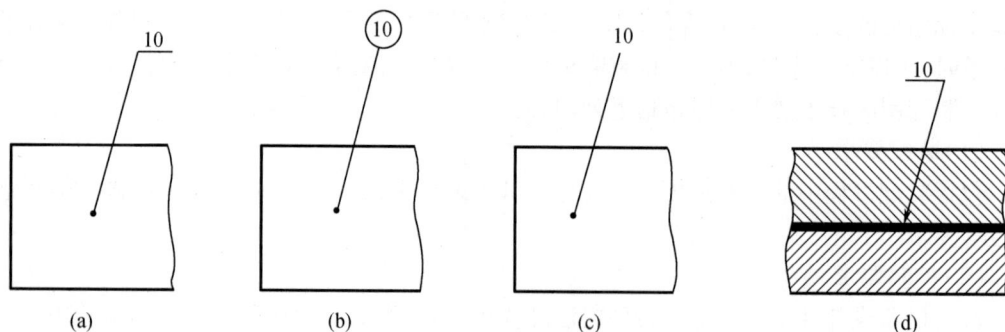

(a)   (b)   (c)   (d)

图 13 - 10　序号的注写形式

②序号的注写方法

第一,指引线从所指部分(被编写序号的零、部件)的可见轮廓线内引出,并在末端画一圆点,如图 13 - 10(a)、图 13 - 10(b)和图 13 - 10(c)所示。若所指部分(如很薄的零件或涂黑的断面)内不便画圆点时,可在指引线的末端画出箭头,并指向该部分的轮廓,如图 13－10(d)所示。

第二,指引线互相不能相交,当它通过有剖面线的区域时,不应与剖面线平行,如图 13－10(d)所示。必要时,允许将指引线弯折一次。

第三,一组紧固件或装配关系清楚的零件组,可以采用公共指引线,如图 13－11 所示。

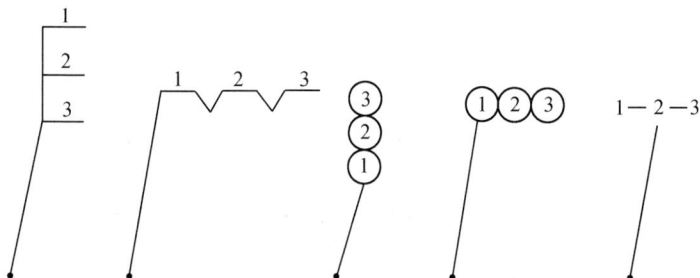

图 13－11 公共指引线

第四,装配图中,序号可在一组图形的外围按水平或垂直方向顺次排列,排列时可按顺时针或逆时针方向,但不可跳号,如图 13－2 所示。

图 13－12 明细栏的格式(参考画法)

13.5.2 明细栏

国家标准《技术制图 明细栏》(GB/T 10609.2—2009)规定了技术图样中明细栏的画法和填写要求。该标准参照了国际标准 ISO 7573—1983。

(1)明细栏的画法

明细栏是机器(部件)全部零件的详细目录,包括零件编号、名称、材料、数量等。明细栏一般配置在装配图标题栏的上方,按由下而上的顺序填写。当标题栏上方的位置不够时,可紧靠标题栏的左边延续。当有两张或两张以上同一图样代号的装配图,应将明细栏放在第一张装配图上。明细栏的画法如图 13 – 12 所示,明细栏的外框和内格竖线为粗实线,横线为细实线。明细栏中的零件序号应与装配图中所编序号一致,应先在装配图上编零件序号,后填明细栏。装配图上不便绘制明细栏时,可作为装配图的续页按 A4 幅面单独给出。其格式为下方绘制标题栏,明细栏的表头移至上方,零件序号改为由上而下填写。

（2）明细栏的填写

明细栏一般由序号、代号、名称、数量、材料、质量(单件、总计)、备注等内容组成,可以根据需要增加或减少内容。

序号栏:对应图样中标注的序号。

代号栏:用来注写图样中相应组成部分的图样代号或标准号。

名称栏:填写图样中相应组成部分的名称,根据需要,也可写出其形式与尺寸。

数量栏:图样中相应组成部分在装配中所需要的数量。

材料栏:图样中相应组成部分的材料标记。

质量栏:图样中相应组成部分单件和总件数的计算质量。以千克(公斤)为计量单位时,允许不写出其计量单位。

备注栏:一般填写该项的附加说明或其他有关内容。如分区代号、常用件的主要参数,如齿轮的模数、齿数,弹簧的内径或外径、簧丝直径、有效圈数、自由长度等。

螺栓、螺母、垫圈、键、销等标准件,其标记通常分两部分填入明细栏中。将标准代号填入代号栏内,其余规格尺寸等填在名称栏内。

13.6　装 配 图 的 画 法

绘制装配图时,首先要确定视图的表达方案,然后遵循一定的步骤完成装配图的绘制。

13.6.1　确定视图表达方案

有关视图选择的要求、方法与步骤,已在前面章节中做了详细讲解,这里不再重复。

13.6.2　绘制装配图的一般步骤

（1）确定图幅

根据机器(部件)的大小、复杂程度、视图数量,确定绘制图样的比例及图幅尺寸,绘制出图框并预留标题栏和明细栏的位置。

（2）布置视图

根据视图的数量及零、部件的总体轮廓尺寸进行布置。首先合理布置各个视图的位置,注意留出标注尺寸、零件序号、明细栏和技术要求的位置;再画出各视图的作图基准线,一般为主体件的轴线、对称线或主体件底面的投影线等。

（3）画底稿

画底稿的基本原则是"先主后次",即从主视图入手,几个视图按投影关系配合进行。绘制图样时可采用由内向外的顺序,即从主要装配干线开始,逐步向外延伸;也可采用由外向内的顺序画,即先绘制外部零件的大致轮廓,再逐个绘制内部零件。要根据机器(部件)的特点进行灵活选择。

(4)完成装配图

完成剖面线、尺寸标注、加深图线的绘制;对所有零件进行编号,填写明细栏、标题栏,书写技术要求。最后检查、校核,完成装配图。

13.6.3 装配图的作图实例

例 13 - 3 以图 13 - 1 所示的滑动轴承为例,分析绘制装配图的步骤。

滑动轴承装配图的视图表达方案参见例 13 - 1。视图布局及底稿的绘制过程,如图 13 - 13 所示,主要步骤如下:

第一步,画出各视图的主要轴线、对称中心线等作图基线,如图 13 - 13(a)所示。

第二步,画出轴线上的主要零件(轴承座)的轮廓线,根据投影关系将三个视图联系起来画,如图 13 - 13(b)所示。

第三步,根据轴承盖和轴承盖的相对位置,沿水平轴线画出轴承盖的三视图,如图 13 - 13(c)所示。

第四步,沿水平轴线画出各个零件,再沿铅垂轴线画出各个零件,然后画出其他零件,如图 13 - 13(d)所示。

最后,完成装配图。如图 13 - 2 所示。

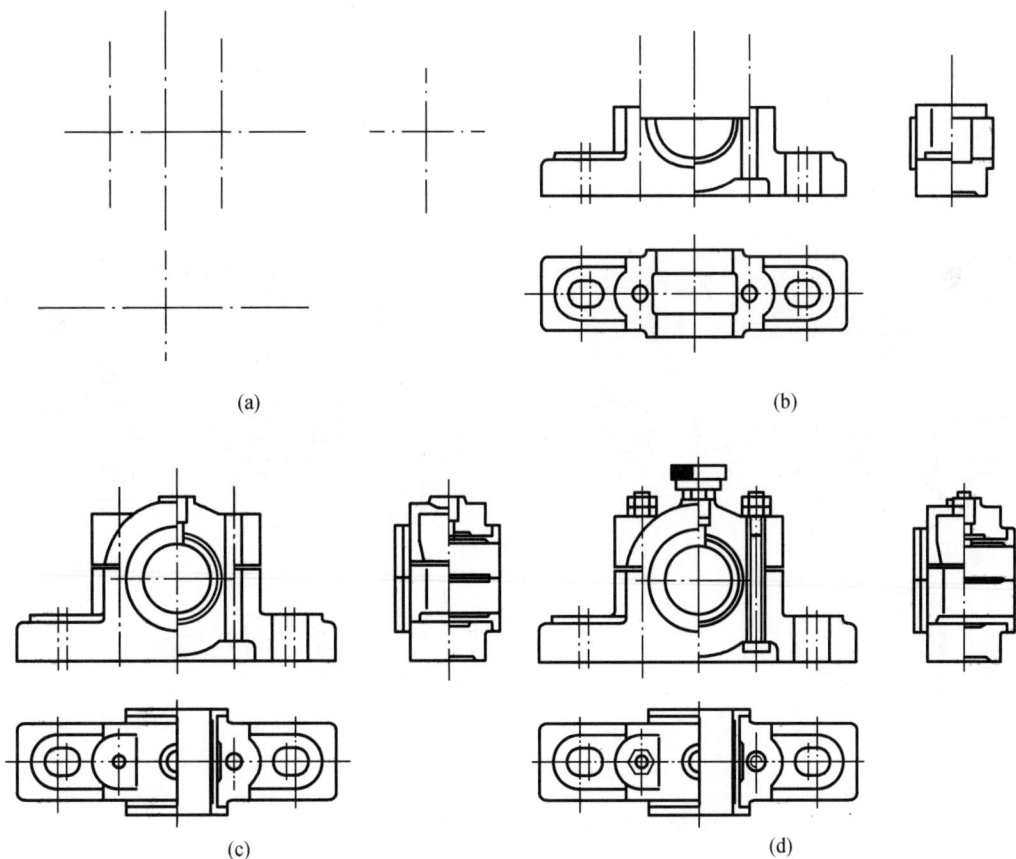

(a)　　　　　　　　　　　　　　　(b)

(c)　　　　　　　　　　　　　　　(d)

图 13 - 13　滑动轴承装配图的主要作图步骤

例 13 - 4   以图 13 - 8 所示的球阀为例,分析绘制装配图的过程。

球阀装配图的视图表达方案参见例 13 - 2。视图布局及底稿的绘制过程如图 13 - 14 所示,主要步骤如下:

第一步,画出各视图的主要轴线、对称中心线等作图基线,如图 13 - 14(a)所示。

第二步,画出轴线上的主要零件(阀体)的轮廓线,根据投影关系将三个视图联系起来画,如图 13 - 14(b)所示。

第三步,根据阀盖和阀体的相对位置,沿水平轴线画出阀盖的三视图,如图 13 - 14(c)所示。

第四步,沿水平轴线画出各个零件,再沿铅垂轴线画出各个零件,然后画出其他零件,如图 13 - 14(d)所示。

最后,完成装配图。如图 13 - 15 所示。

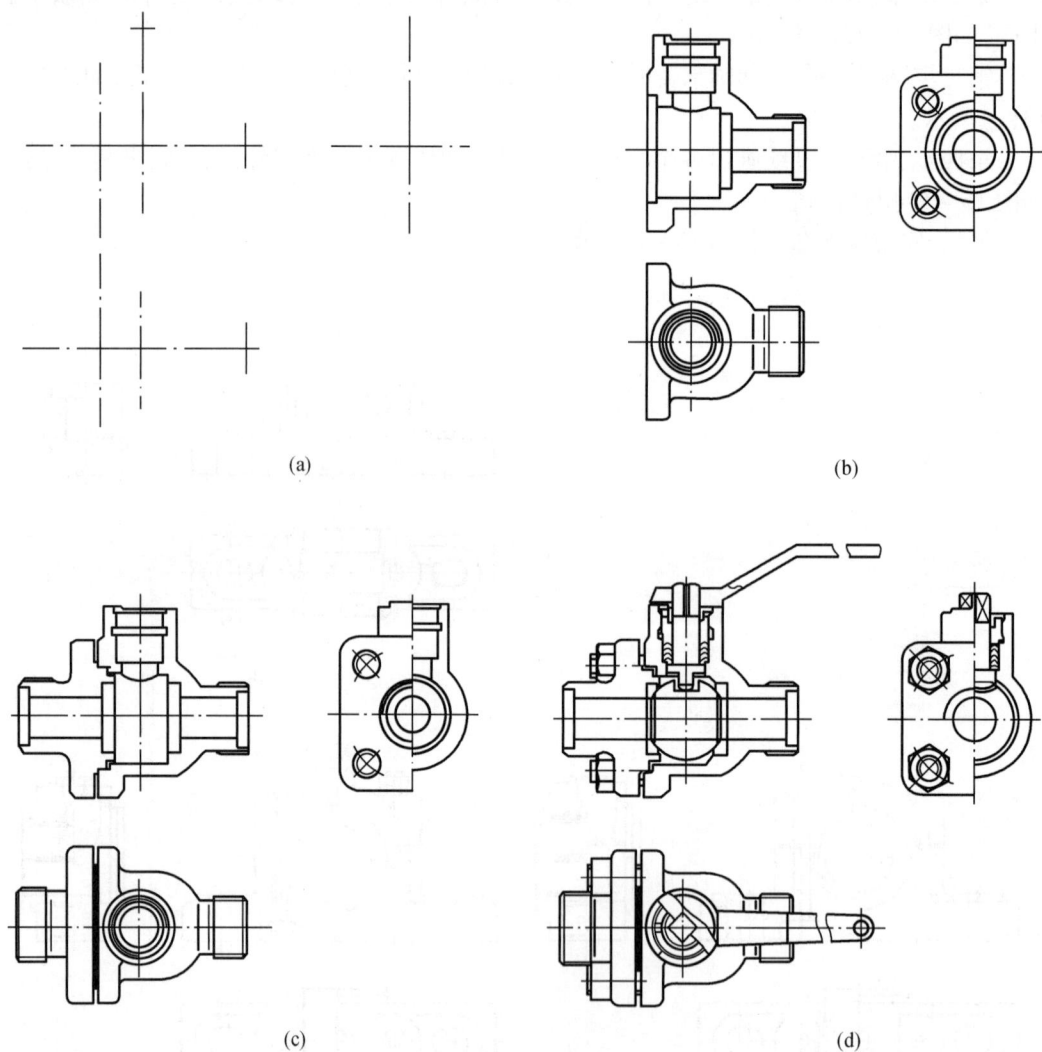

(a)

(b)

(c)

(d)

图 13 - 14   球阀装配图的主要作图步骤

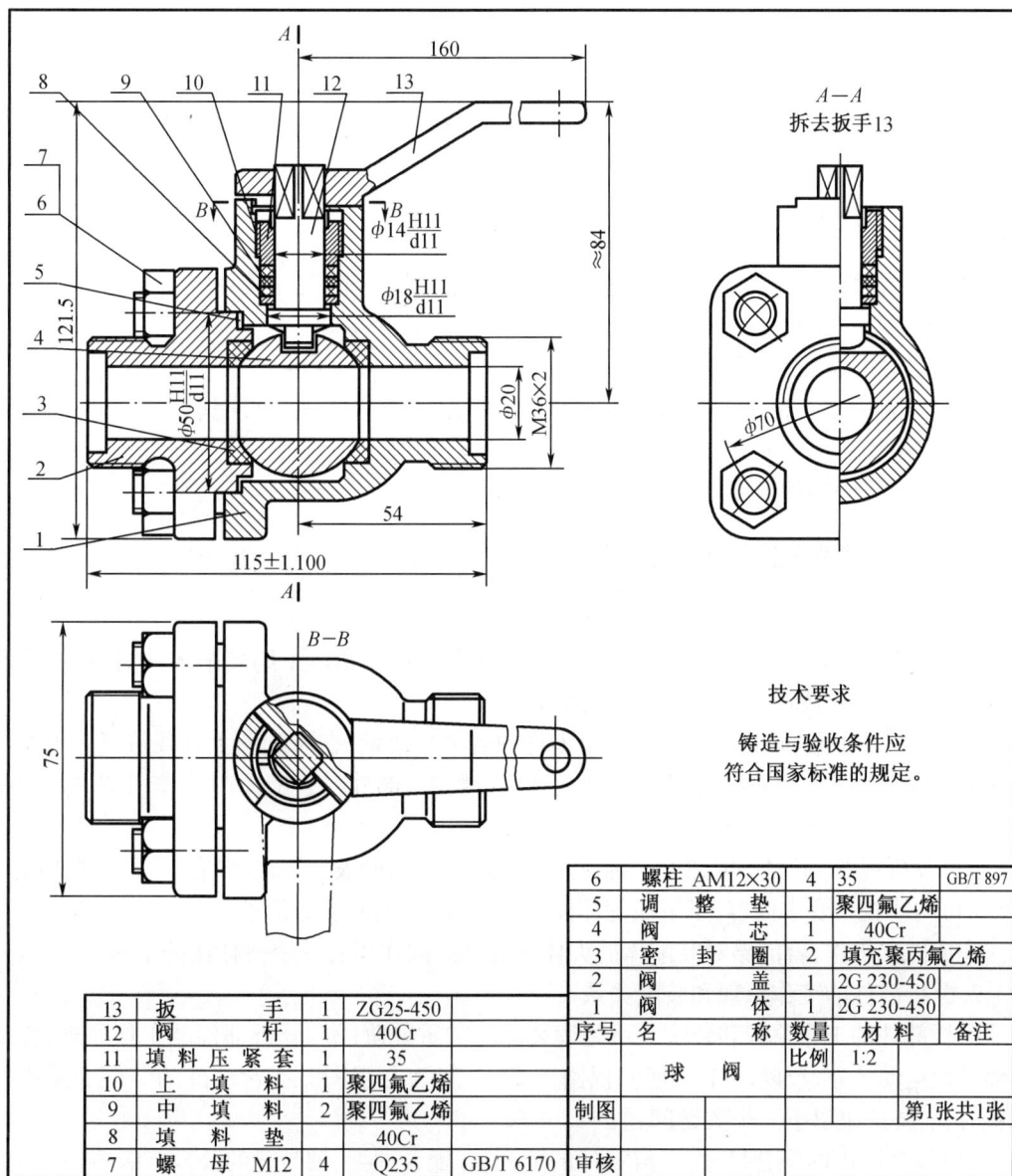

图 13 – 15 球阀装配图

6	螺柱 AM12×30	4	35	GB/T 897
5	调 整 垫	1	聚四氟乙烯	
4	阀 芯	1	40Cr	
3	密 封 圈	2	填充聚丙氟乙烯	
2	阀 盖	1	2G 230-450	
1	阀 体	1	2G 230-450	
序号	名 称	数量	材 料	备注

13	扳 手	1	ZG25-450	
12	阀 杆	1	40Cr	
11	填 料 压 紧 套	1	35	
10	上 填 料	1	聚四氟乙烯	
9	中 填 料	2	聚四氟乙烯	
8	填 料 垫		40Cr	
7	螺 母 M12	4	Q235	GB/T 6170

球 阀				
比例	1:2			
制图				第1张共1张
审核				

技术要求

铸造与验收条件应
符合国家标准的规定。

13.7 读装配图

在设计、绘制、制造、使用及维修机器(部件)时,以及进行技术交流时,都需要阅读装配图。因此,具备读装配图的能力非常重要。

13.7.1 读装配图的基本要求

读装配图时,最重要的是要掌握机器(部件)的工作原理、装配关系以及主要零件的形状结构。基本要求如下:

(1)了解机器(部件)的名称、用途、性能和工作原理。

(2)了解各个零件的作用、零件之间的相对位置、装配关系及连接固定方式等。

(3)了解所有零件的名称、数量、材料、作用和结构等。

(4)了解尺寸和技术要求等。

13.7.2 读装配图的方法与步骤

1. 概括了解

(1)阅读标题栏,并参阅有关资料(如产品使用说明书等),了解装配体的名称、用途和使用性能等。这对读懂装配图具有很大帮助。

(2)看零件序号和明细栏,了解各个零件的名称与数量,在装配图上查找位置。根据制图比例及外形尺寸,了解零、部件的大小。这对了解零、部件在装配体中的作用有一定的指导意义。

(3)分析视图,了解各视图的名称、投影关系、所采用的表达方法和所表达的主要内容。

(4)阅读技术要求内容,了解装配体的性能参数、装配要求等信息。

完成以上工作,就能够对装配体的大体轮廓、内容、作用有一个概括性的了解。

2. 分析部件的工作原理和装配关系

分析部件的工作原理和装配关系是读装配图的重要阶段。分析部件的工作原理,应从能够表达运动关系、反映工作原理的视图入手,一般为主视图。在对部件的装配关系进行分析时,需要解决以下三个关键问题:

(1)根据图中的配合尺寸,了解零件的配合制、配合种类、轴与孔的公差等级等。

(2)分析机器(部件)中的每一个零件定位方式,零件之间连接、固定形式。

(3)分析清楚机器(部件)结构中采用的密封装置。

3. 分析零件

分析零件,清楚了解每个零件的结构,一般应按如下顺序:先看主要零件,再看次要零件;先看容易区分零件投影轮廓的视图,再看其他视图。

确定零件形状结构的方法主要有以下几种方法:

(1)对照投影,分析形体。首先分离零件,根据零件序号、剖面线方向和间隔的不同、实心件不剖及视图间的投影关系等,将零件从各视图中分离出来。

(2)看尺寸,定形状。根据零件的尺寸信息,确定零件的形状。

(3)综合考虑零件的作用、加工方法、装配工艺。根据零件在机器(部件)中的作用及与其他零件相配合的结构,进一步了解零件的结构。将零件的投影、作用、加工方法、装卸便利性等多方面特点结合起来进行综合分析,确定零件的外部形状和内部结构。

13.7.3　读装配图的实例

例 13 - 5　以图 13 - 16 所示的机用虎钳装配图为例介绍读装配图的方法。

分析过程如下:

(1)概括了解

图 13 - 16 所示标题栏说明该部件名称为机用虎钳,是一种在机床工作台上用来夹持工件,以便于对工件进行加工的夹具。根据零件编号和明细栏中的序号,说明机用虎钳共有 11 种零件。

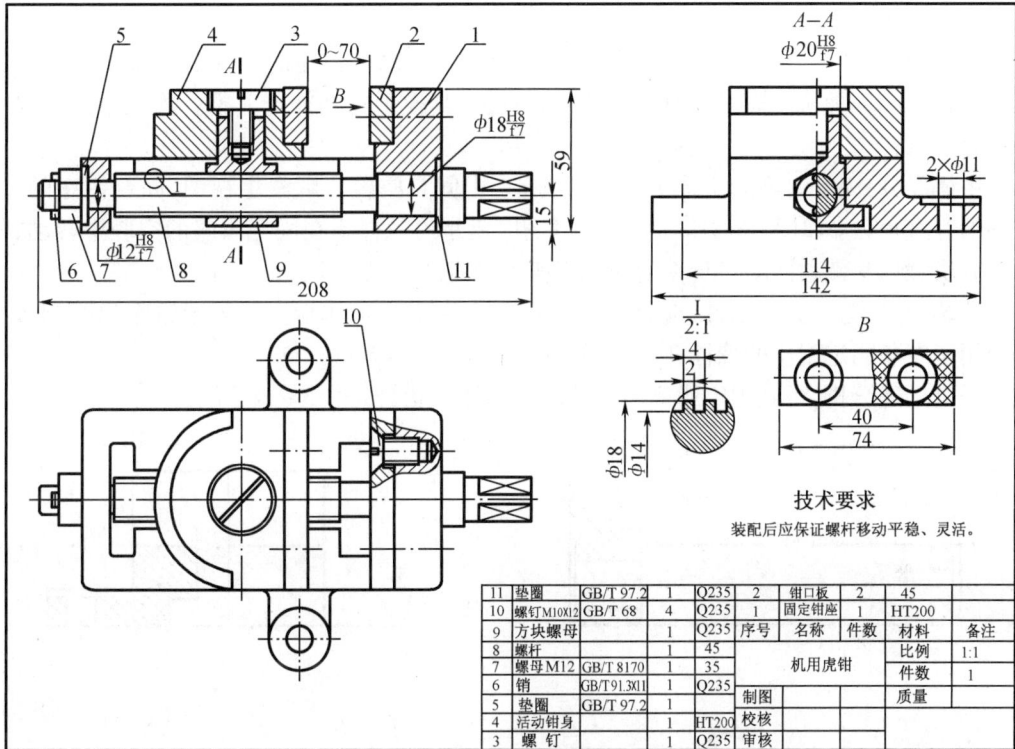

11	垫圈	GB/T 97.2	1	Q235	2	钳口板	2	45
10	螺钉M10X12	GB/T 68	4	Q235	1	固定钳座	1	HT200
9	方块螺母		1	Q235	序号	名称	件数	材料	备注
8	螺杆		1	45			机用虎钳		比例	1:1
7	螺母 M12	GB/T 8170	1	35				件数	1
6	销	GB/T 91.3X11	1	Q235		制图		质量	
5	垫圈	GB/T 97.2	1			校核			
4	活动钳身		1	HT200					
3	螺钉		1	Q235		审核			

图 13 - 16　机用虎钳装配图

机用虎钳的装配图中共有三个基本视图:主视图沿前、后对称中心面剖开,采用全剖视,表达了机用虎钳的工作原理;左视图沿活动钳身等零件的轴线半剖,表达了主要零件的装配关系;俯视图为局部剖视,表达了机用虎钳的外形及钳口板 2 与固定钳座的装配关系。

从主视图可以看到机用虎钳的活动范围为 0 ~ 70 mm,为规格尺寸;$\phi12H8/f7$、$\phi18H8/f7$、$\phi20H8/f7$ 为装配尺寸;$2 \times \phi11$ 和 114 为安装尺寸;总长 208 mm、总高 59 mm、总宽 142 mm 为机用虎钳的外形尺寸。

B 向视图表达了钳口板 2 的结构形状,钳口板 2 宽为 74 mm,两孔中心距为 40 mm。

为了便于拆画螺杆零件图,在装配图中用局部放大图表达了螺杆 8 的螺纹尺寸。

（2）分析部件的工作原理和装配关系

①分析部件的工作原理。由图 13 – 16 可知,机用虎钳由固定钳座 1、钳口板 2、活动钳身 4、螺杆 8 和方块螺母 9 等零件组成。当用扳手转动螺杆 8 时,由于螺杆 8 的左边用开口销卡住,使它只能在固定钳座 1 的两圆柱孔中转动,而不能沿轴向移动,这时螺杆 8 就带动方块螺母 9,使活动钳身 4 沿固定钳座 1 的内腔做直线运动。方块螺母 9 与活动钳身 4 用螺钉 3 连成整体,这样使钳口闭合或开放,便于夹紧和卸下零件。

②分析部件的装配关系。两块钳口板 2 分别用沉头螺钉 10 紧固在固定钳座 1 和活动钳身 4 上,以便磨损后更换,如图 13 – 16 中俯视图所示。

固定钳座 1 在装配件中起支承钳口板 2、活动钳身 4、螺杆 8 和方块螺母 9 等零件的作用,螺杆 8 与固定钳座 1 的左、右端分别以 $\phi12H8/f7$ 和 $\phi18H8/f7$ 间隙配合。活动钳身 4 与方块螺母 9 以 $\phi20H8/f7$ 间隙配合。

（3）分析零件

分析固定钳座 1,掌握其内部结构与外部形状。将固定钳座的投影从主视图中分离出来,如图 13 – 17 所示。根据视图间的投影关系,将其投影轮廓补充完整。固定钳座主要由两部分组成:

主体部分:固定钳座的主体大致呈长方形,中间是空腔。观察主视图,固定钳座的左、右两端有直径为 $\phi12H8$、$\phi18H8$ 的两个圆柱孔,支承着螺杆 8 在固定钳座的空腔中转动,从而使方块螺母 9 带动活动钳身 4 沿固定钳座 1 做直线运动。

安装部分:为了夹持工件,应将机用虎钳固定在机床工作台上。固定钳座的两侧各有一个用于安装固定钳座的螺栓孔,两孔间的中心距为 114 mm。

经过上述分析,得到固定钳座的完整的结构和形状,如图 13 – 18 所示。

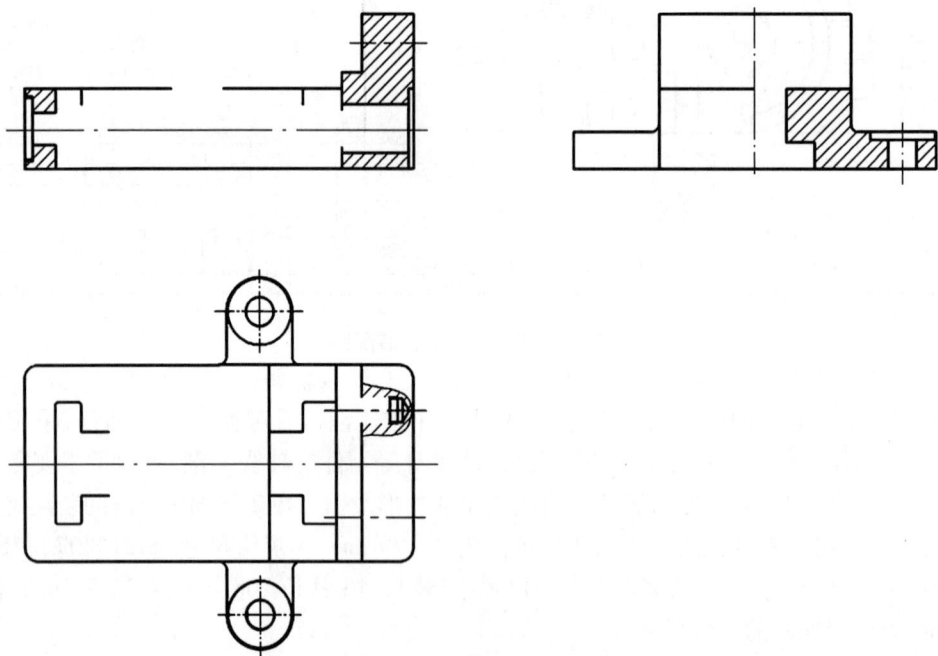

图 13 – 17　从装配图中分离出的固定钳座投影

图 13 - 18　固定钳座的轴测剖视图

例 13 - 6　以图 13 - 19 所示的齿轮泵为例介绍读装配图的方法。

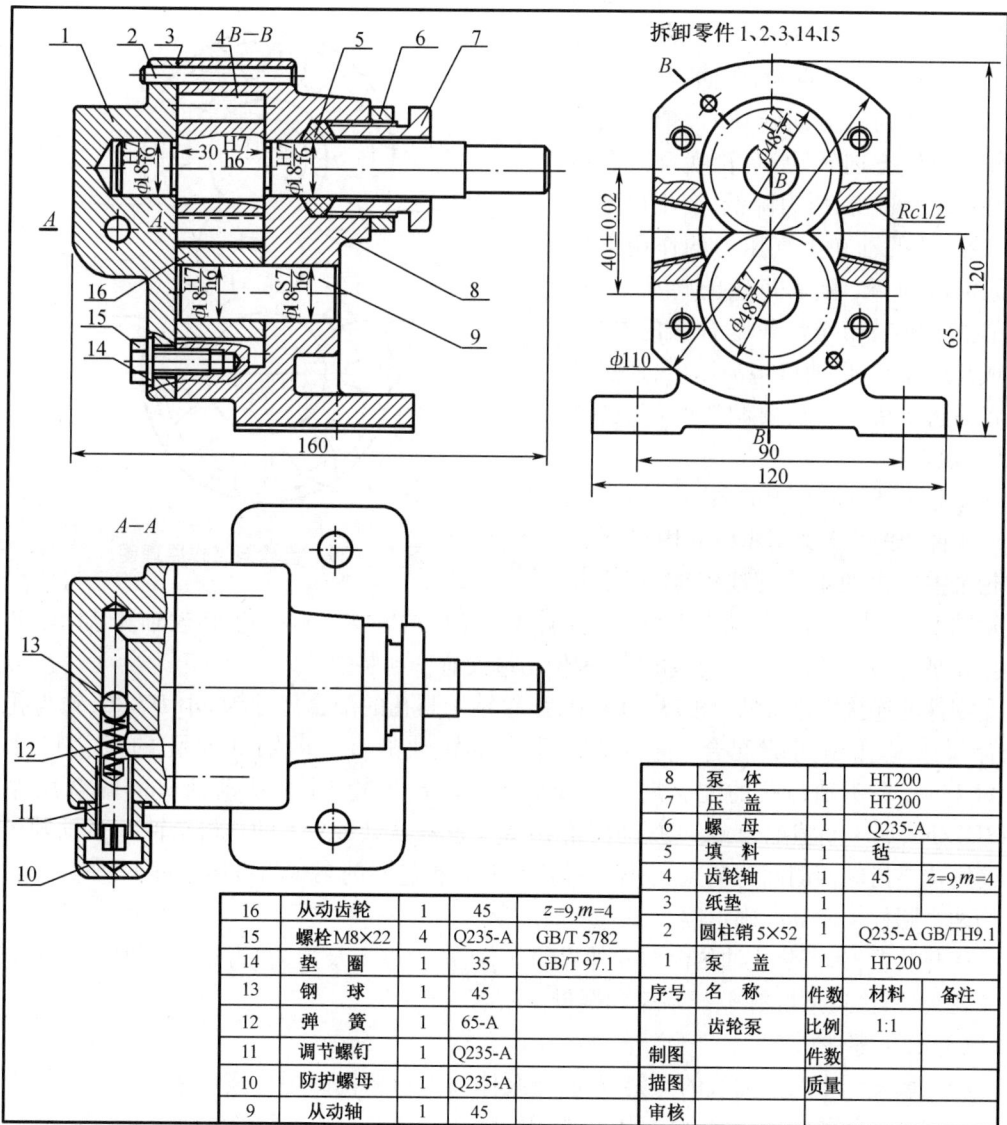

8	泵　体	1	HT200	
7	压　盖	1	HT200	
6	螺　母	1	Q235-A	
5	填　料	1	毡	
4	齿轮轴	1	45	z=9,m=4
3	纸　垫	1		
2	圆柱销5×52	1	Q235-A	GB/TH9.1
1	泵　盖	1	HT200	
序号	名　称	件数	材料	备注

16	从动齿轮	1	45	z=9,m=4
15	螺栓M8×22	4	Q235-A	GB/T 5782
14	垫　圈	1	35	GB/T 97.1
13	钢　球	1	45	
12	弹　簧	1	65-A	
11	调节螺钉	1	Q235-A	
10	防护螺母	1	Q235-A	
9	从动轴	1	45	

齿轮泵　比例 1:1　制图　件数　描图　质量　审核

图 13 - 19　齿轮泵装配图

分析过程如下:

(1)概括了解

如图 13-19 所示,部件名称为齿轮泵,是润滑系统中的一种供油装置。其作用是将油送到相对运动的两零件之间进行润滑,减少零件之间的摩擦与磨损。由明细栏和零件的序号可知,齿轮泵由泵盖1、泵体8、齿轮轴4、从动齿轮16 和从动轴9 等16 种零件组成。

齿轮泵装配图采用了 3 个基本视图:主视图、左视图和 A—A 局部剖视图。主视图采用全剖视,表达了齿轮泵的主要装配干线、工作位置及主要零件的装配关系;左视图采用局部剖视,表达了齿轮泵进出油口及一对传动齿轮的工作原理、齿轮泵的外型及安装底板上安装孔的尺寸;A—A 局部剖视表达了组成安全装置的钢球、弹簧、调节螺钉等一套零件的连接方式。

(2)分析部件的工作原理和装配关系

①分析部件的工作原理。齿轮泵的工作原理如图 13-20 所示。齿轮泵的泵体内腔容纳一对吸油、压油齿轮,当主动齿轮轴逆时针方向转动时,带动从动齿轮顺时针方向转动,两轮啮合区右边的油被轮齿带走,压力降低,产生局部真空,油池内的油在大气压力的作用下进入泵的吸油口。随着齿轮的转动,齿槽中的油不断被带至齿轮啮合区的左边,形成高压油,从出油口将油压出,通过管路将油送至机器中需要润滑的部位(如齿轮、轴承等)。

②分析部件的装配关系

零件的配合关系:图 13-19 所示的齿轮泵主要由两条装配线组成,即主动

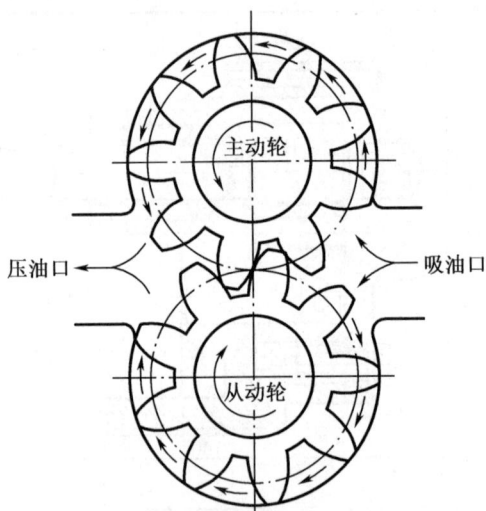

图 13-20 齿轮泵工作原理图

齿轮轴系统、从动轴与从动齿轮系统。泵体8 的空腔内容纳一对齿轮,齿轮轴和从动轴分别支撑在泵盖、泵体的轴孔中,主动齿轮轴伸出端设有密封装置。

零件的连接固定方式:图 13-19 中,齿轮轴4 与孔的配合尺寸为 $\phi18H7/f6$,轴与孔的配合属于基孔制间隙配合,表明轴在孔中是转动的。从动轴9 与孔的配合尺寸为 $\phi18S7/h6$,表明轴与孔的配合属于过盈配合。从动齿轮16 与从动轴9 的配合尺寸为 $\phi18H7/h6$,属于间隙配合,表明从动齿轮16 是空套在从动轴9 上的。齿轮轴4、从动轴9 的轴向定位靠齿轮两侧面与泵盖、泵体的端面接触。齿轮泵的泵盖与泵体通过 4 个螺栓连接,并用两个圆柱销使其准确定位。

密封装置:为了防止油的泄漏和外界的水分、灰尘进入泵内,在齿轮泵的主动轴伸出端加了密封装置,通过填料5、压盖7 和螺母6 密封。

(3)分析零件

根据装配图中的剖面线的倾斜方向,将泵体的投影从视图中分离出来,如图 13-21 所示。根据视图间的投影关系,将泵体的外形轮廓补充完整。其主要形体由两部分组成:

主体部分:长圆形内腔,上、下为 $\phi48$ 的半圆柱孔,容纳一对齿轮。左、右两侧有进、出

油孔与泵腔相通。泵体前端面有与泵盖连接用的螺栓孔和销孔。

底板部分:底板是用来固定齿轮泵的。根据视图表达的内容可知,底板是长方形,下面的凹槽是为了减少加工面,使泵体固定平稳。底座两边各有一个固定油泵用的螺栓孔。

经过以上分析,得出泵体完整的结构和形状,如图 13 - 22 所示。

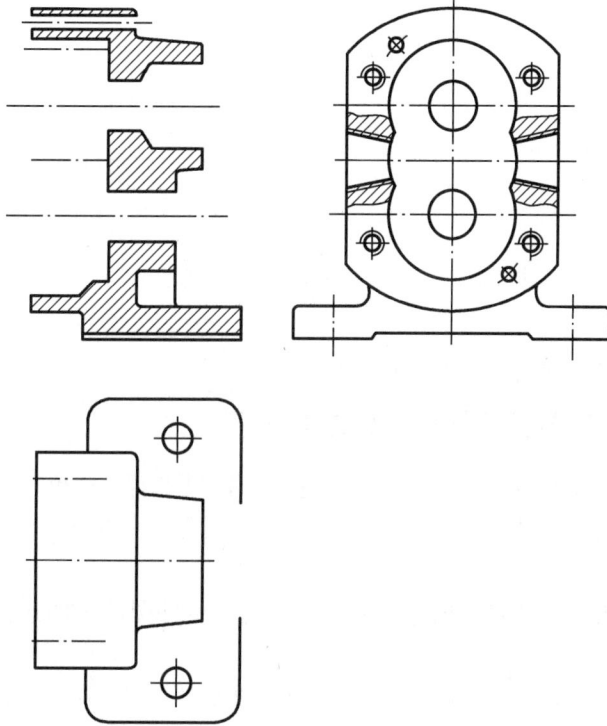

图 13 - 21 从装配图中分离出的泵体投影

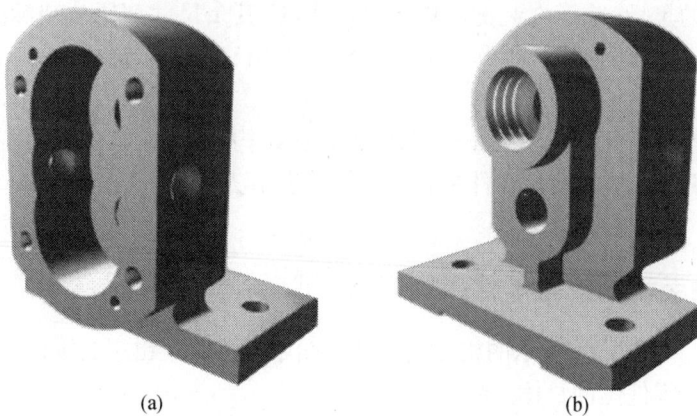

(a)   (b)

图 13 - 22 齿轮泵泵体轴测图

13.8　由装配图拆绘零件图

根据装配图拆画出零件图,简称为拆图,是对机器或部件中零件的进一步设计过程。

13.8.1　由装配图拆绘零件图的基本步骤

(1)读图

根据读装配图的基本要求、方法及步骤,掌握部件的工作原理、装配关系及零件的形状结构。

(2)选择视图

根据零件图的视图表达要求,确定各零件的视表达方案。

(3)绘制零件图

根据零件图的内容及作图要求,绘制出零件工作图。

13.8.2　由装配图拆绘零件图的注意事项

拆绘零件图需要在读懂装配图的基础上进行。装配图不表达单个零件的形状与结构,拆绘零件图将零件的结构补充表达完整。拆绘零件图的过程是零件设计的过程。应注意以下几点:

①零件的视图表达方案要根据零件的形状结构和零件图的视图选择原则确定,而不能盲目照抄装配图。

②在装配图中允许省略不画的零件工艺结构,在拆绘零件图时,需要查阅相关手册,把省略的结构补画出来,如倒角、圆角、退刀槽等结构。

③零件之间有配合要求的表面,其基本尺寸必须相同,并注出公差带代号和极限偏差数值。

④零件图中的尺寸,除了在装配图中已经注出的,其余尺寸都要从装配图中按比例直接量取,并加以圆整。有关标准尺寸,如螺纹、倒角、圆角、退刀槽、键槽等,应查阅相关手册确定。

⑤根据零件各表面的作用和工作要求,注出表面结构代号,应按最新的国家标准《产品几何技术规范(GPS)　技术产品文件中表面结构的表示法》(GB/T 131—2006)中的相关规定进行标注。

13.8.3　由装配图拆绘零件图的实例

例13-7　从图13-16所示的机用虎钳装配图中拆绘固定钳座的零件图。

由装配图拆绘零件图的具体过程如下:

(1)读装配图

读装配图的过程参见例13-5。

(2)选择零件图的视图表达方案

分析零件图的视图表达方案:为了便于读图和绘图,主视图与装配图中主视图的投射方向一致,并且沿前、后对称中心线全剖视画出;左视图采用半剖视。俯视图主要表达固定钳座 1 的外形,并采用局部剖视表达螺孔的结构。

（3）绘制零件图

拆绘出固定钳座零件图,如图 13－23 所示。

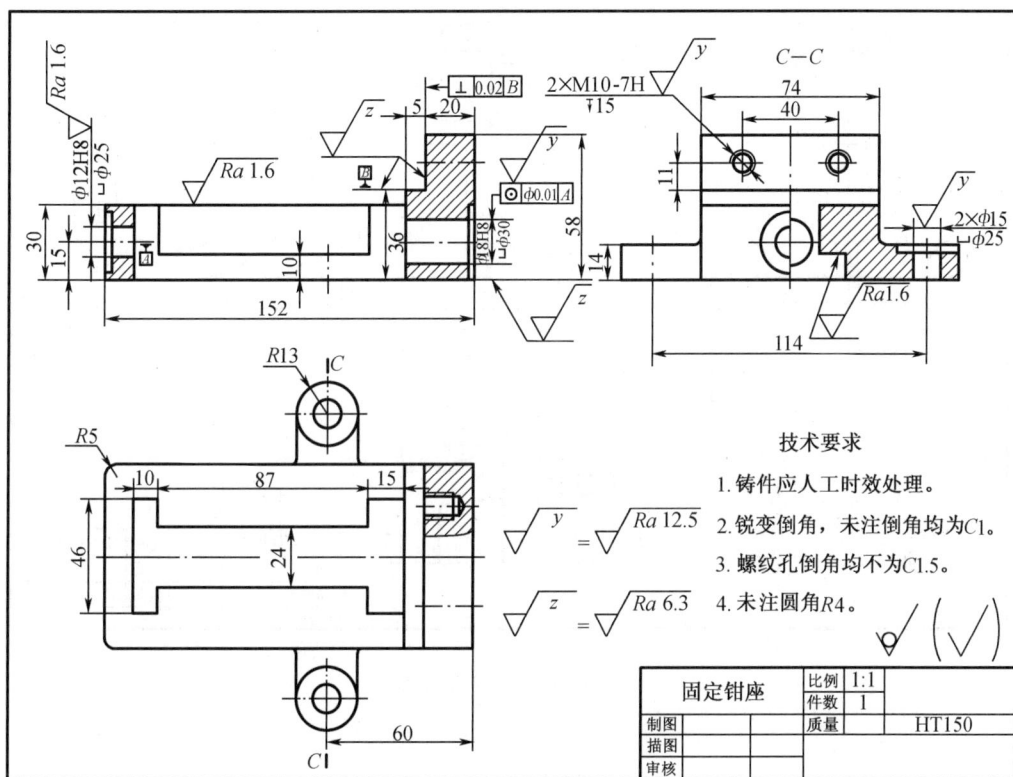

图 13－23　固定钳座零件图

例 13－8　从图 13－19 所示的齿轮泵装配图中拆绘出泵体的零件图。

具体过程如下:

（1）读装配图

读装配图的过程参见例 13－6。

（2）选择零件图的视图表达方案

分析零件图的视图表达方案:齿轮泵泵体的前后两侧区别较大,采用三个基本视图无法全面、清晰地表达泵体的结构,所以,在泵体零件图中,选择了主视图、左视图、右视图和俯视图。主视图采用全剖视,表达泵体内部形状和各部分的相对位置;左、右视图作局部剖视,反映泵体两侧外形和孔的形状及位置;俯视图采用对称画法并做局部剖,反映螺孔的形状。

（3）绘制零件图

拆绘泵体零件图,如图 13－24 所示。

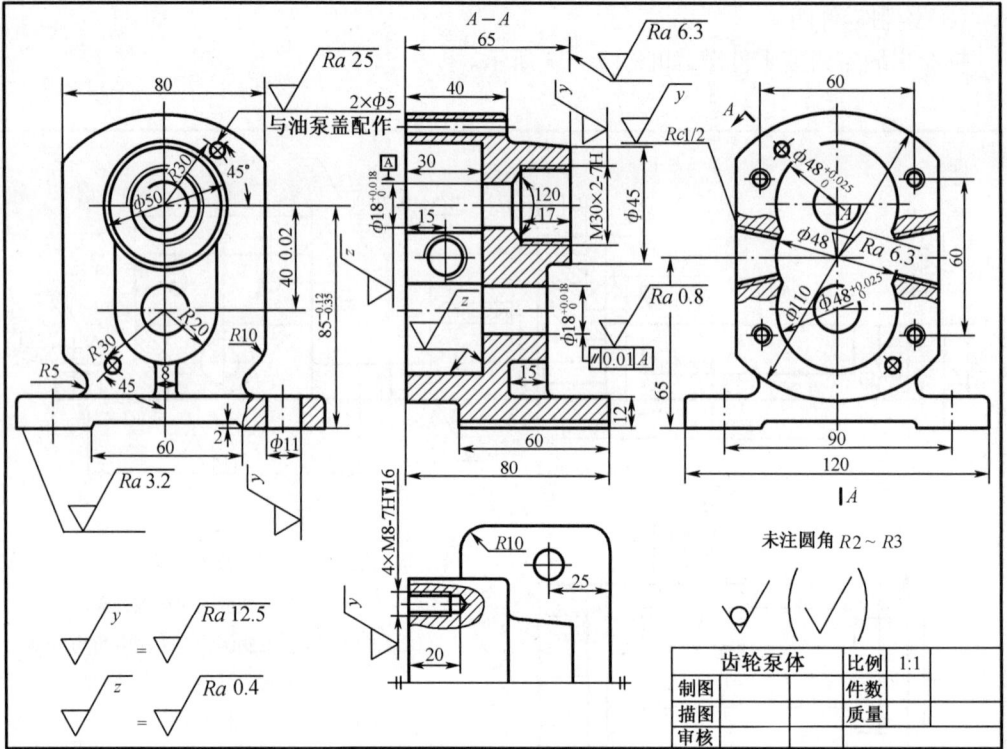

图 13 - 24　泵体零件图

第 14 章　AutoCAD 绘制二维图

CAD(Computer Aided Design)的含义是指计算机辅助设计,是计算机技术的一个重要应用领域。CAD 是用于二维及三维设计、绘图的系统工具,用户可以使用它来创建、浏览、管理、打印、输出、共享及准确使用包含信息的设计图形。本章以 AutoCAD 2016 版为基础,介绍计算机绘图的基本操作。由于篇幅所限,本章只对 AutoCAD 2016 中一些最基本、最常用的绘图环境设置和绘图命令的使用进行简单的介绍。

14.1　AutoCAD 的入门知识

14.1.1　启动 AutoCAD 2016

直接双击桌面上 AutoCAD 2016 图标。

14.1.2　AutoCAD 2016 的工作界面

启动 AutoCAD 2016 后,用户可以自己选择工作空间。AutoCAD 2016 为用户提供了 3 种工作空间:"草图与注释""三维基础""三维建模"。绘制平面图形选择"草图与注释"即可。

14.1.3　图形文件操作

1. AutoCAD 2016 图形文件的新建

菜单栏:单击 ,然后单击"新建"。

工具栏:"新建" 。

执行"新建"命令后会弹出【选择样板】对话框,如图 14-1 所示,用户选择合适的样板后单击打开按钮。

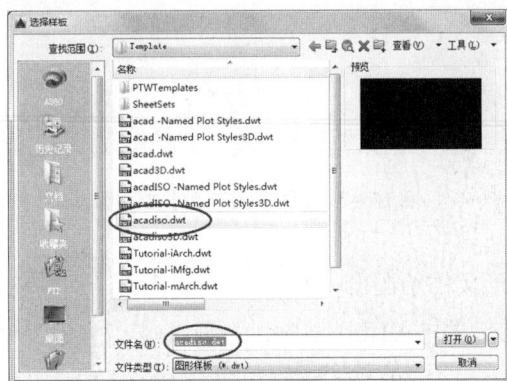

图 14-1　【选择样板】对话框

2. AutoCAD 2016 图形文件的"打开"

菜单栏:单击 ▲·,然后单击打开。

工具栏:"打开" 📂 。

执行"打开"命令后会弹出【选择文件】对话框,如图 14 - 2 所示。用户选择要打开的文件后单击打开按钮,即可打开该图形文件。

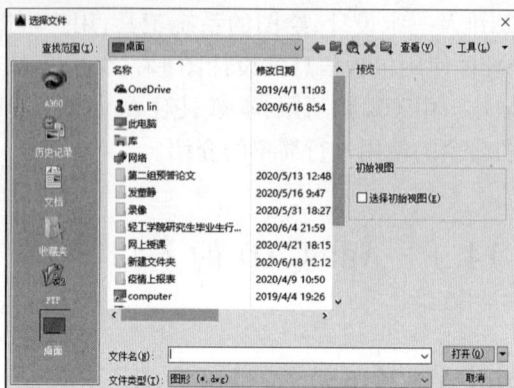

图 14 - 2 【选择文件】对话框

3. AutoCAD 2016 图形文件的保存

菜单栏:单击 ▲·,然后单击"保存"或"另存为"。

工具栏:"保存"或"另存为" 💾 💾 。

执行"保存"命令,如果当前图形从未保存过,则会弹出【图形另存为】对话框,如图 14 - 3 所示。

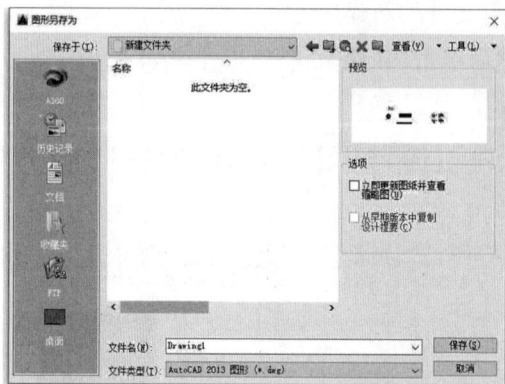

图 14 - 3 【图形另存为】对话框

4. AutoCAD 2016 图形文件的退出

菜单栏:单击 ▲·,然后单击关闭。

工具栏:"关闭" ✕

执行"关闭"命令,如果在关闭前未对当前图形进行保存,则会弹出是否保存的对话框,保存后关闭即可;如果已保存则直接关闭。

14.1.4　基本绘图设置

1.图层、线型、线宽的设置

(1)图层的含义及特点

我们可以将图层想象成一些没有厚度且相互重叠在一起的透明薄片,用户可以在不同的图层上绘图。

(2)图层的建立与管理

用户通过默认菜单栏下图层工具栏中图层特性管理器 对图层进行设定。执行该命令后 AutoCAD 会弹出如图 14 - 4 所示的对话框。

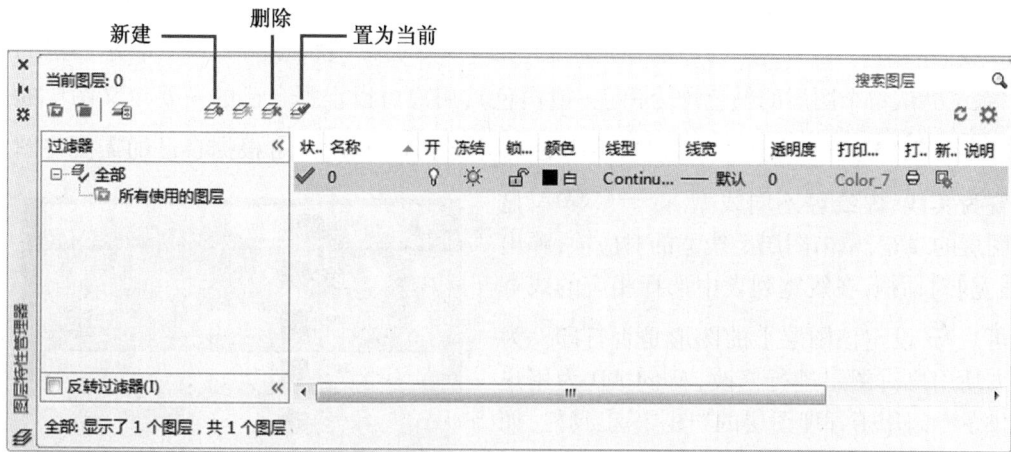

图 14 - 4　图层特性管理器对话框

下面介绍主要的功能:

(1)新建图层按钮

要创建新的图层点击"新建"按钮 ,可以创建多个新图层,而且还可以给新图层重新定义名称。一般绘图时采用的图线主要有粗实线、细实线、虚线、点画线,等等,用户可以把上述的图线用不同的图层表示,如图 14 - 5 所示。

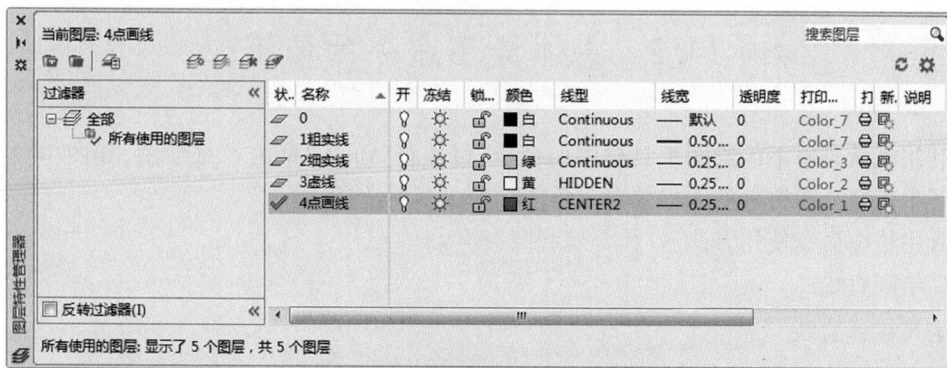

图 14 - 5　新建图层对话框

（2）设置为当前图层

选中要设定为当前的图层后单击 🖊 ，即可将选中的图层设为当前图层，被选为当前图层后图层状态栏会显示 ✔ 。

（3）删除图层

选中要删除的图层后单击 🗐 。

（4）图层特性设置

💡 表示图层的开和关。如果是打开，可以在显示器上显示和绘制该图层上的图形。💡 表示图层处于开状态，💡 处于关状态。☀ 显示图层冻结还是解冻。☀ 表示图层处于解冻状态，❄ 表示图层处于冻结状态。🔓 显示图层锁定还是解锁，锁定图层后并不影响图层上的图形显示，🔒 为图层锁定状态，🔓 为图层解锁状态。□ 黄 表示图层的颜色，系统默认每个图层的颜色均为黑色（或白色），用户可以根据自己的需要定义图层的颜色。Continuous 显示图层的线型，不同的图层线型不同，用户可根据自己的需要将图层设置为实线、虚线等不同线型。—— 默认 显示图层的线宽，单击图层上线宽的对应项，弹出【线宽】对话框，在线宽列表中选择相应的线宽即可。🖶 设定该图层上的图形是否打印。为了方便用户对图层进行修改，AutoCAD 为用户提供了专门用于管理图层的"图层"工具栏，如图 14-6 所示。

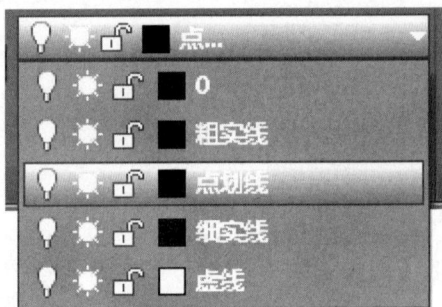

通过"图层"工具栏，用户可以直接将某个图层设置为当前图层，设置方法是：在下拉列表中直接单击某个图层即可；可以设置图层的开/关、解冻/冻结、锁定/解锁，设置方法是：直接单击相应的图标即可；可以将选定的对象更改为其他的图层，具体方法：先选中要更改的对象，然后在"图层"工具栏下拉列表中选择相应图层，再按 Esc 即可。

图 14-6　图层工具栏

14.2　基本绘图命令的使用

利用默认菜单下的绘图工具栏中的命令，可执行 AutoCAD 的二维绘图，如图 14-7 所示。图中带有三角符号的图标单击三角图标可以多项选择。

常用绘图命令使用方法：

1. 绘制直线

工具栏："直线" ╱ 。

例题：用"直线"命令绘制长 120、宽 60 的矩形。

具体绘制步骤：

执行"直线"命令，AutoCAD 会在命令行内提示：

命令：_line 指定第一点：(在绘图区域内用鼠标在适当的位置选择拾取一点作为起点)

指定下一点或 [放弃(U)]：@120,0✓(用相对坐标确定水平边的右端点)

指定下一点或 [放弃(U)]：@0,60✓(绘制垂直边)

指定下一点或 [闭合(C)/放弃(U)]：@ -120,0✓(绘制另一水平边)

指定下一点或 [闭合(C)/放弃(U)]：c✓(执行 c 封闭矩形)。如图 14 -8 所示。

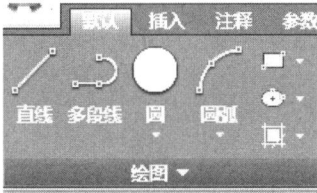

图 14 -7　绘图工具栏　　　　图 14 -8　用直线绘制矩形

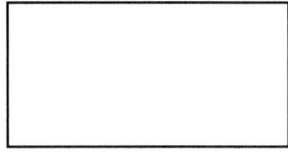

2. 绘制圆

工具栏："圆" ⊙ 。

绘制步骤：

执行"圆"命令, AutoCAD 会提示：

命令：_circle 指定圆的圆心或 [三点(3P)/两点(2P)/相切、相切、半径(T)]：

(1)指定圆的圆心(在适当的位置鼠标拾取点作为圆心)

指定圆的半径或 [直径(D)]：

①半径(输入半径值✓)

②直径

指定圆的半径或 [直径(D)]：d✓

指定圆的直径：(输入直径值后✓)

(2)三点(3P)：用圆通过的三个点绘制圆

命令：_circle 指定圆的圆心或 [三点(3P)/两点(2P)/相切、相切、半径(T)]：3p✓

指定圆上的第一个点：(鼠标拾取圆通过的第一个点)

指定圆上的第二个点：(鼠标拾取圆通过的第二个点)

指定圆上的第三个点：(鼠标拾取圆通过的第三个点)

3. 绘制圆弧

工具栏："圆弧" ╱ 。

绘制步骤：

执行"圆弧"命令, AutoCAD 会提示

命令：_arc 指定圆弧的起点或 [圆心(C)]：

(1)指定圆弧起点：(用鼠标拾取圆弧的起点)

指定圆弧的第二个点或 [圆心(C)/端点(E)]：

①指定第二点：(鼠标拾取第二点)

指定圆弧的端点：(鼠标拾取圆弧端点)

②圆心(C)

指定圆弧的圆心：(鼠标拾取圆心)

指定圆弧的端点或［角度（A）/弦长（L）］：

指定圆弧端点（鼠标拾取圆弧端点）

（2）指定圆弧圆心（C）

命令：_arc 指定圆弧的起点或［圆心（C）］: c↙

指定圆弧的圆心:（鼠标拾取）

指定圆弧的起点:（鼠标拾取）

指定圆弧的端点或［角度（A）/弦长（L）］:（鼠标拾取端点,角度与弦长操作同上）

4. 绘制矩形

工具栏:矩形 ▱ 。

例题:绘制长 100、宽 50 的矩形。

绘制步骤:

执行矩形命令,AutoCAD 会提示:

指定第一个角点或［倒角（C）/标高（E）/圆角（F）/厚度（T）/宽度（W）］:

根据不同的选项可以绘制出不同类型的矩形。

指定第一个角点（鼠标任取一点）;

指定另一个角点或［面积（A）/尺寸（D）/旋转（R）］:

指定矩形的另一角点:@100,50↙

5. 绘制多边形

工具栏:多边形 ⬠ 。

例题:绘制 φ100 圆的内接正五边形,如图 14 - 9 所示。

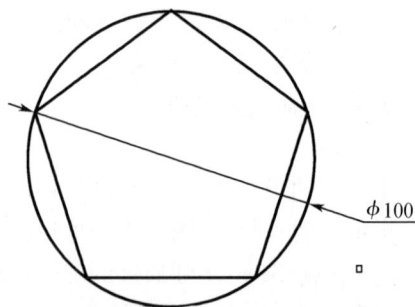

绘制步骤:

执行绘制多边形命令,AutoCAD 会提示:

命令：_polygon 输入边的数目 <4>: 5↙

指定正多边形的中心点或［边（E）］:（鼠标拾取,如果选择边输入 E 后↙按提示继续操作依次指定多边形的端点）

图 14 - 9　正五边形

输入选项［内接于圆（I）/外切于圆（C）］ <I>:↙（如果外接输入 c 后↙）

指定圆的半径: 50↙

6. 图案填充:在已知的图形内填充指定的图案

工具栏:"图案填充" ▨ 。

绘制步骤:(在已知图形内填充剖面线)

执行"图案填充"命令后弹出如图 14 - 10 所示的对话框,在图案选项中选择合适的图案,在特性选项中设定角度和填充比例,设定完成点击边界选项中的拾取点,然后在要填充的对象内部拾取点后↙。填充效果如图 14 - 11 所示。

图 14 - 10　【图案填充】对话框

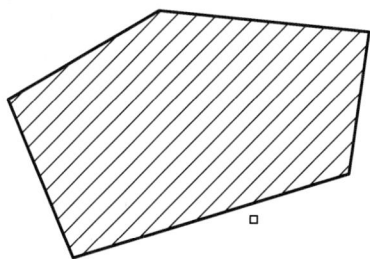

图 14 - 11　图案填充

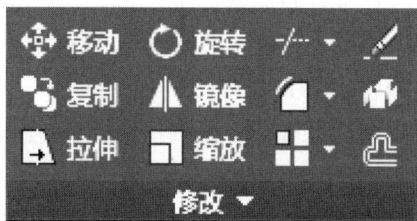

图 14 - 12　修改工具栏

14.3　AutoCAD 的常用修改命令

利用默认菜单栏里的修改工具栏,可执行 AutoCAD 的二维图形的修改。如图 14 - 12 所示。

1. 移动:将选定的对象从原来的位置移动到其他位置

工具栏:移动 。

具体操作:

命令:_move

选择对象:(鼠标拾取对象)

选择对象:↙

指定基点或[位移(D)]<位移>:(鼠标拾取基点)指定第二个点或 <使用第一个点作为位移>:(鼠标拾取第二点)

2. 复制:将选定的对象复制到其他指定的位置

工具栏:复制 。

例题:通过复制命令将图 14 - 13(a)所示图形复制一个。

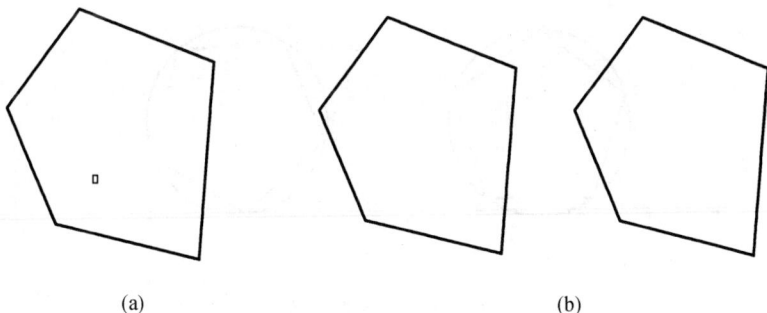

(a)　　　　　　　　　　　　　　　(b)

图 14 - 13　复制命令

具体操作:

命令:_copy

选择对象:(选择复制对象)↙

指定基点或［位移(D)］＜位移＞:(鼠标选择基点)指定第二个点或 ＜使用第一个点作为位移＞:(鼠标指定第二点)

指定第二个点或［退出(E)/放弃(U)］↙

复制后如图 14－13(b)所示。

3.拉伸:可以拉伸或压缩对象从而使其尺寸改变

工具栏:拉伸 ▭ 。

例题:将已知图形向右拉伸150mm。

具体操作:

命令:_stretch

以交叉窗口或交叉多边形选择要拉伸的对象

选择对象:(鼠标选择要拉伸的对象)

选择对象:↙

指定基点或［位移(D)］＜位移＞:(鼠标选择基点)

指定第二个点或 ＜使用第一个点作为位移＞:(鼠标指定下一点)

拉伸前后如图 14－14 所示。

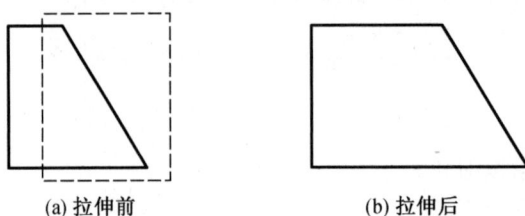

(a) 拉伸前　　　　　　　　(b) 拉伸后

图 14－14　放缩命令

4.旋转:将选定的对象旋转指定角度

工具栏:旋转 ◉ 。

例题:将图 14－15(a)所示的图形绕圆心逆时针旋转30°

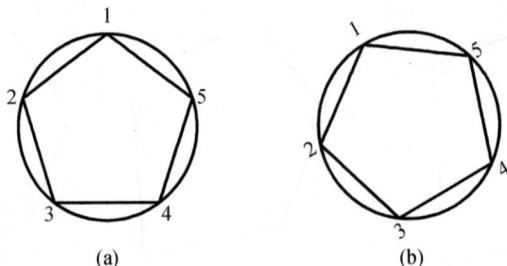

(a)　　　　　　　　　　(b)

图 14－15　旋转命令

具体操作:

命令:_rotate

UCS 当前的正角方向:ANGDIR = 逆时针　ANGBASE = 0

选择对象:(鼠标拾取要旋转的对象)

选择对象：↙

指定基点：(鼠标拾取)

指定旋转角度,或［复制(C)/参照(R)］＜0＞:30↙(输入旋转角度)

旋转后图形如图 14－15(b)所示。

5. 镜像:将选定的对象相对于镜像线进行镜像复制

工具栏:镜像 ▲▲ 。

例题:将图 14－16(a)所示的图形进行镜像。

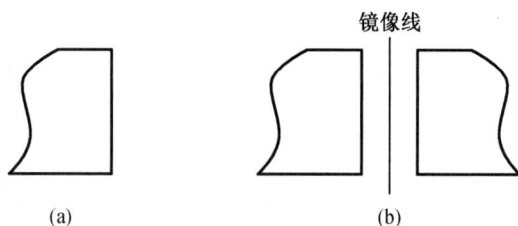

图 14－16　镜像命令

具体操作:

命令:_mirror

选择对象:(鼠标选择要镜像的对象)

选择对象:↙

指定镜像线的第一点:(鼠标在镜像线上选择一点) 指定镜像线的第二点:(在镜像线上选择另外一点)

要删除源对象吗?［是(Y)/否(N)］＜N＞:↙(如果要删除源对象,选择"Y"后↙)

镜像后如图 14－16(b)所示。

6. 修剪:指用某些对象定义的剪边来修剪指定的对象,像用剪刀剪掉对象的一部分一样

工具栏:修剪 ⊬ 。

具体操作:

命令:_trim

当前设置:投影＝UCS,边＝无

选择剪切边…

选择对象或 ＜全部选择＞: (选择作为剪边的对象,如图 14－17(a)所示)

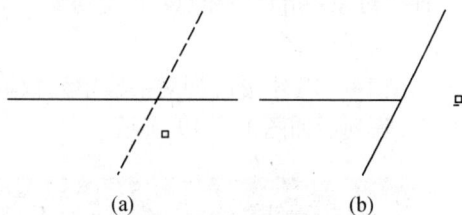

图 14－17　修剪命令

选择对象:↙

选择要修剪的对象,或按住 Shift 键选择要延伸的对象,或［栏选(F)/窗交(C)/投影(P)/边(E)/删除(R)/放弃(U)］:(选择需要剪掉的对象,如图 14－17(b)所示)

选择要修剪的对象,或按住 Shift 键选择要延伸的对象,或［栏选(F)/窗交(C)/投影(P)/边(E)/删除(R)/放弃(U)］:↙

7. 圆角:在两直线之间绘制圆角

工具栏:圆角 ◰ 。

具体操作：

命令：_fillet

当前设置：模式 = 修剪,半径 = 0.0000

选择第一个对象或［放弃(U)/多段线(P)/半径(R)/修剪(T)/多个(M)］：r↙

指定圆角半径 ＜0.0000＞：半径值输入↙

选择第一个对象或［放弃(U)/多段线(P)/半径(R)/修剪(T)/多个(M)］：(鼠标拾取)

选择第二个对象,或按住 Shift 键选择要应用角点的对象：(鼠标拾取)

8. 倒角:在两条直线之间绘制倒角

工具栏:倒角 ◨ 。

具体操作：

命令：_chamfer

("修剪"模式) 当前倒角距离 1 = 0.0000,距离 2 = 0.0000

选择第一条直线或［放弃(U)/多段线(P)/距离(D)/角度(A)/修剪(T)/方式(E)/多个(M)］： a↙

指定第一条直线的倒角长度 ＜0.0000＞：倒角长度值输入↙

指定第一条直线的倒角角度 ＜0＞：角度输入↙

选择第一条直线或［放弃(U)/多段线(P)/距离(D)/角度(A)/修剪(T)/方式(E)/多个(M)］:(鼠标拾取第一条直线)

选择第二条直线,或按住 Shift 键选择要应用角点的直线：(鼠标拾取第二条直线)

9. 阵列:将指定的对象以矩形方式进行多重复制

工具栏:矩形阵列 ⊞ 。

例题:将已知变成为 5 mm 的正方形图形通过矩形阵列变为 3 行 4 列,并且行和列的间距为 5mm。

具体操作：

命令：_arrayrect

选择对象：指定对角点：选择对象

选择对象：↙

在图 14 - 18 矩形阵列对话框中列数输入 4,介于输入 10;行数输入 3,介于输入 10。然后回车,阵列后如图 14 - 19 所示。

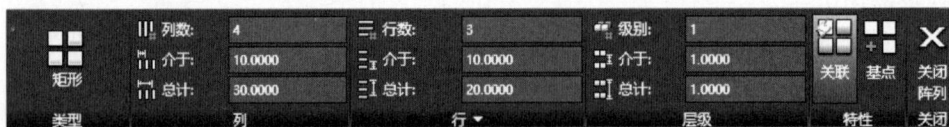

图 14 - 18　矩形阵列工具栏

10. 环形阵列:将指定的对象以矩形方式进行多重复制

工具栏:环形阵列 ⊡ 。

具体操作:环形阵列与矩形阵列设置方法类似,阵列结果如图 14 - 20 所示。

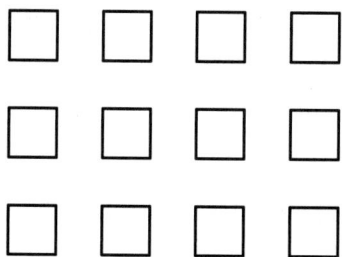

图 14 - 19　矩形阵列结果

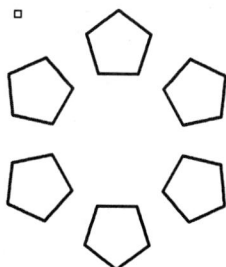

图 14 - 20　环形阵列结果

11. 删除:将选择的对象删除

工具栏:删除 ✎。

操作步骤:

执行删除图形命令。

命令: _erase

选择对象:指定对角点:(鼠标选择要删除的对象)

选择对象: ↙

12. 分解:将已知的一个对象分解为多个对象

工具栏:分解 ⬚。

具体操作:(将已知矩形进行分解)

命令: _explode

选择对象:(鼠标拾取对象)

选择对象: ↙(分解前后对比如图 14 - 21 所示)

13. 偏移:用于平行复制

工具栏:偏移 ⬚。

例题:将如图 14 - 22(a)所示的已知图形向右偏移 100 mm。

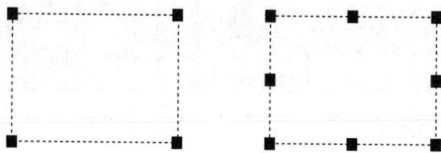

(a) 分解前　　　　　(b) 分解后

图 14 - 21　分解命令

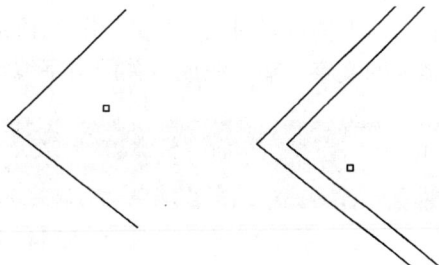

(a)　　　　　　(b)

图 14 - 22　偏移命令

具体操作:

命令: _offset

指定偏移距离或［通过(T)/删除(E)/图层(L)］<通过>:(输入偏移距离)

选择要偏移的对象,或［退出(E)/放弃(U)］<退出>:(鼠标拾取)

指定要偏移的那一侧上的点,或［退出(E)/多个(M)/放弃(U)］＜退出＞:(鼠标在要偏移一侧拾取一点,如要偏移多个输入 M ↙,再重复上面指定偏移点的操作)

选择要偏移的对象,或［退出(E)/放弃(U)］＜退出＞:↙

偏移后如图 14 -22(b)所示。

14.4　AutoCAD 常用注释

CAD 中注释一般包括文字、标注、引线、表格等,用户可以通过注释菜单栏下的工具栏或者默认菜单栏下的注释栏中常用的命令进行注释。如图 14 -23 和 14 -24 所示。

图 14 -23　注释菜单栏

1. 文字:包括多行文字和单行文字

下面介绍常用的多行文字使用方法。

工具栏:多行文字 $\boxed{A}$ 。

具体操作:

命令: _mtext

当前文字样式:"Standard"

文字高度:2.5

注释性:否

指定第一角点:(鼠标拾取第一点)

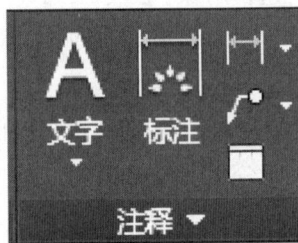

图 14 -24　常用注释工具栏

指定对角点或［高度(H)/对正(J)/行距(L)/旋转(R)/样式(S)/宽度(W)/栏(C)］:(鼠标拾取第二点,提示如图 14 -25 所示文字提示对话框)

在对话框内可以对文字样式、格式、段落等要求进行设置。在图 14 -26 所示对话框中输入需要的文字。输入完成后关闭文字编辑器即可。

图 14 -25　文字设置

图 14 -26　文字编辑

2. 标注:对绘制图形进行标注

用户使用前一般要对标注样式进行设定。点击注释菜单里标注工具栏右下角的三角图标激活标注样式管理器命令,如图 14 -27 所示。在该对话框中可以新建标注样式,也可以对以后标注样式进行修改,主要对标注中线、文字、箭头和符号等进行设定,如图 14 – 28 所示。设置完成后用户可以对图形进行标注,常用标注操作方法如下:

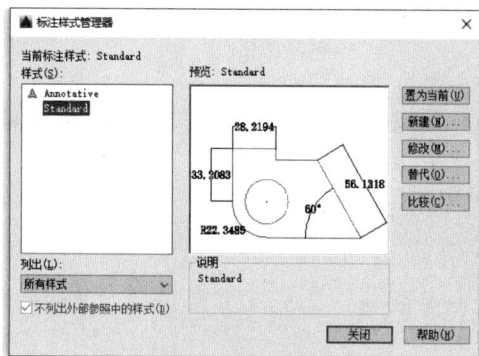

图 14 – 27　标注样式管理器

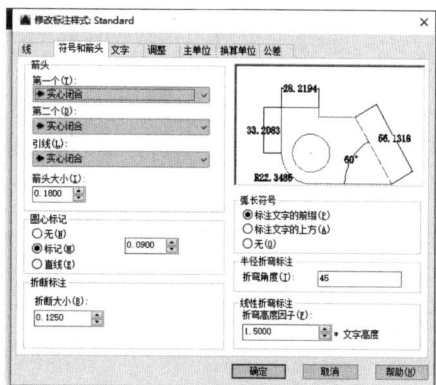

图 14 – 28　修改标注样式

(1)线性标注:标注沿水平或垂直方向的尺寸。

工具栏:线性 ⊢⊣ 。

具体操作:

命令:_dimlinear

指定第一条尺寸界线原点或 <选择对象>:(鼠标选择第一条尺寸界线的端点)

指定第二条尺寸界线原点:(鼠标拾取第二条尺寸界线的端点)

指定尺寸线位置或[多行文字(M)/文字(T)/角度(A)/水平(H)/垂直(V)/旋转(R)]:(鼠标选择尺寸线的位置,如图 14 – 29 所示)

(2)对齐标注:所标注的尺寸线与尺寸界线起点间的连线平行

工具栏:已对齐 ↖↘ 。

具体操作:

命令:_dimaligned

指定第一条尺寸界线原点或 <选择对象>:(鼠标拾取第一条尺寸界线端点)

指定第二条尺寸界线原点:(鼠标拾取第二条尺寸界线端点)

指定尺寸线位置或[多行文字(M)/文字(T)/角度(A)]:(鼠标指定尺寸线的位置,如图 14 – 30 所示)

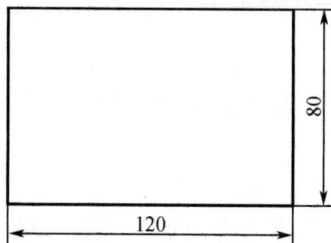

图 14 – 29　线性标注

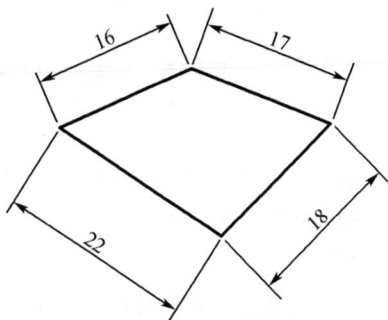

图 14 – 30　对齐标注

(3)半径标注:标注圆或圆弧半径

工具栏:半径 ◎。

具体操作:

命令: _dimradius

选择圆弧或圆:(鼠标选择要标注的圆弧或圆)

指定尺寸线位置或 [多行文字(M)/文字(T)/角度(A)]:(鼠标指定尺寸线位置,如图 14－31 所示)。

(4)直径标注:标注圆或圆弧直径

工具栏:直径 ◎。

具体操作:

命令: _dimdiameter

选择圆弧或圆:(鼠标选择要标注的圆弧或圆)

指定尺寸线位置或 [多行文字(M)/文字(T)/角度(A)]:鼠标指定尺寸线位置,如图 14－32 所示)。

(5)角度标注:标注角度尺寸

工具栏:角度 △。

具体操作:

命令: _dimangular

选择圆弧、圆、直线或 ＜指定顶点＞:(选择角度的起点)

选择第二条直线:(选择角度终点)

指定标注弧线位置或 [多行文字(M)/文字(T)/角度(A)/象限点(Q)]:(指定位置,如图 14－33 所示)

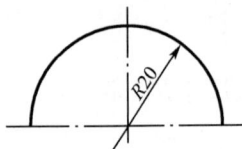

| 图 14－31　半径标注 | 图 14－32　直径标注 | 图 14－33　角度标注 |

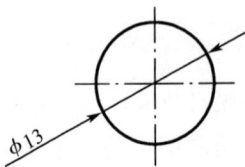

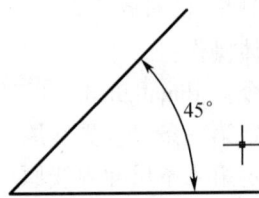

14.5　AutoCAD 平面绘图应用

综合应用 AutoCAD 2016 的各种命令,可以绘制符合要求的工程图,下面以图 14－34 为例,说明绘图的基本过程。

1.设置图层

在正式绘图之前,应该先根据需要设置不同的图层,以便于图形的绘制与修改。依据本章第一节所讲的图层、线型、线宽等设置方法,结合本图需要进行图层的设置,主要包括"粗实线""细实线""点画线"等图层,如图 14－35 所示。

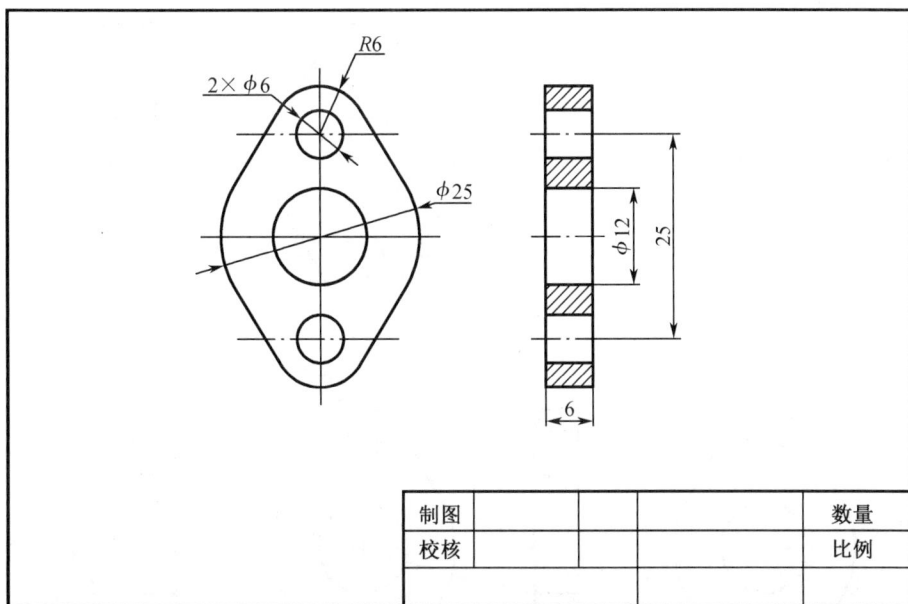

图 14-34　零件图实例

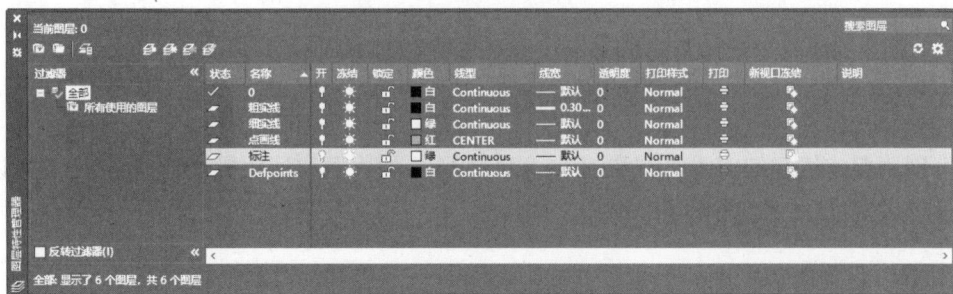

图 14-35　设置图层

2. 绘制视图中的点画线

将点画线图层设置为当前,运用"直线""复制""偏移"等命令在图中合适的位置绘制主视图和左视图中的点画线。绘制结果如图 14-36(a)所示。

3. 绘制粗实线

将"粗实线"层设置为当前,运用"直线""圆""圆弧"等命令绘制如图 14-36(b)所示的粗实线,绘制图形过程中可以运用"修剪""镜像""复制"等修改命令提升绘图速度,同时注意对象捕捉的使用。

4. 绘制剖面符号

左视图中有四处需要绘制剖面线。将细实线图层设置为当前,运用图案填充命令绘制剖面线。绘制结果如图 14-36(c)所示。

5. 标注尺寸

标注前根据本章第三节内容对标注先进行设置。将标注图层设置为当前,用设置好的标注样式对绘制进行标注,标注结果如图 14-36(d)所示。

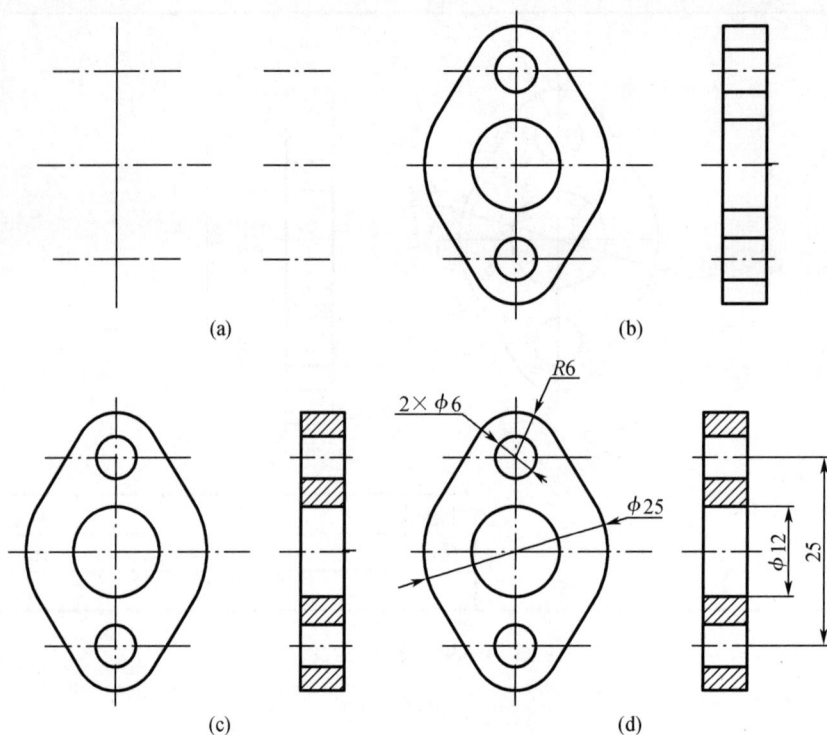

图 14 - 36 绘制视图及尺寸标注

6. 绘制边框和标题栏

　　分别用粗实线和细实线绘制如图 14 - 34 中所示的边框和标题栏,用本章第四节所讲的文字命令设定文字格式并标注图中的文字。

第15章 SolidWorks 绘图基础

SolidWorks 是目前全球广泛使用的计算机绘图软件之一。该软件以参数化特征造型为基础,具有功能强大、易学易用等特点,广泛应用于工程制图和三维造型,在机械工程领域发挥着重要的作用。本章介绍 SolidWorks 软件的基本使用方法。

15.1   SolidWorks 概述

SolidWorks 具有良好的用户操作界面,文件管理方便,在历经多个版本后,其功能日趋强大。本书采用的版本是 SolidWorks 2016 简体中文版。

1. SolidWorks 启动与用户界面

SolidWorks 2016 安装完成后,即可启动该软件。在 Windows 操作环境下,选择"开始"→"所有程序"→SolidWorks 2016 命令,或者双击桌面上 SolidWorks 2016 的快捷方式图标,如图 15 – 1 所示。

启动 SolidWorks 2016 新建一个文件后,进入 SolidWorks 2016 用户界面,如图 15 – 2 所示,其中包括菜单栏、工具栏、特征管理区、图形区和状态栏等。SolidWorks 应用程序包括多种用户界面工具和功能,可以高效率地生成和编辑模型。

图 15 – 1   SolidWorks 2016 快捷方式图标

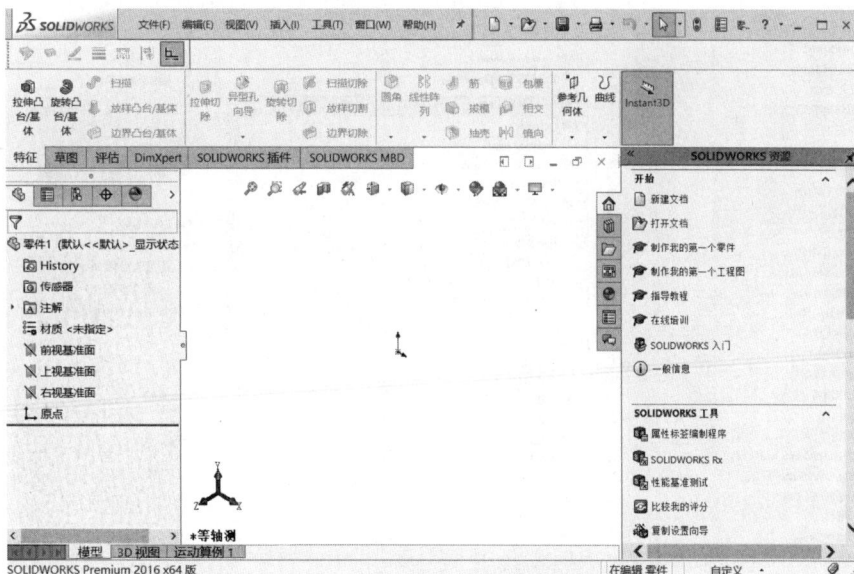

图 15 – 2   SolidWorks 工作界面

菜单栏包含了所有 SolidWorks 的命令,工具栏可根据文件类型(零件图、装配图和工程图)来调整和放置并设定其显示状态。SolidWorks 用户界面底部的状态栏可以提供设计人员正在执行的功能的有关信息。下面介绍用户界面的一些基本功能。

1. 菜单栏

菜单栏显示在标题栏的下方,如图 15 - 3 所示,可以通过菜单访问所有 SolidWorks 2016 的命令。SolidWorks 菜单栏使用 Windows 惯例,包括子菜单、指示项目是否激活的复选标记等,还可以通过右击使用上下文相关快捷菜单。SolidWorks 的菜单项对于不同的工作环境,其相应的菜单以及其中的命令也会不同。

图 15 - 3　菜单栏

2. 工具栏

可以通过工具栏访问 SolidWorks 功能,工具栏按功能进行组织(例如草图工具栏、装配工具栏等)。SolidWorks 中有很多可以按需要显示或隐藏的内置工具栏,可在"工具栏"菜单的"自定义"命令下进行设置,如图 15 - 4 所示。还可以设定哪些工具栏在没有文件打开时可显示,或者根据文件类型(零件、装配体或工程图)来放置工具栏设定其显示状态(自定义、显示或隐藏)。

图 15 - 4　调用工具栏

3. 状态栏

状态栏位于 SolidWorks 用户界面底端的水平区域,提供了当前窗口中正在编辑的内容状态以及指针位置坐标、草图状态等信息的内容。典型信息如下:

① "重建模型" 图标 ▯:在更改了草图或者零件而需要重建模型时,"重建模型" 图标会显示在状态栏中。

② 草图状态:在编辑草图的过程中,状态栏中会出现 5 种草图状态,即完全定义、过定义、欠定义、没有找到解、发现无效的解。在零件完成之前最好完全定义草图。

③ "显示或隐藏标签对话" 图标 ▯:该功能用来将关键词添加到特征和零件中以方便搜索。

④ 单位系统 MMGS ▴:可在状态栏中显示激活文档的单位系统,并可以更改或自定义单位系统。

4. FeatureManager 设计树

FeatureManager 设计树位于 SolidWorks 用户界面的左侧,如图 15 – 5 所示,提供了激活的零件、装配体或工程图的大纲视图,从而可以方便地查看模型或装配体的构造情况,或者查看工程图中的不同图纸和视图。FeatureManager 设计树和图形区是动态链接的。在使用时可以在任何窗口中选择特征、草图、工程视图和构造几何线。FeatureManager 设计树可以用来组织和记录模型中各个要素及要素之间的参数信息和相互关系,以及模型、特征和零件之间的约束关系等,几乎包含了所有设计信息。

图 15 – 5　FeatureManager 设计树

5. PropertyManager 标题栏

PropertyManager 标题栏一般会在初始化时使用,编辑草图并选择草图特征时,所选草图特征的 PropertyManager 将自动出现,为草图、圆角特征、装配体配合等功能提供设置。激活 PropertyManager 时,FeatureManager 设计树会自动出现。欲扩展 FeatureManager 设计树,可以单击文件名称左侧的 "＋" 标签。FeatureManager 设计树是透明的,因此不影响其对下面模型的修改。

6. 控制面板

控制面板显示在绘图区域的上方,将光标放置在菜单栏的任意位置,然后右击,如图 15 – 6 所示,在弹出的快捷菜单中选择 CommandManager 命令,则控制面板显示在窗口中。如果取消选择 CommandManager 命令,则关闭控制面板。在默认情况下,控制面板包括 "特征" 选项卡、"草图" 选项卡和 "评估" 选项卡,每个选项卡集成了相关操作工具,方便设计人员使用。

15.1.2　SolidWorks 设计和表达流程

SolidWorks 是一个围绕产品设计和制造的功能丰富的应用软件,本节仅结合与本课程相关的功能,介绍利用 SolidWorks 软件进行产品设计和表达的流程,意在使读者了解利用

SolidWorks 软件进行产品设计和表达过程中的思路,方便进一步的学习。

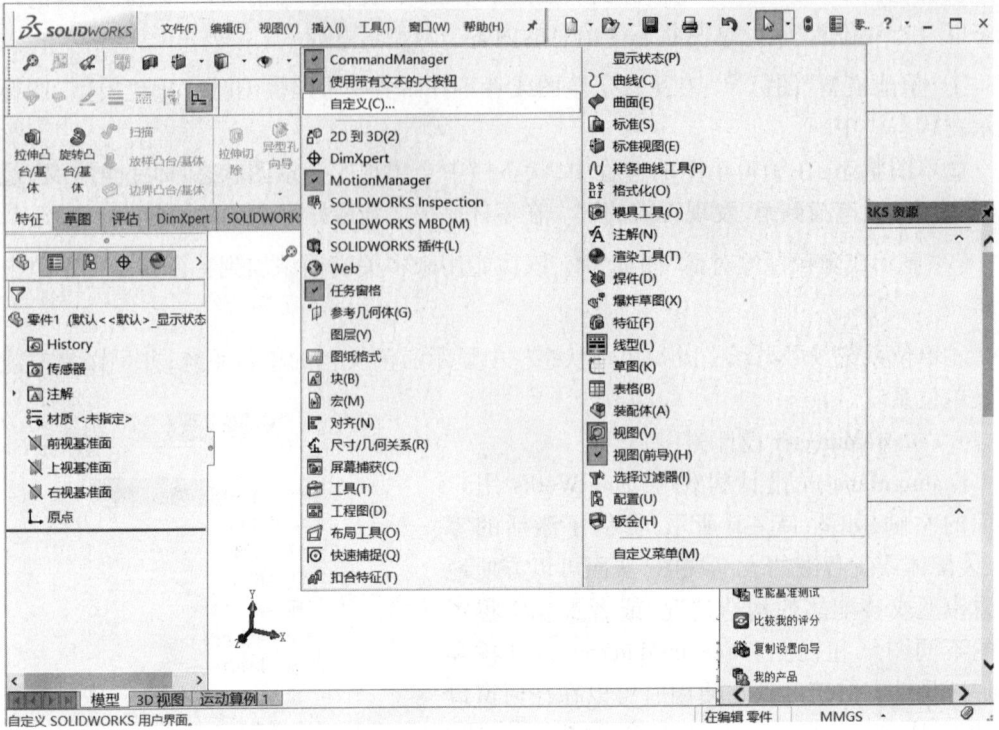

图 15-6　控制面板的调用

本课程主要涉及 SolidWorks 软件的零件建模、装配建模及工程图部分,其主要的设计和表达流程如图 15-7 所示。

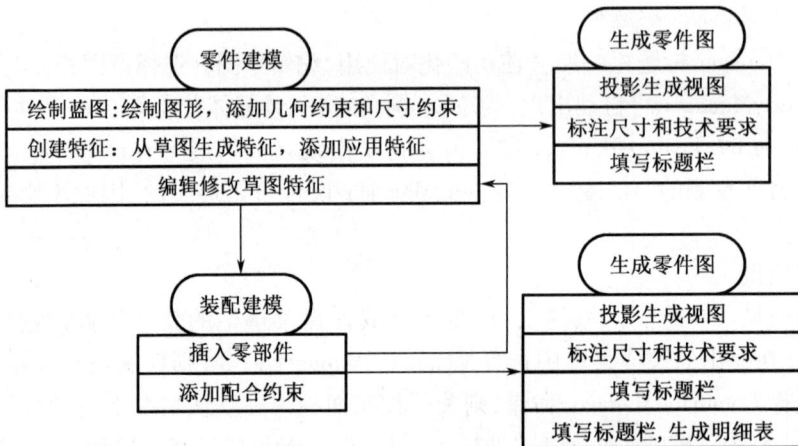

图 15-7　设计和表达流程

在零件建模部分,基本流程是首先绘制草图图形,并对图形添加几何约束和尺寸约束,然后通过拉伸、旋转、扫描等操作将草图形成三维特征,还可添加其他特征,如圆角、倒角等。草图或特征的操作将记录在 FeatureManager 设计树中。在零件建模的过程中,可以随时对草图或者特征进行编辑修改。

　　完成零件建模后,可以利用这些零件进行装配建模,也就是选择所需要的多个零件组合起来以生成装配体。应根据需要对零件施加配合约束,以限制零件相关的自由度,例如:轴和孔的同心、相邻零件表面的贴合等。在装配过程中,如果发现零件结构设计不合理,也可以返回到零件建模中对零件进行修改,修改结果将自动反馈到装配建模中。

　　完成零件建模或装配建模后,还可以生成各自的工程图,即零件图和装配图。根据需要选择不同的视图,并可以对视图进行剖切,形成剖视图或断面图;然后完成尺寸、技术要求等标注,注写标题栏等内容,最终形成规范的工程图。

15.2　零 件 建 模

　　零件是每个 SolidWorks 模型的基本组件,所生成的每个装配体和工程图均由零件制作而成。因此,零件建模是 SolidWorks 的基础。为了进行零件建模,新建文件时应在"新建 SolidWorks 文件"窗口中选择"零件",如图 15 – 8 所示。文件保存时以. sldprt 为文件扩展名。

图 15 – 8　"新建 SolidWorks 文件"对话框

15.2.1　绘制草图

　　SolidWorks 零件是基于各种特征而建立,特征的创建,首先要绘制特征的草图。打开图 15 – 2 左上方 CommandManager 中的"草图"选项卡,该选项卡中列出了绘制草图时常用的各种命令,如图 15 – 9 所示为常用的"草图"绘制工具。

　　与 AutoCAD 绘制二维图不同的是,SolidWorks 三维造型更加符合零件设计时的思维规律,即先进行初步设计并绘制出草图的大致形式,然后再添加详细的几何约束和尺寸约束,并可在后期随时对草图进行修改。单击"草图绘制"按钮,此时需要指定绘制平面的草图,

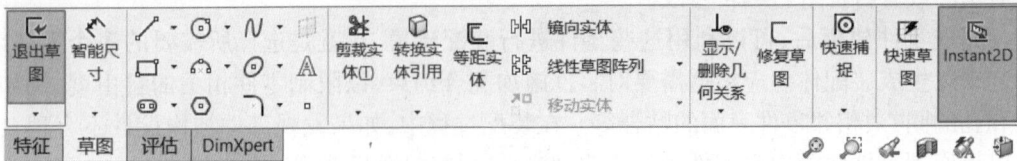

图 15-9 "草图"绘制工具

这个平面可以是基准面,也可以是三维模型上的平面。SolidWorks 系统根据现有坐标系给定了 3 个坐标平面:前视基准面、上视基准面和右视基准面,如图15-10 所示。

1. 初步绘制草图

SolidWorks 在草图选项卡中提供了与 AutoCAD 绘制二维图形类似的各种绘图工具,如绘制直线、矩形、圆、样条曲线等。将鼠标停留在相应的绘图工具图标上,将显示该工具的名称和功能,如图15-11 所示为绘制圆形的工具。单击该工具图标右侧的小三角,将弹出绘制该图形的多种方式,如图 15-12 所示为绘制圆形的多种方法,选择其中一个即可绘图。

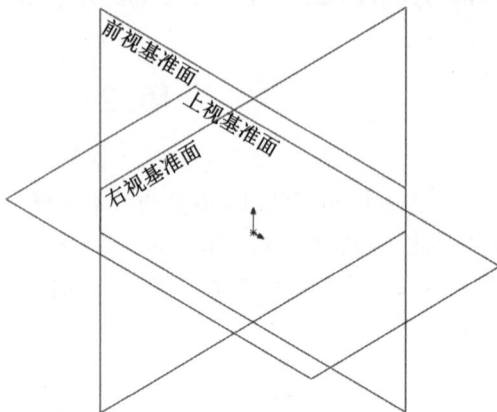

图 15-10 系统默认坐标

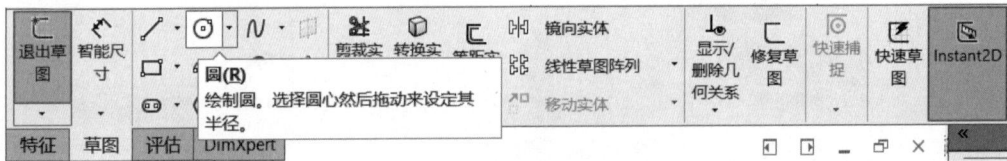

图 15-11 显示绘图命令和功能说明

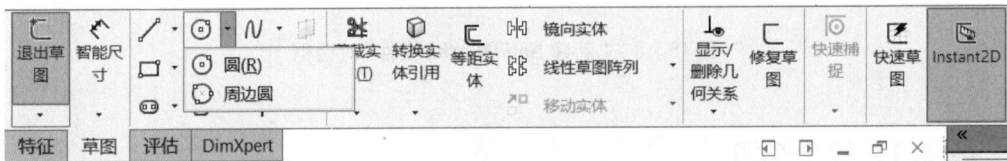

图 15-12 绘制圆形的多种方式

首先应用"中心线"命令,在图形区域绘制 3 条中心线,线的位置和长短大致合适即可,精确的位置可以以后再确定。在绘图过程中,SolidWorks 会智能地捕获绘图意图,例如:自动确定直线平行于 X 轴或 Y 轴,自动捕获直线上的点等。如图 15-13 所示,在绘制最上方的水平中心线时,自动捕捉水平线位置,并显示其长度和各条直线之间已有平行和垂直关系。

　　利用"圆"命令,绘制图 15 – 14 中的 3 个圆。画圆时注意:在确定 3 个圆的圆心时,移动鼠标,自动捕捉垂直方向的中心线,将圆心约束在该中心线上,并使下方两个圆是同心圆。

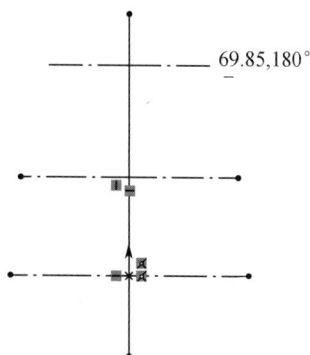

图 15 – 13　绘制中心线

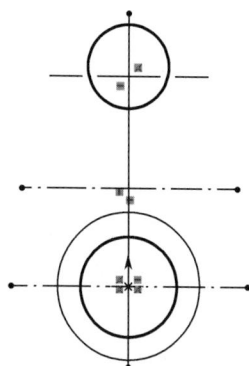

图 15 – 14　绘制 3 个圆

　　在绘制草图过程中,各个图形对象间的几何约束是非常重要的。几何约束指的是各个图形对象之间的相对关系,例如,可以定义两条直线之间的平行、垂直、共线、对称或者长度相等,两个圆或圆弧同心或者直径相等。在施加了几何约束之后,对图形对象的其他操作都将在保持这些关系的条件下进行。

　　按下 Shift 键,并同时选中上方圆的圆心和最上方水平中心线,在左侧窗口中如图 15 – 15(a)所示选中"重合",令圆心通过水平中心线,结果如图 15 – 15(b)所示。

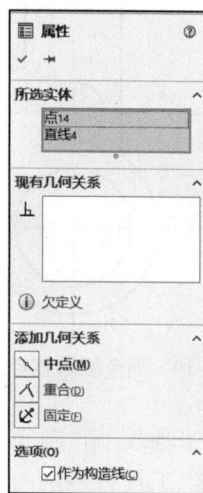

(a)

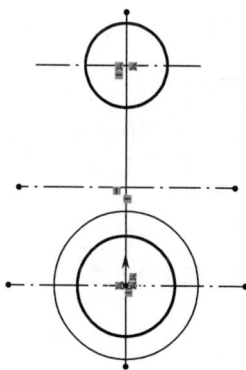

(b)

图 15 – 15　为圆心和中心线添加"重合"约束

　　如图 15 – 16 所示,绘制出两条过上方圆左右端点的铅垂线,再利用"圆心/起点/终点画弧"工具画出与下方圆同心的一段圆弧,圆弧尺寸并不重要,画出大致位置就可以了。画出一个圆心在最下端中心线上的小圆。

　　同时选中右端的小圆和大圆弧,为它们添加"相切"约束。运用"剪裁实体"命令,将图中不需要的部分剪裁掉,结果如图 15 – 17 所示。

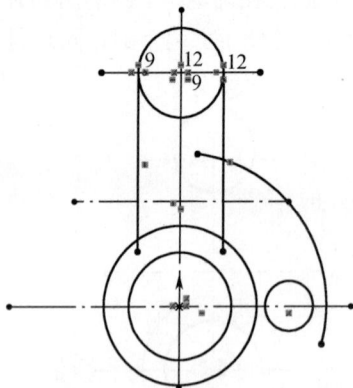

图 15 – 16　画铅垂线、圆弧和圆

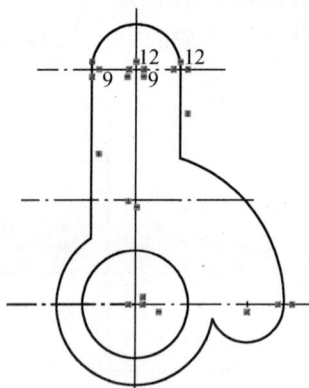

图 15 – 17　小圆和圆弧相切并裁剪

　　如图 15 – 18 所示,在中心线相应的位置上画三个圆。同时选中上方的两个圆,在左侧窗格中的"属性"对话框中选中"相等",从而为两个圆添加直径相等的几何约束。运用"圆周草图阵列"工具,将右侧的小圆沿着逆时针方向45°复制,结果如图 15 – 19 所示。此时图中显示几何约束的标志较多,如果觉得影响图形查看,可以从菜单"视图"→"草图几何关系"将其显示关闭。

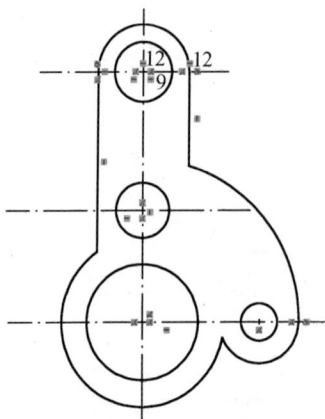

图 15 – 18　画 3 个小圆

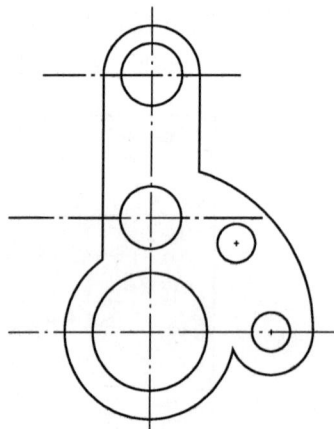

图 15 – 19　两个圆等直径,小圆阵列复制

　　用"直线"工具画出与上部两个等径圆相切的两条铅垂线,用"圆心/起点/终点画弧"工具画出与右侧两个小圆相切的两段圆弧。用"剪裁实体"工具将多余的圆弧剪裁掉,完成两个槽结构的绘制。结果如图 15 – 20 所示。

　　利用"绘制圆角"工具,在图中绘制 3 处圆角,此时基本完成了图线的绘制,并施加了相应的几何关系,结果如图 15 – 21 所示。

　　2. 添加尺寸约束

　　在设计零件的草图绘制过程中,最初可能并没有非常精确的尺寸,只是根据零件的功能要求先画出大致的结构,然后再逐步添加尺寸约束。在"草图"选项卡中,可以选择"智能尺寸""水平尺寸""垂直尺寸""尺寸链"等多种尺寸标注方式,其中"智能尺寸"是最为常用的。

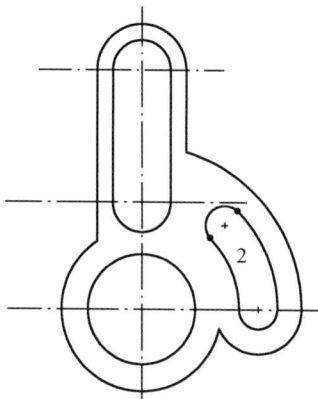

图 15 - 20　完成两个槽结构的绘制

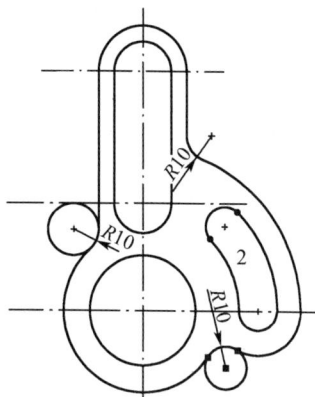

图 15 - 21　添加圆角，完成图线绘制

选中"智能尺寸"工具，SolidWorks 能根据随后所选择的图形类型和鼠标放置位置，自动地确定所标注尺寸的类型。例如选择圆弧时自动标注半径，选择圆时自动标注直径。如果选择一条直线，则随着鼠标在直线周围移动位置的变化，可以选择标注直线的水平尺寸、垂直尺寸或者对齐尺寸，分别如图 15 - 22（a）（b）（c）所示。

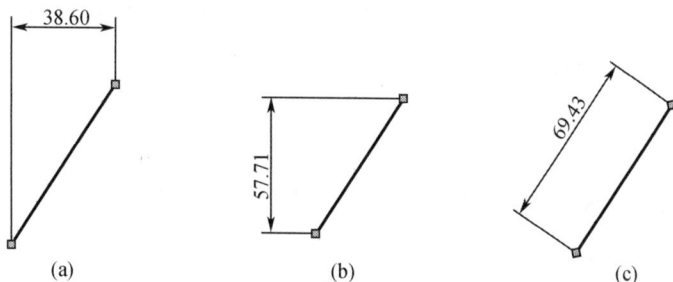

（a）　　　　　　　（b）　　　　　　　（c）

图 15 - 22　标注直线尺寸

标注尺寸时，SolidWorks 自动测量尺寸的数值，并显示在图 15 - 23 所示的对话框中。如果该尺寸不合适，可直接修改数值，然后单击 ![按钮] 按钮加以确认。此时图形将根据新的尺寸数值自动修改，但保持原来的几何约束不变。

然后，逐一添加各个尺寸约束，最终结果如图 15 - 24 所示。至此完成了草图的绘制。退出草图环境，此时从左窗格的 FeatureManager 设计树种可以看到新增了"草图 1"一项，

图 15 - 23　修改尺寸数值

如图 15 - 25 所示。右击该项，将弹出如图 15 - 26 所示的关联工具栏和菜单，单击左上角的"编辑草图"按钮，即可返回到草图绘制环境，对已完成的草图进行修改。

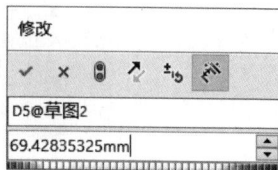

15.2.2　从草图创建特征

每个零件模型都至少有一个特征，多数零件都是由许多个特征组合而成。对绘制的草图进行特征操作，可以创建特征。

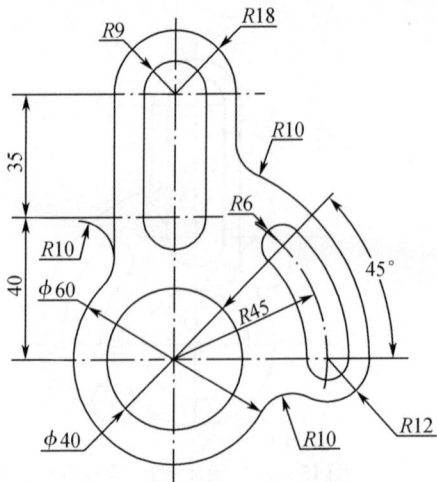

图 15-24　添加尺寸约束

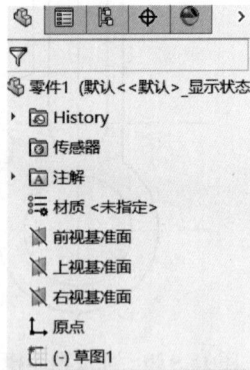

图 15-25　设计树

　　打开"特征"选项卡,选中其中的"拉伸凸台/基体"工具,对刚刚画好的草图进行拉伸,如图 15-27 所示,其中的控标箭头表示拉伸的方向,拖动该箭头,可以改变拉伸的深度或者拉伸方向。也可以在左窗格中输入拉伸深度或反向拉伸。完成拉伸后,FeatureManager 设计树中新增"凸台-拉伸 1"一项,单击其左侧的"+"号,可以发现刚才绘制的"草图 1"被作为父特征列在"凸台-拉伸 1"下面。

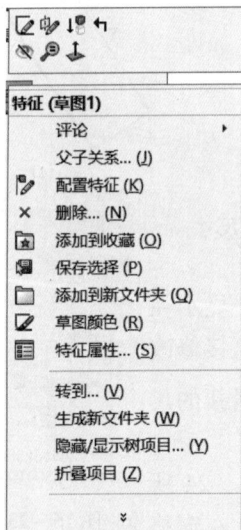

图 15-26　草图的关联工具栏和菜单

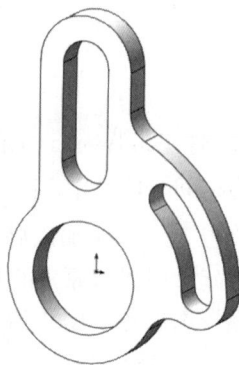

图 15-27　从草图拉伸为特征

　　除了拉伸草图的特征操作之外,还有其他许多方式能够从草图生成三维实体特征,常用的有旋转、扫描等。例如可对如图 15-28(a)所示草图进行旋转操作,在"特征"选项卡中选中"旋转凸台/基体"工具后选择该草图,指定该草图为旋转时的截面,并指定最下端的直线为旋转轴线,旋转 360°即可创建旋转特征,如图 15-28(b)所示。

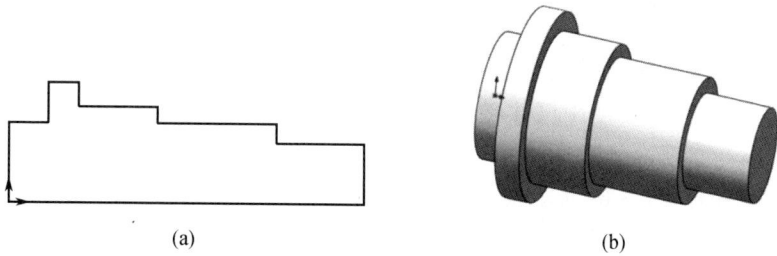

图 15 - 28　旋转草图创建特征

扫描是通过沿着一条路径来移动轮廓(截面),从而生成实体特征。例如在图 15 - 29 (a)中,分别在前视基准面和上视基准面上各绘制了一个草图(圆和样条曲线)。在"特征"选项卡中选中"扫描"工具后,选择圆草图作为扫描时的轮廓,选择样条曲线草图作为扫描时的路径,即可生成如图 15 - 29(b)所示的扫描特征。扫描特征特别适合于创建管路类型的、由一个特征截面沿指定路径形成的实体特征。

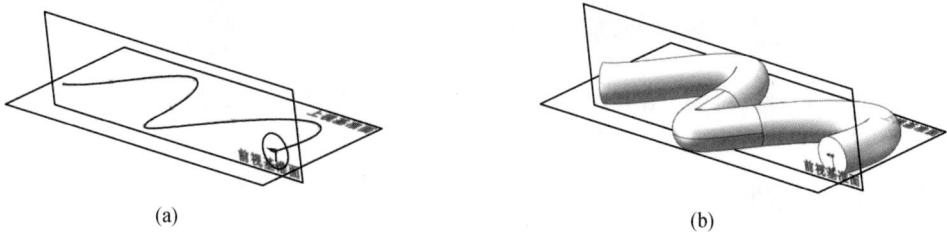

图 15 - 29　创建扫描特征

拉伸、旋转、放样、扫描等利用草图创建的特征,既可以创建增加实体的凸台特征,也可以创建消减实体的切除特征。例如在图 15 - 30(a)中,以圆柱特征的顶面为草图平面,绘制了一个新的草图(一个圆),既可以通过"特征"选项卡中的"拉伸凸台/基体"工具,将这个新草图圆拉伸生成图 15 - 30(b)所示的另一段圆柱体凸台;也可以通过"特征"选项卡中的"拉伸切除"工具,向下拉伸切除出一个圆孔,如图 15 - 30(c)所示。

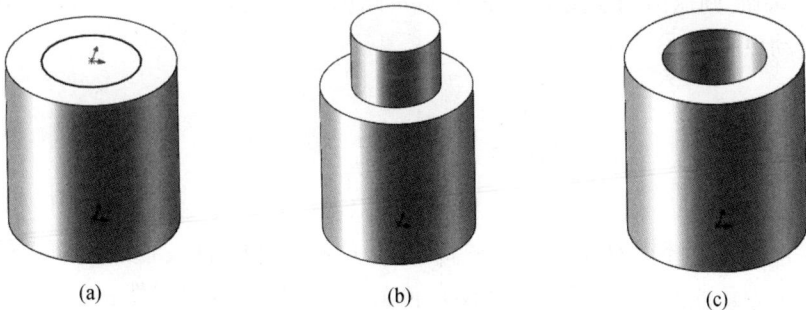

图 15 - 30　拉伸凸台和拉伸切除

15.2.3　添加应用特征

还有一类特征是不需要草图的,称为应用特征,如:圆角、倒角、抽壳等。之所以称它们为:"应用特征",是因为要使用尺寸和其他特性将它们应用于已有的实体特征上才能生成该特征。

例如,针对图 15 – 27(b)所示实体,选中"特征"选项卡中的"倒角"工具,设置倒角距离和角度(如 45°),再选择需要进行倒角的左右两端的圆轮廓,即可生成如图 15 – 31 所示的两端的倒角。再如,针对图 15 – 30(c)所示实体,选中"特征"选项卡中的"抽壳"工具,设置抽壳厚度,并选择顶面作为需要移除的表面,即可对该实体进行抽壳操作,移除材料以生成如图 15 – 32 所示的薄壁特征。

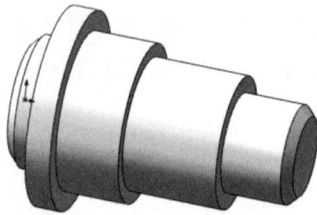

图 15 – 31　添加倒角特征　　　　　图 15 – 32　抽壳操作结果

15.2.4　修改特征

创建了特征之后,可以非常方便地对特征或者特征使用的草图进行修改,这大大方便了零件建模的设计。

无论从 FeatureManager 设计树中选择需要修改的特征,还是在图形区域直接选中特征,都将弹出特征关联工具栏,如图 15 – 33 所示。单击其中的"编辑特征"按钮

图 15 – 33　特征关联工具栏

,返回到之前的创建特征环境,对创建特征过程中的设置进行修改,如拉伸草图的深度、方向等。单击其中的"编辑草图"按钮,则返回到绘制草图环境,对草图进行修改。完成修改后,特征模型将按照新的设置自动更新。

15.3　装 配 建 模

多数产品是由多个零件装配在一起构成的,这些零件中的一部分可能先装配在一起,形成有一定独立功能的子装配体(或部件),再由子装配体和其他零件一起装配形成完整的装配体。复杂产品的组成结构如图 15 – 34 所示。

在 SolidWorks 的装配过程中,零件或部件的大多数操作行为方式是相同的。添加零部件并显示在装配体中,并在装配体和零部件之间形成关联。当 SolidWorks 打开装配体时,将查找零部件文件,并显示在装配体中。对零部件所做的更改将自动更新到装配体中。

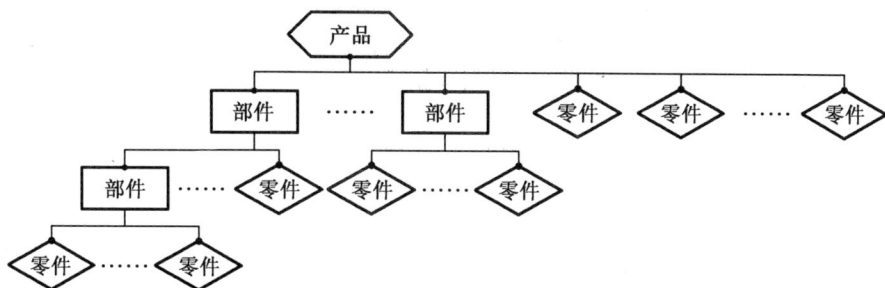

图 15-34 复杂产品组成结构示意图

新建装配体模型时,在图 15-8 所示的"新建 SolidWorks 文件"对话框中选择"装配体",文件保存时以.sldasm 为文件扩展名。新建或打开一个装配体文件之后,SolidWorks 界面的 CommandManager 部分将显示与装配相关的选项卡和工具栏,如图 15-35 所示。

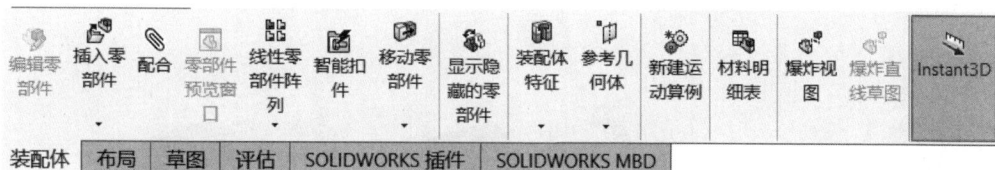

图 15-35 装配体环境下的 CommandManager

首先要选择第一个参与装配的零部件。可在左窗格中的"打开文件"列表中选择目前打开的零部件,也可以单击"浏览"按钮,在文件夹中选择。例如选中图 15-27(b)所示的轴。由于轴是第一个零件,所以不可以动。接着继续为装配体选择要插入的零件。在"装配体"选项卡中选中"插入零部件",例如选中图 15-36 中的轴套,并将其放置在轴的旁边。

进行装配建模最重要的操作是选择参与装配的零部件之后,根据装配体的功能要求,为这些零部件之间添加位置约束。可以通过"装配体"选项卡中的"配合"工具实现约束的添加。在随后出现在左窗格"配合"中列出了各种常用的几何关系类型,如图 15-37 所示。其中,除了容易理解的"平行""垂直""相切"约束之外,"重合"使两个平面变成共面或保持给定的距离,面可沿彼此移动,但不能分离;"同轴心"迫使两个圆柱面变成同心,两个圆柱面可沿共同轴移动,但不能从此轴拖开。

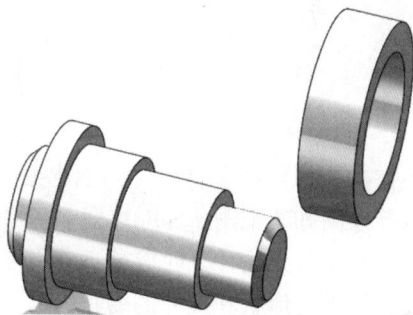

图 15-36 插入新零件

在本例中,未添加任何位置约束时,用鼠标拖动轴套,轴套可以任意移动或者转动。现在要将轴套装在轴上,并使其端面靠紧在轴大端的端面上。先选中轴套的内孔表面和轴的外圆柱面,系统自动识别表面的轴、孔特性,并优先预选"同轴心"约束。该约束符合设计要求,故单击"确定"按钮接受。此时,如图 15-38 所示,轴套被移动到与轴同轴线的位置上。鼠标拖动轴套,该零件的移动被限制在轴线方向。选中轴的大端的右端面和轴套零件的左端面,系统优先预选"重合"约束。接受该约束,从而将轴套沿轴向贴在轴大端的端面上,完成轴向的定位,如图 15 – 39 所示。在装配过程中,可以根据实际需要,随时对前期构造的零件进行修改,所作修改将自动在装配体中得到更新。

图 15 – 37　配合约束选项　　　　图 15 – 38　添加"同轴心"约束　　　　图 15 – 39　添加"重合"约束

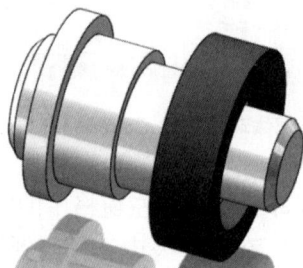

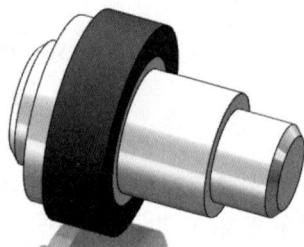

15.4　生成工程图

在构造了三维零件模型或者装配体模型之后,可以生成二维的工程图,即符合制图标准的零件图和装配图。SolidWorks 系统在工程图和零件或装配体之间提供全相关的功能,全相关意味着无论什么时候修改零件或装配体,所有相关的工程图将自动更新,以反映零件或装配体的形状和尺寸的变化;反之,当在一个工程图中修改一个零件或装配体时,系统也自动将相关的其他工程视图及零件或装配体中的相应尺寸加以更新。

新建工程图时,在图 15 – 8 所示的"新建 SolidWorks 文件"对话框中选择"工程图",文件保存时以. slddrw 为文件扩展名。新建或打开一个工程图文件之后,SolidWorks 界面的 CommandManager 部分将显示与工程图相关的选项卡和工具栏,如图 15 – 40 所示。"视图布局"选项卡中集中了各种生成视图的工具。其中,"标准三视图"是指从三维模型的主视、俯视和左视 3 个正交角度投影生成 3 个正交视图,标准视图是最常用的工程图,但是它能提供的视角十分固定,有时不能很好的描述模型的实际情况;"模型视图"是根据 SolidWorks 系统预先定义的投影方向生成的标准视图,可以从不同的角度生成工程图,较好地解决了标准视图视角固定的问题;"投影视图"是相对于某个已经生成的视图,从任何正交方向插入的视图,与向视图有类似之处,"辅助视图"相当于斜视图,"剖面视图"可以生成剖视图。

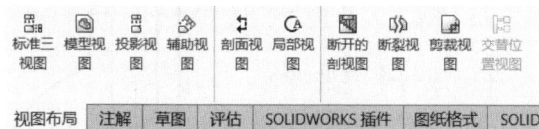

图 15 - 40　工程图环境下的 CommandManager

"注解"选项卡中集合了与工程图标注相关的各种命令,如尺寸标注、文字的注写、表面结构标注、零件标号等。"草图"选项卡可用于对视图、尺寸等进行修改。

15.4.1　生成标准三视图

在"视图布局"选项卡中选中"标准三视图",在左窗格的"标准三视图"PropertyManager 中从"打开文档"列表中选择,或者浏览到一个零件或装配体模型文件,如图15 - 41 所示,系统会自动将其三视图放置在工程图中。在标准三视图中,主视图与俯视图及左视图有固定的对齐关系。俯视图可以竖直移动,左视图可以水平移动。

15.4.2　生成模型视图

在"视图布局"选项卡中选中"模型视图",在左窗格的"模型视图"PropertyManager 中从"打开文档"列表中选择,或者浏览到一个零件或装配体模型文件,例如图15 - 26 所示零件。当鼠标回到工程图文件时,光标拖动一个视图方框表示模型视图的大小,在"模型视图"属性管理器的"方向"选项组中的"标准视图"下单击选择视图的投影方向,如"前视"(相当于我国制图标准中的主视图)按钮,移动鼠标在视图上找到适当位置,单击鼠标左键放置模型视图,即可生成如图15 - 42 中的主视图。

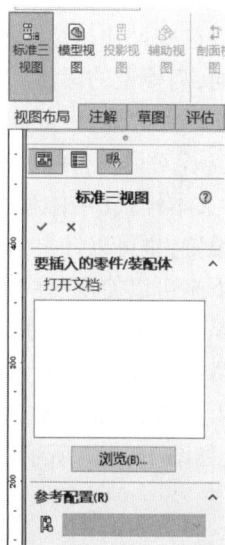

图 15 - 41　标准三视图
PropertyManager 选项

此时左窗格 PropertyManager 变化为"投影视图",如果需要,可以围绕刚刚生成的主视图,在其周围生成相应的其他标准视图。

15.4.3　生成剖视图

在"视图布局"选项卡中选中"剖面视图",在刚刚生成的主视图上,过大孔中心画出剖切面位置。此时,显示在此位置剖切时产生的剖视图,拖动该剖视图到左视图位置,将左视图绘制为全剖视图,结果如图15 - 42 所示。利用"注解"选项卡中的"中心线"命令,或者利用"草图"选项卡中的"中心线"命令,补全视图中所缺少的中心线。除了生成全剖视图之外,如有必要,也可以生成半剖视图、局部剖视图等。

15.4.4 标注尺寸

在工程图中的尺寸有以下几种常用的不同来源：

（1）模型尺寸。这是在生成每个零件特征时即生成的尺寸，可以将这些尺寸插入到各个工程图视图中。这些尺寸是与模型相关联的，若在模型中改变这些模型尺寸，则工程图中随之更新；反之，若在工程图中改变它们，三维模型也将相应改变。

（2）为工程图标注。可以指定为工程图所标注的尺寸，自动插入到新的工程图视图中。

（3）参考尺寸。这是在工程图文件中添加

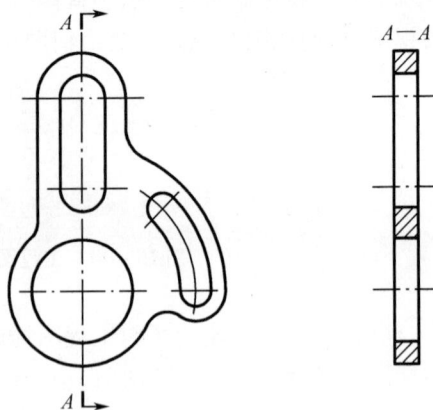

图 15-42　生成主视图和全剖左视图

的尺寸。这些尺寸是参考尺寸，并且是从动尺寸。不能通过编辑参考尺寸的数值来改变模型。然而，当模型的标注尺寸改变时，参考尺寸值也会改变。

标注尺寸之前，一般需要先对尺寸的标注样式进行设置。从菜单"工具"→"选项"打开"系统选项"对话框，在"文档属性"选项卡下选中"尺寸"，然后对尺寸标注样式进行设置，如：尺寸文本样式（字体和大小）、箭头的样式和大小等。既可以对整个尺寸的标注样式进行统一设置，也可以针对角度、弧长、半径等各类尺寸进行单独设置。

接下来可以使用"注释"选项卡中的"模型项目"命令，将现有的模型尺寸插入工程图中。这是一种方便的尺寸标注方法，可以插入所选特征、装配体零部件、工程视图或所有视图的项目。如在本例中，在左窗格的"模型项目"中选择"来源"为"整个模型"，并选中"将项目输入到所有视图"复选框，则系统将模型构造过程中的尺寸自动标注在工程图的相关视图上，如图 15-43 所示。

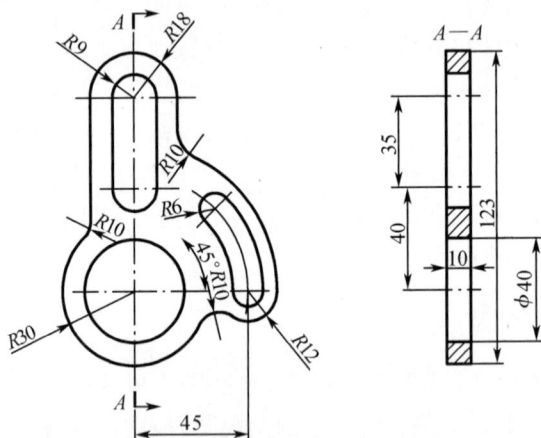

图 15-43　模型尺寸的自动标注

为了满足尺寸标注的"完全、正确、清晰、合理"的要求，常常需要对这些自动标注的尺寸进行手工调整。可以将尺寸拖动到合适的位置，甚至将尺寸拖动到其他视图中，也可以隐藏尺寸或者编辑其属性。例如,鼠标左键拖动图 15 - 43 左视图中的尺寸 10,可将该尺寸在本视图内移动到下方合适的位置;同时,按下 shift 键和鼠标左键,拖动左视图中尺寸 35 到主视图中,可将该尺寸移至主视图中标注,结果如图 15 - 44 所示。

图 15 - 43 所示主视图中水平尺寸 45 应该改为点画线圆弧的半径尺寸 R45,右击尺寸 45,从弹出的菜单中选中"隐藏",不再显示尺寸 45,然后利用"注解"选项卡中的"智能尺寸"命令,标注点画线圆弧的半径 R45,结果如图 15 - 44 所示。注意:尺寸 R45 此时是一个参考尺寸,故尺寸数值不可直接更改。

图 15 - 43 主视图左下方的尺寸 R30 需改为直径表示,右击该尺寸,从弹出的菜单中选择"显示选项"→"显示成直径"命令即可。参照图 15 - 44,对其他需要调整的尺寸逐一进行手工调整。

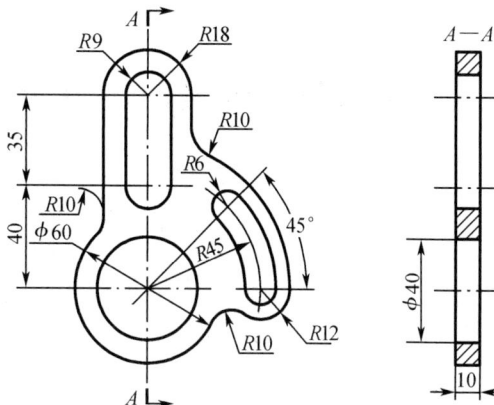

图 15 - 44　手工调整后的尺寸标注

15.4.5　绘制边框、标题栏

在左窗格的 FeatureManager 设计树中右击"图纸 1",在弹出的菜单中选择"属性",进而设置图纸的大小。利用"草图"选项卡下的绘图工具,可以绘制工程图的边框和标题栏。利用"注解"选项卡中的"注释"工具,可以填写标题栏中的内容。

在填写文字之前,应先对文字样式进行设置。从菜单"工具"→"选项"打开"系统选项"对话框,在"文档属性"选项卡下选中"注释",进而对文字的字体、大小等进行设置,最终完成零件图。

图纸大小的选择、边框的绘制样式,包括文字的注写样式、尺寸标注样式等内容,都有与之相关的国家标准规定。因此,也可以先将这些内容进行设置,并绘制好边框和标题栏等,然后将它们保存为工程图模板扩展名为. drwdot。以后再新建工程图时,可以调出保存的模板,在此基础上生成工程图,以提高效率。

装配图的生成思路与零件图类似,但在新建工程图时应选择装配体模型,并在视图及尺寸完成之后,通过"注解"选项卡中的"零件序号"工具,完成装配图中的零件编号。然后,注写标题栏和明细栏。

本章仅以 SolidWorks2016 软件为例,介绍了计算机三维建模的基本思路和方法。SolidWorks 软件是功能非常丰富的辅助设计与绘图软件,除了上面介绍的与本课程关系较为紧密的功能之外,还有许多其他与设计及表达相关的功能。这些功能在机械设计后续课程或设计实践中可能会用到。其他类似软件,如常用的 Pro/Engineer、UG、Catia、SolidEdge 等,其基本思路和方法与 SolidWorks 有类似之处,需要时读者可自行学习其使用方法。

附录 A 常用螺纹及螺纹紧固件

A1 普通螺纹(摘自 GB/T 193—2003,GB/T 196—2003)

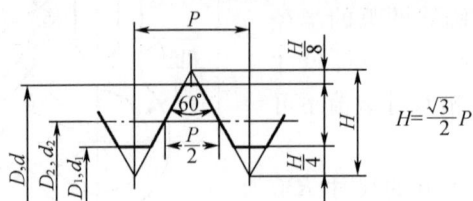

$$H=\frac{\sqrt{3}}{2}P$$

附表 A1-1 直径与螺距系列、基本尺寸　　　　　　　　单位:mm

公称直径 D,d		螺距 P		粗牙小径 D_1,d_1	公称直径 D,d		螺距 P		粗牙小径 D_1,d_1
第一系列	第二第列	粗牙	细牙		第一系列	第二第列	粗牙	细牙	
3		0.5	0.35	2.459		18	2.5	2,1.5,1,(0.75),(0.5)	15.294
	3.5	(0.6)		2.850	20		2.5		17.294
4		0.7	0.5	3.242		22	2.5	2,1.5,1,(0.75),(0.5)	19.294
	4.5	(0.75)		3.688	24		3	2,1.5,1,(0.75)	20.752
5		0.8		4.134		27	3	2,1.5,1,(0.75)	23.752
6		1	0.75,(0.5)	4.917	30		3.5	(3),2,1.5,1,(0.75)	26.211
8		1.25	1,0.75,(0.5)	6.647		33	3.5	(3),2,1.5,(1),(0.75)	29.211
10		1.5	1.25,1.0,0.75,(0.5)	8.376	36		4	3,2,1.5,(1)	31.670
12		1.75	1.5,1.25,1,(0.75),(0.5)	10.106	39		4		34.670
					42		4.5		37.129
	14	2	1.5,(1.25),1,(0.75),(0.5)	11.835		45	4.5	(4),3,2,1.5,(1)	40.129
					48		5		42.587
						52	5		46.587
16		2	1.5,1,(0.75),(0.5)	13.835	56		5.5	4,3,2,1.5,(1)	50.046

注:①优先选用第一系列,括号内尺寸尽可能不用。第三系列未列入。
　②中径 D_2,d_2 未列入。

附表 A1-2 细牙普通螺纹螺距与小径的关系　　　　　　　　单位:mm

螺距 P	小径 D_1,d_1	螺距 P	小径 D_1,d_1	螺距 P	小径 D_1,d_1
0.35	$d-1+0.621$	1	$d-2+0.918$	2	$d-3+0.835$
0.5	$d-1+0.459$	1.25	$d-2+0.647$	3	$d-4+0.752$
0.75	$d-1+0.188$	1.5	$d-2+0.376$	4	$d-5+0.670$

注:表中的小径按 $D_1=d_1=d-2\times\frac{5}{8}H,H=\frac{\sqrt{3}}{2}P$ 计算得出。

A2　梯形螺纹(摘自 GB/T 5796.2—2005,GB/T 5796.3—2005)

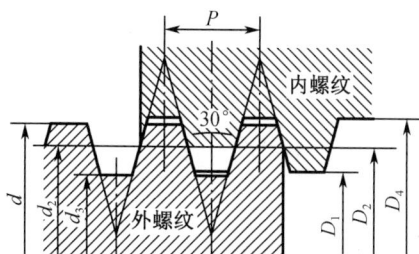

附表 A2 – 1　　直径与螺距系列、基本尺寸

单位:mm

公称直径 d		螺距 P	中径 $d_2=D_2$	大径 D_4	小径		公称直径 d		螺距 P	中径 $d_2=D_2$	大径 D_4	小径	
第一系列	第二系列				d_3	D_1	第一系列	第二系列				d_3	D_1
8		1.5	7.25	8.30	6.20	6.50			3	24.50	26.50	22.50	23.00
	9	1.5	8.25	9.30	7.20	7.50		26	5	23.50	26.50	20.50	21.00
		2	8.00	9.50	6.50	7.00			8	22.00	27.00	17.00	18.00
10		1.5	9.25	10.30	8.20	8.50			3	26.50	28.50	24.50	25.00
		2	9.00	10.50	7.50	8.00	28		5	25.50	28.50	22.50	23.00
	11	2	10.00	11.50	8.50	9.00			8	24.00	29.00	19.00	20.00
		3	9.50	11.50	7.50	8.00			3	28.50	30.50	26.50	29.00
12		2	11.00	12.50	9.50	10.00		30	6	27.00	31.00	23.00	24.00
		3	10.50	12.50	8.50	9.00			10	25.00	31.00	19.00	20.50
	14	2	13.00	14.50	11.50	12.00			3	30.50	32.50	28.50	29.00
		3	12.50	14.50	10.50	11.00	32		6	29.00	33.00	25.00	26.00
16		2	15.00	16.50	13.50	14.00			10	27.00	33.00	21.00	22.00
		4	14.00	16.50	11.50	12.00			3	32.50	34.50	30.50	31.00
	18	2	17.00	18.50	15.50	16.00		34	6	31.00	35.00	27.00	28.00
		4	16.00	18.50	13.50	14.00			10	29.00	35.00	23.00	24.00
20		2	19.00	20.50	17.50	18.00			3	34.50	36.50	32.50	33.00
		4	18.00	20.50	15.50	16.00	36		6	33.00	37.00	29.00	30.00
	22	3	20.50	22.50	18.50	19.00			10	31.00	37.00	25.00	26.00
		5	19.50	22.50	16.50	17.00			3	36.50	38.50	34.50	35.00
		8	18.00	23.00	13.00	14.00		38	7	34.50	39.00	30.00	31.00
24		3	22.50	24.50	20.50	21.00			10	33.00	39.00	27.00	28.00
		5	21.50	24.50	18.50	19.00			3	38.50	40.50	36.50	37.00
		8	20.00	25.00	15.00	16.00	40		7	36.50	41.00	32.00	33.00
									10	35.00	41.00	29.00	30.00

A3 非螺纹密封的管螺纹(摘自 GB/T 7307—2001)

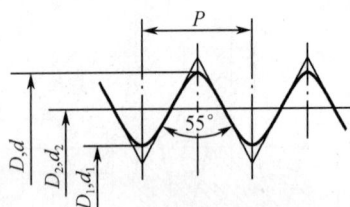

附表 A3-1   单位:mm

尺寸代号	每25.4 mm 内的牙数 n	螺距 P	基本直径	
			大径 D,d	小径 D_1,d_1
$\frac{1}{8}$	28	0.907	9.728	8.566
$\frac{1}{4}$	19	1.337	13.157	11.445
$\frac{3}{8}$	19	1.337	16.662	14.950
$\frac{1}{2}$	14	1.814	20.955	18.631
$\frac{5}{8}$	14	1.814	22.911	20.587
$\frac{3}{4}$	14	1.814	26.441	24.117
$\frac{7}{8}$	14	1.814	30.201	27.877
1	11	2.309	33.249	30.291
$1\frac{1}{8}$	11	2.309	37.897	34.939
$1\frac{1}{4}$	11	2.309	41.910	38.952
$1\frac{1}{2}$	11	2.309	47.803	44.845
$1\frac{3}{4}$	11	2.309	53.746	50.788
2	11	2.309	59.614	56.656
$2\frac{1}{4}$	11	2.309	65.710	62.752
$2\frac{1}{2}$	11	2.309	75.184	72.226
$2\frac{3}{4}$	11	2.309	81.534	78.576
3	11	2.309	87.884	84.926

A4　螺栓

六角头螺栓—C 级（GB/T 5780—2000）、六角头螺栓—A 和 B 级（GB/T 5782—2000）

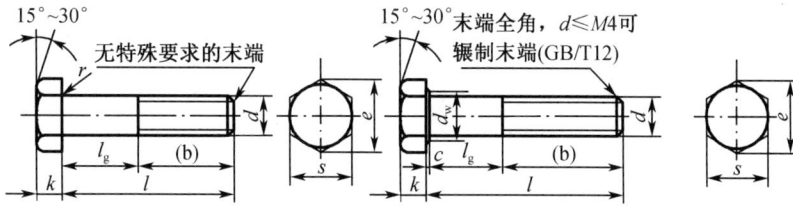

标 记 示 例

螺纹规格 d = M12、公称长度 l = 80、性能等级为 8.8 级、表面氧化、A 级的六角头螺栓；

螺栓　GB/T 5782　M12×80

附表 A4－1

单位：mm

螺纹规格 d			M3	M4	M5	M6	M8	M10	M12	M16	M20	M24	M30	M36	M42
b 参考	$l \leqslant 125$		12	14	16	18	22	26	30	38	46	54	66	—	—
	$125 < l \leqslant 200$		18	20	22	24	28	32	36	44	52	60	72	84	96
	$l > 200$		31	33	35	37	41	45	49	57	65	73	85	97	109
c			0.4	0.4	0.5	0.5	0.6	0.6	0.6	0.8	0.8	0.8	0.8	0.8	1
d_w	产品等级	A	4.57	5.88	6.88	8.88	11.63	14.63	16.63	22.49	28.19	33.61	—	—	—
		B	4.45	5.74	6.74	8.74	11.47	14.47	16.47	22	27.7	33.25	42.75	51.11	59.95
e	产品等级	A	6.01	7.66	8.79	11.05	14.38	17.77	20.03	26.75	33.53	39.98	—	—	—
		B,C	5.88	7.50	8.63	10.89	14.20	17.59	19.85	26.17	32.95	39.55	50.85	60.79	72.02
k	公称		2	2.8	3.5	4	5.3	6.4	7.5	10	12.5	15	18.7	22.5	26
r	公称		0.1	0.2	0.2	0.25	0.4	0.4	0.6	0.6	0.8	0.8	1	1	1.2
s	公称		5.5	7	8	10	13	16	18	24	30	36	46	55	65
l（商品规格范围）			20 ~ 30	25 ~ 40	25 ~ 50	30 ~ 60	40 ~ 80	45 ~ 100	50 ~ 120	65 ~ 160	80 ~ 200	90 ~ 240	110 ~ 300	140 ~ 360	160 ~ 440
l 系列			12,16,20,25,30,35,40,45,50,55,60,65,70,80,90,100,110,120,130,140,150,160,180,200, 220,240,260,280,300,320,340,360,380,400,420,440,460,480,500												

注：①A 级用于 $d \leqslant 24$ 和 $l \leqslant 10d$ 或 $\leqslant 150$ 的螺栓；

　　　B 级用于 $d > 24$ 和 $l > 10d$ 或 > 150 的螺栓。

　　②螺纹规格 d 范围：GB/T 5780 为 M5 ~ M64；GB/T 5782 为 M1.6 ~ M64。

　　③公称长度范围：GB/T 5780 为 25 ~ 500；GB/T 5782 为 12 ~ 500。

A5　双头螺柱

双头螺柱—$b_m = 1d$（GB/T 897—1988）

双头螺柱—$b_m = 1.25d$（GB/T 898—1988）

双头螺柱—$b_m = 1.5d$（GB/T 899—1988）

双头螺柱—$b_m = 2d$（GB/T 900—1988）

A型　　　　　　　　　　　　　　B型

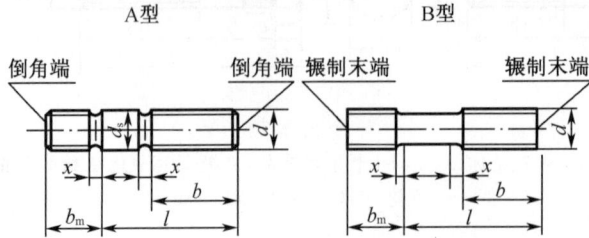

标记示例

两墙均为粗牙普通螺纹、$d = 10$、$l = 50$、性能等级为4.8级、B型、$b_m = 1d$的双头螺柱：

螺柱　GB/T 897　M10×50

旋入机体一端为粗牙普通螺纹、旋螺母一端为螺距1的细牙普通螺纹、$d = 10$、$l = 50$、性能等级为4.8级、A型、$b_m = 1d$的双头螺柱：

螺柱　GB/T　897　AM10—M10×1×50

附表 A5 – 1　直径与螺距系列、基本尺寸

单位:mm

螺纹规格		M5	M6	M8	M10	M12	M16	M20	M24	M30	M36	M42
b_m （公称）	GB/T 897	5	6	8	10	12	16	20	24	30	36	42
	GB/T 898	6	8	10	12	15	20	25	30	38	45	52
	GB/T 899	8	10	12	15	18	24	30	36	45	54	65
	GB/T 900	10	12	16	20	24	32	40	48	60	72	84
d_s（max）		5	6	8	10	12	16	20	24	30	36	42
x（max）		2.5P										
$\dfrac{l}{b}$		$\dfrac{16\sim22}{10}$	$\dfrac{20\sim22}{10}$	$\dfrac{20\sim22}{12}$	$\dfrac{25\sim28}{14}$	$\dfrac{25\sim30}{16}$	$\dfrac{30\sim38}{20}$	$\dfrac{35\sim40}{25}$	$\dfrac{45\sim50}{30}$	$\dfrac{60\sim65}{40}$	$\dfrac{65\sim75}{45}$	$\dfrac{65\sim80}{50}$
		$\dfrac{25\sim50}{16}$	$\dfrac{25\sim30}{14}$	$\dfrac{25\sim30}{16}$	$\dfrac{30\sim38}{16}$	$\dfrac{32\sim40}{20}$	$\dfrac{40\sim55}{30}$	$\dfrac{45\sim65}{35}$	$\dfrac{55\sim75}{45}$	$\dfrac{70\sim90}{50}$	$\dfrac{80\sim110}{60}$	$\dfrac{85\sim110}{70}$
			$\dfrac{32\sim75}{18}$	$\dfrac{32\sim90}{22}$	$\dfrac{40\sim120}{26}$	$\dfrac{45\sim120}{30}$	$\dfrac{60\sim120}{38}$	$\dfrac{70\sim120}{46}$	$\dfrac{80\sim120}{54}$	$\dfrac{95\sim120}{60}$	$\dfrac{120}{78}$	$\dfrac{120}{90}$
					$\dfrac{130}{32}$	$\dfrac{130\sim180}{36}$	$\dfrac{130\sim200}{44}$	$\dfrac{130\sim200}{52}$	$\dfrac{130\sim200}{60}$	$\dfrac{130\sim200}{72}$	$\dfrac{130\sim200}{84}$	$\dfrac{130\sim200}{96}$
										$\dfrac{210\sim250}{85}$	$\dfrac{210\sim300}{91}$	$\dfrac{210\sim300}{109}$
l 系列		16,(18),20,(22),25,(28),30,(32),35,(38),40,45,50,(55),60,(65),70,(75),80,(85),90,(95),100,110,120,130,140,150,160,170,180,190,200,210,220,230,240,250,260,280,300										

注:P是粗牙螺纹的螺距。

A6　普通螺纹(摘自 GB/T 193—2003,GB/T 196—2003)

1. 开槽圆柱头螺钉(摘自 GB/T 65—2000)

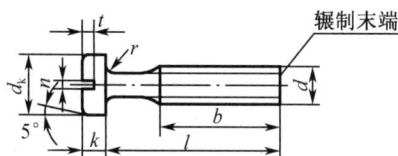

标 记 示 例

螺纹规格 d = M5、公称长度 l = 20、性能等级为 4.8 级、不经表面处理的 A 级开槽圆柱头螺钉:

螺钉　GB/T 65　M5×20

附表 A6-1

单位:mm

螺纹规格 d	M4	M5	M6	M8	M10
P	0.7	0.8	1	1.25	1.5
b	38	38	38	38	38
d_k	7	8.5	10	13	16
k	2.6	3.3	3.9	5	6
n	1.2	1.2	1.6	2	2.5
r	0.2	0.2	0.25	0.4	0.4
t	1.1	1.3	1.6	2	2.4
公称长度 l	5~40	6~50	8~60	10~80	12~80
l 系列	5,6,8,10,12,(14),16,20,25,30,35,40,45,50,(55),60,(65),70,(75),80				

注:①公称长度 l≤40 的螺钉,制出全螺纹。

　②括号内的规格尽可能不采用。

　③螺纹规格 d = M1.6~M10;公称长度 l = 2~80。

2. 开槽沉头螺钉(摘自 GB/T 68—2000)

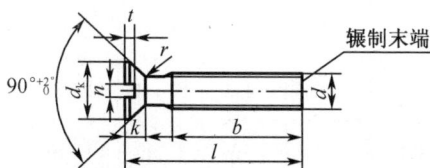

标 记 示 例

螺纹规格 d = M5、公称长度 l = 20、性能等级为 4.8 级、不经表面处理的 A 级开槽圆柱头螺钉:

螺钉　GB/T 68　M5×20

附表 A6-2

单位:mm

螺纹规格 d	M1.6	M2	M2.5	M3	M4	M5	M6	M8	M10
P(螺距)	0.35	0.4	0.45	0.5	0.7	0.8	1	1.25	1.5
b	25	25	25	25	38	38	38	38	38
d_k	3.6	4.4	5.5	6.3	9.4	10.4	12.6	17.3	20
k	1	1.2	1.5	1.65	2.7	2.7	3.3	4.65	5
n	0.4	0.5	0.6	0.8	1.2	1.2	1.6	2	2.5
r	0.4	0.5	0.6	0.8	1	1.3	1.5	2	2.5
t	0.5	0.6	0.75	0.85	1.3	1.4	1.6	2.3	2.6
公称长度 l	2.5~16	3~20	4~25	5~30	6~40	8~50	8~60	10~80	12~80
l 系列	2.5,3,4,5,6,8,10,12,(14),16,20,25,30,35,40,45,50,(55),60,(65),70,(75),80								

注:①括号内的规格尽可能不采用。

　②M1.6~M3 的螺钉、公称长度 l≤30 的,制出全螺纹;M4~M10 的螺钉、公称长度 l≤45 的,制出全螺纹。

3. 紧定螺钉

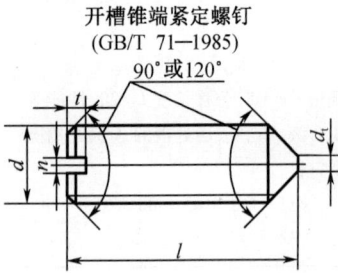

开槽锥端紧定螺钉
(GB/T 71—1985)
90°或120°

开槽平端紧定螺钉
(GB/T 73—1985)
≈45°

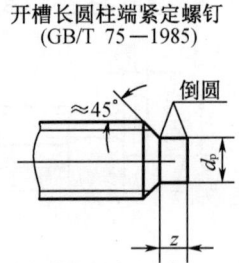

开槽长圆柱端紧定螺钉
(GB/T 75—1985)
≈45°
倒圆

标 记 示 例

螺纹规格 d = M5、公称长度 l = 12、性能等级为 14H 级、表面氧化的开槽长圆柱端紧定螺钉:

螺钉 GB/T 75   M5×12

附表 A6 – 3   单位:mm

螺纹规格 d		M1.6	M2	M2.5	M3	M4	M5	M6	M8	M10	M12
P(螺距)		0.35	0.4	0.45	0.5	0.7	0.8	1	1.25	1.5	1.75
n		0.25	0.25	0.4	0.4	0.6	0.8	1	1.2	1.6	2
t		0.74	0.84	0.95	1.05	1.42	1.63	2	2.5	3	3.6
d_t		0.16	0.2	0.25	0.3	0.4	0.5	1.5	2	2.5	3
d_p		0.8	1	1.5	2	2.5	3.5	4	5.5	7	8.5
z		1.05	1.25	1.5	1.75	2.25	2.75	3.25	4.3	5.3	6.3
l	GB/T 71—1985	2~8	3~10	3~12	4~16	6~20	8~25	8~30	10~40	12~50	14~60
	GB/T 73—1985	2~8	2~10	2.5~12	3~16	4~20	5~25	6~30	8~40	10~50	12~60
	GB/T 75—1985	2.5~8	3~10	4~12	5~16	6~20	8~25	10~30	10~40	12~50	14~60
l 系列		2,2.5,3,4,5,6,8,10,12,(14),16,20,25,30,35,40,45,50,(55),60									

注:①l 为公称长度。

②括号内的规格尽可能不采用。

A7　螺母

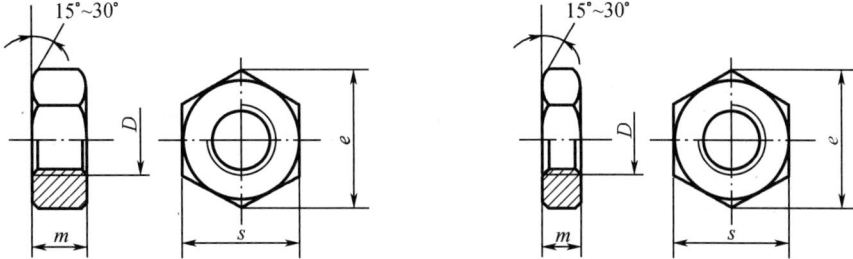

六角螺母—C级
(GB/T41—2000)　　1型六角螺母—A级和B级
(GB/T 6170—2000)　　六角薄螺母
(GB/T 6172.1—2000)

标 记 示 例

螺纹规格 D = M12、性能等级为 5 级、不经表面处理、C 级的六角螺母：

螺母 GB/T　41　M12

螺纹规格 D = M12、性能等级为 8 级、不经表面处理、A 级的 1 型六角螺母：

螺母 GB/T　6170　M12

附表 A7 - 1

单位:mm

螺纹规格 D		M3	M4	M5	M6	M8	M10	M12	M16	M20	M24	M30	M36	M42
e	GB/T 41	—	—	8.63	10.89	14.20	17.59	19.85	26.17	32.95	39.55	50.85	60.79	72.02
	GB/T 6170	6.01	7.66	8.79	11.05	14.38	17.77	20.03	26.75	32.95	39.55	50.85	60.79	72.02
	GB/T 6172.1	6.01	7.66	8.79	11.05	14.38	17.77	20.03	26.75	32.95	39.55	50.85	60.79	72.02
s	GB/T 41	—	—	8	10	13	16	18	24	30	36	46	55	65
	GB/T 6170	5.5	7	8	10	13	16	18	24	30	36	46	55	65
	GB/T 6172.1	5.5	7	8	10	13	16	18	24	30	36	46	55	65
m	GB/T 41	—	—	5.6	6.1	7.9	9.5	12.2	15.9	18.7	22.3	26.4	31.5	34.9
	GB/T 6170	2.4	3.2	4.7	5.2	6.8	8.4	10.8	14.8	18	21.5	25.6	31	34
	GB/T 6172.1	1.8	2.2	2.7	3.2	4	5	6	8	10	12	15	18	21

注:A 级用于 $D \leqslant 16$;B 级用于 $D > 16$。

A8 垫圈

1. 平垫圈

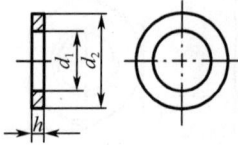

小垫圈—A级
(GB/T 848—2002)

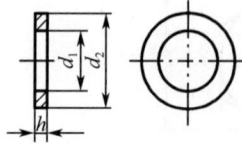

平垫圈—A级
(GB/T 97.1—2002)

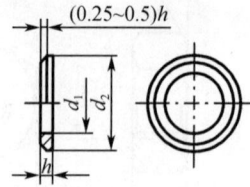

平垫圈 全角型—A级
(GB/T 97.2—2002)

标 记 示 例

标准系列、公称规格8、性能等级为220HV级、不经表面处理、产品等级为A级的平垫圈:

垫圈 GB/T 97.1 8

附表 A8 – 1

单位:mm

公称规格 (螺纹大径 d)		1.6	2	2.5	3	4	5	6	8	10	12	14	16	20	24	30	36
d_1	GB/T 848	1.7	2.2	2.7	3.2	4.3	5.3	6.4	8.4	10.5	13	15	17	21	25	31	37
	GB/T 97.1	1.7	2.2	2.7	3.2	4.3	5.3	6.4	8.4	10.5	13	15	17	21	25	31	37
	GB/T 97.2	—	—	—	—	—	5.3	6.4	8.4	10.5	13	15	17	21	25	31	37
d_2	GB/T 848	3.5	4.5	5	6	8	9	11	15	18	20	24	28	34	39	50	60
	GB/T 97.1	4	5	6	7	9	10	12	16	20	24	28	30	37	44	56	66
	GB/T 97.2	—	—	—	—	—	10	12	16	20	24	28	30	37	44	56	66
h	GB/T 848	0.3	0.3	0.5	0.5	0.5	1	1.6	1.6	1.6	2	2.5	2.5	3	4	4	5
	GB/T 97.1	0.3	0.3	0.5	0.5	0.8	1	1.6	1.6	2	2.5	2.5	3	3	4	4	5
	GB/T 97.2	—	—	—	—	—	1	1.6	1.6	2	2.5	2.5	3	3	4	4	5

2. 弹簧垫圈

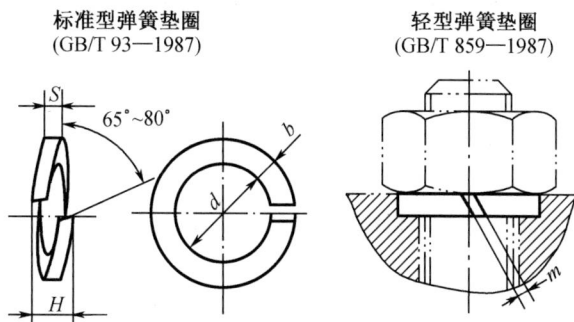

标准型弹簧垫圈
(GB/T 93—1987)

轻型弹簧垫圈
(GB/T 859—1987)

标 记 示 例

规格 16、材料为 65Mn、表面氧化的标准型弹簧垫圈

垫圈 GB/T 93　16

附表 A8 - 2

单位:mm

规格(螺纹大径)		3	4	5	6	8	10	12	(14)	16	(18)	20	(22)	24	(27)	30
d		3.1	4.1	5.1	6.1	8.1	10.2	12.2	14.2	16.2	18.2	20.2	22.5	24.5	27.5	30.5
H	GB/T 93	1.6	2.2	2.6	3.2	4.2	5.2	6.2	7.2	8.2	9	10	11	12	13.6	15
	GB/T 859	1.2	1.6	2.2	2.6	3.2	4	5	6	6.4	7.2	8	9	10	11	12
$S(b)$	GB/T 93	0.8	1.1	1.3	1.6	2.1	2.6	3.1	3.6	4.1	4.5	5	5.5	6	6.8	7.5
S	GB/T 859	0.6	0.8	1.1	1.3	1.6	2	2.5	3	3.2	3.6	4	4.5	5	5.5	6
$m\leqslant$	GB/T 93	0.4	0.55	0.65	0.8	1.05	1.3	1.55	1.8	2.05	2.25	2.5	2.75	3	3.4	3.75
	GB/T 859	0.3	0.4	0.55	0.65	0.8	1	1.25	1.5	1.6	1.8	2	2.25	2.5	2.75	3
b	GB/T 859	1	1.2	1.5	2	2.5	3	3.5	4	4.5	5	5.5	6	7	8	9

注:①括号内的规格尽可能不采用。

②m 应大于零。

附录 B   常用键与销

B1   键

1. 平键和键槽的剖面尺寸 (GB/T 1095—2003)

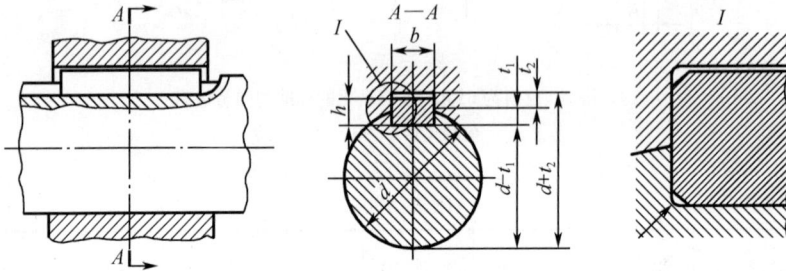

附表 B1 -1   直径与螺距系列、基本尺寸   单位:mm

键尺寸 $b \times h$	键 槽										
	宽度 b					深度				半径 r	
	基本尺寸	极限偏差				轴 t_1		毂 t_2			
		正常连接		紧密连接	松连接		基本尺寸	极限偏差	基本尺寸	极限偏差	min	max
		轴 N9	毂 JS9	轴和毂 P9	轴 H9	毂 D10	基本尺寸	极限偏差	基本尺寸	极限偏差	min	max
2×2	2	-0.004 -0.029	±0.0125	-0.006 -0.031	+0.025 0	+0.060 +0.020	1.2		1.0			
3×3	3						1.8		1.4		0.08	0.16
4×4	4	0 -0.030	± +0.015	-0.012 -0.042	+0.030 0	+0.078 +0.030	2.5	+0.1 0	1.8	+0.1 0		
5×5	5						3.0		2.3			
6×6	6						3.5		2.8		0.16	0.25
8×7	8	0 -0.036	±0.018	-0.015 -0.051	+0.036 0	+0.098 +0.040	4.0	+0.2 0	3.3	+0.2 0		
10×8	10						5.0		3.3		0.25	0.40

附表 **B1 –1**(续)

键尺寸 $b \times h$	键槽											
	宽度 b						深度				半径 r	
	基本尺寸	极限偏差					轴 t_1		毂 t_2			
		正常连接		紧密连接	松连接		基本尺寸	极限偏差	基本尺寸	极限偏差		
		轴 N9	毂 JS9	轴和毂 P9	轴 H9	毂 D10					min	max
12 × 8	12	0 −0.043	±0.0215	−0.018 −0.061	+0.043 0	+0.120 +0.050	5.0	+0.2 0	3.3	+0.2 0	0.25	0.40
14 × 9	14						5.5		3.8			
16 × 10	16						6.0		4.3			
18 × 11	18						7.0		4.4			
20 × 12	20	0 −0.052	±0.026	−0.022 −0.074	+0.052 0	+0.149 +0.065	7.5	+0.2 0	4.9	+0.2 0	0.40	0.60
22 × 14	22						9.0		5.4			
25 × 14	25						9.0		5.4			
28 × 16	28						10.0		6.4			
32 × 18	32	0 −0.062	±0.031	−0.026 −0.088	+0.062 0	+0.180 +0.080	11.0		7.4		0.70	1.00
32 × 20	36						12.0		8.4			
40 × 22	40						13.0		9.4			
45 × 25	45						15.0		10.4			
50 × 28	50						17.0		11.4			
56 × 32	56	0 −0.074	±0.037	−0.032 −0.106	+0.074 0	+0.220 +0.100	20.0	+0.3 0	12.4	+0.3 0	1.20	1.60
63 × 32	63						20.0		12.4			
70 × 36	70						22.0		14.4			
80 × 40	80						25.0		15.4			
90 × 45	90	0 −0.087	±0.0435	−0.037 −0.124	+0.087 0	+0.260 +0.120	28.0		17.4		2.00	2.50
100 × 50	100						31.0		19.5			

2. 普通平键的型式尺寸(GB/T 1096—2003)

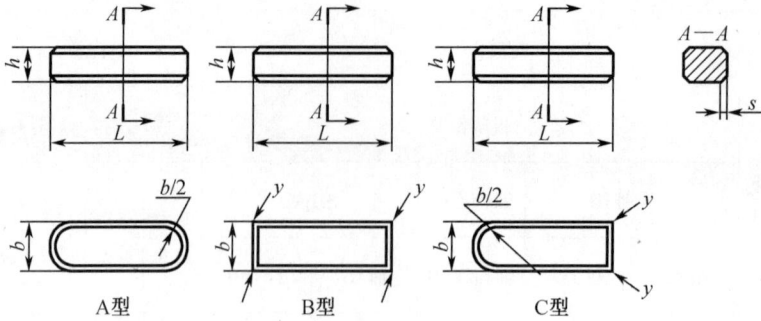

标 记 示 例

宽度 $b=6$,高度 $h=6$,长度 $L=16$ 的平键:

GB/T 1096 键 $6\times6\times16$

附表 B1-2

单位:mm

宽度 b	基本尺寸	2	3	4	5	6	8	10	12	14	16	18	20	22
	极限偏差 (h8)	0 −0.014		0 −0.018			0 −0.022		0 −0.027				0 −0.033	

宽度 h		基本尺寸	2	3	4	5	6	7	8	8	9	10	11	12	14
	极限偏差	矩形 (h11)	—							0 −0.090				0 −0.110	
		方形 (h8)	0 −0.014		0 −0.018				—					—	

倒角或倒圆 s	0.16~0.25	0.25~0.40	0.40~0.60	0.60~0.80

长度 L

基本尺寸	极限偏差 (h14)														
6	0 −0.36		—						—				—		—
8															
10					—										
12	0 −0.43														
14							—								
16									—						
18											—	—	—	—	—

附表 B1－2(续)

宽度 b	基本尺寸	2	3	4	5	6	8	10	12	14	16	18	20	22
	极限偏差 (h8)	0 / −0.014		0 / −0.018			0 / −0.022		0 / −0.027				0 / −0.033	

宽度 h	基本尺寸		2	3	4	5	6	7	8	8	9	10	11	12	14
	极限偏差	矩形 (h11)	—			—				0 / −0.090			0 / −0.110		
		方形 (h8)	0 / −0.014		0 / −0.018			—				—			

倒角或倒圆 s	0.16～0.25	0.25～0.40	0.40～0.60	0.60～0.80

长度 L

基本尺寸	极限偏差 (h14)	2	3	4	5	6	7	8	8	9	10	11	12	14
20								—	—	—	—	—	—	—
22	0 / −0.52	—			标准				—	—	—	—	—	—
25		—							—	—	—	—	—	—
28		—								—	—	—	—	—
32		—								—	—	—	—	—
36		—								—	—	—	—	—
40	0 / −0.62	—	—							—	—	—	—	—
45		—	—			长度					—	—	—	—
50		—	—	—							—	—	—	—
56		—	—	—							—	—	—	—
63	0 / −0.74	—	—	—	—							—	—	—
70		—	—	—	—							—	—	—
80		—	—	—	—	—							—	—
90		—	—	—	—	—		范围					—	—
100	0 / −0.87	—	—	—	—	—	—							
110		—	—	—	—	—	—							

B2 销

1. 圆柱销(GB/T 119. 1—2000)——不淬硬钢和奥氏体不锈钢

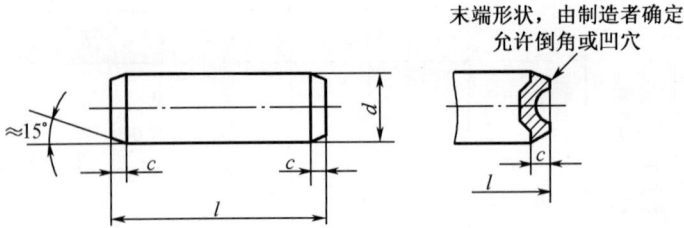

末端形状,由制造者确定
允许倒角或凹穴

标 记 示 例

公称直径 $d=6$、公差为 m6、公称长度 $l=30$、材料为钢、不经淬火、不经表面处理的圆柱销:

销 GB/T 119. 1 6m6×30

附表 B2 −1 单位:mm

公称直径 d(m6/h8)	0.6	0.8	1	1.2	1.5	2	2.5	3	4	5
$c≈$	0.12	0.16	0.20	0.25	0.30	0.35	0.40	0.50	0.63	0.80
l(商品规格范围公称长度)	2~6	2~8	4~10	4~12	4~16	6~20	6~24	8~30	8~40	10~50
公称直径 d(m6/h8)	6	8	10	12	16	20	25	30	40	50
$c≈$	1.2	1.6	2.0	2.5	3.0	3.5	4.0	5.0	6.3	8.0
l(商品规格范围公称长度)	12~60	14~80	18~95	22~140	26~180	35~200	50~200	60~200	80~200	95~200
l 系列	2,3,4,5,6,8,10,12,14,16,18,20,22,24,26,28,30,32,35,40,45,50,55,60,65,70,75,80,85,90,95,100,120,140,160,180,200									

注:①材料用钢时硬度要求为 125~245 HV30,用奥氏体不锈钢 A1(GB/T 3098.6)时硬度要求 210~280 HV30。

②公差 m6:$Ra≤0.8$ μm;

公差 h8:$Ra≤1.6$ μm。

2. 圆锥销(GB/T 117—2000)

A型(磨削) B型(切削或冷镦)

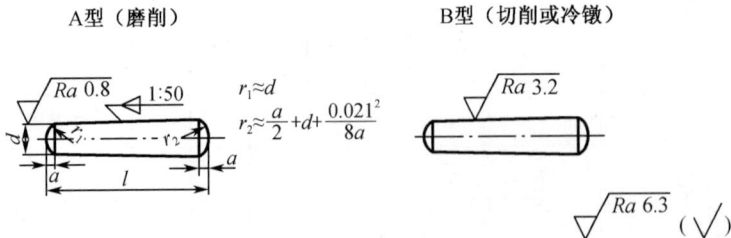

$r_1≈d$

$r_2≈\dfrac{a}{2}+d+\dfrac{0.021^2}{8a}$

标 记 示 例

公称直径 $d=10$、长度 $l=60$、材料为 35 钢、热处理硬度 28~38 HRC、表面氧化处理 A 型圆锥销:

销 GB/T 117 10×60

　　　　　　　　　　　　　　　　　　　　　　单位:mm

d(公称)	0.6	0.8	1	1.2	1.5	2	2.5	3	4	5
$a\approx$	0.08	0.1	0.12	0.16	0.2	0.25	0.3	0.4	0.5	0.63
l(商品规格范围公称长度)	4～8	5～12	6～16	6～20	8～24	10～35	10～35	12～45	14～55	18～60
d(公称)	6	8	10	12	16	20	25	30	40	50
$a\approx$	0.8	1	1.2	1.6	2	2.5	3	4	5	6.3
l(商品规格范围公称长度)	22～90	22～120	26～160	32～180	40～200	45～200	50～200	55～200	60～200	65～200
l系列	2,3,4,5,6,8,10,12,14,16,18,20,22,24,26,28,30,32,35,40,45,50,55,60,65,70,75,80,85,90,95,100,120,140,160,180,200									

3. 开口销(GB/T 91—2000)

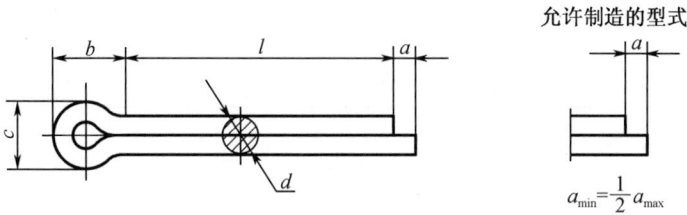

允许制造的型式

$a_{min}=\dfrac{1}{2}a_{max}$

标记示例

公称直径 $d=5$、长度 $l=50$、材料为低碳钢、不经表面处理的开口销:

销　GB/T 91　5×50

附表 B2－3　　　　　　　　　　　　　　　　　　　　　　单位:mm

公称规格		0.6	0.8	1	1.2	1.6	2	2.5	3.2	4	5	6.3	8	10	13
d	max	0.5	0.7	0.9	1.0	1.4	1.8	2.3	2.9	3.7	4.6	5.9	7.5	9.5	12.4
	min	0.4	0.6	0.8	0.9	1.3	1.7	2.1	2.7	3.5	4.4	5.7	7.3	9.3	12.1
c	max	1	1.4	1.8	2	2.8	3.6	4.6	5.8	7.4	9.2	11.8	15	19	24.8
	min	0.9	1.2	1.6	1.7	2.4	3.2	4	5.1	6.5	8	10.3	13.1	16.6	21.7
$b\approx$		2	2.4	3	3	3.2	4	5	6.4	8	10	12.6	16	20	26
a_{max}		1.6	1.6	1.6	2.5	2.5	2.5	2.5	3.2	4	4	4	4	6.3	6.3
l(商品规格范围公称长度)		4～12	5～16	6～20	8～26	8～32	10～40	12～50	14～65	18～80	22～100	30～120	40～160	45～200	70～200
l系列		4,5,6,8,10,12,14,16,18,20,22,24,26,28,30,32,36,40,45,50,55,60,65,70,75,80,85,90,95,100,120,140,160,180,200													

注:公称规格等与开口销孔直径。对销孔直径推荐的公差为:

公称规格≤1.2:H13;

公称规格>1.2:H14。

附录 C   常用滚动轴承

C1   深沟球轴承(GB/T 276—1994)

60000型

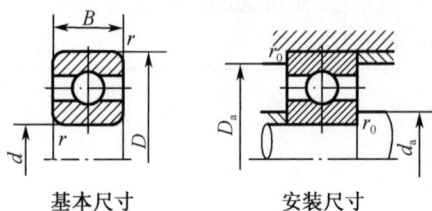

基本尺寸   安装尺寸

标记示例

内径 $d = 20$ 的 60000 型深沟球轴承,尺寸系列为(0)2,组合代号为62:

滚动轴承   6204   GB/T 276—1994

附表 C1 - 1

轴承代号	基本尺寸/mm				安装尺寸/mm		
	d	D	B	r_s min	d_n min	D_a max	r_{as} max
(0)1尺寸系列							
6000	10	26	8	0.3	12.4	23.6	0.3
6001	12	28	8	0.3	14.4	25.6	0.3
6002	15	32	9	0.3	17.4	29.6	0.3
6003	17	35	10	0.3	19.4	32.6	0.3
6004	20	42	12	0.6	25	37	0.6
6005	25	47	12	0.6	30	42	0.6
6006	30	55	13	1	36	49	1
6007	35	62	14	1	41	56	1
6008	40	68	15	1	46	62	1
6009	45	75	16	1	51	69	1
6010	50	80	16	1	56	74	1
6011	55	90	18	1.1	62	63	1
6012	60	95	18	1.1	67	88	1
6013	65	100	18	1.1	72	93	1
6014	70	110	20	1.1	77	103	1
6015	75	115	20	1.1	82	108	1
6016	80	125	22	1.1	87	118	1
6017	85	130	22	1.1	92	123	1
6018	90	140	24	1.5	99	131	1.5
6019	95	145	24	1.5	104	136	1.5
6020	100	150	24	1.5	109	141	1.5

附表 **C1－1**(续)

轴承代号	基本尺寸/mm				安装尺寸/mm		
	d	D	B	r_s min	d_n min	D_a max	r_{as} max
(0)2 尺寸系列							
6200	10	30	9	0.6	15	25	0.6
6201	12	32	10	0.6	17	27	0.6
6202	15	35	11	0.6	20	30	0.6
6203	17	40	12	0.6	22	35	0.6
6204	20	47	14	1	26	41	1
6205	25	52	15	1	31	46	1
6206	30	62	16	1	36	56	1
6207	35	72	17	1.1	42	65	1
6208	40	80	18	1.1	47	73	1
6209	45	85	19	1.1	52	78	1
6210	50	90	20	1.1	57	83	1
6211	55	100	21	1.5	64	91	1.5
6212	60	110	22	1.5	69	101	1.5
6213	65	120	23	1.5	74	111	1.5
6214	70	125	24	1.5	79	116	1.5
6215	75	130	25	1.5	84	121	1.5
6216	80	140	26	2	90	130	2
6217	85	150	28	2	95	140	2
6218	90	160	30	2	100	150	2
6219	95	170	32	2.1	107	158	2.1
6220	100	180	34	2.1	112	168	2.1
(0)3 尺寸系列							
6300	10	35	11	0.6	15	30	0.6
6301	12	37	12	1	18	31	1
6302	15	42	13	1	21	36	1
6303	17	47	14	1	23	41	1
6304	20	52	15	1.1	27	45	1
6305	25	62	17	1.1	32	55	1
6306	30	72	19	1.1	37	65	1
6307	35	80	21	1.5	44	71	1.5
6308	40	90	23	1.5	49	81	1.5
6309	45	100	25	1.5	54	91	1.5
6310	50	110	27	2	60	100	2
6311	55	120	29	2	65	110	2
6312	60	130	31	2.1	72	118	2.1
6313	65	140	33	2.1	77	128	2.1
6314	70	150	35	2.1	82	138	2.1
6315	75	160	37	2.1	87	148	2.1
6316	80	170	39	2.1	92	158	2.1
6317	85	180	41	3	99	166	2.5
6318	90	190	43	3	104	176	2.5
6319	95	200	45	3	109	186	2.5
6320	100	215	47	3	114	201	2.5
(0)4 尺寸系列							
6403	17	62	17	1.1	24	55	1
6404	20	72	19	1.1	27	65	1
6405	25	80	21	1.5	34	71	1.5
6406	30	90	23	1.5	39	81	1.5
6407	35	100	25	1.5	44	91	1.5
6408	40	110	27	2	50	100	2

附表 C1 –1(续)

轴承代号	基本尺寸/mm				安装尺寸/mm		
	d	D	B	r_s min	d_n min	D_a max	r_{as} max
6409	45	120	29	2	55	110	2
6410	50	130	31	2.1	62	118	2.1
6411	55	140	33	2.1	67	128	2.1
6412	60	150	35	2.1	72	138	2.1
6413	65	160	37	2.1	77	148	2.1
6414	70	180	42	3	84	166	2.5
6415	75	190	45	3	89	176	2.5
6416	80	200	48	3	94	186	2.5
6417	85	210	52	4	103	192	3
6418	90	225	54	4	108	207	3
6420	100	250	58	4	118	232	3

注:r_{smin} 为 r 的单向最小倒角尺寸;r_{asmax} 为 r_a 的单向最大倒角尺寸。

C2 圆锥滚子轴承(GB/T 297—1994)

30000型

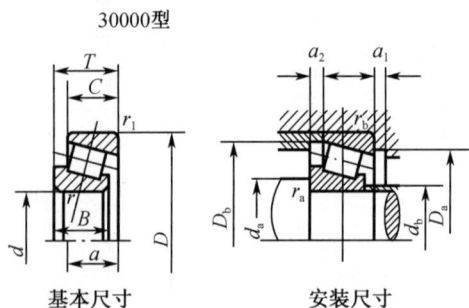

基本尺寸　　　　安装尺寸

标记示例

内径 $d = 20$、尺寸系列代号为 02 的圆锥滚子轴承:

滚动轴承　30204　GB/T 297—1994

附表 C2 –1

轴承代号	基本尺寸/mm								安装尺寸/mm								
	d	D	T	B	C	r_s min	r_{1s} min	a ≈	d_a min	d_b max	D_a min	D_a max	D_b min	a_1 min	a_2 min	r_{as} max	r_{bs} max
02 尺寸系列																	
30203	17	40	13.25	12	11	1	1	9.9	23	23	34	34	37	2	2.5	1	1
30204	20	47	15.25	14	12	1	1	11.2	26	27	40	41	43	2	3.5	1	1
30205	25	52	16.25	15	13	1	1	12.5	31	31	44	46	48	2	3.5	1	1
30206	30	62	17.25	16	14	1	1	13.8	36	37	53	56	58	2	3.5	1	1
30207	35	72	18.25	17	15	1.5	1.5	15.3	42	44	62	65	67	3	3.5	1.5	1.5
30208	40	80	19.75	18	16	1.5	1.5	16.9	47	49	69	73	75	3	4	1.5	1.5
30209	45	85	20.75	19	16	1.5	1.5	18.6	52	53	74	78	80	3	5	1.5	1.5
30210	50	90	21.75	20	17	1.5	1.5	20	57	58	79	83	86	3	5	1.5	1.5
30211	55	100	22.75	21	18	2	1.5	21	64	64	88	91	95	4	5	2	1.5
30212	60	110	23.75	22	19	2	1.5	22.3	69	69	96	101	103	4	5	2	1.5
30213	65	120	24.75	23	20	2	1.5	23.8	74	77	106	111	114	4	5	2	1.5
30214	70	125	26.25	24	21	2	1.5	25.8	79	81	110	116	119	4	5.5	2	1.5
30215	75	130	27.25	25	22	2	1.5	27.4	84	85	115	121	125	4	5.5	2	1.5
30216	80	140	28.25	26	22	2.5	2	28.1	90	90	124	130	133	4	6	2.1	2
30217	85	150	30.5	28	24	2.5	2	30.3	95	96	132	140	142	5	6.5	2.1	2
30218	90	160	32.5	30	26	2.5	2	32.3	100	102	140	150	151	5	6.5	2.1	2
30219	95	170	34.5	32	27	3	2.5	34.2	107	108	149	158	160	5	7.5	2.5	2.1
30220	100	180	37	34	29	3	2.5	36.4	112	114	157	168	169	5	8	2.5	2.1

附表 C2－1(续)

轴承代号	基本尺寸/mm								安装尺寸/mm								
	d	D	T	B	C	r_s min	r_{1s} min	a ≈	d_a min	d_b max	D_a min	D_a max	D_b min	a_1 min	a_2 min	r_{as} max	r_{bs} max
03 尺寸系列																	
30302	15	42	14.25	13	11	1	1	9.6	21	22	36	36	38	2	3.5	1	1
30303	17	47	15.25	14	12	1	1	10.4	23	25	40	41	43	3	3.5	1	1
30304	20	52	16.25	15	13	1.5	1.5	11.1	27	28	44	45	48	3	3.5	1.5	1.5
30305	25	62	18.25	17	15	1.5	1.5	13	32	34	54	55	58	3	3.5	1.5	1.5
30306	30	72	20.75	19	16	1.5	1.5	15.3	37	40	62	65	66	3	5	1.5	1.5
30307	35	80	22.75	21	18	2	1.5	16.8	44	45	70	71	74	3	5	2	1.5
30308	40	90	25.25	23	20	2	1.5	19.5	49	52	77	81	84	3	5.5	2	1.5
30309	45	100	27.25	25	22	2	1.5	21.3	54	59	86	91	94	3	5.5	2	1.5
30310	50	110	29.25	27	23	2.5	2	23	60	65	95	100	103	4	6.5	2	2
30311	55	120	31.5	29	25	2.5	2	24.9	65	70	104	110	112	4	6.5	2.5	2
30312	60	130	33.5	31	26	3	2.5	26.6	72	76	112	118	121	5	7.5	2.5	2.1
30313	65	140	36	33	28	3	2.5	28.7	77	83	122	128	131	5	8	2.5	2.1
30314	70	150	38	35	30	3	2.5	30.7	82	89	130	138	141	5	8	2.5	2.1
30315	75	160	40	37	31	3	2.5	32	87	95	139	148	150	5	9	2.5	2.1
30316	80	170	42.5	39	33	3	2.5	34.4	92	2	148	158	160	5	9.5	2.5	2.1
30317	85	180	44.5	41	34	4	3	35.9	99	107	156	166	168	6	10.5	3	2.5
30318	90	190	46.5	43	36	4	3	37.5	104	113	165	176	178	6	10.5	3	2.5
30319	95	200	49.5	45	38	4	3	40.1	109	118	172	186	185	6	11.5	3	2.5
30320	100	215	51.5	47	39	4	3	42.2	114	127	184	201	199	6	12.5	3	2.5
22 尺寸系列																	
32206	30	62	21.25	20	17	1	1	15.6	36	36	52	56	58	3	4.5	1	1
32207	35	72	24.25	23	19	1.5	1.5	17.9	42	42	61	65	68	3	5.5	1.5	1.5
32208	40	80	24.75	23	19	1.5	1.5	18.9	47	48	68	73	75	3	6	1.5	1.5
32209	45	85	24.75	23	19	1.5	1.5	20.1	52	53	73	78	81	3	6	1.5	1.5
32210	50	90	24.75	23	19	1.5	1.5	21	57	57	78	83	86	3	6	1.5	1.5
32211	55	100	26.75	25	21	2	1.5	22.8	64	62	87	91	96	4	6	2	1.5
32212	60	110	29.75	28	24	2	1.5	25	69	68	95	101	105	4	6	2	1.5
32213	65	120	32.75	31	27	2	1.5	27.3	74	75	104	111	115	4	6	2	1.5
32214	70	125	33.25	31	27	2	1.5	28.8	79	79	108	116	120	4	6.5	2	1.5
32215	75	130	33.25	31	27	2	1.5	30	84	84	115	121	126	4	6.5	2	1.5
32216	80	140	35.25	33	28	2.5	2	31.4	90	89	122	130	135	5	7.5	2.1	2
32217	85	150	38.5	36	30	2.5	2	33.9	95	95	130	140	143	5	8.5	2.1	2
32218	90	160	42.5	40	34	2.5	2	36.8	100	101	138	150	153	5	8.5	2.1	2
32219	95	170	45.5	43	37	3	2.5	39.2	107	106	145	158	163	5	8.5	2.5	2.1
32220	100	180	49	46	39	3	2.5	41.9	112	113	154	168	172	5	10	2.5	2.1
23 尺寸系列																	
32303	17	47	20.25	19	16	1	1	12.3	23	24	39	41	43	3	4.5	1	1
32304	20	52	22.25	21	18	1.5	1.5	13.6	27	26	43	45	48	3	4.5	1.5	1.5
32305	25	62	25.25	24	20	1.5	1.5	15.9	32	32	52	55	58	3	5.5	1.5	1.5
32306	30	72	28.75	27	23	1.5	1.5	18.9	37	38	59	65	66	4	6	1.5	1.5
32307	35	80	32.75	31	25	2	1.5	20.4	44	43	66	71	74	4	8.5	2	1.5
32308	40	90	35.25	33	27	2	1.5	23.3	49	49	73	81	83	4	8.5	2	1.5
32309	45	100	38.25	36	30	2	1.5	25.6	54	56	82	91	93	4	8.5	2	1.5
32310	50	110	42.25	40	33	2.5	2	28.2	60	61	90	100	102	5	9.5	2	2
32311	55	120	45.5	43	35	2.5	2	30.4	65	66	99	110	111	5	10	2.5	2
32312	60	130	48.5	46	37	3	2.5	32	72	72	107	118	122	6	11.5	2.5	2.1
32313	65	140	51	48	39	3	2.5	34.3	77	79	117	128	131	6	12	2.5	2.1
32314	70	150	54	51	42	3	2.5	36.5	82	84	125	138	141	6	12	2.5	2.1
32315	75	160	58	55	45	3	2.5	39.4	87	91	133	148	150	7	13	2.5	2.1
32316	80	170	61.5	58	48	3	2.5	42.1	92	97	142	158	160	7	13.5	2.5	2.1
32317	85	180	63.5	60	49	4	3	43.5	99	102	150	166	168	8	14.5	3	2.5
32318	90	190	67.5	64	53	4	3	46.2	104	107	157	176	178	8	14.5	3	2.5
32319	95	200	71.5	67	55	4	3	49	109	114	166	186	187	8	16.5	3	2.5
32320	100	215	77.5	73	60	4	3	52.9	114	122	177	201	201	8	17.5	3	2.5

注：r_{min}等含义同表 C1－1。

C3 推力球轴承(GB/T 301—1995)

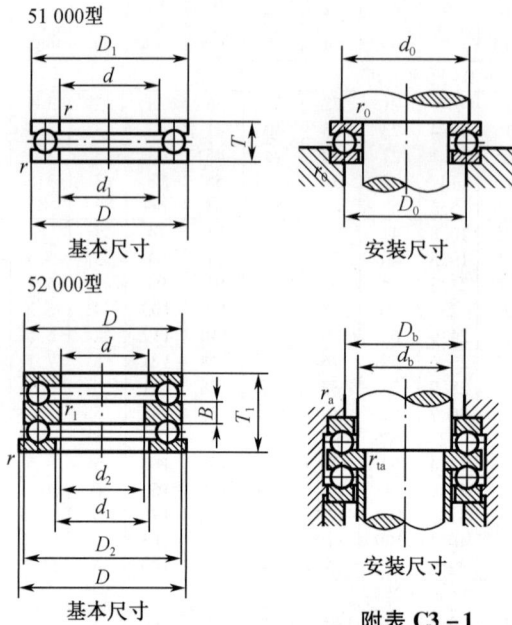

51 000型

基本尺寸   安装尺寸

52 000型

基本尺寸   安装尺寸

标 记 示 例

内径 $d = 20$、

51000 型推力球轴承、

12 尺寸系列:

滚动轴承 51204

GB/T 301—1995

附表 C3 - 1

轴承代号		基本尺寸/mm											安装尺寸/mm					
		d	d_2	D	T	T_1	d_1 min	D_1 max	D_2 max	B	r_s min	r_{1s} min	d_a min	D_a max	D_b min	d_b max	r_{as} max	r_{1as} max
12(51000 型)、22(52000 型)尺寸系列																		
51200	—	10	—	26	11	—	12	26	—	—	0.6	—	20	16	—	—	0.6	—
51201	—	12	—	28	11	—	14	28	—	—	0.6	—	22	18	—	—	0.6	—
51202	52202	15	10	32	12	22	17	32	32	5	0.6	0.3	25	22	15	—	0.6	0.3
51203	—	17	—	35	12	—	19	35	—	—	0.6	—	28	24	—	—	0.6	—
51204	52204	20	15	40	14	26	22	40	40	6	0.6	0.3	32	28	20	—	0.6	0.3
51205	52205	25	20	47	15	28	27	47	47	7	0.6	0.3	38	34	25	—	0.6	0.3
51206	52206	30	25	52	16	29	32	52	52	7	0.6	0.3	43	39	30	—	0.6	0.3
51207	52207	35	30	62	18	34	37	62	62	8	1	0.3	51	46	35	—	1	0.3
51208	52208	40	30	68	19	36	42	68	68	9	1	0.6	57	51	40	—	1	0.6
51209	52209	45	35	73	20	37	47	73	73	9	1	0.6	62	56	45	—	1	0.6
51210	52210	50	40	78	22	39	52	78	78	9	1	0.6	67	61	50	—	1	0.6
51211	52211	55	45	90	25	45	57	90	90	10	1	0.6	76	69	55	—	1	0.6
51212	52212	60	50	95	26	46	62	95	95	10	1	0.6	81	74	60	—	1	0.6
51213	52213	65	55	100	27	47	67	100		10	1	0.6	86	79	79	65	1	0.6
51214	52214	70	55	105	27	47	72	105		10	1	1	91	84	84	70	1	1
51215	52215	75	60	110	27	47	77	110		10	1	1	96	89	89	75	1	1
51216	52216	80	65	115	28	48	82	115		10	1	1	101	94	94	80	1	1
51217	52217	85	70	125	31	55	88	125		12	1	1	109	101	109	85	1	1
51218	52218	90	75	135	35	62	93	135		14	1.1	1	117	108	108	90	1	1
51220	52220	100	85	150	38	67	103	150		15	1.1	1	130	120	120	100	1	1

附表 C3 - 1（续）

轴承代号		基本尺寸/mm										安装尺寸/mm					
		d	d_2	D	T	T_1	d_1 min	D_1 max	D_2 max	B	r_s min	r_{1s} min	d_a min	D_a max	D_b min	d_b max	r_{as} max	r_{1as} max
13（51000 型）、23（52000 型）尺寸系列																		
51304	—	20	—	47	18	—	22		47	—	1	—	36	31	—	—	1	—
51305	52305	25	20	52	18	34	27		52	8	1	0.3	41	36	36	25	1	0.3
51306	52306	30	25	60	21	38	32		60	9	1	0.3	48	42	42	30	1	0.3
51307	52307	35	30	68	24	44	37		68	10	1	0.3	55	48	48	35	1	0.3
51308	52308	40	30	78	26	49	42		78	12	1	0.6	63	55	55	40	1	0.6
51309	52309	45	35	85	28	52	47		85	12	1	0.6	69	61	61	45	1	0.6
51310	52310	50	40	95	31	58	52		95	14	1.1	0.6	77	68	68	50	1	0.6
51311	52311	55	45	105	35	64	57		105	15	1.1	0.6	85	75	75	55	1	0.6
51312	52312	60	50	110	35	64	62		110	15	1.1	0.6	90	80	80	60	1	0.6
51313	52313	65	55	115	36	65	67		115	15	1.1	0.6	95	85	85	65	1	0.6
51314	52314	70	55	125	40	72	72		125	16	1.1	1	103	92	92	70	1	1
51315	52315	75	60	135	44	79	77		135	18	1.5	1	111	99	99	75	1.5	1
51316	52316	80	65	140	44	79	82		140	18	1.5	1	116	104	104	80	1.5	1
51317	52317	85	70	150	49	87	88		150	19	1.5	1	124	111	114	85	1.5	1
51318	52318	90	75	155	50	88	93		155	19	1.5	1	129	116	116	90	1.5	1
51320	52320	100	85	170	55	97	103		170	21	1.5	1	142	128	128	100	1.5	1
14（51000 型）、24（52000 型）尺寸系列																		
51405	52405	25	15	60	24	45	27		60	11	1	0.6	46	39		25	1	0.6
51406	52406	30	20	70	28	52	32		70	12	1	0.6	54	46		30	1	0.6
51407	52407	35	25	80	32	59	37		80	14	1.1	0.6	62	53		35	1	0.6
51408	52408	40	30	90	36	65	42		90	15	1.1	0.6	70	60		40	1	0.6
51409	52409	45	35	100	39	72	47		100	17	1.1	0.6	78	67		45	1	0.6
51410	52410	50	40	110	43	78	52		110	18	1.5	0.6	86	74		50	1.5	0.6
51411	52411	55	45	120	48	87	57		120	20	1.5	0.6	94	81		55	1.5	0.6
51412	52412	60	50	130	51	93	62		130	21	1.5	0.6	102	88		60	1.5	0.6
51413	52413	65	50	140	56	101	68		140	23	2	1	110	95		65	2.0	1
51414	52414	70	55	150	60	107	73		150	24	2	1	118	102		70	2.0	1
51415	52415	75	60	160	65	115	78	160	160	26	2	1	125	110		75	2.0	1
51416	—	80	—	170	68	—	83	170	—	—	2.1	—	133	117		—	2.1	—
51417	52417	85	65	180	72	128	88	177	179.5	29	2.1	1.1	141	124		85	2.1	1
51418	52418	90	70	190	77	135	93	187	189.5	30	2.1	1.1	149	131		90	2.1	1
51420	52420	100	80	210	85	150	103	205	209.5	33	3	1.1	165	145		100	2.5	1

注：r_{smin} 等含义同表 C1 - 1。

附录D 极限与配合

D1 优先选用及其次选用(常用)公差带极限偏差数值表 (摘自 GB/T 1800.2—2009)

1.轴

附表 D1-1　常用及优先轴

公称尺寸/mm		常用及优先公差带												
		a	b		c			d				e		
大于	至	11	11	12	9	10	⑪	8	⑨	10	11	7	8	9
—	3	-270 -330	-140 -200	-140 -240	-60 -85	-60 -100	-60 -120	-20 -34	-20 -45	-20 -60	-20 -80	-14 -24	-14 -28	-14 -39
3	6	-270 -345	-140 -215	-140 -260	-70 -100	-70 -118	-70 -145	-30 -48	-30 -60	-30 -78	-30 -105	-20 -32	-20 -38	-20 -50
6	10	-280 -370	-150 -240	-150 -300	-80 -116	-80 -138	-80 -170	-40 -62	-40 -76	-40 -98	-40 -130	-25 -40	-25 -47	-25 -61
10	14	-290 -400	-150 -260	-150 -330	-95 -138	-95 -165	-95 -205	-50 -77	-50 -93	-50 -120	-50 -160	-32 -50	-32 -59	-32 -75
14	18													
18	24	-300 -430	-160 -290	-160 -370	-110 -162	-110 -194	-110 -240	-65 -98	-65 -117	-65 -149	-65 -195	-40 -61	-40 -73	-40 -92
24	30													
30	40	-310 -470	-170 -330	-170 -420	-120 -182	-120 -220	-120 -280	-80 -119	-80 -142	-80 -180	-80 -240	-50 -75	-50 -89	-50 -112
40	50	-320 -480	-180 -340	-180 -430	-130 -192	-130 -230	-130 -290							
50	65	-340 -530	-190 -380	-190 -490	-140 -214	-140 -260	-140 -330	-100 -146	-100 -174	-100 -220	-100 -290	-60 -90	-60 -106	-60 -134
65	80	-360 -550	-200 -390	-200 -500	-150 -224	-150 -270	-150 -340							
80	100	-380 -600	-220 -440	-220 -570	-170 -257	-170 -310	-170 -390	-120 -174	-120 -207	-120 -260	-120 -340	-72 -107	-72 -126	-72 -159
100	120	-410 -630	-240 -460	-240 -590	-180 -267	-180 -320	-180 -400							
120	140	-460 -710	-260 -510	-260 -660	-200 -300	-200 -360	-200 -450	-145 -208	-145 -245	-145 -305	-145 -395	-85 -125	-85 -148	-85 -185
140	160	-520 -770	-280 -530	-280 -680	-210 -317	-210 -370	-210 -460							
160	180	-580 -830	-310 -560	-310 -710	-230 -330	-230 -390	-230 -480							
180	200	-660 -950	-340 -630	-340 -800	-240 -355	-240 -425	-240 -530	-170 -242	-170 -285	-170 -355	-170 -460	-100 -146	-100 -172	-100 -215
200	225	-740 -1 030	-380 -670	-380 -840	-260 -375	-260 -445	-260 -550							
225	250	-820 -1 110	-420 -710	-420 -880	-280 -395	-280 -465	-280 -570							
250	280	-920 -1 240	-480 -800	-480 -1 000	-300 -430	-300 -510	-300 -620	-190 -271	-190 -320	-190 -400	-190 -510	-110 -162	-110 -191	-110 -240
280	315	-1 050 -1 370	-540 -860	-540 -1 060	-330 -460	-330 -540	-330 -650							
315	355	-1 200 -1 560	-600 -960	-600 -1 170	-360 -500	-360 -590	-360 -720	-210 -299	-210 -350	-210 -440	-210 -570	-125 -182	-125 -214	-125 -265
355	400	-1 350 -1 710	-680 -1 040	-680 -1 250	-400 -540	-400 -630	-400 -760							
400	450	-1 500 -1 900	-760 -1 160	-760 -1 390	-440 -595	-440 -690	-440 -840	-230 -327	-230 -385	-230 -480	-230 -630	-135 -198	-135 -232	-135 -290
450	500	-1 650 -2 050	-840 -1 240	-840 -1 470	-480 -635	-480 -730	-480 -880							

公差带极限偏差　　　　　　　　　　　　　　　　　　　　　单位：μm

（带圈者为优先公差带）

f					g			h							
5	6	⑦	8	9	5	⑥	7	5	⑥	⑦	8	⑨	10	⑪	12
−6 −10	−6 −12	−6 −26	−6 −20	−6 −31	−2 −6	−2 −8	−2 −12	0 −4	0 −6	0 −10	0 −14	0 −25	0 −40	0 −60	0 −100
−10 −15	−10 −18	−10 −22	−10 −28	−10 −40	−4 −9	−4 −12	−4 −16	0 −5	0 −8	0 −12	0 −18	0 −30	0 −48	0 −75	0 −120
−13 −19	−13 −22	−13 −28	−13 −35	−13 −49	−5 −11	−5 −14	−5 −20	0 −6	0 −9	0 −15	0 −22	0 −36	0 −58	0 −90	0 −150
−16 −24	−16 −27	−16 −34	−16 −43	−16 −59	−6 −14	−6 −17	−6 −24	0 −8	0 −11	0 −18	0 −27	0 −43	0 −70	0 −110	0 −180
−20 −29	−20 −33	−20 −41	−20 −53	−20 −72	−7 −16	−7 −20	−7 −28	0 −9	0 −13	0 −21	0 −33	0 −52	0 −84	0 −130	0 −210
−25 −36	−25 −41	−25 −50	−25 −64	−25 −87	−9 −20	−9 −25	−9 −34	0 −11	0 −16	0 −25	0 −39	0 −62	0 −100	0 −160	0 −250
−30 −43	−30 −49	−30 −60	−30 −76	−30 −104	−10 −23	−10 −29	−10 −40	0 −13	0 −19	0 −30	0 −46	0 −74	0 −120	0 −190	0 −300
−36 −51	−36 −58	−36 −71	−36 −90	−36 −123	−12 −27	−12 −34	−12 −47	0 −15	0 −22	0 −35	0 −54	0 −87	0 −140	0 −220	0 −350
−43 −61	−43 −68	−43 −83	−43 −106	−43 −143	−14 −32	−14 −39	−14 −54	0 −18	0 −25	0 −40	0 −63	0 −100	0 −160	0 −250	0 −400
−50 −70	−50 −79	−50 −96	−50 −122	−50 −165	−15 −35	−15 −44	−15 −61	0 −20	0 −29	0 −46	0 −72	0 −115	0 −185	0 −290	0 −460
−56 −79	−56 −88	−56 −108	−56 −137	−56 −186	−17 −40	−17 −49	−17 −69	0 −23	0 −32	0 −52	0 −81	0 −130	0 −210	0 −320	0 −520
−62 −87	−62 −98	−62 −119	−62 −151	−62 −202	−18 −43	−18 −54	−18 −75	0 −25	0 −36	0 −57	0 −89	0 −140	0 −230	0 −360	0 −570
−68 −95	−68 −108	−68 −131	−68 −165	−68 −223	−20 −47	−20 −60	−20 −83	0 −27	0 −40	0 −63	0 −97	0 −155	0 −250	0 −400	0 −630

公称尺寸/mm		常用及优先公差带														
		js			k			m			n			p		
大于	至	5	6	7	5	⑥	7	5	6	7	5	⑥	7	5	⑥	7
—	3	±2	±3	±5	+4/0	+6/0	+10/0	+6/+2	+8/+2	+12/+2	+8/+4	+10/+4	+14/+4	+10/+6	+12/+6	+16/+6
3	6	±2.5	±4	±6	+6/+1	+9/+1	+13/+1	+9/+4	+12/+4	+16/+4	+13/+8	+16/+8	+20/+8	+17/+12	+20/+12	+24/+12
6	10	±3	±4.5	±7	+7/+1	+10/+1	+16/+1	+12/+6	+15/+6	+21/+6	+16/+10	+19/+10	+25/+10	+21/+15	+24/+15	+30/+15
10	14	±4	±5.5	±9	+9/+1	+12/+1	+19/+1	+15/+7	+18/+7	+25/+7	+20/+12	+23/+12	+30/+12	+26/+18	+29/+18	+36/+18
14	18	±4	±5.5	±9	+9/+1	+12/+1	+19/+1	+15/+7	+18/+7	+25/+7	+20/+12	+23/+12	+30/+12	+26/+18	+29/+18	+36/+18
18	24	±4.5	±6.5	±10	+11/+2	+15/+2	+23/+2	+17/+8	+21/+8	+29/+8	+24/+15	+28/+15	+36/+15	+31/+22	+35/+22	+43/+22
24	30	±4.5	±6.5	±10	+11/+2	+15/+2	+23/+2	+17/+8	+21/+8	+29/+8	+24/+15	+28/+15	+36/+15	+31/+22	+35/+22	+43/+22
30	40	±5.5	±8	±12	+13/+2	+18/+2	+27/+2	+20/+9	+25/+9	+34/+9	+28/+17	+33/+17	+42/+17	+37/+26	+42/+26	+51/+26
40	50	±5.5	±8	±12	+13/+2	+18/+2	+27/+2	+20/+9	+25/+9	+34/+9	+28/+17	+33/+17	+42/+17	+37/+26	+42/+26	+51/+26
50	65	±6.5	±9.5	±15	+15/+2	+21/+2	+32/+2	+24/+11	+30/+11	+41/+11	+33/+20	+39/+20	+50/+20	+45/+32	+51/+32	+62/+32
65	80	±6.5	±9.5	±15	+15/+2	+21/+2	+32/+2	+24/+11	+30/+11	+41/+11	+33/+20	+39/+20	+50/+20	+45/+32	+51/+32	+62/+32
80	100	±7.5	±11	±17	+18/+3	+25/+3	+38/+3	+28/+13	+35/+13	+48/+13	+38/+23	+45/+23	+58/+23	+52/+37	+59/+37	+72/+37
100	120	±7.5	±11	±17	+18/+3	+25/+3	+38/+3	+28/+13	+35/+13	+48/+13	+38/+23	+45/+23	+58/+23	+52/+37	+59/+37	+72/+37
120	140	±9	±12.5	±20	+21/+3	+28/+3	+43/+3	+33/+15	+40/+15	+55/+15	+45/+27	+52/+27	+67/+27	+61/+43	+68/+43	+83/+43
140	160	±9	±12.5	±20	+21/+3	+28/+3	+43/+3	+33/+15	+40/+15	+55/+15	+45/+27	+52/+27	+67/+27	+61/+43	+68/+43	+83/+43
160	180	±9	±12.5	±20	+21/+3	+28/+3	+43/+3	+33/+15	+40/+15	+55/+15	+45/+27	+52/+27	+67/+27	+61/+43	+68/+43	+83/+43
180	200	±10	±14.5	±23	+24/+4	+33/+4	+50/+4	+37/+17	+46/+17	+63/+17	+54/+31	+60/+31	+77/+31	+70/+50	+79/+50	+96/+50
200	225	±10	±14.5	±23	+24/+4	+33/+4	+50/+4	+37/+17	+46/+17	+63/+17	+54/+31	+60/+31	+77/+31	+70/+50	+79/+50	+96/+50
225	250	±10	±14.5	±23	+24/+4	+33/+4	+50/+4	+37/+17	+46/+17	+63/+17	+54/+31	+60/+31	+77/+31	+70/+50	+79/+50	+96/+50
250	280	±11.5	±16	±26	+27/+4	+36/+4	+56/+4	+43/+20	+52/+20	+72/+20	+57/+34	+66/+34	+86/+34	+79/+56	+88/+56	+108/+56
280	315	±11.5	±16	±26	+27/+4	+36/+4	+56/+4	+43/+20	+52/+20	+72/+20	+57/+34	+66/+34	+86/+34	+79/+56	+88/+56	+108/+56
315	355	±12.5	±18	±28	+29/+4	+40/+4	+61/+4	+46/+21	+57/+21	+78/+21	+62/+37	+73/+37	+94/+37	+87/+62	+98/+62	+119/+62
355	400	±12.5	±18	±28	+29/+4	+40/+4	+61/+4	+46/+21	+57/+21	+78/+21	+62/+37	+73/+37	+94/+37	+87/+62	+98/+62	+119/+62
400	450	±13.5	±20	±31	+32/+5	+45/+5	+68/+5	+50/+23	+63/+23	+86/+23	+67/+40	+80/+40	+103/+40	+95/+68	+108/+68	+131/+68
450	500	±13.5	±20	±31	+32/+5	+45/+5	+68/+5	+50/+23	+63/+23	+86/+23	+67/+40	+80/+40	+103/+40	+95/+68	+108/+68	+131/+68

注:公称尺寸小于1 mm时,各级的 a 和 b 均不采用。

（带圈者为优先公差带）

r 5	r 6	r 7	s 5	s ⑥	s 7	t 5	t 6	t 7	u ⑥	u 7	v 6	x 6	y 6	z 6
+14 / +10	+16 / +10	+20 / +10	+18 / +14	+20 / +14	+24 / +14	—	—	—	+24 / +18	+28 / +18		+26 / +20	—	+32 / +26
+20 / +15	+23 / +15	+27 / +15	+24 / +19	+27 / +19	+31 / +19	—	—	—	+31 / +23	+35 / +23		+36 / +28	—	+43 / +35
+25 / +19	+28 / +19	+34 / +19	+29 / +23	+32 / +23	+38 / +23	—	—	—	+37 / +28	+43 / +28		+43 / +34	—	+51 / +42
+31 / +23	+34 / +23	+41 / +23	+36 / +28	+39 / +28	+46 / +28	—	—	—	+44 / +33	+51 / +33	—	+51 / +40	—	+61 / +50
											+50 / +39	+56 / +45	—	+71 / +60
+37 / +28	+41 / +28	+49 / +28	+44 / +35	+48 / +35	+56 / +35	—	—	—	+54 / +41	+62 / +41	+60 / +47	+67 / +54	+76 / +63	+86 / +73
						+50 / +41	+54 / +41	+62 / +41	+61 / +43	+69 / +48	+68 / +55	+77 / +64	+88 / +75	+101 / +88
+45 / +34	+50 / +34	+59 / +34	+54 / +43	+59 / +43	+68 / +43	+59 / +48	+64 / +48	+73 / +48	+76 / +60	+85 / +60	+84 / +68	+96 / +80	+110 / +94	+128 / +112
						+65 / +54	+70 / +54	+79 / +54	+86 / +70	+95 / +70	+97 / +81	+113 / +97	+130 / +114	+152 / +136
+54 / +41	+60 / +41	+71 / +41	+66 / +53	+72 / +53	+83 / +53	+79 / +66	+85 / +66	+96 / +66	+106 / +87	+117 / +87	+121 / +102	+141 / +122	+163 / +144	+191 / +172
+56 / +43	+62 / +43	+73 / +43	+72 / +59	+78 / +59	+89 / +59	+88 / +75	+94 / +75	+105 / +75	+121 / +102	+132 / +102	+139 / +120	+165 / +146	+193 / +174	+229 / +210
+66 / +51	+73 / +51	+86 / +51	+86 / +71	+93 / +71	+106 / +71	+106 / +91	+113 / +91	+126 / +91	+146 / +124	+159 / +124	+168 / +146	+200 / +178	+236 / +214	+280 / +258
+69 / +54	+76 / +54	+89 / +54	+94 / +79	+101 / +79	+114 / +79	+110 / +104	+126 / +104	+139 / +104	+166 / +144	+179 / +144	+194 / +172	+232 / +210	+276 / +254	+332 / +310
+81 / +63	+88 / +63	+103 / +63	+110 / +92	+117 / +92	+132 / +92	+140 / +122	+147 / +122	+162 / +122	+195 / +170	+210 / +170	+227 / +202	+273 / +248	+325 / +300	+390 / +365
+83 / +65	+90 / +65	+105 / +65	+118 / +100	+125 / +100	+140 / +100	+152 / +134	+159 / +134	+174 / +134	+215 / +190	+230 / +190	+253 / +228	+305 / +280	+365 / +340	+440 / +415
+86 / +68	+93 / +68	+108 / +68	+126 / +108	+133 / +108	+148 / +108	+164 / +146	+171 / +146	+186 / +146	+235 / +210	+250 / +210	+277 / +252	+335 / +310	+405 / +380	+490 / +465
+97 / +77	+106 / +77	+123 / +77	+142 / +122	+151 / +122	+168 / +122	+186 / +166	+195 / +166	+212 / +166	+265 / +236	+282 / +236	+313 / +284	+379 / +350	+454 / +425	+549 / +520
+100 / +80	+109 / +80	+126 / +80	+150 / +130	+159 / +130	+176 / +130	+200 / +180	+209 / +180	+226 / +180	+287 / +258	+304 / +258	+339 / +310	+414 / +385	+499 / +470	+604 / +575
+104 / +84	+113 / +84	+130 / +84	+160 / +140	+169 / +140	+186 / +140	+216 / +196	+225 / +196	+242 / +196	+313 / +284	+330 / +284	+369 / +340	+454 / +425	+549 / +520	+669 / +640
+117 / +94	+126 / +94	+146 / +94	+181 / +158	+190 / +158	+210 / +158	+241 / +218	+250 / +218	+270 / +218	+347 / +315	+367 / +315	+417 / +385	+507 / +475	+612 / +580	+742 / +710
+121 / +98	+130 / +98	+150 / +98	+193 / +170	+202 / +170	+222 / +170	+263 / +240	+272 / +240	+292 / +240	+382 / +350	+402 / +350	+457 / +425	+557 / +525	+682 / +650	+822 / +790
+133 / +108	+144 / +108	+165 / +108	+215 / +190	+226 / +190	+247 / +190	+293 / +268	+304 / +268	+325 / +268	+426 / +390	+447 / +390	+511 / +475	+626 / +590	+766 / +730	+936 / +900
+139 / +114	+150 / +114	+171 / +114	+233 / +208	+244 / +208	+265 / +208	+319 / +294	+330 / +294	+351 / +294	+471 / +435	+492 / +438	+566 / +530	+696 / +660	+856 / +820	+1 036 / +1 000
+153 / +126	+166 / +126	+189 / +126	+259 / +232	+272 / +232	+295 / +232	+357 / +330	+370 / +330	+393 / +330	+530 / +490	+553 / +490	+635 / +595	+780 / +740	+960 / +920	+1 140 / +1 100
+159 / +132	+172 / +132	+195 / +132	+279 / +252	+292 / +252	+315 / +252	+387 / +360	+400 / +360	+423 / +360	+580 / +540	+603 / +540	+700 / +660	+860 / +820	+1 040 / +1 000	+1 290 / +1 250

2. 孔

附表 D1-2　常用及优先孔

公称尺寸 /mm		常用及优先公差带													
大于	至	A	B	B	C	D	D	D	D	E	E	F	F	F	F
		11	11	12	⑪	8	⑨	10	11	8	9	6	7	⑧	9
—	3	+330 +270	+200 +140	+240 +140	+120 +60	+34 +20	+45 +20	+60 +20	+80 +20	+28 +14	+39 +14	+12 +6	+16 +6	+20 +6	+31 +6
3	6	+345 +270	+215 +140	+260 +140	+145 +70	+48 +30	+60 +30	+78 +30	+105 +30	+38 +20	+50 +20	+18 +10	+22 +10	+28 +10	+40 +10
6	10	+370 +280	+240 +150	+300 +150	+170 +80	+62 +40	+76 +40	+98 +40	+130 +40	+47 +25	+61 +25	+22 +13	+28 +13	+35 +13	+49 +13
10	14	+400 +290	+260 +150	+330 +150	+205 +95	+77 +50	+93 +50	+120 +50	+160 +50	+59 +32	+75 +32	+27 +16	+34 +16	+43 +16	+59 +16
14	18														
18	24	+430 +300	+290 +160	+370 +160	+240 +110	+98 +65	+117 +65	+149 +65	+195 +65	+73 +40	+92 +40	+33 +20	+41 +20	+53 +20	+72 +20
24	30														
30	40	+470 +310	+330 +170	+420 +170	+280 +120	+119 +80	+142 +80	+180 +80	+240 +80	+89 +50	+112 +50	+41 +25	+50 +25	+64 +25	+87 +25
40	50	+480 +320	+340 +180	+430 +180	+290 +130										
50	65	+530 +340	+380 +190	+490 +190	+330 +140	+146 +100	+170 +100	+220 +100	+290 +100	+106 +60	+134 +60	+49 +30	+60 +30	+76 +30	+104 +30
65	80	+550 +360	+390 +200	+500 +200	+340 +150										
80	100	+600 +380	+440 +220	+570 +220	+390 +170	+174 +120	+207 +120	+260 +120	+340 +120	+126 +72	+159 +72	+58 +36	+71 +36	+90 +36	+123 +36
100	120	+630 +410	+460 +240	+590 +240	+400 +180										
120	140	+710 +460	+510 +260	+660 +260	+450 +200	+208 +145	+245 +145	+305 +145	+395 +145	+148 +85	+185 +85	+68 +43	+83 +43	+106 +43	+143 +43
140	160	+770 +520	+530 +280	+680 +280	+460 +210										
160	180	+830 +580	+560 +310	+710 +310	+480 +230										
180	200	+950 +660	+630 +340	+800 +340	+530 +240	+242 +170	+285 +170	+355 +170	+460 +170	+172 +100	+215 +100	+79 +50	+96 +50	+122 +50	+165 +50
200	225	+1 030 +740	+670 +380	+840 +380	+550 +260										
225	250	+1 110 +820	+710 +420	+880 +420	+570 +280										
250	280	+1 240 +920	+800 +480	+1 000 +480	+620 +300	+271 +190	+320 +190	+400 +190	+510 +190	+191 +110	+240 +110	+88 +56	+108 +56	+137 +56	+186 +56
280	315	+1 370 +1 050	+860 +540	+1 060 +540	+650 +330										
315	355	+1 560 +1 200	+960 +600	+1 170 +600	+720 +360	+299 +210	+350 +210	+440 +210	+570 +210	+214 +125	+265 +125	+98 +62	+119 +62	+151 +62	+202 +62
355	400	+1 710 +1 350	+1 040 +680	+1 250 +680	+760 +400										
400	450	+1 900 +1 500	+1 160 +760	+1 390 +760	+840 +440	+327 +230	+385 +230	+480 +230	+630 +230	+232 +135	+290 +135	+108 +68	+131 +68	+165 +68	+223 +68
450	500	+2 050 +1 650	+1 240 +840	+1 470 +840	+880 +480										

（带圈者为优先公差带）

G		H							Js			K			M		
6	⑦	6	⑦	⑧	⑨	10	⑪	12	6	7	8	6	⑦	8	6	7	8
+8 +2	+12 +2	+6 0	+10 0	+14 0	+25 0	+40 0	+60 0	+100 0	±3	±5	±7	0 −6	0 −10	0 −14	−2 −8	−2 −12	−2 −16
+12 +4	+16 +4	+8 0	+12 0	+18 0	+30 0	+48 0	+75 0	+120 0	±4	±6	±9	+2 −6	+3 −9	+5 −13	−1 −9	0 −12	+2 −16
+14 +5	+20 +5	+9 0	+15 0	+22 0	+36 0	+58 0	+90 0	+150 0	±4.5	±7	±11	+2 −7	+5 −10	+6 −16	−3 −12	0 −15	+1 −21
+17 +6	+24 +6	+11 0	+18 0	+27 0	+43 0	+70 0	+110 0	+180 0	±5.5	±9	±13	+2 −9	+6 −12	+8 −19	−4 −15	0 −18	+2 −25
+20 +7	+28 +7	+13 0	+21 0	+33 0	+52 0	+84 0	+130 0	+210 0	±6.5	±10	±16	+2 −11	+6 −15	+10 −23	−4 −17	0 −21	+4 −29
+25 +9	+34 +9	+16 0	+25 0	+39 0	+62 0	+100 0	+160 0	+250 0	±8	±12	±19	+3 −13	+7 −18	+12 −27	−4 −20	0 −25	+5 −34
+29 +10	+40 +10	+19 0	+30 0	+46 0	+74 0	+120 0	+190 0	+300 0	±9.5	±15	±23	+4 −15	+9 −21	+14 −32	−5 −24	0 −30	+5 −41
+34 +12	+47 +12	+22 0	+35 0	+54 0	+87 0	+140 0	+220 0	+350 0	±11	±17	±27	+4 −18	+10 −25	+16 −38	−6 −28	0 −35	+6 −48
+39 +14	+54 +14	+25 0	+40 0	+63 0	+100 0	+160 0	+250 0	+400 0	±12.5	±20	±31	+4 −21	+12 −28	+20 −43	−8 −33	0 −40	+8 −55
+44 +15	+61 +15	+29 0	+46 0	+72 0	+115 0	+185 0	+290 0	+460 0	±14.5	±23	±36	+5 −24	+13 −33	+22 −50	−8 −37	0 −46	+9 −63
+49 +17	+69 +17	+32 0	+52 0	+81 0	+130 0	+210 0	+320 0	+520 0	±16	±26	±40	+5 −27	+16 −36	+25 −56	−9 −41	0 −52	+9 −72
+54 +18	+75 +18	+36 0	+57 0	+89 0	+140 0	+230 0	+360 0	+570 0	±18	±28	±44	+7 −29	+17 −40	+28 −61	−10 −46	0 −57	+11 −78
+60 +20	+83 +20	+40 0	+63 0	+97 0	+155 0	+250 0	+400 0	+630 0	±20	±31	±48	+8 −32	+18 −45	+29 −68	−10 −50	0 −63	+11 −86

表 D1 -2(续)

公称尺寸/mm		常用及优先公差带(带圈者为优先公差带)											
		N			P		R		S		T		U
大于	至	6	⑦	8	6	⑦	6	7	6	⑦	6	7	⑦
—	3	-4 -10	-4 -14	-4 -18	-6 -12	-6 -16	-10 -16	-10 -20	-14 -20	-14 -24	—	—	-18 -28
3	6	-5 -13	-4 -16	-2 -20	-9 -17	-8 -20	-12 -20	-11 -23	-16 -24	-15 -27	—	—	-19 -31
6	10	-7 -16	-4 -19	-3 -25	-12 -21	-9 -24	-16 -25	-13 -28	-20 -29	-17 -32	—	—	-22 -37
10	14	-9 -20	-5 -23	-3 -30	-15 -26	-11 -29	-20 -31	-16 -34	-25 -36	-21 -39	—	—	-26 -44
14	18												
18	24	-11 -24	-7 -28	-3 -36	-18 -31	-14 -35	-24 -37	-20 -41	-31 -44	-27 -48	—	—	-33 -54
24	30										-37 -50	-33 -54	-40 -61
30	40	-12 -28	-8 -33	-3 -42	-21 -37	-17 -42	-29 -45	-25 -50	-38 -54	-34 -59	-43 -59	-39 -64	-51 -76
40	50										-49 -65	-45 -70	-61 -86
50	65	-14 -33	-9 -39	-4 -50	-26 -45	-21 -51	-35 -54	-30 -60	-47 -66	-42 -72	-60 -79	-55 -85	-73 -106
65	80						-37 -56	-32 -62	-53 -72	-48 -78	-69 -88	-64 -94	-91 -121
80	100	-16 -38	-10 -45	-4 -58	-30 -52	-24 -59	-44 -66	-38 -73	-64 -86	-58 -93	-84 -106	-78 -113	-111 -146
100	120						-47 -69	-41 -76	-72 -94	-66 -101	-97 -119	-91 -126	-131 -166
120	140	-20 -45	-12 -52	-4 -67	-36 -61	-28 -68	-56 -81	-48 -88	-85 -110	-77 -117	-115 -140	-107 -147	-155 -195
140	160						-58 -83	-50 -90	-93 -118	-85 -125	-127 -152	-119 -159	-175 -215
160	180						-61 -86	-53 -93	-101 -126	-93 -133	-139 -164	-131 -171	-195 -235
180	200	-22 -51	-14 -60	-5 -77	-41 -70	-33 -79	-68 -97	-60 -106	-113 -142	-105 -151	-157 -186	-149 -195	-219 -265
200	225						-71 -100	-63 -109	-121 -150	-113 -159	-171 -200	-163 -209	-241 -287
225	250						-75 -104	-67 -113	-131 -160	-123 -169	-187 -216	-179 -225	-267 -313
250	280	-25 -57	-14 -66	-5 -86	-47 -79	-36 -88	-85 -117	-74 -126	-149 -181	-138 -190	-209 -241	-198 -250	-295 -347
280	315						-89 -121	-78 -130	-161 -193	-150 -202	-231 -263	-220 -272	-330 -382
315	355	-26 -62	-16 -73	-5 -94	-51 -87	-41 -98	-97 -133	-87 -144	-179 -215	-169 -226	-257 -293	-247 -304	-369 -426
355	400						-103 -139	-93 -150	-197 -233	-187 -244	-283 -319	-273 -330	-414 -471
400	450	-27 -67	-17 -80	-6 -103	-55 -95	-45 -108	-113 -153	-103 -166	-219 -259	-209 -272	-317 -357	-307 -370	-467 -530
450	500						-119 -159	-109 -172	-239 -279	-229 -292	-347 -387	-337 -400	-517 -580

注:公称尺寸小于 1 mm 时,各级的 A 和 B 均不采用。

参 考 文 献

［1］大连理工大学工程图学教研室. 机械制图［M］.7 版. 北京:高等教育出版社,2012.

［2］杨惠英,冯涓. 机械制图(非机类)［M］. 北京:清华大学出版社,2015.

［3］马有理. 机械制图［M］. 哈尔滨:哈尔滨工程大学出版社,2011.

［4］胡琳. 工程制图［M］.2 版. 北京:机械工业出版社,2016.

［5］王槐德. 机械制图新旧标准代换教程［M］. 北京:中国标准出版社,2017.